兰州大学教材建设基金资助

无机固体光致发光材料与应用

王育华 等 编著

科学出版社
北 京

内 容 简 介

发光材料被广泛应用于照明、显示，以及信息存储、光信息传递、传感器、生物分子探针、太阳能光电转换等领域。随着光致发光材料基础和应用研究的发展，无机固体光致发光材料成为发光材料研究中最活跃的部分，是大专院校、科研单位和企业研究关注的热点领域之一。本书从发光机理出发，结合发光材料的制备方法、结构及性能表征，重点描述无机固体光致发光材料在照明、显示及其他方面的应用，既有专门的基础理论知识，又密切结合发光材料的实际应用。

本书可作为大专院校"光致发光材料"课程的教材或教学参考书，也可供从事发光材料研究与生产的工程技术人员和科研人员参考。

图书在版编目(CIP)数据

无机固体光致发光材料与应用/王育华等编著. —北京：科学出版社，2017. 6

ISBN 978-7-03-052927-5

Ⅰ. ①无…　Ⅱ. ①王…　Ⅲ. ①光致发光-发光材料-研究　Ⅳ. ①TB34

中国版本图书馆 CIP 数据核字(2017)第 116341 号

责任编辑：周　炜　朱英彪 / 责任校对：桂伟利

责任印制：吴兆东 / 封面设计：蓝正设计

科学出版社 出版

北京东黄城根北街 16 号

邮政编码：100717

http://www.sciencep.com

北京九州迅驰传媒文化有限公司印刷

科学出版社发行　各地新华书店经销

*

2017 年 6 月第　一　版　开本：720×1000　1/16

2026 年 1 月第八次印刷　印张：17 1/2

字数：352 000

定价：120.00 元

(如有印装质量问题，我社负责调换)

前　言

在现代生产、生活中，发光材料起着极其重要的作用。除了用于日常照明和显示外，它还被广泛地应用于光信息传递、传感器、计算机、生物分子探针、太阳能光电转换和航空航天等高科技领域，为人类文明的进步作出了重要贡献。20 世纪中，发光材料在阴极射线管显示、荧光灯、电致发光器件、固体激发器和光存储器等方面得到了广泛应用。进入 21 世纪后，各类大屏幕平板显示器、种类繁多的节能灯迅速出现，被誉为第四代照明光源的半导体发光二极管得到了长足发展，长余辉蓄能发光材料的研究也取得了很大进步。随着工业、科学技术的发展，在平板显示、照明和医学应用领域出现了一些新的概念和技术，如量子剪裁发光材料、量子点等。

随着光致发光材料应用研究的发展，无机固体光致发光材料成为发光材料研究中最活跃的部分，也成为高等学校、科研单位和企业研究开发的热点，各高等学校及科研单位都陆续开设了与无机固体光致发光材料相关的课程，但是目前国内还缺少合适的教材，迫切需要编写一本无机固体光致发光材料方面的教材。

参与本书编写的老师都在无机固体光致发光材料领域从事科研和教学工作，掌握了本领域研究所需要的基础知识，积累了大量的实验技能。本书在总结他们多年的科研成果，并查阅大量国内外相关领域的研究性文献和书籍基础上编写而成。本书从发光机理出发，结合发光材料的制备方法和结构及性能测试方法，重点描述了无机固体光致发光材料在照明和显示上的应用，并对长余辉蓄能发光材料和上转换发光材料进行了详细描述。全书共 10 章，第 1 章对光致发光材料进行了简单的介绍；第 2 章全面概括了发光材料的发光机制；第 3 章介绍了无机发光材料的制备方法；第 4 章介绍了荧光粉性能测试方法；第 5～9 章分别对荧光灯用光致发光材料、真空紫外发光材料、长余辉发光材料、白光 LED 用光致发光材料、上转换发光材料作了介绍；第 10 章介绍了量子点光致发光材料。

本书是作者研究组多年来集体工作的结晶。王育华提出总体设计思路，并编写第 1 章、第 9 章，第 2 章由刘晓真编写，第 3 章、第 6 章由高辉编写，第 4 章由刘文晶编写，第 5 章、第 7 章由王丹编写，第 8 章、第 10 章由慈志鹏编写，王育华、张加驰、刘晓真、高辉、刘文晶、王丹和慈志鹏共同完成全书的定稿。

本书的编写及出版得到兰州大学教材建设基金的资助，在此表示感谢。本书的顺利出版，也离不开很多老师、同事和领导的支持和帮助，在此向他们表示由衷的感谢！

作　者

2017 年 1 月

目　　录

第1章 概　　述

当受到诸如光照、外加电场或电子束等的激发后，物质吸收外界能量，其电子处于激发状态，只要物质不因此而发生化学变化，当外界激发停止后，处于激发状态的电子总会跃迁回到基态。在这个过程中，一部分多余的能量通过光或热的形式释放出来。如果这部分能量以光的形式发射出来，就称为发光现象。概括地说，发光就是物质内部以某种方式吸收能量以后，以热辐射以外的光辐射形式发射出多余的能量的过程。用光激发材料而产生的发光现象，称为光致发光。紫外线和红外线虽然看不见，但也把它们归结为光。因此，光致发光是指激发波长在紫外到近红外这个范围内的发光。

光致发光材料能够吸收激发光的能量并将其转换成发射光辐射出来，其中研究和应用的焦点是无机固体发光材料。其发光原理可归为两类：定域中心发光和半导体发光（图 1.1）。定域中心发光是指单个离子（如 $Y_2O_3:Eu^{3+}$ 中 Eu^{3+} 的 f-f 跃迁）或配位离子（如 $CaWO_4$ 中 $[WO_4]^{2-}$ 的电荷转移跃迁）两个能级之间的跃迁，如图 1.1(a)、(b)所示。对发光中心而言，跃迁与量子力学选律相关，并能在强度和跃迁的衰减时间上得到反映。激发和发射可以定域在同一个中心，也可以互相分离：敏化剂（如 $LaPO_4:Ce^{3+},Tb^{3+}$ 中的 Ce^{3+}）先被激发，然后激活剂（如 $LaPO_4:Ce^{3+},Tb^{3+}$ 中的 Tb^{3+}）发射，这就需要在敏化剂和激活剂之间通过偶极子-偶极子相互作用、多极子-多极子相互作用或交换相互作用发生能量传递。半导体发光通常是由带-带激发后电子和空穴在带隙中杂质能态之间的复合引起的（如 $ZnS:Ag^+,Cl^-$ 中的受主-施主对发光），见图 1.1(c)。

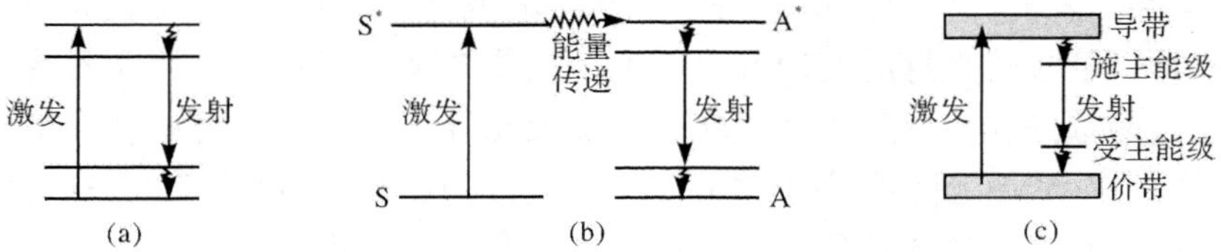

图 1.1　定域中心和半导体发光的物理过程示意图

无机固体光致发光材料有着广泛的应用，包括显示（如等离子显示器等）、照明（如荧光灯、LED 等）以及其他特殊用途（如长余辉材料、上转换材料和生物荧光标记等）。

在等离子显示器（plasma display panel，PDP）中，使用稀有气体 Xe 放电产生的 147nm 和 172nm 的真空紫外线激发涂覆在放电单元内壁的荧光粉，使其发射出红、绿、蓝三基色而实现彩色显示。PDP 对三基色荧光粉的要求：①在 147nm 和 172nm 的真空紫外线激发下发光强度高；②色纯度好；③余辉时间短。商用的 PDP 用三基色荧光粉主要为红粉$(Y,Gd)BO_3:Eu^{3+}$、绿粉 $Zn_2SiO_4:Mn^{2+}$ 和蓝粉 $BaMgAl_{10}O_{17}:Eu^{2+}$。这三种荧光粉在 147nm 和 172nm 真空紫外线激发下都有高的发光强度，但是仍然存在缺点，如红粉色纯度较差、绿粉余辉时间偏长、蓝粉的抗劣化性能差等，所以商用 PDP 荧光粉的改性和新型荧光粉的开发以及对真空紫外荧光粉发光机理的研究是目前 PDP 用荧光粉领域的主要研究内容。随着 3D 技术的发展，3D-PDP 显示器件引起了人们的广泛关注。3D-PDP 显示器件用发光材料在本质上还是常规 2D-PDP 显示器件用发光材料，但由于3D-PDP显示器件的显示特性，3D-PDP 显示器件用发光材料必须具备几个特点：短的衰减时间（通常 $\tau_{1/10}\leqslant 0.4ms$）、高的发光效率（比传统 2D-PDP 用发光材料要高）和较小的颗粒尺寸（通常在 1～2μm）。满足 3D-PDP 要求的发光材料的开发研究也成为 PDP 荧光粉研究的新方向。

荧光灯由于具有能量效率高等特点，已经取代白炽灯成为目前主要的照明工具。荧光灯的发光是由灯管内部气体电离释放出的紫外线激发涂覆在灯管内壁的荧光粉而发出可见光。传统荧光灯使用汞蒸气作为放电气体，汞蒸气在放电时主要释放出 254nm 的紫外线。传统荧光灯用荧光粉包括卤磷酸钙$(Ca_5(F,Cl)(PO_4)_3:Sb,Mn)$和稀土三基色荧光粉（红粉 $Y_2O_3:Eu^{3+}$，绿粉 $LaPO_4:Ce^{3+},Tb^{3+}$、$CeMgAl_{11}O_{19}:Eu^{2+}$，蓝粉 $BaMgAl_{10}O_{17}:Eu^{2+}$）。其中，稀土三基色荧光粉由于具有发光效率高、显色指数(CRI)高、灯管寿命长等特点，已经取代卤磷酸钙成为荧光灯中主要使用的荧光粉。由于电极的使用，传统荧光灯具有长细的形状，并且电极的失效导致荧光灯寿命的终结。为了克服这种缺点，新型的无极荧光灯已经开始得到应用。无极感应灯通过电磁感应产生的放电腔内的感应电压使灯泡内的低压汞和稀有气体电离，形成等离子体释放出紫外线，紫外线激发涂覆在灯内壁上的荧光粉发光。无极感应灯由于不使用电极，可以突破带电极荧光灯形状的限制，也可以延长荧光灯的使用寿命。由于和传统荧光灯一样使用汞作为放电气体，荧光粉的选择和传统荧光灯相同。传统荧光灯和无极感应灯中使用的汞是有毒重金属，在生产和废弃灯管的回收过程中汞的泄漏是不可避免的，这些汞会挥发到空气中，对人体造成伤害，对周围环境造成污染。开发绿色环保的无汞荧光灯成为荧光灯研究的新课题。在无汞荧光灯中，Xe 放电产生的 147nm 和 172nm 的真空紫外线激发涂覆在放电单元内壁的荧光粉产生发光。无汞荧光灯用荧光粉要求在 147nm 和 172nm 的真空紫外线激发下有更高的发光效率，所以无汞荧光灯用荧光粉的研究和开发也是真空紫外荧光粉研究领域的热点。

LED(light emitting diode)照明具有环保、节能、高效、寿命长、易维护等优点，被称为第四代照明光源。白光 LED 是 LED 照明中最重要的部分。目前，实现白光 LED 的方法主要有四种：多芯片白光 LED、多量子阱白光 LED、单芯片无荧光粉转换白光 LED、单芯片荧光粉转换白光 LED。其中，单芯片荧光粉转换白光 LED 是由发光二极管芯片和可被 LED 有效激发的发光材料组合而成的能获得白光的器件，是目前技术上最成熟的实现白光 LED 的方法。用于白光 LED 中的荧光粉要求能够被芯片所发射的光有效激发，并能将其高效转换成可见光，透过荧光粉层的芯片的发光和荧光粉所发出的光共同组成白光。目前研究最多的是蓝光芯片和近紫外芯片转换型荧光粉。蓝光 LED 芯片和黄色荧光粉 $Y_3Al_5O_{12}:Ce^{3+}$ 体系是第一个实现白光 LED 的体系，已经商业化。另外，蓝光 LED 芯片和红、绿荧光粉体系也能产生白光，能够被蓝光 LED 芯片激发产生红、绿发射的荧光粉是蓝光 LED 芯片激发白光 LED 研究的重要内容。根据三基色原理，近紫外 LED 芯片与多种荧光粉组合，这些荧光粉可以把近紫外光转换成白光，从而得到白光 LED 体系。因此，研究能有效吸收近紫外 LED 芯片发射出的近紫外光并高效转换成可见光发射的发光材料是近紫外 LED 激发白光 LED 研究的重要内容。

长余辉发光材料是一种蓄光材料，能够存储激发光能量并在光源关闭后能在较长时间内释放光。在实际应用中，长余辉发光材料能够把日光能量储存起来，在夜晚或黑暗处发光，是一种绿色环保的发光材料。第一代长余辉发光材料是硫化物体系，但是硫化物化学稳定性差，易潮解，极大地限制了其使用范围。20 世纪 60 年代，研究者发现了 $SrAl_2O_4:Eu^{2+}$ 的长余辉现象，在此基础上进一步研究了其他稀土离子掺杂的 $SrAl_2O_4$ 基长余辉材料，特别是成功开发了 $SrAl_2O_4:Eu^{2+}, Dy^{3+}$ 绿色长余辉发光材料，其余辉亮度、余辉时间、化学稳定性等都超过了硫化物体系。随着长余辉发光材料的进一步研究，长余辉发光材料的颜色已经覆盖整个可见光区，基质材料也扩展到铝硅酸盐、硅酸盐、硫氧化物等。但是其中的红色长余辉发光材料与蓝色和绿色长余辉发光材料相比，余辉时间仍然偏短，需要作进一步的研究。

上转换材料能够通过多光子机制把长波辐射转换成短波辐射，发射出比激发光波长短的荧光。上转换发光是一种反 Stokes 发光，已成为把红外光转换成可见光的有效方法。上转换材料可用于红外防伪、可见光激光器、三维立体显示、生物荧光标记等。通过对上转换现象的大量深入研究，不仅产生了高效光输出材料，而且也在应用研究方面取得了较好的成果，但是距离实际应用还有一段距离，需要进一步加强基础研究，提高上转换的效率。

量子剪裁是把一个高能光子转换成两个或两个以上低能光子的效应，是一种“下转换”过程，可以通过单个离子的光子分步发射和离子对间逐次能量传递来实现。能够把一个高能光子转换成两个或两个以上低能光子的荧光粉称为量子剪裁荧光粉。在真空紫外光子激发下，量子剪裁荧光粉可以把吸收到的一个真空紫外光子转换成两个或两个以上可见光光子，使量子效率大于 100%，可以大大提高等离子显示器和无汞荧光灯的效率。量子剪裁荧光粉还可以用于太阳能电池从而提高太阳能电池的效率。但是目前关于量子剪裁荧光粉的研究仍然只是在实验室阶段，离实际应用还有一定的距离，还需要进行大量的基础理论研究，并指导开发新的能够满足实用要求的量子剪裁荧光粉体系。

量子点是一种由Ⅱ～Ⅵ族或Ⅲ～Ⅴ族元素组成的能够接受激发光产生荧光的半导体纳米颗粒。由于量子点具有光谱接近连续、显色性高的特性，可用于白光LED用荧光转换材料。量子点发射光的颜色取决于晶体的尺寸，可以通过合成不同颗粒尺寸的量子点实现彩色显示，所以量子点的彩色LED可用于阵列显示。由于其良好的光谱特征和光化学稳定性，量子点还可以用于生物荧光标记。

受篇幅所限，纳米光致发光材料及其他光致发光材料等不再一一介绍。

针对各种使用的要求，有成千上万的荧光粉被开发和表征，但是其中性能能够满足实用要求的只有几十种(表1.1)。就实用而言，必须要考虑发光效率、发光颜色、衰减时间、猝灭效应、化学和物理稳定性、制备和性能的重现性、原材料的可得性、环境和成本等因素。

表1.1 重要的实用无机固体发光材料

颜色	应用			
	等离子体平板显示 无汞荧光灯	荧光灯	LED	长余辉
蓝	$BaMgAl_{10}O_{17}:Eu^{2+}$	$BaMgAl_{10}O_{17}:Eu^{2+}$ $Sr_4Al_{14}O_{25}:Eu^{2+}$ $Sr_3(PO_4)_5Cl:Eu^{2+}$		$SrAl_2O_4:Eu^{2+},Nd^{3+}$ $Sr_2MgSi_2O_7:Eu^{2+},Dy^{3+}$
绿	$BaAl_{12}O_{19}:Mn^{2+}$ $Zn_2SiO_4:Mn^{2+}$ $BaMgAl_{10}O_{17}:Eu^{2+}$, Mn^{2+}	$GdMgB_5O_{10}:Ce^{3+},Tb^{3+}$ $LaPO_4:Ce^{3+},Tb^{3+}$ $CeMgAl_{11}O_{19}:Tb^{3+}$	$SrSi_2O_2N_2:Eu^{2+}$	$SrAl_2O_4:Eu^{2+},Dy^{3+}$
黄			$Y_3Al_5O_{12}:Ce^{3+}$	
红	$(Y,Gd)_2O_3:Eu^{3+}$ $(Y,Gd)BO_3:Eu^{3+}$	$Y_2O_3:Eu^{3+}$	$CaAlSiN_3:Eu^{2+}$ $Ca_2Si_5N_8:Eu^{2+}$ $Sr_2Si_5N_8:Eu^{2+}$	$Y_2O_2S:Eu^{3+},Mg^{2+},Ti^{4+}$
白		$Ca_5(PO_4)_3(F,Cl):$ Sb^{3+},Mn^{2+}		

目前，以开发传统应用新型荧光粉为目的的活动仍然在进行中，如为了降低成本的低Eu含量$Y_2O_3:Eu^{3+}$等的开发。另外，主要关注次级性能的材料的研究和开发也还在继续，这包括荧光粉涂层的表面结构的研究和优化，荧光粉粒子的

形态结构影响，光的产生、传播和劣化效应，以及许多其他方面的课题。有关研究单位和企业对大多数工业应用的荧光粉进行表面改性，以提高它们的性能，达到各自的目的。除了这些次级性能之外，标准荧光材料的微调也在进行中。

工业、科学技术的发展将导致显示、照明和医学应用领域会不断涌现出新的概念和新的技术。新的应用在技术上经常要求新型的激发源和不同的化学和物理条件。为了满足技术和驱动装置上的要求，必须对具有合适性能的新型荧光粉进行鉴别、制备和表征。因此，发光材料的研究仍然是富有挑战性的，并将继续发展。

第 2 章　发光机制

2.1　原子的结构

任何材料的性质均由该材料的结构所决定，发光材料也不例外。发光材料的性质，取决于该材料的显微组织、化学组成、晶体结构、表面与界面等不同层次的结构特性，而原子结构则是讨论发光性质的基础。

2.1.1　单电子原子的运动状态

按照卢瑟福的原子核式结构模型，原子由带正电的原子核和带负电的核外电子构成。原子核占据了整个原子 99.9%以上的质量，但只占据了原子中心很小的体积。由于微观粒子的波粒二象性，电子可由波函数描述

$$\Psi = \Psi_0 e^{i(\boldsymbol{K}\cdot\boldsymbol{r}-\omega t)} \tag{2.1}$$

式中，$|\boldsymbol{K}|=\dfrac{2\pi}{\lambda}$；$\omega=2\pi\nu$；$|\Psi|^2$ 为在给定时间，在 $\boldsymbol{r}$ 处的单位体积中发现该电子的概率。有了波，就应有相应的波动方程来描述势场中的波函数以及波函数随时间的变化，这可以由薛定谔方程给出（褚圣麟，1979）

$$\left[-\frac{\hbar^2}{2m}\nabla^2+V(\boldsymbol{r})\right]\Psi(\boldsymbol{r},t) = \mathrm{i}\,\hbar\frac{\partial}{\partial t}\Psi(\boldsymbol{r},t) \tag{2.2}$$

在 $V(\boldsymbol{r})=0$ 时，自由粒子的解为

$$\Psi(\boldsymbol{r},t) = \Psi_0 e^{i(\boldsymbol{K}\cdot\boldsymbol{r}-\omega t)} \tag{2.3}$$

在假定原子核不动的条件下，对于单电子原子，在球坐标系中的薛定谔方程为（王军，2008）

$$\left[\frac{1}{r^2}\frac{\partial}{\partial r}\left(r^2\frac{\partial}{\partial r}\right)+\frac{1}{r^2\sin\theta}\frac{\partial}{\partial\theta}\left(\sin\theta\frac{\partial}{\partial\theta}\right)+\frac{1}{r^2\sin^2\theta}\frac{\partial^2}{\partial\phi^2}\right]\psi+\frac{2m_e}{\hbar^2}\left(E+\frac{Ze^2}{r}\right)\psi = 0 \tag{2.4}$$

可用 $R_{n,l}(r)$，$\Theta_{l,m}(\theta)$，$\Phi_m(\phi)$ 三个函数相乘得到单电子原子的波函数 ψ，并由三个量子数 n,l,m 来标记

$$\psi_{n,l,m}(r,\theta,\phi)=R_{n,l}(r)\cdot\Theta_{l,m}(\theta)\cdot\Phi_m(\phi) \tag{2.5}$$

三个量子数的取值及其关系为

$$n=1,2,3,\cdots$$

$$l=0,1,2,\cdots,n-1$$
$$m=0,\pm1,\pm2,\cdots,\pm l$$

可以用电子的运动状态表示原子的状态。用于描述单电子运动状态的量子数有 7 种，各量子数的物理意义概括如下。

(1) 主量子数 n。

电子运动的能量主要由主量子数 n 来决定。n 值越大，电子的能量越高。n 为∞时，能量为 0，达到最高，相当于电子离核为无穷远，即已脱离核的束缚电离出去。所以，主量子数 n 也决定着电子离核的平均距离。由于主量子数相同的电子几乎在同样的空间内运动，所以通常将具有相同 n 值的原子轨道归并到一起，称为同属一电子层。与 n 值相对应的电子层符号表示见表 2.1。

表 2.1　与 n 值相对应的电子层符号

n	1	2	3	4	5	6	7
电子层	K	L	M	N	O	P	Q

考虑到电子在库仑场中运动，还可以算出电子能量本征值

$$E_n=-\left(\frac{Z}{n}\right)^2E_{11} \tag{2.6}$$

式中，$E_{11}=\frac{1}{2}\left(\frac{m_eM}{m_e+M}\right)c^2\left(\frac{e^2}{4\pi\varepsilon_0\hbar^2c}\right)^2\approx13.6\text{eV}$ 为波尔基态能量，右下角 11 表示 n 和 Z 都是 1。n 为主量子数，表明能量也是量子化的。

(2) 轨道角动量量子数 l。

电子有两种运动形式，一种为电子围绕原子核作轨道运动，另一种为电子自身作自旋运动。电子的轨道运动有轨道角动量(为一个矢量)。将角动量平方算符

$$\hat{\boldsymbol{L}}^2=-\hbar^2\left[\frac{1}{\sin\theta}\frac{\partial}{\partial\theta}\left(\sin\theta\frac{\partial}{\partial\theta}\right)+\frac{1}{\sin^2\theta}\frac{\partial^2}{\partial\phi^2}\right] \tag{2.7}$$

作用于 $\psi_{n,l,m}(r,\theta,\phi)$ 上得

$$\hat{\boldsymbol{L}}^2\psi_{n,l,m}=l(l+1)\hbar^2\psi_{n,l,m} \tag{2.8}$$

式中，$l(l+1)\hbar^2$ 为常数。说明 $\psi_{n,l,m}$ 是 $\hat{\boldsymbol{L}}^2$ 的本征函数，其本征值即角动量 $\boldsymbol{L}$ 的平方

$$|\boldsymbol{L}|^2=l(l+1)\hbar^2,\quad l=0,1,2,\cdots,n-1 \tag{2.9}$$

电子轨道运动的角动量 $\boldsymbol{L}$ 也有确定值，其大小为

$$|\boldsymbol{L}|=\sqrt{l(l+1)}\,\hbar \tag{2.10}$$

由此可知，电子轨道角动量 $\boldsymbol{L}$ 的大小由 l 决定，l 称为角量子数，电子轨道角动量的取值是量子化的。当 n 一定时，l 共有 n 个值。例如，当 $n=2$ 时，l 可以取 0 和 1 两个值，对应轨道角动量大小分别为 0 和 $\sqrt{2}\hbar$。

轨道角量子数 l 决定着电子的原子轨道角动量的大小。由于它与波函数的角

度函数有关，所以它描述着电子云的形状。当 n 值一定时，不同的 l 对电子的能量值也稍有影响。l 越大，能量越高。角量子数 l 的取值为 0,1,2,3,…,$n-1$ 等 n 个从 0 开始的正整数。

通常将具有相同 l 值的各原子轨道归并到一起，称为同属一电子亚层。例如，$n=1$ 的电子层中只有一个能级，因为 l 只能取 0。

当 $n=3$ 时，l 可取 0、1、2，所以有 3 个能级（或 3 个亚层）。与 l 值相对应的电子亚层符号表示见表 2.2。

表 2.2　与 l 值相对应的电子亚层符号

l	0	1	2	3
电子亚层	s	p	d	f

(3) 磁量子数 m。

将角动量在 z 方向的分量算符 $\hat{\boldsymbol{L}}_z$ 作用于 $\psi_{n,l,m}(r,\theta,\phi)$ 上得

$$\hat{\boldsymbol{L}}_z\psi_{n,l,m} = m\hbar\psi_{n,l,m} \tag{2.11}$$

式中，$m\hbar$ 为常数。说明 $\psi_{n,l,m}(r,\theta,\phi)$ 是 $\hat{\boldsymbol{L}}_z$ 的本征函数，其本征值即角动量 $\boldsymbol{L}$ 在 z 方向的分量 $\boldsymbol{M}_z$，其大小

$$|\boldsymbol{M}_z| = m\hbar, \quad m = 0, \pm 1, \pm 2, \cdots, \pm l \tag{2.12}$$

式中，m 称为磁量子数。因此，电子的轨道角动量在 z 方向的分量也有确定值，磁量子数 m 决定了电子轨道角动量在 z 方向分量的大小。当 l 一定时，m 共有 $2l+1$ 个取值。

因为 m 是量子化的，所以轨道角动量 $\boldsymbol{L}$ 在空间的取向也是量子化的，即只能是某些分立的方向，而不能任意取向。例如，当 $l=1$ 时，m 有 3 个值，分别是 0 和 ±1，也就是说，对于 $l=1$ 的电子，其轨道角动量大小为 $\sqrt{2}\hbar$，它在 z 方向的分量大小 $|\boldsymbol{M}_z|$（z 轴上的投影）只能是 $+\hbar$、$-\hbar$ 或 0，这就决定了 $\boldsymbol{L}$ 在空间的取向只有三种，如图 2.1 所示。值得注意的是，当角动量 $\boldsymbol{L}$ 在 z 轴上的投影 M_z 确定时，只确定了 θ 值，但 ϕ 值是不确定的。因此，$\boldsymbol{L}$ 的方向还是可以变化的。ϕ 值的变化使 $\boldsymbol{L}$ 形成以 z 轴为轴、与 z 轴夹角为 θ 的圆锥面，如图 2.2 所示。

磁量子数 m 描述着电子云在空间的伸展方向。例如，$l=1$ 时，m 可取 0、+1 和 −1，表示此能级上含有 3 个伸展方向各异的轨道，分别用 P_x、P_y 和 P_z 标记。它们具有相同的能量，称为简并轨道。但在磁场作用下，它们的能量会出现微小的差别，因为在磁场中它们的线状发射光谱发生劈裂。

(4) 自旋量子数 s。

单电子原子中电子的状态可用三个量子数 n,l,m 描述。但仅有这三个量子数并不能完全确定一个电子的运动状态。原因是电子除了上述轨道运动外，还存

在自旋运动。角量子数 l 确定的只是电子由绕核旋转而产生的轨道角动量的大小。而电子自旋运动会产生自旋角动量,用矢量 $\boldsymbol{S}$ 表示。为此,引入电子的自旋量子数 s 用于表示电子自旋角动量 $\boldsymbol{S}$ 的大小

$$|\boldsymbol{S}| = \sqrt{s(s+1)}\,\hbar \tag{2.13}$$

式中,s 的取值永远是 1/2。

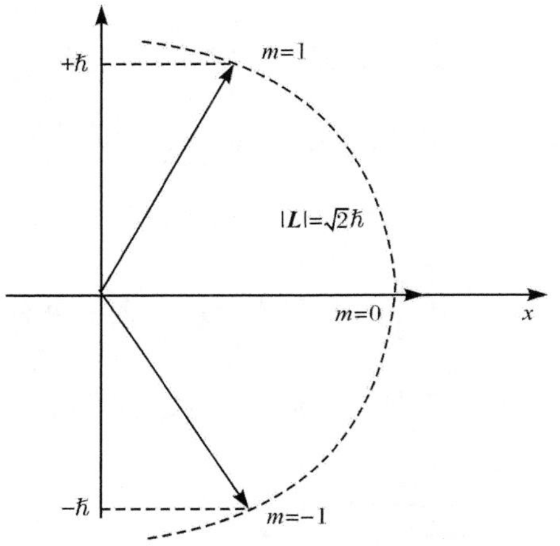

图 2.1 $l=1$ 电子轨道角动量在 z 轴上的投影

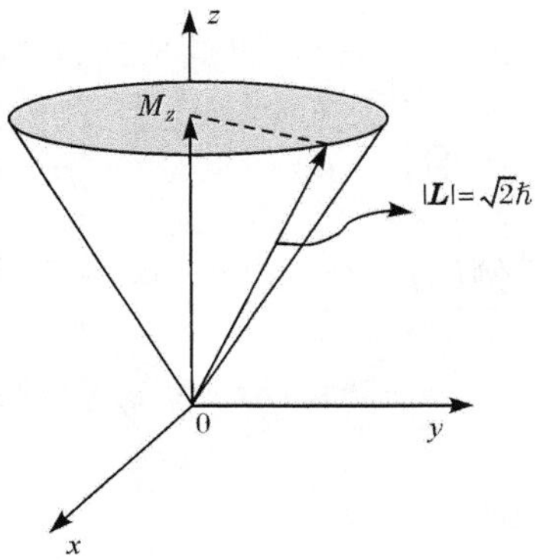

图 2.2 M_z 方向的变动

(5) 自旋磁量子数 m_s。

如果将电子自旋角动量 $\boldsymbol{S}$ 在 z 轴上投影的大小表示为 $\boldsymbol{M}_{z,s}$,则

$$|\boldsymbol{M}_{z,s}| = m_s\hbar \tag{2.14}$$

式中,m_s 为自旋磁量子数。因为单电子的自旋角动量 $\boldsymbol{S}$ 只有两种取值,且大小由 s 决定,所以它在 z 轴上的分量(投影)$M_{z,s}$ 也只有两种。这就是说,用于确定 $M_{z,s}$ 的自旋磁量子数 m_s 的取值与 s 有关。实际上,$m_s=\pm s$。对于单电子原子,$s=\dfrac{1}{2}$,所以 $m_s=\pm\dfrac{1}{2}$,分别表示在同一条原子轨道中两种取向,即顺时针方向和逆时针方向。

自旋磁量子数 m_s 并不是在求解薛定谔方程过程中引出的。n,l,m 三个量子数决定了原子轨道的能级高低、形状和伸展方向。但原子光谱实验表明,当采用高分辨率的光谱仪时,在强磁场下原先的一条谱线又劈裂为两条靠得很近的谱线,这是因为原子中的电子还存在着自旋运动。

(6) 总量子数 j。

电子既具有轨道角动量 $\boldsymbol{L}$,又具有自旋角动量 $\boldsymbol{S}$,两者的矢量和就是电子的总角动量

$$\boldsymbol{M}_j = \boldsymbol{L} + \boldsymbol{S} \tag{2.15}$$

总角动量 $\boldsymbol{M}_j$ 的方向与大小取决于 $\boldsymbol{L}$ 和 $\boldsymbol{S}$ 的相对方向和大小。虽然 $\boldsymbol{L}$ 和 $\boldsymbol{S}$ 在 z 轴上的分量大小是确定的，但它们的 ϕ 角仍然可变，因此两者的相对方向也可以不同，但并非是任意的。对于单电子，总角动量 $\boldsymbol{M}_j$ 的大小

$$|\boldsymbol{M}_j| = \sqrt{j(j+1)}\,\hbar, \quad j = l+s, |l+s-1|, |l+s-2|, \cdots, |l-s| \tag{2.16}$$

式中，j 为总量子数。对于单电子 $l=0$ 的状态，即 s 态，j 的取值只能有一个，即 $j=\left|0\pm\frac{1}{2}\right|=\frac{1}{2}$，而总角动量 $\boldsymbol{M}_j$ 的大小也只能是 $|\boldsymbol{M}_j|=\sqrt{\frac{1}{2}\left(\frac{1}{2}+1\right)}\hbar=\frac{\sqrt{3}}{2}\hbar$。当 $l\neq 0$ 时，j 的取值可有两个：$l+\frac{1}{2}$，$l-\frac{1}{2}$。

例如，一个 p 电子，其 $l=1$，因此 j 可有 $\frac{3}{2}$ 和 $\frac{1}{2}$ 两个取值，$\boldsymbol{M}_j$ 的大小也有两种，$|\boldsymbol{M}_j|=\frac{\sqrt{15}}{2}\hbar$ 和 $|\boldsymbol{M}_j|=\frac{\sqrt{3}}{2}\hbar$，表明 $\boldsymbol{L}$ 和 $\boldsymbol{S}$ 有两种相对取向，如图 2.3 所示。

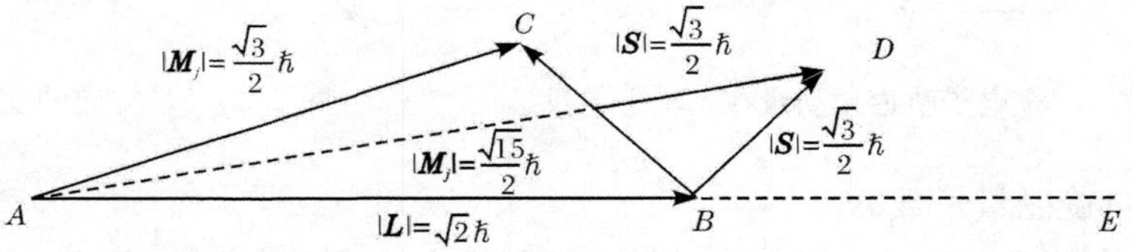

图 2.3　一个 p 电子 $\boldsymbol{M}_j$ 的两种取向

(7)总磁量子数 m_j。

由于总角动量 $\boldsymbol{M}_j$ 的大小及在空间的取向均是量子化的，所以 $\boldsymbol{M}_j$ 在 z 轴上的分量也是量子化的。总磁量子数 m_j 决定了总角动量 $\boldsymbol{M}_j$ 在 z 轴方向上分量 $\boldsymbol{M}_{z,j}$ 的大小

$$|\boldsymbol{M}_{z,j}| = m_j\,\hbar, \quad m_j = \pm\frac{1}{2}, \pm\frac{3}{2}, \cdots, \pm j \tag{2.17}$$

例如，$j=\frac{3}{2}$ 时，$|\boldsymbol{M}_j|=\frac{\sqrt{15}}{2}\hbar$，$m_j$ 有 $\pm\frac{1}{2}$ 和 $\pm\frac{3}{2}$ 四个取值，因此，$\boldsymbol{M}_j$ 可有四种取向，如图 2.4 所示。

这样，描述单电子的状态就可以有两组量子数 (n,l,m,m_s) 或 (n,l,j,m_j)。对于相同的 n 和 l，这两组量子数所表示的状态数目是相等的。例如，无论用哪一组量子数描述电子的状态，s 电子都有两种状态，p 电子都有 6 种状态，如表 2.3 所示。

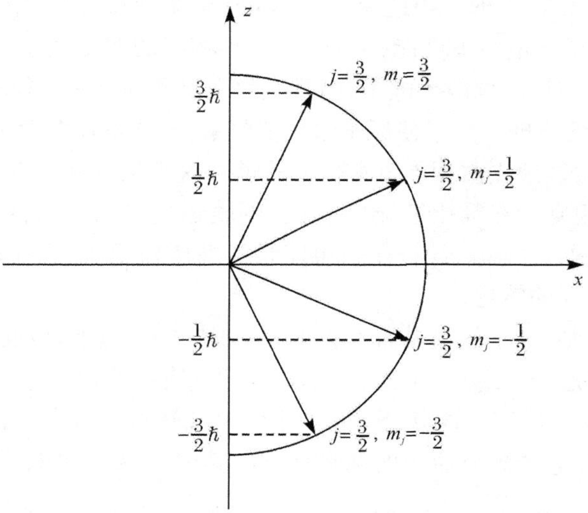

图 2.4　$j=\frac{3}{2}$时 $\boldsymbol{M}_j$ 在 z 轴上的分量

表 2.3　s 电子和 p 电子对应的两组不同的量子数

电子	用(n,l,m,m_s)描述			用(n,l,j,m_j)描述		
	l	m	m_s	l	j	m_j
s	0	0	$+\frac{1}{2}$	0	$\frac{1}{2}$	$+\frac{1}{2}$
	0	0	$-\frac{1}{2}$	0	$\frac{1}{2}$	$-\frac{1}{2}$
p	1	0	$+\frac{1}{2}$	1	$\frac{1}{2}$	$+\frac{1}{2}$
	1	0	$-\frac{1}{2}$	1	$\frac{1}{2}$	$-\frac{1}{2}$
	1	+1	$+\frac{1}{2}$	1	$\frac{3}{2}$	$+\frac{3}{2}$
	1	+1	$-\frac{1}{2}$	1	$\frac{3}{2}$	$+\frac{1}{2}$
	1	−1	$+\frac{1}{2}$	1	$\frac{3}{2}$	$-\frac{1}{2}$
	1	−1	$-\frac{1}{2}$	1	$\frac{3}{2}$	$-\frac{3}{2}$

2.1.2　多电子原子的电子组态

根据光谱实验数据以及对元素性质周期律的分析，归纳出处于基态的原子核外电子排布应遵循的三个原则（孙家跃等，2003），如下所述。

(1) Pauli 不相容原理。描述原子的单电子运动状态，需要用四个量子数 n、l、m、m_s，即一个原子轨道中不可能存在两个具有相同的四个量子数的电子。可见，一个原子轨道最多只能排两个电子，而且这两个电子的自旋必须相反。

(2) 能量最低原理。为了使原子系统能量最低，在不违背 Pauli 不相容原理的前提下，电子尽可能地先占据能量最低的轨道。这个状态就是原子系统的基态。

(3) Hund 规则。在等能量(n、l 相同)的轨道上，自旋平行电子数越多，原子系统的能量则越低。换句话说，在一组能量简并的轨道上，电子尽可能以自旋相同的方向分占不同的轨道。

按照上述原则，电子依次排布到各个 n、l 确定的轨道上，以此表示的电子排布方式称为电子组态(configuration)。例如，氢原子有一个电子，当氢原子处于基态时，这个电子在 $n=1$，$l=0$ 的状态，即可用 1s 来描述这个状态。称 1s 是氢原子中一个电子的组态，它导致氢原子的基态是 $^2S_{\frac{1}{2}}$，其中，S 表示单电子的轨道角动量为 0，因而 j 只取一个数值，$j=\dfrac{1}{2}$，并标注在右下角；左上角表示 $2s+1$ 的数值，由于单电子 s 总是$\dfrac{1}{2}$，因而 $2s+1=2$，代表双重态。如果是氦原子，当两个电子都在 1s 态时，电子组态就描述为 1s1s 或 $1s^2$，将导致何种原子态涉及两个电子的耦合。

在 Pauli 不相容原理和能量最低原理的限制下，处于基态时原子中的电子按照 1s，2p，3s，3p，4s，3d，4p，5s，4d，5p，6s，4f，5d，6p，7s，5f，6d，…的次序填充，得出原子基态的电子组态。这一规律可以由原子总能量与原子轨道能间的关系加以解释(刘月成等，1994)。电子轨道上的填充次序既要看轨道能量的变化，又要看电子间总排斥能的变化，两者变化往往不一定一致。例如对于钾原子，尽管 3d 轨道的能量高于 4s 轨道，但其电子组态为 4s 而不是 3d，原因就是钾的第 19 个电子占据 4s 轨道时，电子的排斥能大于占据 3d 轨道时的总排斥能，其差值大于 4s 与 3d 的轨道之差。同样的理由可以解释第一过渡系原子的电子组态，一般先占据 4s 轨道，然后才占据 3d 轨道；第二、第三过渡系原子的电子组态一般是 $(n-1)d^{N-2}ns^2$，而不是 $(n-1)d^N$。原子电子组态表中的某些"违例"情况，可通过考虑影响原子内各粒子的相互作用的诸多因素(如屏蔽效应、轨道贯穿、电子密度分布、电子自旋、Hund 规则以及 Hund 规则特例等)而得到解释。所谓 Hund 规则特例指，对于等价轨道，当电子全填充满(p^6，d^{10}，f^{14})、半充满(p^3，d^5，f^7)或全空时，因为电子总的角度分布有球对称的特点，故总的角动量为零，电子云整体表现为无节面的球对称性而使体系比较稳定。例如，Cr、Cu 的电子组态分别是 $3d^5 4s$、$3d^{10} 4s$，而不是 $3d^4 4s^2$、$3d^9 4s^2$。同理可解释 Mo、Pd、Ag 的基态电子组态。而铌的电子组态是 $4d^4 5s$，而不是 $4d^3 5s^2$，除由自旋平行电子数增加引起能量的降低这一原因外，还因为 5s 电子和 4d 电子之间的相互作用会使能量比满 5s 壳层时要小，故产生了 4d

壳层有靠 5s 电子来填充的倾向。Ru、Rh 的基态电子组态分别是 $4d^7 5s$ 和 $4d^8 5s$，而不是 $4d^6 5s^2$、$4d^7 5s^2$。这主要是电子由 5s 转移到 4d 后，虽然 4d 壳层未半满或全满，也没有增加自旋平行电子数，但由于 d 壳层电子超过半数，有效核电量增加，主量子数对能量的影响起主要作用，s 电子的贯穿效应相对减弱，使 s 壳层的电子向 d 壳层迁移。第六周期的 La 的基态电子组态是 $4f^0 5d^1 6s^2$，是因为 4f、5d、6s 这几个相近支壳层中，4f 壳层被内部电子"屏蔽"得相当完全，以致产生电子由 4f 壳层向 5d 壳层迁移的趋势，同理可解释 Ce、Gd 及第七周期中 Ac、Th、Pa、U、Np、Cm 等原子的基电子组态的"违例"情况。至于原子序数小于 19 的钾以前的元素，由于 s 或 p 轨道能量差别较大，而电子占据 s 或 p 轨道时其电子的总排斥能不足以改变这些差别，而只要遵守 Pauli 不相容原理，按轨道能从低到高的顺序填充电子即能得到正确的基态电子组态。

在多电子原子系统中，用量子数 n、l、m、m_s 描述的运动状态，是一种在不考虑电子的轨道与自旋的电磁相互作用情况下的近似处理结果。换言之，量子数 n、l、m 所描述的仅是单个(或者说是"孤立的")原子轨道的行为，因此，原子整体的运动状态不能用各个单电子运动状态的简单加和来表示。电子各种角动量的耦合较好地体现了轨道与自旋之间的电磁相互作用。

2.2　原子光谱

原子中的电子都处于一定的运动状态，每个状态都具有确定的能量，这些能量是量子化的。在无外来作用时，原子核外电子的排布遵守三个原则，整个原子处于能量最低的状态——基态。但原子的基态可以被破坏，例如，用一定波长的光照射原子时，原子中的一个或几个电子就有可能由此获得能量，而跃迁到较高能级，这种电子占据较高能级的原子的状态称为激发态。原子由基态跃迁到激发态的过程称为激发。原子的激发态是不稳定的能量状态，存续时间仅 $10^{-8} \sim 10^{-5}$ s，之后便会将多余能量释放出来，并跃迁回到基态。

假设原子激发态能量为 E_2，基态能量为 E_1，当一个电子由激发态跃迁回到基态时，多余的能量以光的形式释放，那么释放出一个光子的能量为 $\Delta E = E_2 - E_1$。而一个光子的能量为 $h\nu$，释放出光子的频率为

$$\nu = \frac{\Delta E}{h} = \frac{E_2 - E_1}{h} \tag{2.18}$$

若用底片将发射的光接收下来，则得到一条谱线。与此同时，体系中处于其他能量状态的原子也会发生其他能级间的跃迁，还要发出其他频率的光，将不同频率的光全部接收下来，便得到多条亮的谱线，这就是原子发射光谱。

此外，若用一束白光照射某种物质，此物质将选择吸收其中某些频率的光而

发生能级跃迁,即原子中的电子会由低能级跃迁到较高能级。如果用底片将透过的光接收下来,则被物质吸收的那些频率的光将会在底片上显示出一系列暗的线,这样获得的光谱称为原子吸收光谱。这里主要讨论原子发射光谱,简称为原子光谱。

原子光谱是原子结构的反映,是由原子结构决定的。光谱与结构之间存在着一一对应的关系。不同元素的原子结构不同,能级也不同,因而其光谱的结构和强度也不同。即使同一元素组成的原子和离子,由于两者的结构不同,能级也不同,其光谱结构也一定不同。由于原子核与原子内层的电子(合称为"原子实")结构比较坚固,不易激发,原子光谱主要是由处于最高能级的价电子跃迁产生的,其结构也主要取决于价电子的运动状态,同族元素的原子具有相似的价电子结构,故其原子光谱也相似。

对某一原子而言,其能级的分布是一定的,因此,电子在这些能级间跃迁而产生的光谱就不是杂乱无章的,其成分和强度都具有一定的规律性。

2.2.1 多电子原子的状态和光谱项符号

多电子原子中的每个电子都有轨道角动量 $\boldsymbol{L}$ 和自旋角动量 $\boldsymbol{S}$。一个原子的总角动量 $\boldsymbol{M}_J$ 应为这些电子的 $\boldsymbol{L}$ 和 $\boldsymbol{S}$ 的矢量和。加和的方法可以有两种,一种是先将每一电子的自旋角动量合成为原子的自旋角动量,每一电子的轨道角动量合成为原子的轨道角动量,然后将二者合成为原子的总角动量,这种方法称为L-S耦合法。另一种是先把每个电子的自旋角动量和轨道角动量合成为每个电子的总角动量,然后将每个电子的总角动量合成为原子的总角动量,这种方法称为 J-J 耦合法。从本质上说,L-S 耦合法的适用条件是电子间的静电相互作用比电子自旋-轨道磁的相互作用强得多。光谱数据表明,对于原子序数小于 40 的原子的基态和低激发态,L-S 耦合法一般都适用(许国材,1998)。

下面讨论 L-S 耦合法。

(1) 原子的自旋角动量 $\boldsymbol{S}$。

单个电子的 $s=\frac{1}{2}$,则其自旋角动量的大小为一个常数,其值为

$$|\boldsymbol{S}_i| = \sqrt{s(s+1)}\,\hbar = \frac{\sqrt{3}}{2}\,\hbar \tag{2.19}$$

在多电子原子中,单个电子的自旋角动量 $\boldsymbol{S}_i$ 的矢量和就是原子的自旋角动量:

$$\boldsymbol{S} = \sum_i \boldsymbol{S}_i \tag{2.20}$$

总自旋角动量的绝对值为

$$|\boldsymbol{S}| = \sqrt{S(S+1)}\,\hbar \tag{2.21}$$

式中，S 为原子的自旋量子数，对于 n 个电子体系，可能取值为 $\frac{n}{2}, \frac{n}{2}-1, \frac{n}{2}-2, \cdots, \frac{1}{2}$（$n$ 为奇数），0（n 为偶数）。

例如，对于两电子原子，S 的取值只有 1 和 0 两种，因此原子的自旋角动量 $\boldsymbol{S}$ 的大小只有 $|\boldsymbol{S}|=\sqrt{2}\hbar$ 和 $|\boldsymbol{S}|=0$ 两种。

对于三电子原子，S 的取值可有 $\frac{3}{2}$ 和 $\frac{1}{2}$ 两种，原子的自旋角动量 $\boldsymbol{S}$ 的大小可有 $\frac{\sqrt{15}}{2}\hbar$ 和 $\frac{\sqrt{3}}{2}\hbar$ 两种。当 $n=4$ 时，S 的取值可有 2、1、0 三种，$\boldsymbol{S}$ 大小可有 $\sqrt{6}\hbar$、$\sqrt{2}\hbar$、0 三种。

量子力学可以证明，对于原子自旋量子数为 S 的自旋角动量 $\boldsymbol{S}$ 来说，其方向不是任意的，这些可能的方向使其在 z 轴上的投影为

$$|\boldsymbol{M}_{S,z}| = m_S\hbar, \quad m_S = S, S-1, S-2, \cdots, -S \tag{2.22}$$

式中，m_S 共有 $(2S+1)$ 个取值，说明 $\boldsymbol{S}$ 在 z 轴上的投影共有 $(2S+1)$ 个，因此，原子的自旋角动量 $\boldsymbol{S}$ 必定只有 $(2S+1)$ 个方向。

(2) 原子的轨道角动量 $\boldsymbol{L}$。

多电子原子中各个电子的轨道角动量的矢量和就是原子的轨道角动量 $\boldsymbol{L}=\sum_i L_i$。

和自旋角动量合成的情况相似，同一原子中的电子，其轨道角动量的相对方向也不是任意的，合成所得到的原子角动量 $\boldsymbol{L}$ 的绝对值只能是

$$|\boldsymbol{L}| = \sqrt{L(L+1)}\,\hbar \tag{2.23}$$

式中，L 为原子的角量子数。对于两个电子的原子，L 的取值为 $l_1+l_2, l_1+l_2-1, \cdots, |l_1-l_2|$。例如，对于两个 p 电子而言，$l_1=1, l_2=1$，因此，原子的角量子数 L 的取值可能有 2、1、0 三种，从而原子的轨道角动量 $\boldsymbol{L}$ 的大小可有 $\sqrt{6}\hbar$、$\sqrt{2}\hbar$、0 三种。

对于三电子体系，可先将其中的两个电子的角量子数合成，其结果与第三个电子的角量子数再进行合成。例如，三个 p 电子，原子的角量子数可取值为 3、2、1、0，而原子轨道角动量的大小可为 $\sqrt{12}\hbar$、$\sqrt{6}\hbar$、$\sqrt{2}\hbar$、0。

对于角量子数为 L 的原子来说，其轨道角动量 $\boldsymbol{L}$ 在 z 轴上的投影是

$$|\boldsymbol{M}_z| = m_L\hbar, \quad m_L = 0, \pm 1, \pm 2, \cdots, \pm L \tag{2.24}$$

式中，m_L 共有 $(2L+1)$ 个取值，说明 $\boldsymbol{L}$ 在 z 轴上共有 $(2L+1)$ 个投影，因此，原子的轨道角动量 $\boldsymbol{L}$ 必定只有 $(2L+1)$ 个方向。

(3) 原子的总角动量 $\boldsymbol{M}_J$。

原子的总角动量 $\boldsymbol{M}_J$ 等于其自旋角动量 $\boldsymbol{S}$ 和轨道角动量 $\boldsymbol{L}$ 的矢量和。总角动

量的绝对值为

$$|\boldsymbol{M}_J| = \sqrt{J(J+1)}\,\hbar \qquad (2.25)$$

式中，$J=L+S,L+S-1,\cdots,|L-S|$。

例如，对于 $L=2$ 和 $S=1$ 来说，J 可能取值为 3、2 和 1。

$\boldsymbol{L}$ 和 $\boldsymbol{S}$ 的相对方向不是任意的，$\boldsymbol{M}_J$ 的方向也不是任意的，它在 z 轴上的投影只能为

$$|\boldsymbol{M}_{J,z}| = m_J\hbar, \quad m_J = J, J-1, J-2, \cdots \qquad (2.26)$$

式中，m_J 共有 $(2J+1)$ 个取值，即 $\boldsymbol{M}_J$ 在 z 轴上共有 $(2J+1)$ 个投影，因此，原子的总角动量必定只有 $(2J+1)$ 个方向。

这样，除了主量子数 n 以外，多电子原子的状态可用三个量子数 L、S、J 来表示，标记的方法如下。

(1) L 取值为 0,1,2,3,4,…时，对应的状态分别用大写字母 S,P,D,F,G,…表示。

(2) 将 $2S+1$ 的值写在 L 对应符号的左上角，即 ^{2S+1}L，称为光谱项。

(3) 将 J 值写在 L 对应符号的右下角，即 $^{2S+1}L_J$，称为光谱支项。

例如，处于 $L=2, S=\frac{1}{2}$ 的状态的原子，其光谱项为 $^2\mathrm{D}$，此状态下 J 可能取值为 $\frac{5}{2}$ 和 $\frac{3}{2}$，因此，光谱项 $^2\mathrm{D}$ 有两个支项，分别是 $^2\mathrm{D}_{\frac{5}{2}}$ 和 $^2\mathrm{D}_{\frac{3}{2}}$。

当 $L>S$ 时，J 有 $(2S+1)$ 个取值，因而有 $(2S+1)$ 个支项，上角标 $(2S+1)$ 称为光谱项的多重性。当 $L<S$ 时，光谱支项的数目不再等于 $(2S+1)$，而是等于 $(2L+1)$，但 $(2S+1)$ 仍称为光谱项的多重性。

2.2.2 由电子组态确定光谱项

原子核外电子的排布称为电子的组态。同一种原子，原子核外电子的排布可有许多种。其中，原子处于基态——整个原子能量最低的状态的电子组态称为基组态。

具有完全相同的主量子数 n 和角量子数 l 的电子称为等价电子，n 和 l 中至少有一个不相同的电子称为非等价电子。由于受到泡利不相容原理的限制，等价电子与非等价电子光谱项的求法不同。

(1) 非等价电子的光谱项。

对于非等价电子，n 和 l 中至少有一个量子数不同，因此，描述原子状态的另外两个量子数 J 和 m_J 的选取不受限制，其光谱项也比较容易确定。首先需确定原子的角量子数 L 和自旋量子数 S 的所有可能的值，然后将两者组合在一起，就可得到其光谱项。

对于 n 不同而 l 相同的电子组态，下面举例说明。

例如，$ns^1(n+1)s^1$ 组态电子的光谱项。这里有两个 s 电子，$l_1=l_2=0$，$s_1=s_2=\frac{1}{2}$。由 l_1 和 l_2 可得 $L=0$，由 s_1 和 s_2 可得 $S=1,0$；L 和 S 组合在一起，得两个光谱项 ^3S、^1S。

例如，$np^1(n+1)p^1$ 组态电子的光谱项。这里有两个 p 电子，$l_1=l_2=1$，$s_1=s_2=\frac{1}{2}$。由 l_1 和 l_2 可得 $L=2,1,0$，由 s_1 和 s_2 可得 $S=1,0$；L 和 S 组合在一起，得六个光谱项 ^3D、^3P、^3S、^1D、^1P、^1S。

例如，$(n-1)p^1np^1(n+1)p^1$ 组态电子的光谱项。这里有三个 p 电子，$l_1=l_2=l_3=1$，$s_1=s_2=s_3=\frac{1}{2}$，由上例可知两个 p 电子合成得 $L'=2,1,0$，由 s_1 和 s_2 可得 $S'=1,0$，L' 和 S' 分别与 l_3 和 s_3 组合可得 $L=3,2,1,0$，$S=\frac{3}{2},\frac{1}{2}$；$L$ 和 S 组合在一起，最后得到 8 个光谱项 $^4F(1)$、$^4D(2)$、$^4P(3)$、$^4S(1)$、$^2F(2)$、$^2D(4)$、$^2P(6)$、$^2S(2)$。

L' 或 S' 与 l_3 或 s_3 组合后某些量子数的值重复出现，使最后得到的光谱项也重复出现。括号内的数字代表该光谱项出现的次数。例如，$L'=2$ 与 $l_3=1$ 组合后得到 L 的数值分别为 3,2,1，而 $L'=2$ 与 $l_3=1$ 组合后得到 L 的数值分别为 2,1,0，其中 L 的数值 2 和 1 是重复的。再如，$S'=1$ 与 $s_3=\frac{1}{2}$ 组合后得到 S 的数值分别为 $\frac{3}{2}$ 和 $\frac{1}{2}$，而 $S'=0$ 与 $s_3=\frac{1}{2}$ 组合后得到 S 的数值为 $\frac{1}{2}$，其中 S 的数值 $\frac{1}{2}$ 是重复的。

对于 n 相同而 l 不同的电子组态，下面举例说明。

例如，求 ns^1np^1 组态电子的光谱项。这里有两个电子，一个 s 电子和一个 p 电子。这两个电子的 $l_1=0$，$l_2=1$，$s_1=s_2=\frac{1}{2}$。由 l_1 和 l_2 可得 $L=1$，由 s_1 和 s_2 可得 $S=1,0$；L 和 S 组合在一起，得两个光谱项 ^3P、^1P。

例如，求 np^2nd^1 组态电子的光谱项。一个 p 电子和一个 d 电子，这两个电子的 $l_1=1$，$l_2=2$，$s_1=s_2=\frac{1}{2}$。由 l_1 和 l_2 可得 $L=3,2,1$，由 s_1 和 s_2 可得 $S=1,0$；L 和 S 组合在一起，得六个光谱项 ^3F、^3D、^3D、^3P、^1F、^1D、^1P。

部分非等价电子组态的光谱项见表 2.4。

表 2.4　部分非等价电子组态的光谱项

电子组态	光谱项
$ns^1(n+1)s^1$	^2S、^1S
ns^1np^1	^3P、^1P
ns^1nd^1	^3D、^1D
$np^1(n+1)p^1$	^3D、^3P、^3S、^1D、^1P、^1S
np^1nd^1	^3F、^3D、^3P、^1F、^1D、^1P
$(n-1)s^1ns^1(n+1)s^1$	$^4S(1)$、$^3S(2)$
$(n-1)s^1ns^1(n+1)p^1$	$^4P(1)$、$^2P(2)$
$(n-1)s^1ns^1(n+1)d^1$	$^4D(1)$、$^2D(2)$
$(n-1)s^1np^1(n+1)p^1$	$^4D(1)$、$^4P(1)$、$^4S(1)$、$^2D(2)$、$^2P(2)$、$^2S(2)$
$(n-1)s^1np^1(n+1)d^1$	$^4F(1)$、$^4D(1)$、$^4P(1)$、$^2F(2)$、$^2D(2)$、$^2P(2)$

(2) 等价电子的光谱项。

对于等价电子，需要考虑泡利不相容原理，所以其光谱项的求法比较复杂。

通常用电子排布法确定等价电子组态光谱项，首先按照 Pauli 不相容原理的要求将给定组态的电子分别排布在各可能的轨道上，在 nl^N 组态中有 $C_{2(2l+1)}^N$（$C_m^n=\dfrac{m(m-1)\cdots(m-n-1)}{n!}$）个微观状态；然后在这些可能的微观状态中找出 m_S 的最大值 $(m_S)_{\max}$ 以及相应的 $(m_L)_{\max}$，根据这两个值就可以确定相应的 S 值和 L 值，得光谱项 ^{2S+1}L，去除该谱项；最后在剩下的状态中再找出 $(m_S)_{\max}$，又可得到另一批光谱项(姜心田，2004)。

下面以 np^2 电子组态为例来讨论等价电子光谱项的求法。

若考虑到电子的自旋运动，p 轨道的简并度就是 6。两个 p 电子在这六个状态中的分布方式共有 15 种，这 15 种状态如表 2.5 所示。表 2.5 中 m_i 和 m_L 分别为单个电子和原子的磁量子数，$m_{s,i}$ 和 m_S 分别为单个电子和原子的自旋磁量子数。

根据表 2.5，可以求 np^2 电子组态的光谱项。

表 2.5　np^2 电子组态的 15 种微观状态

序号	$m_i(=0,\pm1,\cdots,\pm l)$			$m_L=\sum_i m_i$	$m_S=\sum m_{s,i}$	光谱项
	1	0	−1			
1	↑↓			2	0	^1D
2	↑	↑		1	1	^3P
3	↑	↓		1	0	^1D
4	↑		↑	0	1	^3P

续表

序号	$m_i(=0,\pm1,\cdots,\pm l)$			$m_L=\sum_i m_i$	$m_S=\sum m_{s,i}$	光谱项
	1	0	−1			
5	↑		↓	0	0	^1D
6	↓	↑		1	0	^3P
7	↓	↓		1	−1	^3P
8	↓		↑	0	0	^3P
9	↓		↓	0	−1	^3P
10		↑↓		0	0	^1S
11		↑	↑	−1	1	^3P
12		↑	↓	−1	0	^1D
13		↓	↓	−1	−1	^3P
14		↓	↑	−1	0	^3P
15			↑↓	−2	0	^1D

先分析 np^2 电子的第 1 种微观状态，$m_L=2$ 是表 2.5 中的最大值。根据 m_L 的取值规则（$m_L=0,\pm1,\pm2,\cdots,\pm L$），这种状态对应的 L 值最大，应等于 2。由此，也就可以推算出一定存在 $L=2$ 的状态，此时 m_L 可能的取值为 2、1、0、−1、−2 共五种。但对于第 1 种状态，$m_S=0$，根据 m_S 的取值规则（$m_S=0,\pm1,\pm2,\cdots,\pm S$），这种状态对应的 S 应等于 0。而 $L=2$ 且 $S=0$ 的状态对应光谱项为 ^1D。由此可以推断，表 2.5 中的 15 个状态中属于光谱项 ^1D 的状态共五个，将它们挑选出来，分别是表 2.5 中的第 1、第 3、第 5、第 12 和第 15 种状态。在挑选这 5 种状态时，若遇到 m_L 和 S 完全相同的情况，如表 2.5 中的第 3 种和第 6 种状态，则只选择其中一种。不再重复考虑属于 ^1D 的这 5 个状态，在剩余的 10 个状态中重复上述分析过程。例如，第 2 种微观状态的 $m_L=1$。根据 m_L 的取值规则，这种状态对应的 L 值最大应等于 1。由此，也就可以推算出一定存在 $L=1$ 的状态，此时 m_L 可能的取值为 1、0、−1 共三种。而对于第 2 种状态，$m_S=1$，根据 m_S 的取值规则，对应的 $S=1$，由此，又可以推算出一定存在 $S=1$ 的状态，而 $S=1$ 状态的 m_S 可能的取值也有 1、0、−1 三种。因此，$L=1$ 且 $S=1$ 时对应的微观状态数为 $3\times3=9$ 种，对应光谱项均为 ^3P。在表 2.5 剩余的 10 个状态中再挑选出属于光谱项 ^3P 的状态共九个。经过上述分析，表 2.5 中只剩下第 10 种微观状态，其 m_L 和 m_S 都为 0，显然对应的 L 值和 S 值也都等于 0，因此所属的光谱项为 ^1S。这样，就得到 np^2 组态的等价电子的光谱项有三个：^1S、^1D、^3P。由电子的光谱项很容易求得相应的光谱支项，^1S 的 $L=0$，$S=0$，$J=0$，所以有一个支项 $^1S_0$；^1D 的 $L=2$，$S=0$，$J=2$，所以也有一个支项 $^1D_2$；^3P 的 $L=1$，$S=1$，$J=2$、1、0，所以有三个支项 $^3P_2$、$^3P_1$ 和 $^3P_0$。

再以 d^3 组态为例(廖显威,1992),其微观状态数为 $C_{10}^3=\frac{10\times9\times8}{3\times2\times1}=120$,在实际操作时,不必一一列出 120 种微观状态,充分利用 m_L、m_S 取值的对称性,即只需列出 $m_L\geqslant0$,$m_S\geqslant0$ 的微观状态便可得出所有的光谱项,这样将大大简化工作(表 2.6)。

表 2.6 nd^3 电子组态的微观状态

序号	$m_i(=0,\pm1,\cdots,\pm l)$					$m_L=\sum_i m_i$	$m_s=\sum m_{s,i}$	光谱项
	2	1	0	−1	−2			
1	↑↓	↑				5	1/2	^2H
2	↑↓		↑			4	1/2	^2H、^2G
3	↑	↑↓				4	1/2	
4	↑	↑	↑			4	1/2	^4F
5	↑	↑	↓			3	1/2	^2H、^2G、^4F、^2F
6	↑	↓	↑			3	1/2	
7	↑↓			↑		3	1/2	
8	↓	↑	↑			3	1/2	
9	↑	↑		↑		3	1/2	^4F
10	↑	↑		↓		2	1/2	^2H、^2G、^4F、^2F、$^2D(2)$
11	↑	↓		↑		2	1/2	
12	↓	↑		↑		2	1/2	
13	↑		↑↓			2	1/2	
14		↑↓	↑			2	1/2	
15	↑↓				↑	2	1/2	
16	↑	↑			↑	2	1/2	^4F、^4P
17	↑		↑	↑		1	1/2	
18	↑	↓			↑	1	1/2	^2H、^2G、^4F、^2F、$^2D(2)$、^4P、^2P
19	↓	↑			↑	1	1/2	
20	↑	↑			↓	1	1/2	
21	↑		↑	↓		1	1/2	
22	↑		↓	↑		1	1/2	
23	↓		↑	↑		1	1/2	
24		↑	↑↓			1	1/2	
25		↑↓		↑		1	1/2	

续表

序号	$m_i(=0,\pm1,\cdots,\pm l)$					$m_L=\sum_i m_i$	$m_s=\sum m_{s,i}$	光谱项
	2	1	0	−1	−2			
26		↑	↑	↑		0	1/2	^4F、^4P
27	↑		↑		↑	0	1/2	
28		↑	↑	↓		0	1/2	^2H、^2G、^4F、^2F、$^2D(2)$、^4P、^2P
29		↑	↓	↑		0	1/2	
30		↓	↑	↑		0	1/2	
31	↑		↑		↓	0	1/2	
32	↑		↓		↑	0	1/2	
33	↓		↑		↑	0	1/2	
34	↑			↑↓		0	1/2	
35		↑↓			↑	0	1/2	

在表 2.6 中，只列出了该组态的 35 种微观状态，便得到了该组态的光谱项系 ^2H、^2G、^4F、^2F、$^2D(2)$、^4P、^2P。

等价电子某些组态的光谱项列于表 2.7 中。

表 2.7　等价电子某些组态的光谱项

电子组态	光谱项
s^2	^1S
p^2	^1S、^1D、^3P
p^3	^2P、^2D、^4S
p^4	^1S、^1D、^3P
p^5	^2S
p^6	^1S
d^2	^1S、^1D、^1G、^3P、^3F
d^3	^2P、$^2D(2)$、^2F、^2G、^2H、^4P、^4F
d^4	$^1S(2)$、$^1D(2)$、^1F、$^1G(2)$、^1I、$^3P(2)$、^3D、$^3F(2)$、^3G、^3H、^3D
d^5	^2S、^2P、$^2D(3)$、$^2F(2)$、$^2G(2)$、^2H、^2I、^4P、^4D、^4F、^4G、^6S

求取等价组态光谱项的方法很多，除了上述电子排布法，还有行列式波函数法(廖代正等，1984)、速算法等(刘国范，1985)。

根据不同电子组态的光谱项，很容易推导原子的光谱项。下面以周期表前面几个元素为例，讨论其基组态的光谱项。

(1) H：核外一个电子，基组态是 $1s^1$，其 $L=0$，$S=\frac{1}{2}$，故其光谱项为 1^2S。J

只能等于$\frac{1}{2}$,因此只有一个支项为$1^2S_{\frac{1}{2}}$。氢原子的激发态相当于另一些n和(或)l数值,依l的数值不同,其光谱项可为^2S,^2P,^2D,…,但由于只有一个电子,S只能等于$\frac{1}{2}$,因此得到的光谱项永远是二重的,即$(2S+1)$永远等于2。

(2) He:核外两个电子,基组态为$1s^2$。根据Pauli不相容原理,两个电子必须自旋相反,因此$S=0$,又由于$L=0$,其光谱项为^1S,J只能取0,因此也只有一个支项为$^1S_0$。当有一个电子激发进入高能级时,两个电子变为非等价电子,这时两个电子可以有相同的自旋,可以有$S=0$和$S=1$两种情况,因此在激发态时,单重态$(2S+1=1)$和三重态$(2S+1=3)$都可能存在,但不可能有大于三重态的态。

(3) Li:基组态为$1s^22s^1$。对于填满了的1s电子层,$L=1$,$S=0$,它们对整个原子的轨道角动量和自旋角动量不再有贡献,所以Li的L和S值仅由外层电子决定。外层电子组态为$2s^1$,即ns^1组态,与H相同,因此Li的光谱项与H也相同(只是n不同)为2^2S,支项为$2^2S_{\frac{1}{2}}$。

(4) Be:基组态为$1s^22s^2$,与He类似,为满壳层,光谱项为^1S,支项为$^1S_0$。

(5) B:基组态为$1s^22s^22p^1$。位于1s和2s上的两对电子其L和S都互相抵消,对光谱项无贡献,因而只需考虑$2p^1$组态。只有一个电子,$L=1$,$S=\frac{1}{2}$,故光谱项为^2P,又$J=1+\frac{1}{2}=\frac{3}{2}$或$J=1-\frac{1}{2}=\frac{1}{2}$,因此有两个光谱支项$^2P_{\frac{3}{2}}$和$^2P_{\frac{1}{2}}$。

(6) C:基组态为$1s^22s^22p^2$。只需考虑外层两个p电子,这就是等价电子np^2组态的光谱项,前面已经推出,为^1S、^1D和^3P。^1D有一个支项$^1D_2$,^1S也只有一个支项$^1S_0$,^3P有三个支项$^3P_2$、$^3P_1$和$^3P_0$。在这些项中,^3P项能量是最低的,是C原子的基谱项。

(7) N:基组态为$1s^22s^22p^3$。根据表2.7,其光谱项为^2P、^2D、^4S。又根据Hund规则,^4S的能量最低,是N原子的基谱项。

由原子核外电子组态推导原子光谱项时,注意到存在下列两条规律。

(1) 对于全充满的轨道,如ns^2、np^6、nd^{10}等,电子都是自旋成对且方向相反,电子的总自旋角动量和总轨道角动量均为0,它们对整个原子的S和L值均无贡献,因此由电子组态求原子光谱项时,可不考虑满壳层上的电子,而只需考虑价电子。

(2) 若电子组态为全充满状态,如Be、He等原子,因为$S=0$,$L=0$,$J=0$,所以其光谱项均为^1S,支项均为$^1S_0$。

2.2.3 原子能级图

前面曾经介绍,如果考虑电子的自旋运动,p轨道的简并度是6,如果用两个电子分配在这六个轨道中，将有 15 种方式，也就是说 np^2 组态是 15 重简并的。但实验结果并非如此，p^2 组态并不是 15 重简并的，而是按三个谱项分裂，这是由中心力场对电子相互作用取平均而产生的。量子力学可以证明，如果考虑电子间的相互作用，电子组态的能级按光谱项进行分裂，同一谱项中各微观状态的能量相同，而不同谱项的能量不再相同。用更高分辨率的仪器进一步发现，同一谱项的能量也不是单一的，出于电子的自旋轨道耦合作用而按支项进行分裂。例如，钠原子第一激发态 $1s^2 2s^2 2p^6 3p^1$ 有一个单一的谱项 ^2P，它有两个支项 $^2P_{\frac{3}{2}}$ 和 $^2P_{\frac{1}{2}}$；而钠原子基态 $1s^2 2s^2 2p^6 3s^1$ 有一个单一的谱项 ^2S，它只有一个支项 $^2S_{\frac{1}{2}}$。^2P 到 ^2S 的跃迁称为钠 D 线，由于谱项 ^2P 的分裂，钠 D 线的精细结构由两条波长分别为 5890Å 和 5896Å 的谱线构成。

1927 年，Hund 总结了电子间电磁相互作用的规律和光谱数据，得到了同一组态下各光谱项能量高低的经验规则。

(1) S 越大，能级越低(如 p^2 组态：$^3P<{}^1D$，$^3P<{}^1S$)。

(2) S 相同，L 越大能级越低(如 p^2 组态：$^1D<{}^1S$)。

(3) S 和 L 相同，电子少于和等于半充满时，J 值越小能级越低；电子多于半充满时，J 值越大能级越低(如 p^2 组态：$^3P_0<{}^3P_1<{}^3P_2$；p^4 组态因电子是半充满后，所以能级顺序刚好和 p^2 组态相反：$^3P_2<{}^3P_1<{}^3P_0$)。

例如，np^2 组态的谱项能级高低次序是 $^3P<{}^1D<{}^1S$，基谱项是 ^3P，能级图如图 2.5所示。而 nd^2 组态的谱项能级高低次序是 $^3F<{}^3P<{}^1G<{}^1D<{}^1S$，基谱项为 ^3F。

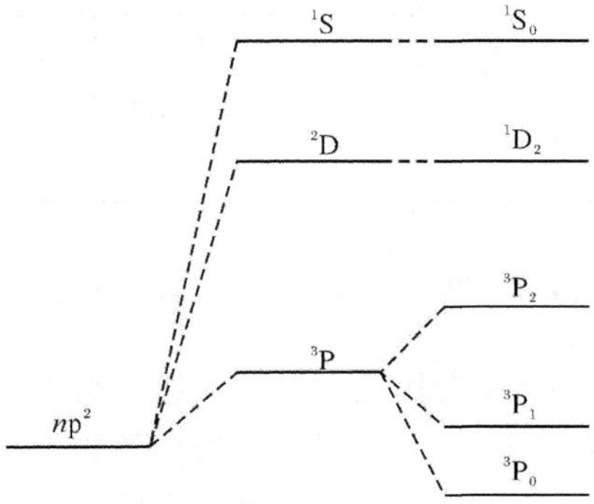

图 2.5　np^2 组态电子的能级图

需要指出的是，上述关于光谱项能级高低的判断规则常有例外。

从 Hund 规则的物理意义上来看，前两条是判断电子间静电排斥作用对能级的影响，第三条是判断磁相互作用对能级的影响。Hund 规则认为，对能级的影响旋-旋作用最为重要，轨-轨作用次之，而旋-轨作用最不重要。电相互作用总是强于磁相互作用。

如果有外磁场的作用，对给定的 J 来说，原子总角动量磁量子数 m_J 有 $(2J+1)$ 个值，即原子总角动量在 z 方向的分量有 $(2J+1)$ 个值，故每一光谱支项还包括 $(2J+1)$ 个微状态和微能态。

光谱项对应的能级高低按 Hund 规则确定。再结合光谱选律，就能研究原子光谱的规律。

光谱项之间的跃迁不是任意的，它由光谱选择定则(简称跃迁选律)来决定，只有符合下列条件的跃迁才能发生。

(1) $\Delta L=\pm 1$，即跃迁只允许在 S 项与 P 项之间、P 项与 S 项或 D 项之间、D 项与 P 项之间发生等。

(2) $\Delta S=0$，即单重项只能跃迁到单重项，三重项只能跃迁到三重项等。

(3) $\Delta J=0, \pm 1$，但当 $J=0$ 时，$\Delta J=0$ 的跃迁是不允许的。

例如，钙原子光谱中，电子由 4^3D 向 4^3P 的跃迁，因 ^3D、^3P 都是三重简并，各有三个光谱支项，应分裂为九条谱线，但实验只测得六条，其原因就是光谱选择定则的限制，图 2.6 中虚线表示的三条是被禁止的。当然，实际能测得几条谱线还与仪器的分辨率有关。

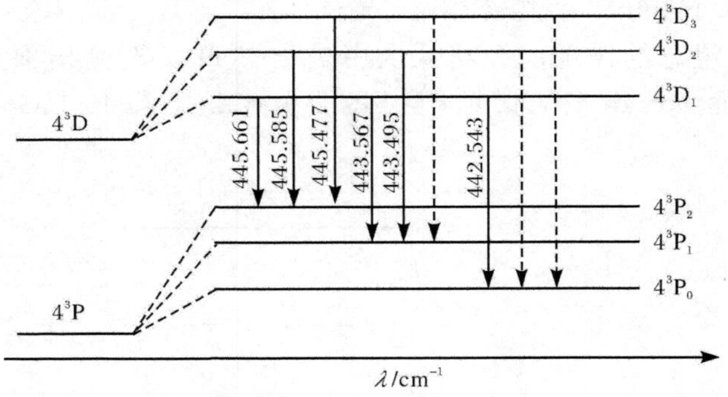

图 2.6　钙原子电子由 4^3D 向 4^3P 的跃迁

以上讨论的是原子不受外力作用情况下能级的分裂。同 H 原子一样，多电子原子也有塞曼效应，即在磁场中，多电子原子的能级也发生分裂，谱线增多。

多电子原子的谱线在磁场中发生分裂的原因同样是原子的总角动量 $\boldsymbol{J}$ 在空间取向的量子化，它可有 $(2J+1)$ 个不同取向。在磁场中 np^2 组态的能级发生分裂的情况如图 2.7 所示。考虑到塞曼效应，光谱的选择定则应再加一项：$\Delta m_J=0, \pm 1$。

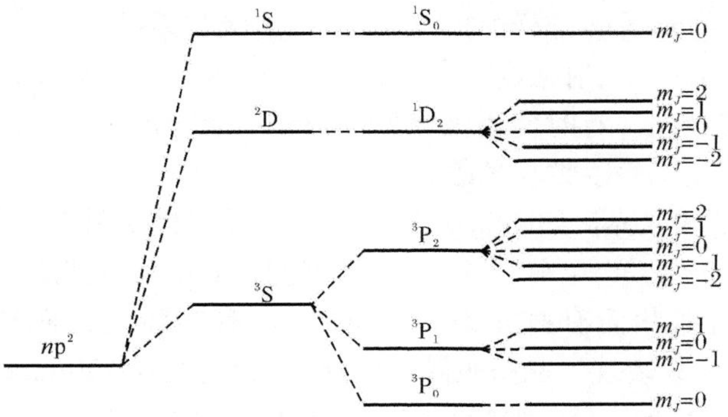

图 2.7　磁场中 np^2 组态的能级图

2.3　光的吸收

发光材料通常为无机固体材料，包含基质晶格和掺入的微量杂质(图 2.8)。当外部光源如紫外光、可见光甚至激光等照射到光致发光材料时，发光材料就会发射出特征光，如可见光、紫外光等，实际上光致发光材料的发光过程较复杂，通

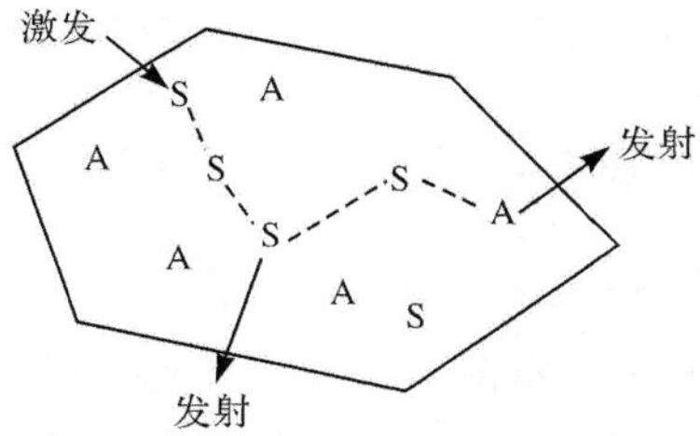

图 2.8　包含激活剂 A 和敏化剂 S 的发光材料发光过程示意图

常包括：基质晶格或发光中心(基质中掺杂的激活剂(activator ions))吸收激发能；基质中掺杂的敏化剂(sensitizers)吸收激发能并传递给激活剂；激活剂发出荧光并跃迁回基态(Ronda，2008)。

本节简要介绍光的吸收即基质晶格或发光中心吸收激发能的过程。更详尽的知识可以参阅相关文献(孙家跃等，2003；Blasse et al.，1994)。

2.3.1　吸收光谱及位形坐标图

考察材料的光吸收，可以测量入射光强和透射光强(忽略反射损失)，透射光强 $I(\nu)$ 为

$$I(\nu)=I_0(\nu)\exp[-\alpha(\nu)l] \tag{2.27}$$

式中，$I_0(\nu)$为入射光强；l 是样品的厚度；$\alpha(\nu)$为吸收系数，cm^{-1}。光通过该物质 1cm 后，其强度将减至入射强度 I_0 的 $1/e^{\alpha}$ 倍。吸收光谱是吸收系数$\alpha(\nu)$随频率 ν 或波长 λ 的变化情况。有时使用吸收率(absorptivity)即$[(I_0-I)/I_0]\times 100(\%)$随波长 λ 的变化情况表示吸收光谱。

Y_2O_3:Eu 的吸收光谱如图 2.9 所示。图中，线状谱线源于 Eu^{3+} 的 $4f^6$ 电子组态跃迁，CT 是 Eu^{3+}-O^{2-} 电荷迁移态的跃迁过程，HL 来自基质(Y_2O_3)吸收。可见有些谱线呈锐线状而有些光谱却呈宽带状，有些强度低而有些强度高。纯 Y_2O_3 的吸收光谱只表现为晶格吸收。因此，线状谱线和 250nm 附近的带状谱可归因于 Eu^{3+}，$\lambda\leqslant$230nm 处强的吸收带来自 Y_2O_3 基质晶格。

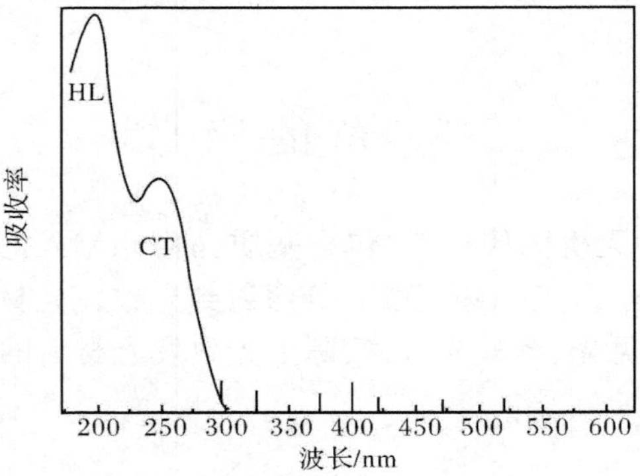

图 2.9　Y_2O_3:Eu 的吸收光谱

可以用位形坐标图(configurational coordinate diagram)来解释吸收带的形状。在位形坐标图中，纵坐标表示晶体中发光中心的势能，它包括电子、离子的势能和相互作用能在内的整个系统的能量，横坐标表示中心离子和周围配位离子的"位形"(configuration)，它是包括离子之间相对位置等因素在内的一个笼统的位置概念。采用中心振动模型来描述这种位形，即作为振动中心的金属离子是静止的，而它周围的配体作靠近或远离它的同步运动。这就是所谓的对称伸缩模型(symmetrical stretching model)。图 2.10 给出了一个示意图，各配体同步远离、靠近金属离子。

位形坐标图表示成系统能量 E 和金属离子-配体距离 R 的函数，R 是随晶格振动变化的结构参数，如图 2.11 所示。图中，基态(g)的平衡位移为 R_0，同时还有 $\upsilon=0,1,2$ 的振动态；激发态的平衡位移为 R_0'，同时还有 $\upsilon'=0',1',2'$的振动态。抛物线的位移是 $\Delta R=R_0'-R_0$。这样做实际上忽略了所有其他的振动类型，这种近似在很多体系中已被证明是不妥的。

图 2.11 下部的抛物线 g 表示系统处于最低能态即基态时的能量与位形的关系。抛物线的最低点 R_0 表示离子处于平衡位置时的能量。之所以呈现出抛物线

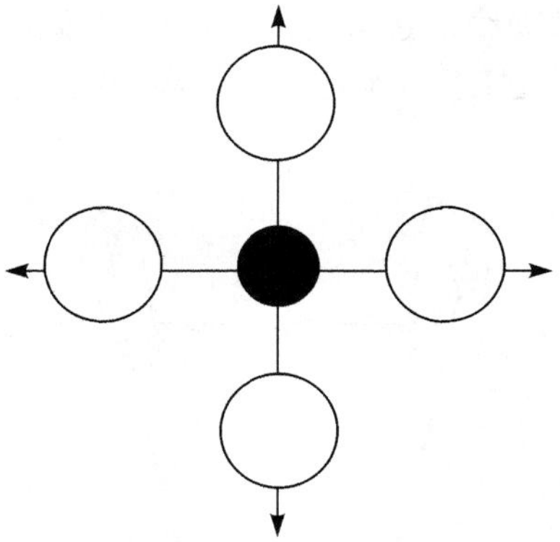

图 2.10 四配位平面配合物的对称伸展振动位形图

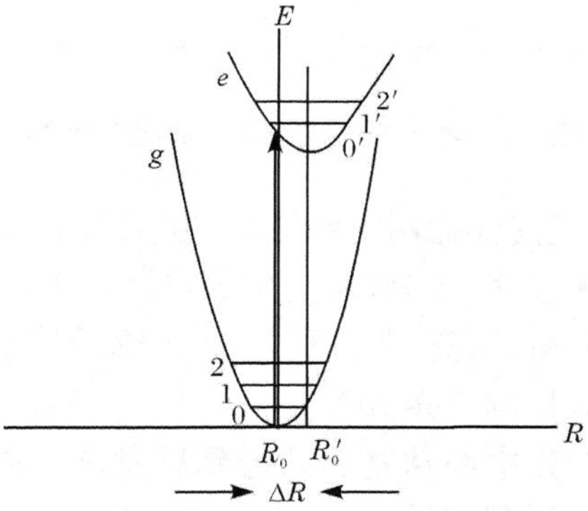

图 2.11 位形坐标图

形状是因为假定了一种最为简化的振动模式：位形的振动是同步的，即回复力 F 与位移成正比：

$$F=-k(R-R_0) \tag{2.28}$$

此回复力与势能相对应，势能与 R 存在着抛物线函数关系：

$$E=\frac{1}{2}k(R-R_0)^2 \tag{2.29}$$

抛物线的最小值 R_0 对应于处于基态的平衡位置。若将金属离子与配体当成一个谐振子，用量子力学方法可解出其振动总能量 E_ν 为

$$E_\nu=\left(\upsilon+\frac{1}{2}\right)h\nu \tag{2.30}$$

式中，υ 是振动量子数，$\upsilon=0,1,2,\cdots,n$，为正整数；ν 是谐振子的振动频率。这些能级的一部分在图 2.11 中以水平线方式画出。

这些振动能级的波函数是已知的。对研究目标更为重要的信息却是在最低振动能级($\upsilon=0$)时系统最有可能处在 R_0 点，反之，当 υ 取大于 0 的数值时系统将

跃迁出这一点，即处于抛物线的边缘(图 2.12)。在温度 0K 时，发光中心占据基态最低振动能级。在较高温度下，则可占据较高能级。

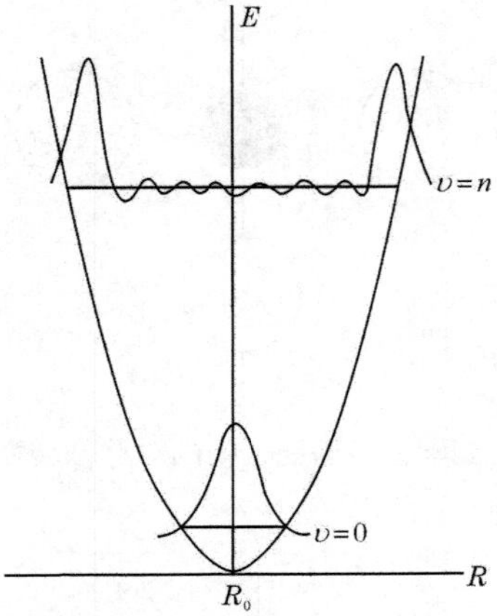

图 2.12　最低振动能级(υ=0)和较高振动能级(υ=n)的振动波函数

上述关于基态的论述同样适用于激发态：在 E-R 图中，它们同样表现为抛物线，只是具有不同的平衡位移(R_0')和键力常数(k')。这些差异可归因于激发态与基态的化学键不同，通常激发态较弱。图 2.11 上部的那条抛物线 e 就表示系统处于激发态时的情况，它有相对位移 ΔR。

在光吸收过程中，发光中心从基态跃迁到激发态。在图 2.11 所示的位形坐标图中，如何将这个跃迁过程描述出来呢？首先要意识到：当发光中心吸收了激发能时，系统的能量将由基态垂直地跃迁到激发态。这是因为从基态到激发态是电子的跃迁过程，而横向位移是原子核间的距离 R。由于电子的质量比原子核小得多，所以在电子快速跃迁的过程中，可以近似认为晶体中原子核间的相对位置保持恒定不变，原子核只在稍后才占据合适的位置。

光吸收的跃迁从最低振动能级开始，即 $\upsilon=0$。因此，大多数抛物线跃迁发生在 R_0，此处的振动波函数具有最大值(图 2.13)。跃迁在激发态抛物线的边缘结束，因为此时激发态的振动能级具有最大振幅。该跃迁对应于吸收带的最大值。尽管可能性较小，但是跃迁仍有可能从比 R_0 大或小的 R 值开始，这样就产生了谱带的宽度(图 2.13)，因为在 $R>R_0$ 时的跃迁能量差要小于 $R=R_0$ 时的跃迁能量差，在 $R<R_0$ 时则相反。

若 $\Delta R=0$，则两抛物线上下排列，光吸收跃迁的带宽消失，吸收带变成了线状谱。由量子力学可知，基态的 $\upsilon=0$ 振动能级和激发态的 $\upsilon=\upsilon'$ 振动能级之间的光跃迁概率正比于

$$\langle e|\hat{\boldsymbol{r}}|g\rangle\langle\chi_{\upsilon'}\chi_0\rangle \tag{2.31}$$

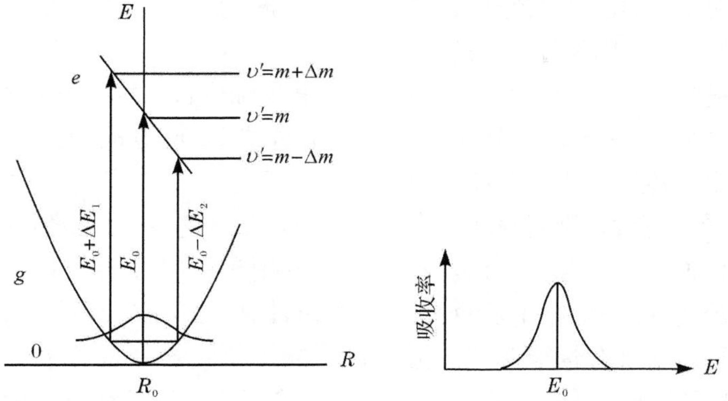

图 2.13　在两个发生相对位移的抛物线间的光吸收跃迁所引起的宽带吸收示意图

式中，e 和 g 分别表示激发态和基态的电子的波函数；$\hat{\boldsymbol{r}}$ 是电偶极算符，它促使跃迁发生；χ是振动波函数。为了考察整个吸收带，必须将所有的 υ'加和。式(2.31)的前一部分是电子矩阵元，它与振动无关。式(2.31)的后一部分给出了振动重叠项。前者表示跃迁强度，后者决定吸收谱的宽度或形状。

下面先讨论振动重叠项。当 $\Delta R=0$ 时，能级 $\upsilon=0$ 和 $\upsilon'=0$ 的振动重叠项将取最大值，因为此时的振动波函数在相同的 R 值即 R_0 处具有最大值。吸收谱呈现一条线状谱峰，它对应于从 $\upsilon=0$ 到 $\upsilon'=0$ 的跃迁。此类跃迁不涉及振动，故称为零振动(zero-vibration)或无声子(no-phonon)跃迁。然而，若 $\Delta R\neq0$，$\upsilon=0$ 的振动能级和 $\upsilon'>0$ 的一些能级具有最大的振动重叠，可以观察到宽带吸收。

吸收带越宽，ΔR 越大。这样，吸收带的宽度就会告诉基态和激发态之间的 ΔR 有多大，以及基态和激发态的化学键的差异有多大。

通常把 $\Delta R=0$ 的情况称为弱耦合方式；$\Delta R>0$ 的情况称为中等耦合方式；$\Delta R\gg0$ 的情况称为强耦合方式。“耦合”一词在这里是指电子与发光中心的振动之间的耦合作用。ΔR 值的大小描述了这种耦合作用的强弱。

在较高温度时，初始态可能是某一 $\upsilon>0$ 的能级，这会使吸收带更宽。这一熟知的现象可以通过位形坐标图简单地给予解释。

再回到矩阵元$\langle e|\hat{\boldsymbol{r}}|g\rangle$，它决定光吸收的跃迁强度。由于跃迁选律的制约，并不是所有的 g 和 e 之间的跃迁都会产生光跃迁。这里介绍两条重要的选律。

(1) 自旋禁戒选律：不同自旋态($\Delta S\neq0$)能级之间的电子跃迁是禁戒的。

(2) 宇称禁戒选律：具有相同宇称的能级之间的电子跃迁(电偶极跃迁)是禁戒的。例如，d 层内、f 层内或 d 层和 s 层之间的电子跃迁是禁戒的，因为 d 层和 s 层能级具有相同奇偶宇称性。

在固体物质中,由于自旋-轨道耦合、电子-振动耦合或存在晶体场的奇数项等,上述选律往往变得不那么严格。

再回到图 2.9,Y_2O_3 的基质晶格吸收带很宽、很强,这意味着激发态与基态的差别很大。事实上,基态的最高被占据能级是氧的 2p 轨道;激发态的最低空能级由氧的 3s 轨道和钇的 4d 轨道混合而成。

Eu^{3+} 的吸收特性使跃迁强度较低,这首先归因于它的浓度低(图 2.9 所示吸收谱中,Eu 只占样品质量的 1%左右),250nm 附近的吸收带来自 Eu^{3+}-O^{2-} 的电荷迁移态的跃迁,即一个电子从氧跃迁到了铕,因而 ΔR 较大,吸收带较宽。吸收带强度较高是因为没有选律制约。强度较弱的线状吸收峰是源于 Eu^{3+} 的非成键 $4f^6$ 层中的电子跃迁。因此 $\Delta R=0$,产生锐线状谱峰。宇称禁戒选律使这类跃迁受到限制,它们的强度非常弱(通常仅是允许跃迁的强度的 $1/10^6$)。

2.3.2　基质晶格的影响

同一发光中心在不同基质晶格中的发光行为是不同的。必须考虑基质晶格对发光行为的影响。在固体发光材料研究领域,它们是最基础、最重要的。如果理解了基质晶格是如何决定发光中心的发光性质的,那么就可以预测发光材料的发光行为。

为了说明基质晶格对发光中心光吸收的影响,这里考虑 YF_3:Eu^{3+}(图 2.14)的吸收光谱,并将它和 Y_2O_3:Eu^{3+} 的吸收光谱作比较(图 2.9),可以看到存在下述显著区别。

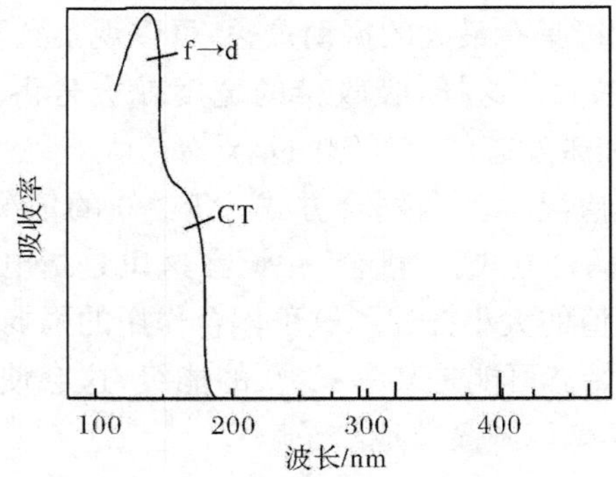

图 2.14　YF_3:Eu^{3+} 吸收光谱的示意图

CT 为 Eu^{3+}-F^- 的电荷迁移态;f→d 为 Eu^{3+} 的 $4f^6$-$4f^5 5d$ 跃迁

(1) 在 YF_3 中没有观察到基质晶格吸收带,它位于更短的波长区域,已超出图 2.14的波段范围。

(2) 在 YF_3 中电荷迁移吸收带出现在 150nm,这表明电子从 F^- 迁移到 Eu^{3+}

比从 O^{2-} 离子迁移到 Eu^{3+} 需要更多的能量。

(3) YF_3 : Eu^{3+} 的另一个位于 140nm 附近的宽带状吸收，属于 Eu^{3+} 的 4f→5d 跃迁，它是允许跃迁。

(4) 在两个吸收光谱带中，均可观察到 Eu^{3+} 的 $4f^6$ 组态内的电子跃迁，呈现较弱的线状光谱，由于 4f 电子受到全满的 5s 和 5p 轨道的很好的屏蔽作用，可以认为基质晶格对 Eu^{3+} 的 $4f^6$ 组态的电子跃迁的影响非常小。

共价性是造成给定离子在不同基质晶格中具有不同光谱性质的主要原因之一。随着共价性的增加，电子被分散到更宽阔的轨道上，因此电子间的相互作用被削弱，电子跃迁的能级差由共价性所决定。共价性越强，多重项之间的能量间距越小，电子跃迁所需能量越低。这就是电子云膨胀效应(nephelauxetic effect)。

表 2.8 中给出了不同壳层中电子跃迁的实例，即 Bi^{3+} ($6s^2$) 和 Gd^{3+} ($4f^7$)。前者属于 $6s^2$→6s6p 吸收跃迁，6s 和 6p 电子处于离子表面，电子云膨胀效应大。后者具有弱的吸收带是因为电子在 $4f^7$ 层内跃迁，电子处在离子的内层轨道，电子云膨胀效应小。同理，Eu^{3+} 在 YF_3 中和在 Y_2O_3 中相比，$4f^6$ 层内跃迁的位置稍高，这也体现了电子云膨胀效应。

表 2.8 Bi^{3+} 和 Gd^{3+} 的电子云膨胀效应(自上而下共价性依次递增)

Bi^{3+}		Gd^{3+}	
基质晶格	$^1S_0$→$3P_1$/cm^{-1}①	基质晶格	$^8S_0$→$^6P_{7/2}$/cm^{-1}②
YPO_4	43.000	LaF_3	32.196
YBO_3	38.500	$LaCl_3$	32.120
$ScBO_3$	35.100	$LaBr_3$	32.096
La_2O_3	32.500	$Gd_3Ga_5O_{12}$	31.925
Y_2O_3	30.100	$GdAlO_3$	31.923

①属于 $6s^2$→6s6p 跃迁之中能量最低的跃迁。

②属于 $4f^7$ 层内能量最低的跃迁。

化学键的共价性越高，成键原子(离子)双方的电负性差异就越小，这使得两原子之间的电荷迁移态跃迁向低能量区域移动，这一点在前面已经提到过，与共价性更高的 Y_2O_3 相比，氟化物 YF_3 中 Eu^{3+} 的吸收带处在能量更高的位置。表 2.9 给出了一些实例。在铕的硫化物中，铕通常是正二价的，因为在硫化物中 Eu^{3+} 的电荷迁移态所处的能量太低，正三价已不再稳定。

表 2.9 在一些基质晶格中 Eu^{3+} 的电荷迁移态跃迁的最大值

基质晶格	最大值 Eu^{3+} CT/cm^{-1}	基质晶格	最大值 Eu^{3+} CT/cm^{-1}
YPO_4	45×10^3	La_2O_3	33.7×10^3
YOF	43×10^3	LaOCl	33.3×10^3
Y_2O_3	41.7×10^3	Y_2O_2S	30×10^3
$LaPO_4$	37×10^3		

基质晶格影响离子的发光性质的另一个因素是晶体场。可以把晶体场理解为给定离子的周围环境所产生的电场。某一发光跃迁的光谱位置由晶体场的强度所决定。例如，虽然 Cr_2O_3 和 $Al_2O_3:Cr^{3+}$ 两种物质具有相同的晶体结构，但 Cr_2O_3是绿色的，而 $Al_2O_3:Cr^{3+}$ 却是红色的。定性的解释很简单，在红宝石($Al_2O_3:Cr^{3+}$)中，Cr^{3+} 占据了体积较小的 Al 的格位，因此与 Cr_2O_3 中的 Cr^{3+} 相比，红宝石中的 Cr^{3+} 处于更强的晶体场中。所以，红宝石的发光跃迁所处的能量比在Cr_2O_3中的高，因而两者的颜色就不同。

另外，晶体场还能使某些光跃迁产生劈裂。因此，不同的基质晶格将导致不同的晶体场从而形成不同的谱线劈裂模式。

到目前为止，始终默认固体中每种发光中心的化学环境和对称性都是相同的。在 YF_3 中 Eu^{3+} 的情况就是如此，所有 Y^{3+} 的晶体位置是等同的。但还应认识到，在粉末样品中，处于表面附近的 Eu^{3+} 的共价性和它所感受到的晶体场强度与体相中的 Eu^{3+} 是不同的。显然，两种 Eu^{3+} 的光跃迁所需的能量也应稍有不同。由此引起的谱峰变宽，被称为不均匀加宽(inhomogeneous broadening)，如图 2.15 所示，在基质中处于不同格位的各发光中心的吸收跃迁能量略有不同，虚线为试验中观察到的吸收谱线。在 $Y_2O_3:Eu^{3+}$ 中，Y^{3+} 所处晶体结构存在两种对称性不同的格位，在这两种格位上 Eu^{3+}有不同的光谱性质。

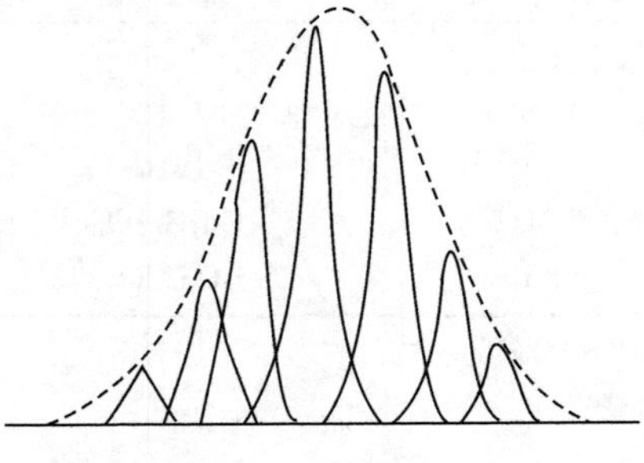

图 2.15　谱峰不均匀加宽示意图

在玻璃基质中会发生更多的不均匀加宽现象。由于微观结构缺乏平移对称性，所有的发光中心所占据的格位的对称性都略有不同，使玻璃材料中的吸收谱带总比晶体材料中的宽。

2.3.3　离子的能级图

本节将简单介绍一些典型的离子，它们对理解发光物质的发光行为非常有必要。

过渡金属离子有未完全充满的 d 壳层，其电子组态为 d^n($0<n<10$)。Tanabe 和 Sugano 考虑到 d 电子和晶体场之间的相互作用，计算出对应于这种电子组态

的能级。图 2.16～图 2.18 给出了 d^1、d^3 和 d^5 三种组态的计算结果。

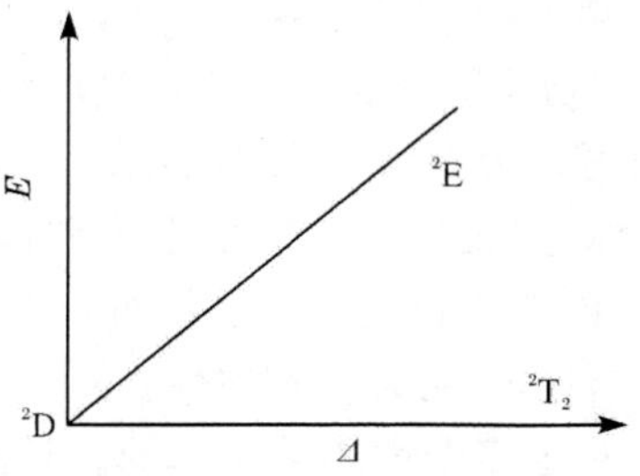

图 2.16　d^1 电子组态的 Tanabe-Sugano 图

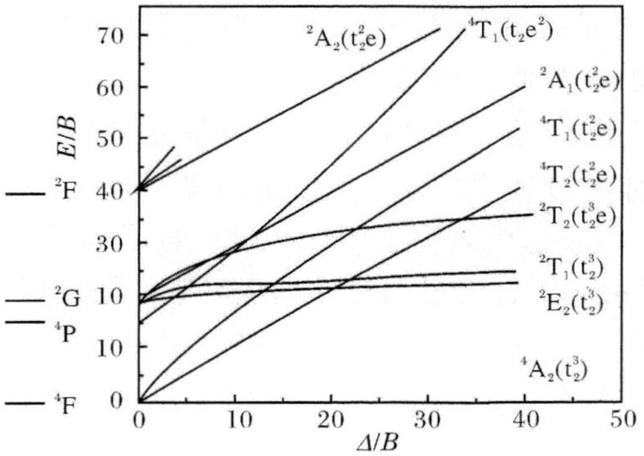

图 2.17　d^3 电子组态的 Tanabe-Sugano 图

左侧为自由离子能级；右侧为晶体场能级(括号内表示

电子在单电子晶体场能级上的排列方式)；B 为电子间互斥参数

(注意属于相同亚组态的能级倾向于平行)

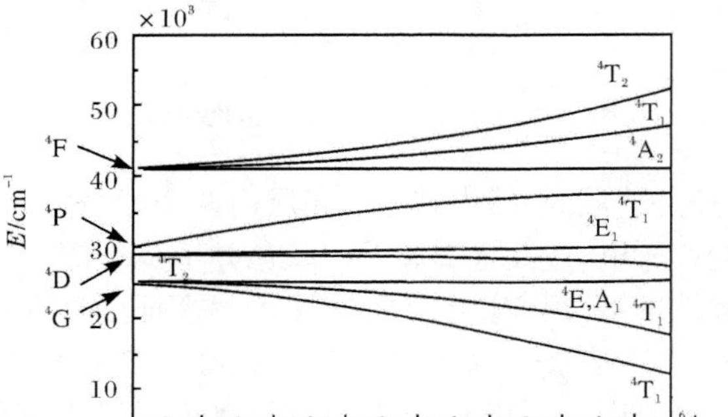

图 2.18　八面体晶体场对 d^5 电子组态能级的影响

能级图最左侧表示极端的情况，即自由离子的能级，其晶体场分裂能 $\Delta=0$。$\Delta\neq0$ 时这些离子的能级劈裂为两个或更多的能级，如在固体基质材料中。最低能级即基态能级与 x 轴重合。自由离子的能级用 ^{2S+1}L 标记，此处 S 表示总自旋量子数，L 为量子数。L 的值可以为 0（用字母 S 表示）、1（P）、2（D）、3（F）和4（G）等。这些能级的简并度为 $2L+1$，但在晶体场环境下这些能级可能不再是简并能级。处在晶体场中的离子能级用 ^{2S+1}X 标记，此处 X 可以为 A（非简并度）、E（二重简并度）和 T（三重简并度）。下标表明某种对称性。

图 2.16（d^1 电子组态）是这三个图中最简单的。自由离子具有五重简并轨道，能级是 ^2D，它在八面体晶体场中分裂成两组能级（^2E 和 $^2T_2$），d^1 电子组态能级是晶体场分裂能 Δ 的函数。此图假设金属离子处于具有八面体对称性的晶体场中，对于过渡金属离子这是极为普遍的现象。唯一可能的光吸收跃迁就是从 $^2T_2$ 到 ^2E。图 2.19 中的吸收光谱可以证实这一点，在 20000cm^{-1} 附近的谱带为 $^2T_2\rightarrow{}^2E$ 跃迁吸收；在紫外光区的高强度吸收谱带是电荷迁移态跃迁。$^2T_2\rightarrow{}^2E$ 的能级差等于 Δ，即晶体场分裂能。三价过渡金属离子的 Δ 约为 20000cm^{-1}，相应的光跃迁位于可见光区域。这就解释了为什么过渡金属离子往往具有美丽的颜色。跃迁吸收 $^2T_2\rightarrow{}^2E$ 是说明跃迁能量由晶体场强度决定的很好的例子。

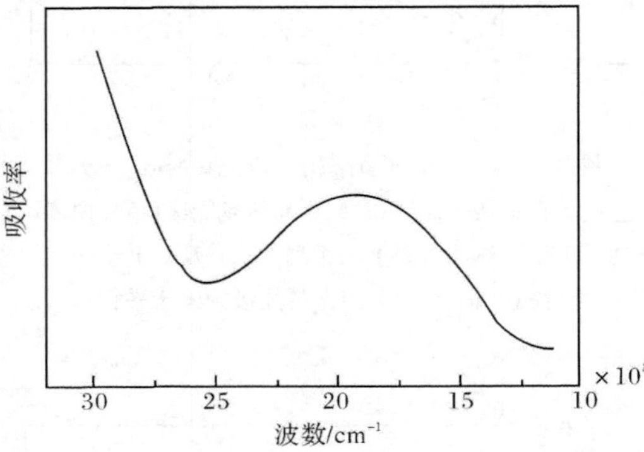

图 2.19　Ti^{3+}（$3d^1$）水溶液的吸收光谱

要注意，此跃迁是禁戒的，因为它是 d 壳层内两个能级之间的跃迁吸收，宇称奇偶性不发生改变。所以，过渡金属离子的颜色并不是很深。宇称禁戒选律因电子跃迁与合适对称性的振动产生耦合而被放宽。然而在四面体对称性的晶体场中缺少中心对称性，宇称禁戒选律则通过其他途径得以放宽，即将少量相反宇称的波函数混入 d 波函数中。事实上，四配位的过渡金属离子的颜色也并不比八配位的浅。

显然具有更多 d 电子的情况会更为复杂（见图 2.17 和图 2.18），然而根据选律可以预期相应电子组态的吸收光谱。对于有三个 d 电子的离子，如 Cr^{3+}（$3d^3$），基态能级为$^4A_2$。按照自旋禁戒选律，在近似情况下光吸收只能发生在自旋四重态($2S+1=4$)能级。只有三种跃迁是可能的，即$^4A_2 \to {}^4T_2$、$^4A_2 \to {}^4T_1({}^4F)$和$^4A_2 \to {}^4T_1({}^4P)$。事实上，Cr^{3+}的吸收光谱含有三个低强度的吸收峰(宇称禁戒决定了其跃迁强度不会太高)，如图 2.20 所示，可以清晰地看到自旋允许的晶体场跃迁，在高能量区出现电荷迁移态跃迁(CT)。自旋禁戒的跃迁吸收通常需要用极精密的测试仪器才能观察到。

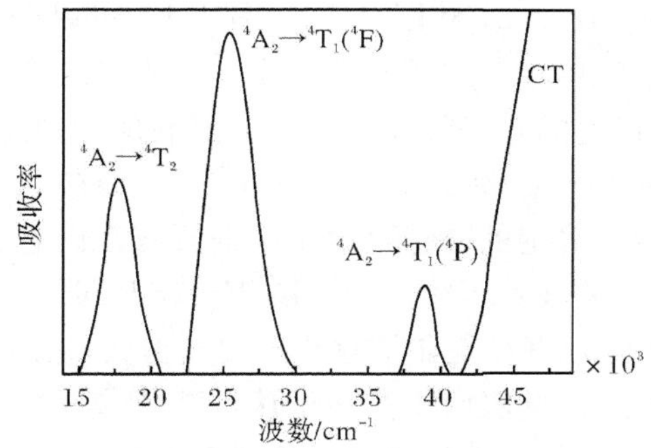

图 2.20 $Cr^{3+}(3d^3)$在氧化物中的吸收光谱

Mn^{2+}的电子组态为 d^5，它被广泛应用于许多发光物质中，非常具有代表性。图 2.18 给出了 Mn^{2+} 的 Tanabe-Sugano 图。在八面体配位环境中，基态能级为$^6A_1$。所有的光吸收跃迁既是宇称禁戒的，又是自旋禁戒的。事实上，Mn^{2+} 几乎是无色的。

然而，Mn^{2+}的化合物(如 MnF_2 和 $MnCl_2$)略显玫瑰红色。图 2.21 所示为 MnF_2 的吸收光谱，可以观察到许多自旋六重态到自旋四重态的跃迁，与图 2.18 是一致的。考虑到自旋禁戒选律，Mn^{2+}的摩尔吸光系数比 Cr^{3+} 低两个数量级，而 Cr^{3+} 摩尔吸光系数比宇称选律允许的跃迁低三个数量级。

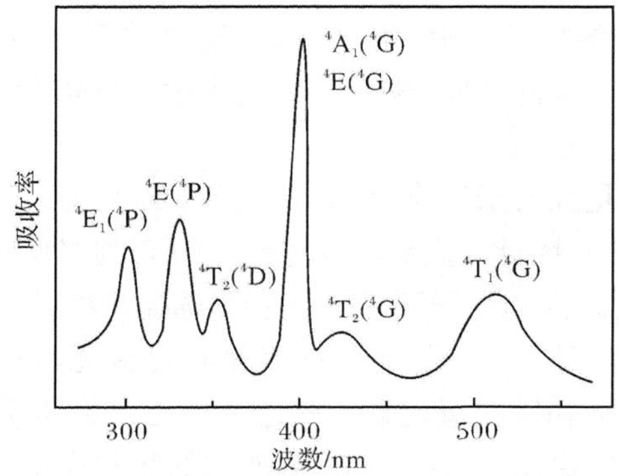

图 2.21 MnF_2 的吸收光谱

Mn^{2+} 的许多吸收跃迁都有不同的宽度。重叠在一起的$^6A_1 \rightarrow ^4A_1$ 和$^6A_1 \rightarrow ^4E$两个谱峰都非常狭窄，而$^6A_1 \rightarrow ^4T_1$ 和$^6A_1 \rightarrow ^4T_2$ 则相当宽。这表明谱带宽度是由振动的耦合所引起的。既然晶体场强度因振动不同而异，那么 Tanabe-Sugano 图也可以预测吸收带的宽度。如果吸收能量后达到的能级和基态能级(即 x 轴)平行，那么 Δ 的变化将不影响跃迁能量，从而得到狭窄的吸收带。如果激发态能级相对于 x 轴有一个倾斜度，那么 Δ 的变化将影响跃迁能量，从而观察到宽的吸收带。通过比较图 2.19～图 2.21 和图 2.16～图 2.18，可以进一步理解上述观点。

在紫外光区，由于配体金属电荷迁移态跃迁，某些过渡金属离子常表现为宽而强的吸收带。下面讨论的是一类简单但又重要的离子，它们具有的共同特征是缺乏 d 电子，表示为 d^0 离子。例如 Cr^{6+} 和 Mn^{7+}，它们在氧化物(铬酸盐、高锰酸盐)中的颜色非常鲜艳。鲜艳的颜色是由于电荷迁移态跃迁红移到可见光区。在发光材料应用领域，$V^{5+}(3d^0)$、$Nb^{5+}(4d^0)$和 $W^{6+}(5d^0)$更为重要。

YVO_4、$YNbO_4$ 和 $CaWO_4$ 是非常重要的发光物质，它们的吸收光谱在紫外光区表现为强而宽的吸收带，此吸收带归属于从氧至 d^0 离子的电荷迁移跃迁。一个电子从非键轨道(在氧离子上)激发到反键轨道(主要成分是金属离子的 d 轨道)，在吸收光后，化学键被严重地削弱，$\Delta R \gg 0$，谱带宽度变大。此吸收跃迁的谱带位置取决于许多因素，如 $d^1 \rightarrow d^0$ 离子化过程的电离能、配体的数量和性质、基质晶格中离子间的相互作用等。下面举例说明这些影响因素。

(1) 在 $40000cm^{-1}$(250nm)处，$CaWO_4$ 出现第一个吸收跃迁，而 $CaMoO_4$ 的第一个吸收跃迁出现在 $34000cm^{-1}$(290nm)。由于其他因素都相同，所以可以验证 Mo 的第六电离能(70eV)比 W(61eV)高。

(2) 具有 WO_4^{2-} 基团的 $CaWO_4$ 在 $40000cm^{-1}$出现第一个吸收跃迁，而具有 WO_6^{6-} 基团的 Ca_3WO_4 出现在 $35000cm^{-1}$。这说明当中心离子相同时，随配体数目的增加，电荷迁移吸收带发生红移。

(3) Ca_3WO_6 结构是由独立的 WO_6^{6-} 基团所构成的，它的电荷迁移吸收带在 $35000cm^{-1}$。而 WO_3 结构则是由 WO_6^{6-} 基团通过共享氧离子构成的，WO_3 的吸收带在可见区域(WO_3 为黄色)。这说明了发光中心间的相互作用对电荷迁移吸收带的影响。

稀土离子的特点是拥有未完全充满的 4f 层。4f 轨道处于离子内部，被外部的 $5s^2$ 和 $5p^6$ 轨道所屏蔽。因此，基质晶格对电子组态的光吸收跃迁的影响非常小(但不可忽略)。$4f^n$组态内的电子跃迁是被宇称选律严格禁戒的。通常情况下，氧化物 RE_2O_3 的颜色近于白色，尽管有些能级是在可见光区域内，但是只有 Nd_2O_3(淡紫色)微弱呈色。镨和铽的氧化物为黑色是因为三价和四价离子同时存在。

作为实例，图 2.22 给出了 Eu^{3+} 在水溶液中的吸收光谱。如前所述，明锐的线状谱峰是由 $4f^n$组态内部的电子跃迁所引起的，$\Delta R=0$。同时还应注意到，它们的摩尔吸光系数很低。

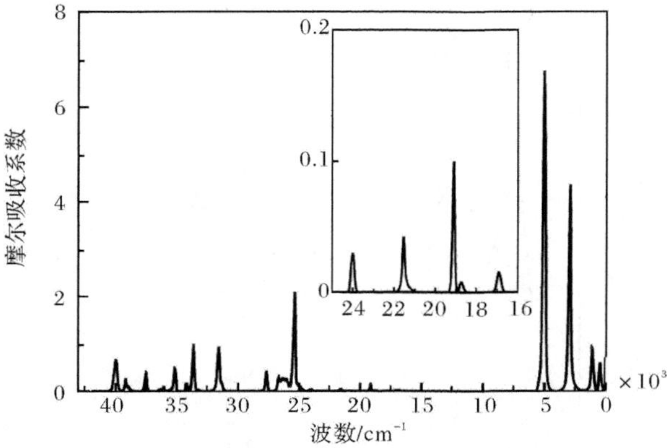

图 2.22　水溶液中 Eu^{3+} 的吸收光谱

宇称禁戒选律是如何放宽的呢？振动对此仅有非常微弱的影响，更重要的因素是稀土离子近邻环境的对称性、所处格位及不同对称性的格位数目。当稀土离子处于偏离反演对称中心的基质格位时，晶体场势能展开式中出现奇次项。这些晶体场奇次项把少量的相反宇称的波函数（如 5d）混入 4f 波函数中，使得晶体中的宇称禁戒选律放宽。通过这种方式，$4f^n$组态内部的电子跃迁获得一些强度。

前面提到的稀土离子允许的电子跃迁是发生在内层组态，包括两种不同的类。

(1) 电荷迁移态跃迁（$4f^n \rightarrow 4f^{n+1}L^{-1}$，此处 L 为配体）。

(2) $4f^n \rightarrow 4f^{n-1}5d$ 跃迁。

这两种跃迁都是允许的，两者均有 $\Delta R \neq 0$，在波谱中均表现为宽带状吸收。一般来说，电荷迁移带随氧化态增加而向低能方向移动，而 $4f^n \rightarrow 4f^{n-1}5d$ 跃迁向高能方向移动。因此可以预期，四价稀土离子的最低吸收带是由电荷迁移跃迁形成的，而二价稀土离子的最低吸收带则是由 4f→5d 跃迁形成的，事实上也正是如此。

易被还原的稀土离子发生电荷迁移跃迁，易被氧化的稀土离子发生 4f→5d 跃迁。四价稀土离子（Ce^{4+}、Pr^{4+}、Tb^{4+}）具有电荷迁移吸收带。Y_2O_3：Tb^{4+} 发橘黄色光就是因为电荷迁移吸收谱带处于可见光区内。

二价稀土离子（Sm^{2+}、Eu^{2+}、Yb^{2+}）具有 4f→5d 跃迁，Sm^{2+} 在可见光区内，Eu^{2+} 和 Yb^{2+} 在长波紫外区内。

有变成二价离子趋势的三价离子（Sm^{3+}、Eu^{3+}、Yb^{3+}）在紫外光区有电荷迁移吸收带。在电负性较小的硫化物中，Nd^{3+}、Dy^{3+}、Ho^{3+}、Er^{3+}、Tm^{3+} 等离子具有电荷迁移跃迁行为，吸收峰位于 30000cm^{-1}附近。

有变成四价离子趋势的三价离子（Ce^{3+}、Pr^{3+}、Tb^{3+}）在紫外光区有 4f→5d 跃迁吸收带，如图 2.23 所示。由于 5d 组态激发受到晶体场分裂的影响，4f→5d 跃迁有五组峰。

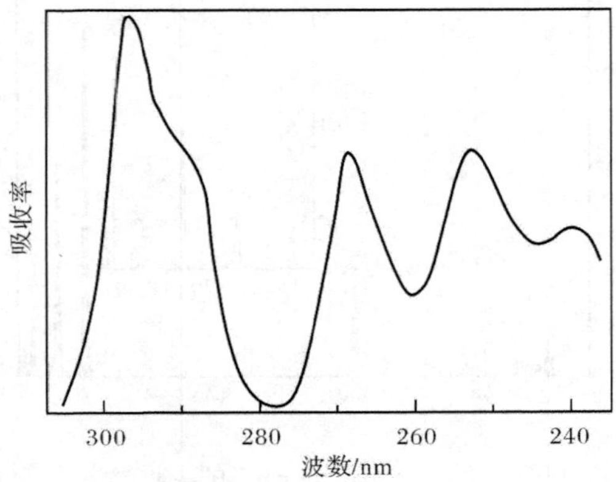

图 2.23 $Ce^{3+}(4f^1)$在 $CaSO_4$ 中的吸收光谱

2.4 辐射跃迁

2.3 节讨论了发光物质吸收能量的方式，本节将讨论辐射返回到基态的方式。本章所讨论的吸收和发射过程都发生在同一发光中心。当研究发光中心浓度很低且基质不吸收能量的光致发光时，就会遇到这种情况。首先讨论位形坐标图，然后讨论几种不同类型的发光中心。更详尽的知识可以参阅相关文献。

2.4.1 辐射跃迁的位形坐标模型

图 2.24 给出了位形坐标图。暂且假设基态和激发态的抛物线之间存在位移。如 2.3 节所述，若吸收发生在宽的吸收带，将导致发光中心跃迁到高的激发态振动能级，发光中心回到较低的激发态振动能级并将多余的能量释放给周围的环境。还可采用另一种方法来描述这一过程，原子核调节到新的位置（激发态），以便使原子间距等于激发态的平衡距离。位形坐标的变化为 ΔR。该过程称为弛豫(relaxation)。通常在弛豫过程中没有发射，当然谈不上高的发射强度。这一点可以很容易地从速率数据看出来：快速发射的速率为 $10^8\ s^{-1}$，振动的速率为 $10^{13}\ s^{-1}$。

从激发态的最低振动能级，系统可以自发地返回基态并发射辐射。该过程的跃迁选律与吸收过程是相同的，不同之处在于发射是自发的（即缺少辐射场），而只有存在辐射场时吸收才能发生。吸收的逆过程是激励发射而不是自发发射。通过发射，中心先回到基态的高振动能级，然后再次弛豫回到基态的最低振动能级。由于存在弛豫过程，发射谱峰要比吸收谱峰处于更低的能量区域，如图 2.24 所示。图中，g→e 吸收的多种跃迁仅用一条线来表示（是强度最大的一条跃迁）。吸收能量后系统先达到激发态的高振动能级，然后又弛豫到最低的振动能级 $\upsilon'=0$，并由此能级产生 e→g 跃迁，表现为宽带。抛物线的偏移量为 ΔR。图 2.25 给出在 LaOCl:Bi^{3+} 中 Bi^{3+} 的发射光谱和激发（或吸收）光谱。激发带的最大值和发射带的最大值之间的差值称为斯托克斯位移（Stokes shift）。图中，斯托克斯位移约为 9000cm^{-1}；q 为表示相对量子产量；Φ 为单位波长范围内的光辐射能量；q 和 Φ 采用任意单位。很显然 ΔR 越大，斯托克斯位移越大，吸收带越宽。

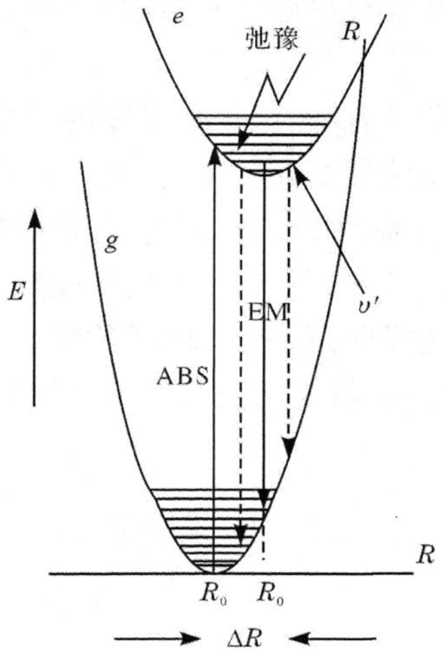

图 2.24 位形坐标图

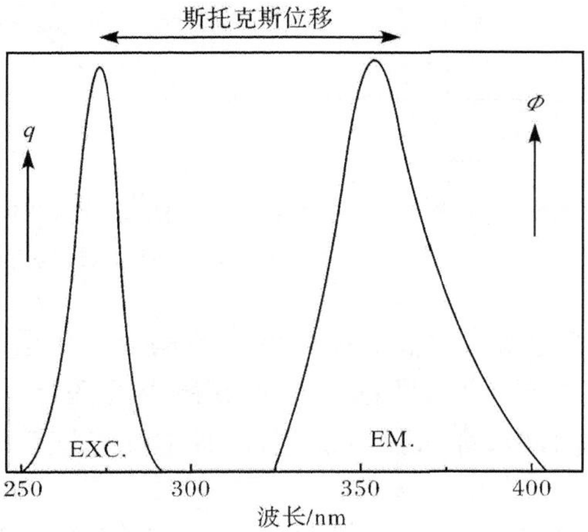

图 2.25 在发光物质 LaOCl:Bi^{3+} 中 Bi^{3+} 的发射和激发光谱

若两个抛物线有相同的键力常数(即形状相同),那么在弛豫过程中每个抛物线损失的能量为 $Sh\nu$,此处 $h\nu$ 表示两个振动能级的间距,S 是一个整数。斯托克斯位移为 $2Sh\nu$。常数 S 称为 Huang-Rhys 耦合常数,它正比于$(\Delta R)^2$,是电子-晶格耦合强度的量度。若 $S<1$,说明处于弱耦合状态;若 $1<S<5$,说明处于中等耦合状态;若 $S>5$,说明处于强耦合状态。

若 R 表示中心金属离子与配体之间的距离,那么吸收-发射循环可以这样表示:吸收能量时 R 不变,随后发光中心膨胀直至达到新的平衡距离$(R+\Delta R)$;紧接着就发生辐射,此时距离不变,ΔR 变小直到达到基态平衡距离。这是非常经典的描述,但是并不完全正确,因为激发态可能相对于基态而发生畸变。

Te^{4+} 就是发生畸变的例子。在 $Cs_2SnCl_6:Te^{4+}$ 中,该离子发黄光,它的斯托克斯位移为 $7000cm^{-1}$,发射光谱有一个非常明显的结构,含有许多等距离的谱线(图 2.26)。它们的能量差为 $240cm^{-1}$,这对应于基态的振动模式。由拉曼(Raman)光谱可以推得,在此振动模式中并不是所有的金属配位键都在位相(υ_1)中伸缩。在 $240cm^{-1}$模式中,$TeCl_6{}^{2-}$ 八面体被畸变成四角形(υ_2)(图 2.27),所取的位形坐标为 υ_2。这说明光吸收后,处在较高的激发态的 Te^{4+} 在发生弛豫作用时,八面体被畸变成四角形。发射后又恢复到未畸变的基态。

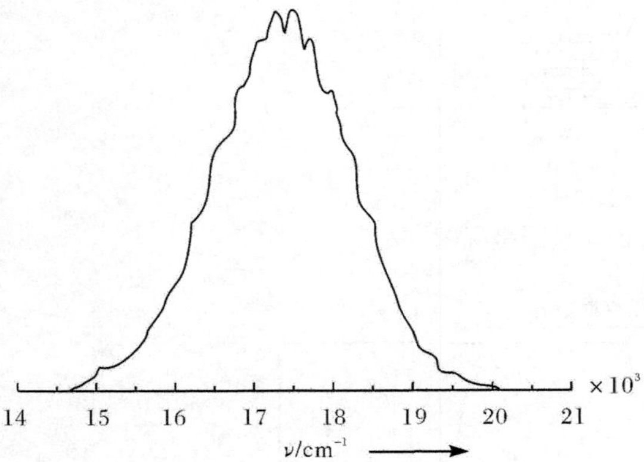

图 2.26 4.2K 时 $Cs_2SnCl_6:Te^{4+}$ 的发射光谱

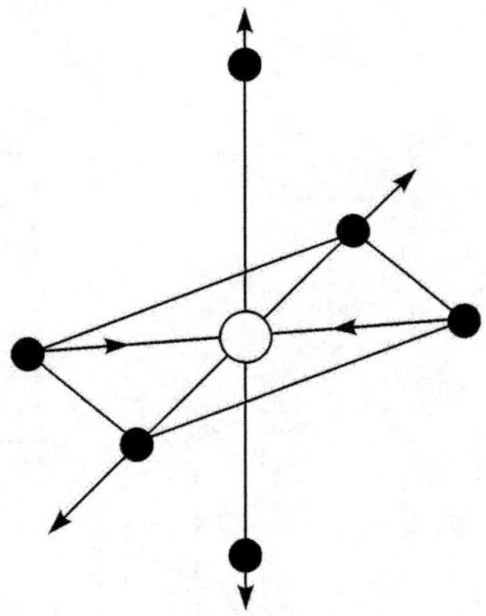

图 2.27 八面体 ML_6(M 为金属离子,L 为配体)的 υ_2 振动模式

事实上,还必须考虑所有可能的振动模式的耦合。幸运的是,在许多情况中,只有一种耦合模式占主导地位,即耦合常数 S 最小的耦合。这种分析是合理的。若几种模式耦合同时有效,那么谱带加宽,而且由此光谱获取的有效信息的数量将减少很多。

宽吸收带论述同样适用于宽的发射带。图 2.28 给出三种不同发光物质的发射光谱,即 Gd^{3+}、$UO_2{}^{2+}$ 和 F 色心。这些谱图的能量坐标相同且均以零声子线为基准。在 Gd^{3+} 的谱图中，零声子线占主导地位（耦合作用弱）；在 ${UO_2}^{2+}$ 的谱图中，υ_2 模式又明显增强（对称伸缩模式，耦合作用中等）；在 F 色心的谱图中，宽带零声子线消失（强耦合作用）。不同类型的发光物质的性质决定了 S 的大小（它表示电子-晶格耦合的强度）。

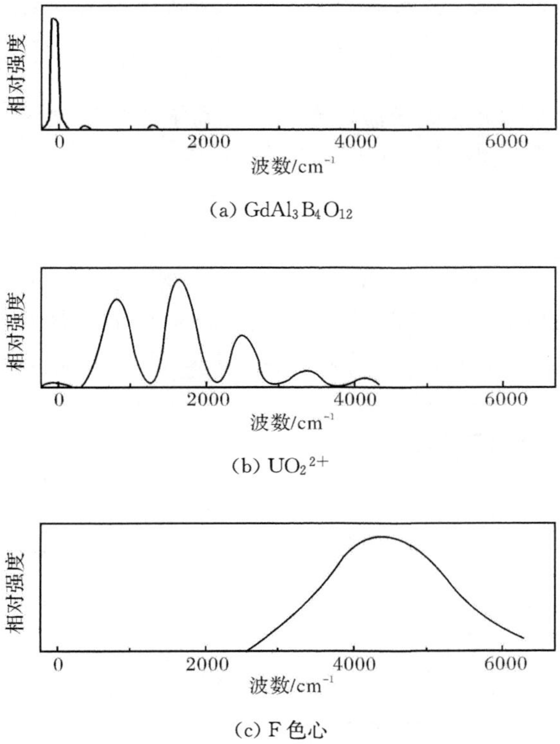

图 2.28　低温时三种发光物质的发射光谱

发射峰的绝对位置：(a)在紫外区；(b)在绿色范围；(c)在红外区

此外，也不能忽略基质晶格的影响。例如，由 Te^{4+} 在 Cs_2SnCl_6 中的发射光谱可以观察到振动结构（图 2.26）。然而，在 ZrP_2O_7：Te^{4+} 中该结构消失了，发射带的宽度增大了一倍多。Bi^{3+} 在 $ScBO_3$ 中显示出振动结构，而在 $LaBO_3$ 中却无此结构。振动结构的消失说明 S 或 ΔR 变大。有理由认为，发光中心所处的刚性环境可以制约 S 和 ΔR 值，使斯托克斯位移变小，有利于出现振动结构。在非辐射回到基态的过程中刚性环境的影响会更为显著。

基质晶格对吸收跃迁的影响也同样体现在发射跃迁过程中。此影响不同于基质晶格对 S 和 ΔR 的影响，因此基质晶格对发射跃迁的影响是较为复杂的，各种影响效应必须被逐一辨识，但这并不是容易的事。

在吸收光谱中，测量光吸收强度的方法既简单又经典，但在发射光谱中就不同了。这里的关键问题是激发态的寿命。对于允许的发射跃迁，它的寿命短，只有 10^{-8}～10^{-7} s；对于在固体中的禁戒跃迁，其寿命就长多了，可达到几毫秒。在许多应用中激发态的寿命非常重要，因此有必要更为细致地讨论这个量。对于只有激发态和基态两个能级的系统（图 2.24），激发态的粒子集居数按式（2.32）减少：

$$\frac{\mathrm{d}N_e}{\mathrm{d}t}=-N_eP_{eg} \tag{2.32}$$

式中，N_e表示在激发脉冲后处于激发态的发光离子的数目；t 为时间；P_{eg}表示从激发态到基态自发发射的概率。将式（2.32）积分得

$$N_e(t)=N_e(0)\mathrm{e}^{-P_{eg}} \tag{2.33}$$

或写成

$$N_e(t)=N_e(0)\mathrm{e}^{-t/\tau_R} \tag{2.34}$$

式中，τ_R是发射强度的衰减时间。用强度的对数对时间作图可以得到一条直线，如图 2.29 所示。经过了 τ_R后，激发态的强度下降到 1/e（即 37%）。

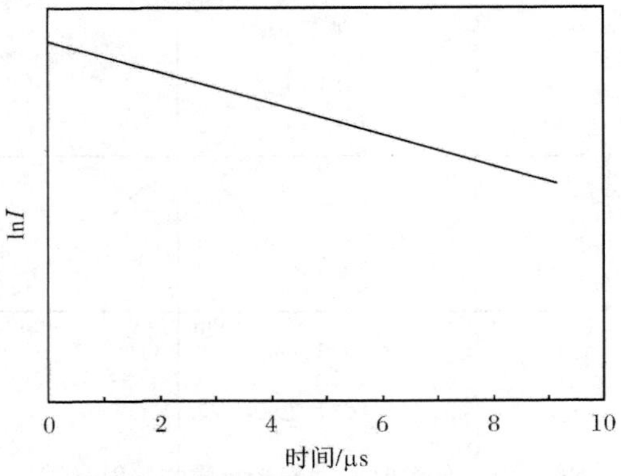

图 2.29　室温下 $SrB_4O_7:Eu^{2+}$ 中 Eu^{2+} 发射的衰减时间

与在吸收跃迁中讨论的一样，中心核的振动重叠项决定着发射带的宽度和形状。电子矩阵元部分决定了辐射衰减时间的长短。本节所讨论的内容将在发光中心中得到应用和示例说明。

2.4.2　发光中心

发光材料由基质晶格和掺入的微量杂质构成，如图 2.8 所示。杂质浓度通常非常低，有时少到 10～100ppm，因为较高的浓度往往使得发光效率减低，即浓度猝灭（concentration quenching）。用于激发发光的能量既可能被基质晶格吸收，也可能被有意掺入的微量杂质离子吸收。通常发光源自杂质离子，它发射出理想的

光谱，称这些离子为激活剂(activators)。当激活剂离子的光吸收很弱时，另外的杂质离子将被掺入，这些离子吸收能量并随后传输这些能量给激活剂，称这些离子为敏化剂(sensitizers)。下面介绍几种常见的发光中心，包括线状发射的稀土离子、带状发射的稀土离子和过渡金属离子。

由 $4f^n$ 电子组态产生的三价稀土离子的能级在位形坐标图中表现为纵向排列的抛物线($\Delta R=0$)，这是因为 $4f^n$ 电子在空间上受到外层 $5s^2 5p^6$ 电子的屏蔽，因此几乎不受配体晶体场环境的影响，故在光谱中其发射跃迁呈线状光谱。由于这种跃迁的宇称性没有改变，所以激发态的寿命很长(约 10^{-3} s)。能级实际上仍是被晶体场分裂的，但这种分裂作用非常小。以过渡金属离子(d^n)为比较对象，当过渡金属离子所感受到的晶体场的强度为几万 cm^{-1} 时，稀土离子所感受到的晶体场的强度仅为几百 cm^{-1}。

Gd^{3+} 的 4f 层半充满，产生非常稳定的 $^8S_{7/2}$ 基态。激发能级高于 $32000cm^{-1}$，因而 Gd^{3+} 的发射处于紫外光区。$^8S_{7/2}$ 能级属于非简并轨道，不能被晶体场分裂，这就使得低温发射光谱只有一条线状谱峰，对应于从最低的晶体场能级 $^6P_{7/2}$ 到基态 $^8S_{7/2}$ 能级的跃迁。但由于其他原因，实测光谱通常不止一条谱线。

(1) 在低于 $^6P_{7/2} \rightarrow {}^8S_{7/2}$ 跃迁发射能量处可以观察到较弱的电子振动跃迁。在电子振动跃迁中两种跃迁是同时发生的，即电子跃迁($^6P_{7/2} \rightarrow {}^8S_{7/2}$)和振动跃迁。因此，电子跃迁[有时称零声子跃迁(zero-phonon transition)]和振动跃迁的能量差决定着在电子跃迁发射过程中被激发的模式的振动频率。在图 2.28(a)中，Gd^{3+} 发射光谱的振动谱线处于 $1350cm^{-1}$，低于电子跃迁基线(electronic origin)，这表明含有硼酸根的振动。在许多稀土离子光谱中都能观察到这些电子振动跃迁。

(2) 在高于电子跃迁的能量处可以观察到另一个跃迁，是来自 $^6P_{7/2}$ 的晶体场分裂能级中较高能级的跃迁。由于晶体场分裂小，即使在 4.2K，它们的集居数也大小相当。在图 2.30 中给出了室温下 $LuTaO_4$:Gd^{3+} 的发射光谱，有 $^6P_{7/2} \rightarrow {}^8S_{7/2}$ 跃迁的四条谱线(位于长波一侧)，它们源于 $^6P_{7/2}$ 的四个晶体场能级，另外还有三条谱线属于 $^6P_{5/2} \rightarrow {}^8S_{7/2}$(位于短波一侧)，这些能级也是室温下粒子数的热增殖。

(3) 若由足够高的能量(如 X 射线)激发，就可以观察到更多的跃迁。如图 2.31 所示，当用 X 射线激发化合物 LaF_3:Gd^{3+} 时，可以观察到来自 ^6P、^6I、^6D 和 ^6G 能级的发射。

通常 Eu^{3+} 的发射谱线处于红色光区，它们在发光与显示(彩色电视)中有许多重要的应用。这些谱线对应于 $4f^6$ 电子组态内从激发态 $^5D_0$ 能级到 ^7F_J ($J=0,1,2,3,4,5,6$)能级的跃迁发射。由于 $^5D_0$ 能级不被晶体场分裂($J=0$)，发射跃迁的分裂是由 ^7F_J 能级的晶体场分裂引起的，如图 2.32 所示。除了这些谱线外，还可以观察到来自于较高的 ^5D 能级(即 $^5D_1$、$^5D_2$ 甚至 $^5D_3$)的发射。

$^5D_0 \rightarrow {}^7F_J$ 发射很适于测定稀土线状光谱特征的跃迁概率。若稀土离子所占

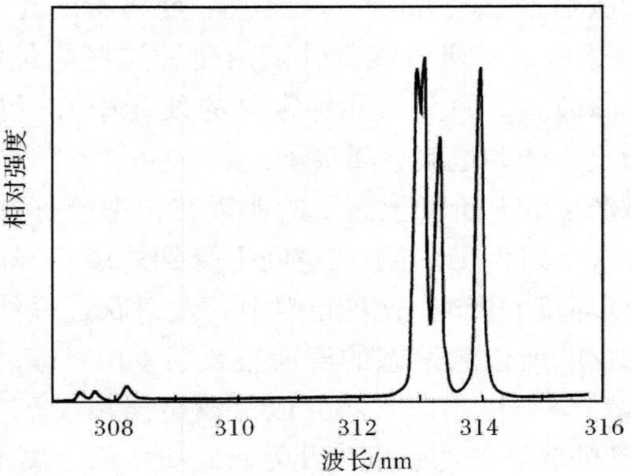

图 2.30 室温下 $LuTaO_4:Gd^{3+}$ 中 Gd^{3+} 的发射光谱

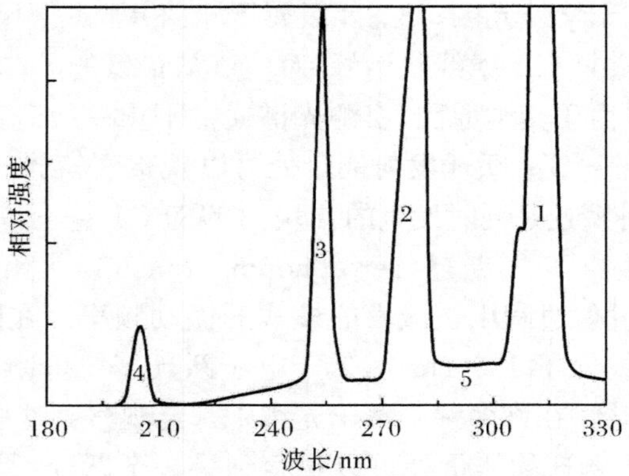

图 2.31 X 射线激发 $LaF_3:Gd^{3+}$ 中 Gd^{3+} 的发射光谱

1 为 $^6P \to ^8S$ 跃迁；2 为 $^6I \to ^8S$ 跃迁；3 为 $^6D \to ^8S$ 跃迁；
4 为 $^6G \to ^8S$ 跃迁；5 为 LaF_3 的自俘获激子的发射

据晶格格位具有反演对称性，那么 $4f^n$ 电子组态能级间的电子的电偶极跃迁发射是宇称选律严格禁戒的。它们只能作为强度很弱的磁偶极跃迁(所服从的跃迁选律为 $\Delta J=0,\pm 1$，但 $J=0$ 到 $J=0$ 的跃迁是禁戒的)或电子振动电偶极跃迁(vibronic electric-dipole transition)发生。若稀土离子所处格位没有反演对称性，则晶体场奇次项可以将相反宇称态混合到 $4f^n$ 组态能级中。此时电偶极跃迁不再是严格禁戒的，在光谱中出现弱的谱线，即所谓的受迫电偶极跃迁(forced electric-dipole transitions)。某些跃迁(即 $\Delta J=0,\pm 2$ 的跃迁)对此效应极为灵敏，即便是 Eu^{3+} 所处的格位仅稍微偏离反演对称性，此跃迁发射在光谱中也占主导地位。受迫电偶极跃迁发射必须满足两个条件：①在 Eu^{3+} 的晶体学格位上不存在反演对称中心；②电荷迁移跃迁处于低能位上。

图 2.32 给出了 $NaLuO_2:Eu^{3+}$ 和 $NaGdO_2:Eu^{3+}$ 中 Eu^{3+} 的发射光谱。两基质晶格都具有岩盐结构，主要区别在于一价金属离子和三价金属离子在超结构中的排列次序差异。在 $NaLuO_2$ 中，稀土离子占据反演对称中心格位。在 $NaGdO_2$ 中，稀土离子处于八面体配位中心，但由于超结构，而处于稍微偏离反演对称中心的格位。

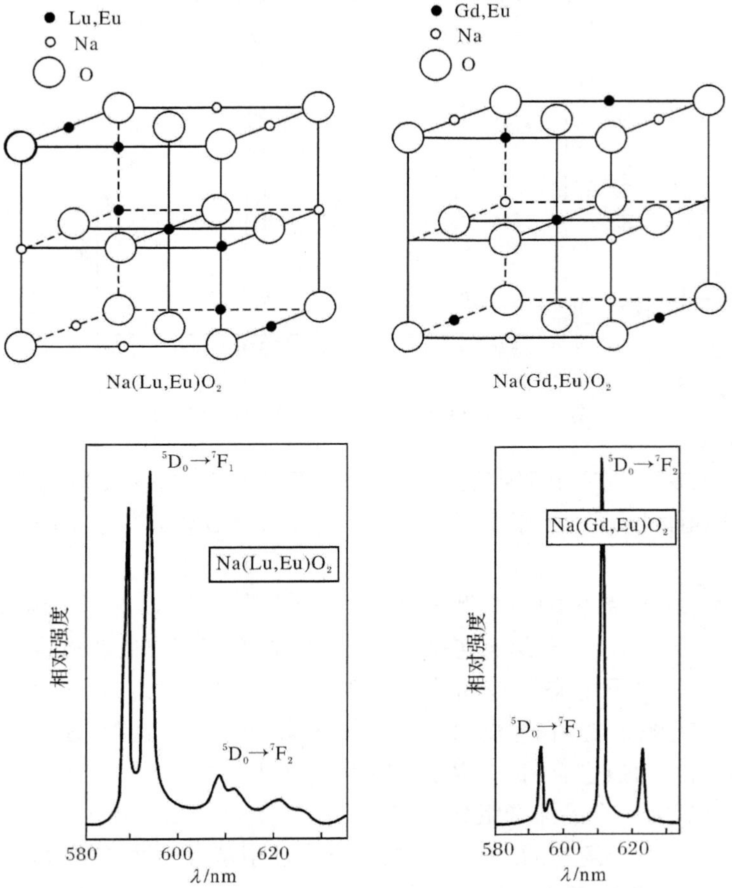

图 2.32 在 $NaLuO_2:Eu^{3+}$ 和 $NaGdO_2:Eu^{3+}$ 中 Eu^{3+} 的发射光谱

从图 2.32 中可以看出，在 $NaLuO_2:Eu^{3+}$ 中，$^5D_0 \to {}^7F_1$ 发射跃迁占主导地位，其他跃迁均表现为弱、宽的谱线。这些是电子振动跃迁发射，缺少电子跃迁基线。由于起始能级是$^5D_0$，唯一的磁偶极跃迁就是$^5D_0 \to {}^7F_1$，与实验观察一致。因而在 $NaLuO_2$ 中的稀土离子处于三方对称性的晶体场环境中，将此跃迁分裂为两条谱线。在 $NaGdO_2:Eu^{3+}$ 中，$^5D_0 \to {}^7F_2$ 发射跃迁占主导地位，但还存在其他的谱线。

在每个发射谱图的上面给出了相应基质晶格的晶体结构示意。

Tb^{3+}的发射来自$^5D_4 \to ^7F_J$跃迁，主要处于绿色光区。而源于更高能级的$^5D_3 \to ^7F_J$跃迁也有一定的发射，主要处于蓝色光区。图 2.33 给出了 Tb^{3+} 发射光谱实例。由于涉及跃迁的 J 值大，晶体场将这些能级劈裂成光谱支项能级，使谱图变得复杂。

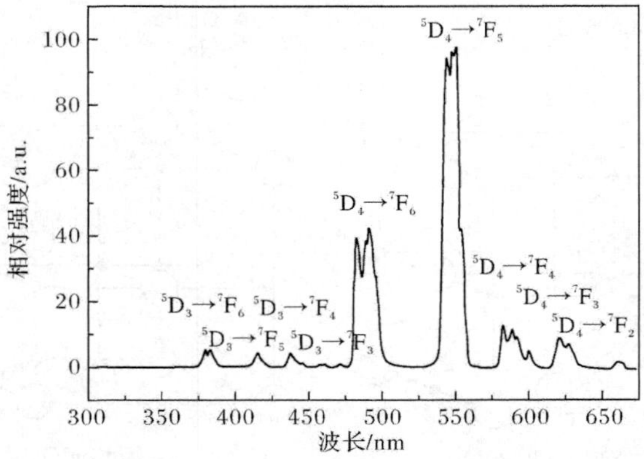

图 2.33 $GdTaO_4:Tb^{3+}$ 中 Tb^{3+} 的发射光谱

某些金属离子表现出宽带发射。在这类跃迁发射中，主要讨论电子从 5d 轨道返回 4f 轨道的跃迁。由于 5d 和 4f 两个能级的位形坐标曲线不同，发射具有宽带特征。

$Ce^{3+}(4f^1)$是最简单的一个例子，因为它只含有一个 4f 电子。激发态的电子组态为 $5d^1$。基态 $4f^1$ 电子组态包括$^2F_{5/2}$和$^2F_{7/2}$两个能级自旋轨道耦合，二者相差 $2000cm^{-1}$。$5d^1$ 电子组态可被晶体场劈裂为 2～5 个组分。最大劈裂幅度约为 $15000cm^{-1}$。见图 2.34，在左侧只有 4f 能级和 5d 能级，没有考虑进一步的相互作用。在右侧自旋轨道耦合将 4f 能级劈裂为两个组分(相隔约 $2000cm^{-1}$)。晶体场将 5d 能级劈裂为 5 个晶体场组分，总跨度为 $15000cm^{-1}$。

发射从 $5d^1$ 电子组态的最低晶体场组分跃迁至基态的两个能级，使得 Ce^{3+} 的跃迁发射具有典型的双峰特征，如图 2.35 所示。图中，两个发射带对应于从 5d 晶体场组分到 4f 基态两个组分的跃迁，在右侧那条发射带上可观察到振动结构。因为 5d→4f 跃迁是宇称选律允许的，而且自旋选律对它又不适用(即没有约束)，所以这种跃迁发射是无可争议的允许跃迁。Ce^{3+} 的发射能级寿命很短，只有几十纳秒。若跃迁发射处在较长的波段上，则发射能级寿命会变长，例如，CeF_3 的跃迁发射峰最大位置在 300nm 处，能级寿命为 20ns；$Y_3A_{15}O_{12}:Ce^{3+}$ 的最大发射在 550nm，能级寿命为 70ns。由此可见，跃迁发射能级寿命 τ 与发射波长的平方成正比：$\tau \propto \lambda^2$。

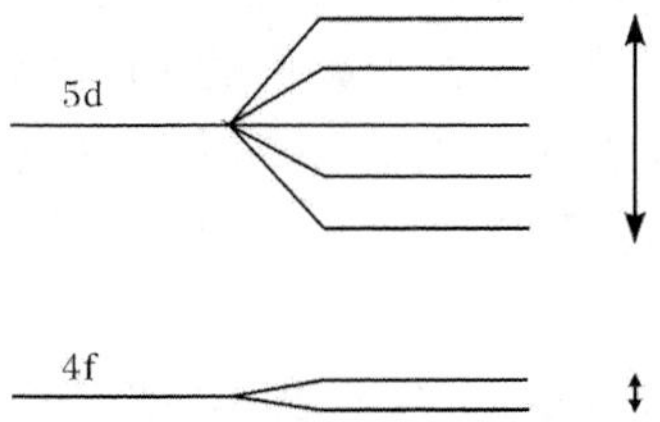

图 2.34 $Ce^{3+}(4f^1)$的简化能级

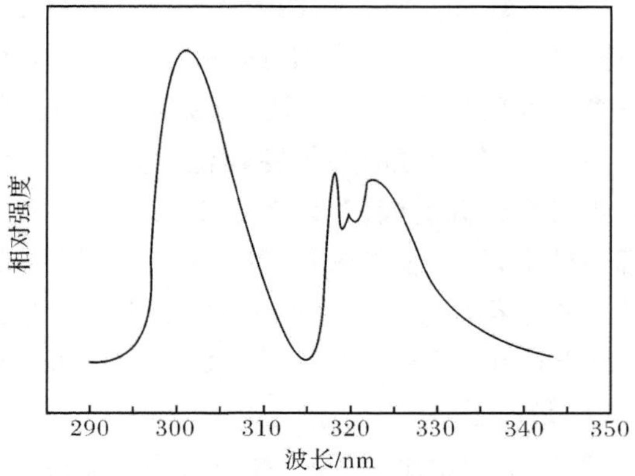

图 2.35 在 4.2K 条件下 $LiYF_4:Ce^{3+}$中 Ce^{3+}的发射光谱

在 CeP_5O_{14} 中 Ce^{3+} 的发射能级寿命非常短，Ce^{3+} 的猝灭浓度通常为百分之几，$Ce^{3+} \rightarrow Ce^{3+}$ 能量传递最后将会达到猝灭陷阱位置。

一般来讲，Ce^{3+} 发射光谱的斯托克斯位移不是很大，在 1000 到几千波数范围内变化。它的发射光谱位置依赖以下三个因素。

(1) 发光中心离子与配体之间化学键的共价性(电子云膨胀效应)。一般来说，共价性越强，$4f^1$ 与 $5d^1$ 组态的能量差越小。

(2) $5d^1$ 组态在晶体场中的劈裂。低对称性的晶体场越强，则发射能级的晶体场劈裂组分底部越低。

(3) 斯托克斯位移。

Ce^{3+}的发射通常处于光谱的紫外光区或蓝色光区，在长波光区也有跃迁发射。由 Ce^{3+} 的能级图可知，长波跃迁发射的条件是，$5d^1$ 能级的中心处于相对低的能级位上，并且晶体场强度非常强。Ce^{3+} 的绿色或红色长波跃迁发射最初是在 $(Y,Ce)_3Al_5O_{12}$ 中观察到的(晶体场效应)，后来在 CaS 等硫化物中也观察到红色发射(共价效应)。

在某些条件下，也能观察到 $Pr^{3+}(4f^2)$ 和 $Nd^{3+}(4f^3)$ 的 4f→5d 跃迁的宽带发射。例如，$LaB_3O_6:Pr^{3+}$ 和 $LaF_3:Nd^{3+}$ 的宽带发射分别位于 260nm 和 175nm。由于发射能级的寿命与发射波长存在函数关系，后者的能级寿命仅为 6ns。应当指出，除了 4f→5d 的宽带发射，这些离子还有另一种发射途径，即 $4f^n$ 组态内跃迁发射。

$Eu^{2+}(4f^7)$具有 5d→4f 发射，在长波紫外光区到黄色光区变化。它的发射能级寿命为 1 μs，原因是发射能级含有自旋八重态和六重态，而基态能级($4f^7$ 的 ^8S)是八重态，因此，自旋选律降低了光跃迁速率。

基质晶格对 Eu^{2+} 发射也有影响。过去一直认为 Eu^{2+} 只有 $4f^65d \rightarrow 4f^7$ 宽带发

射，基态是 $4f^7$ 的 ^8S，最低激发态为 $4f^65d$ 组态。但后来发现 Eu^{2+} 也存在线状发射，这意味着 $4f^7$ 组态的 $^6P_{7/2}$ 能级位于 $4f^65d$ 组态底部的下面。Eu^{2+} 是线状发射还是宽带发射主要取决于 $^6P_{7/2}$ 能级与 $4f^65d$ 能级何者处于更低的能位。若晶体场强度较弱，且化学键的共价性较低，那么 Eu^{2+} 的 $4f^65d$ 组态的晶体场劈裂组分底部将提升至较高的能位，以至于 $4f^7$ 组态的 $^6P_{7/2}$ 能级露了出来，位于它的下面。在低温条件下，可以发生来自 $^6P_{7/2}\rightarrow{}^8S_{7/2}$ 跃迁的锐线发射。在相当数量的 Eu^{2+} 激活的化合物中都能够观察到此发射，尤其是在许多氟化物和具有强束缚力的氧化物中，如 $BaAlF_5:Eu^{2+}$、$SrAlF_5:Eu^{2+}$、$BaMg(SO_4)_2:Eu^{2+}$、$SrBe_2Si_2O_7:Eu^{2+}$ 和 $SrB_4O_7:Eu^{2+}$。

图 2.36 中给出了 Eu^{2+} 在三种不同温度下的发射光谱。在 4.2K，有始于 $^6P_{7/2}$ 的线状发射（和弱的电子振动结构）。在 35K，出现了源于 $^6P_{7/2}$ 的更高的晶体场组分的热激活发射，同时还有 $4f^65d\rightarrow4f^7$ 跃迁产生的宽带发射。此谱带上有零声子线，用 0 标志。在 110K，宽带发射谱占主导地位。

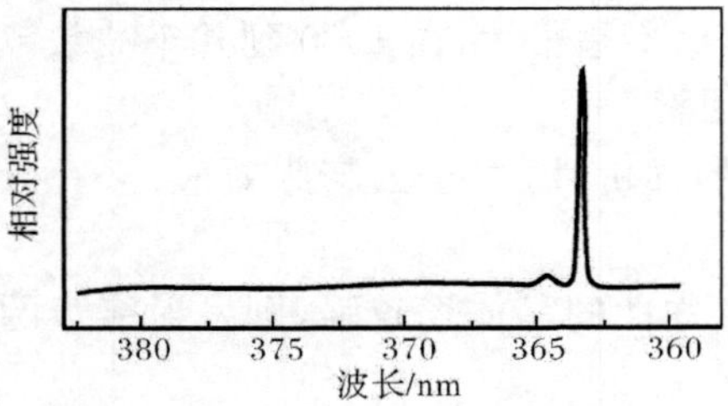

(a) 4.2K（$^6P_{7/2}\rightarrow{}^8S_{7/2}$ 线状发射）

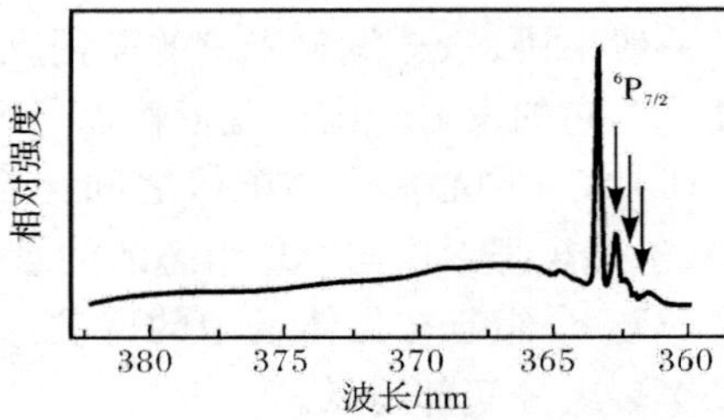

(b) 35K（线状发射和 $4f^65d\rightarrow4f^7$ 跃迁引起的宽带发射）

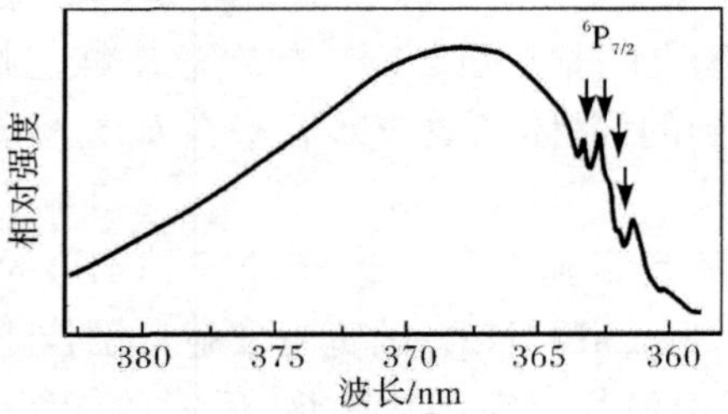

(c) 110K（带状发射为主）

图 2.36　在三种不同温度下 $SrB_4O_7:Eu^{2+}$ 的发射光谱

图 2.37 给出了 $SrB_4O_7:Eu^{2+}$ 中 Eu^{2+} 发射能级寿命与温度的关系。在低温条件下，衰减时间为 440 μs（$^6P\rightarrow{}^8S$ 跃迁属于宇称禁戒）；随着温度逐步升高，由于出现更快的 $5d\rightarrow4f$ 跃迁，发射能级寿命迅速降低。

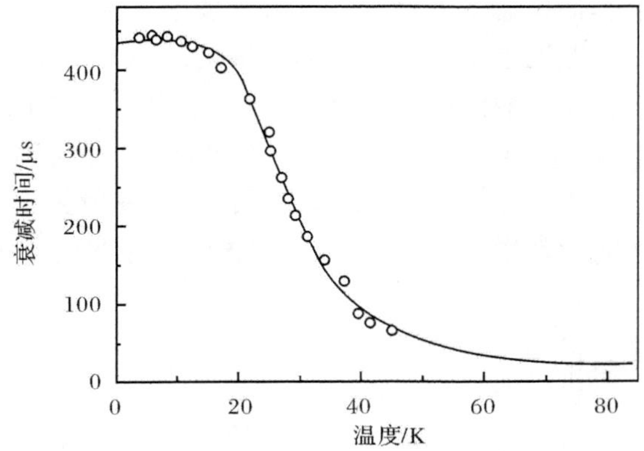

图 2.37　$SrB_4O_7:Eu^{2+}$发射能级寿命与温度的关系

Sm^{2+}($4f^6$)表现出在红色光区的 5d→4f 发射。若 $4f^5 5d$ 组态的最低能级处于高能位，可以观察到 $4f^6$ 组态内发射。这与 Eu^{3+}的情况一致，只是 Sm^{2+}的跃迁处于更长的波段。

Yb^{2+}($4f^{14}$)只有一个位于紫外光区或蓝色光区的发射，即 $4f^{13} 5d$→4f。图 2.38 给出了一个例子。对于此离子，自旋选律尤为重要，对于 5d→4f 跃迁来说，观测到的发射能级寿命很长。

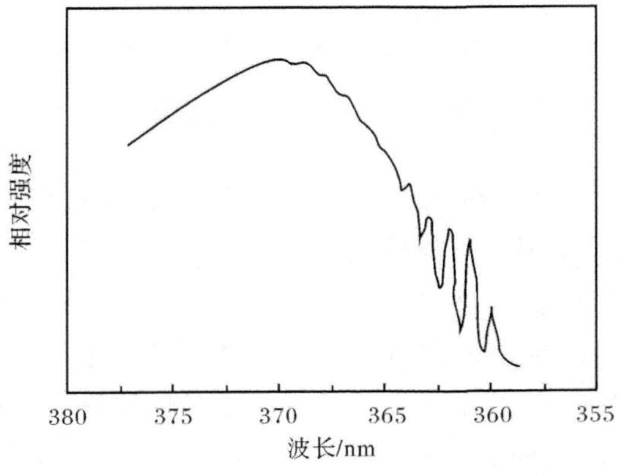

图 2.38　在 4.2K 下 $SrB_4O_7:Yb^{2+}$ 中 Yb^{2+}的发射光谱

具有 d^3 组态的 Cr^{3+}和 Mn^{4+}以及具有 d^5 组态的 Mn^{2+}等过渡金属离子在发光材料中发挥着重要作用。

Cr^{3+}在 Al_2O_3(红宝石)中的发光性质如图 2.39(a)所示。它的跃迁发射由远红外区的两个尖锐的谱峰构成，称为 R 谱线。由于是线状发射，一定来自^2E→$^4A_2$跃迁(图 2.17)；一般来说，过渡金属离子的发射从最低激发态开始。由于宇称选律和自旋选律的制约，激发态的寿命为几毫秒。发射光谱中还包括一些弱的电子振动跃迁，很明显，这些跃迁发射属于弱耦合情况。但并不是在所有的情况下^2E能级都是最低激发态。当晶体场强度较低时，$^4T_2$ 能级位置更低，跃迁发射的性质发生了改变。此时，宽带$^4T_2 \rightarrow ^4A_2$ 发射处于红外区，衰减时间(即激发能级的寿命)为约 100 μs。图 2.39(b)给出了 $Mg_4Nb_2O_9:Cr^{3+}$ 发射光谱，展示晶体场如何强烈影响了 d^3 离子的发射谱，此发射也是可调谐红外激光的基础。

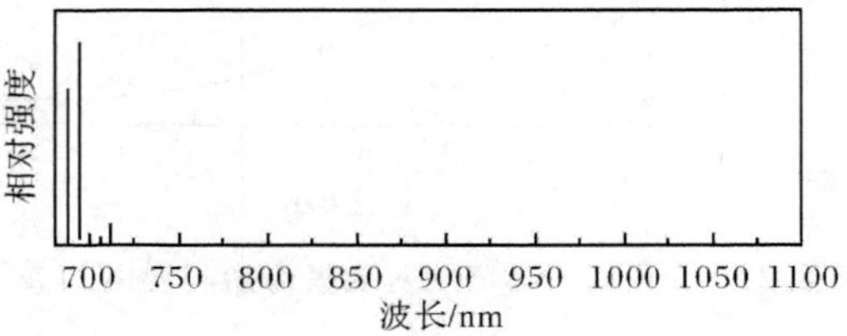

(a) $Al_2O_3:Cr^{3+}$的$^2E \rightarrow ^4A_2$ 跃迁线状发射

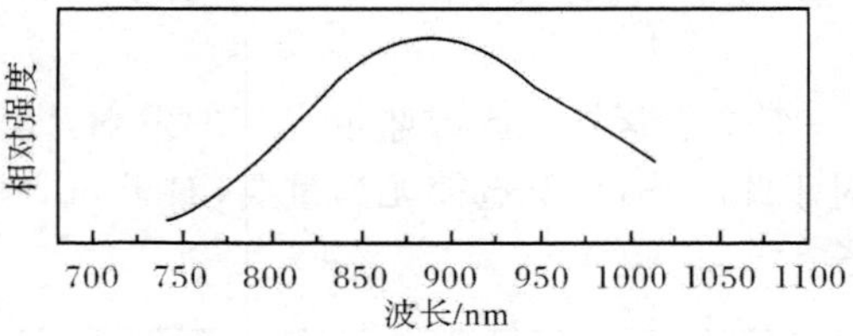

(b) $Mg_4Nb_2O_9:Cr^{3+}$的$^4T_2 \rightarrow ^4A_2$ 跃迁带状发射

图 2.39　Cr^{3+}的发射光谱

在 $YAl_3B_4O_{12}:Cr^{3+}$ 中，在 4.2K 下发生$^2E \rightarrow ^4A_2$ 跃迁发射，但在更高的温度下则是$^4T_2 \rightarrow ^4A_2$ 跃迁发射。尽管^2E 能级低于$^4T_2$ 能级，但在更高的温度条件下，后一种发射占主导地位。根据自旋选律，$^4T_2 \rightarrow ^4A_2$ 的跃迁概率大于$^2E \rightarrow ^4A_2$，因此随温度升高，始于$^4T_2$ 能级的发射迅速在发射光谱中占据主导地位。

晶体场强度对 Cr^{3+}的发光性质有着极为强烈的影响。在强晶体场(红宝石)中它的发光颜色为红色，而在弱晶体场中为绿色。在前一个例子中，它的发射是在红色光区的狭窄谱线，但在后一个例子中，它是在近红外区的宽带发射。在有些情况中，$^4T_2 \rightarrow ^4A_2$ 的跃迁发射带上有振动结构，不仅存在着一系列 υ_1 对称伸展振动模式，而且还有 υ_2 振动模式(图 2.27)，这表明存在着四角形畸变的激发态。

$Mn^{4+}(d^3)$离子与 Cr^{3+}有相同的电子数，但高价态的 Mn^{4+}所感受到的晶体场强度更大，因此 Mn^{4+}的跃迁发射总是$^2E \rightarrow ^4A_2$，其振动的强度通常也比 Cr^{3+}大。图 2.40 给出了 Mn^{4+}在 $Mg_4GeO_{5.5}F:Mn$ 中的发射光谱。

$Mn^{2+}(d^5)$的发射光谱是一条宽带，它的位置强烈取决于基质晶格。发射光的

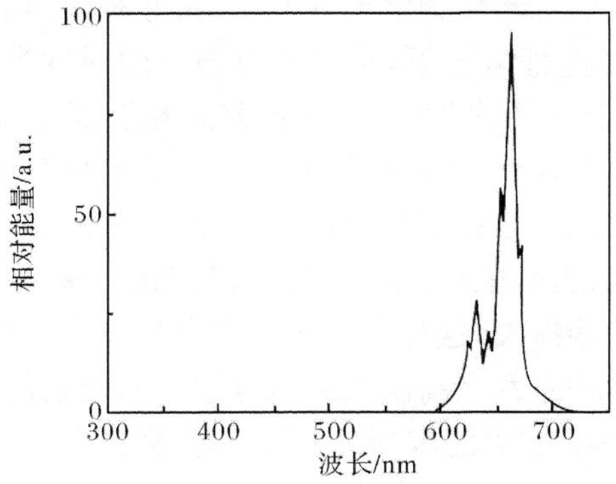

图 2.40 Mn^{4+}在 $Mg_4GeO_{5.5}F$:Mn 中的发射光谱

颜色从绿色到深红色。此发射的衰减时间为毫秒数量级。由 Tanabe-Sugano 图(图 2.17)可知,发射对应于$^4T_1 \rightarrow ^6A_1$ 跃迁。由于两个能级的斜率不同而产生宽谱带,自旋选律制约而导致较长的衰减时间,晶体场强度的影响导致基质晶格决定着跃迁发射的颜色。四面体配位的 Mn^{2+}(弱晶体场)通常产生绿色发射,八面体配位的 Mn^{2+}(强晶体场)产生从橘黄色到红色发射。图 2.41 给出了 Mn^{2+}在 $BaMgAl_{10}O_{17}$:Eu,Mn 中的发射光谱。

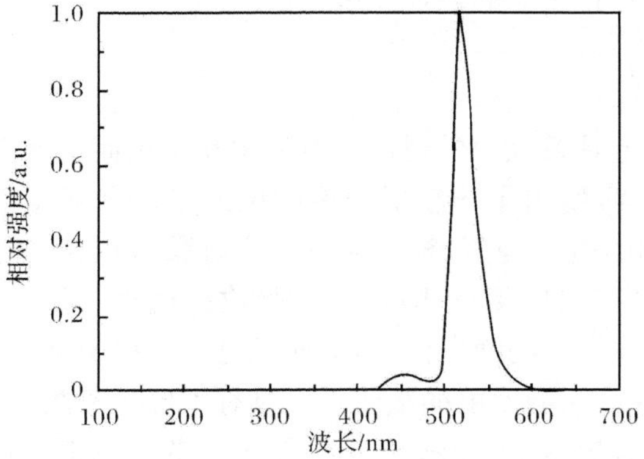

图 2.41 Mn^{2+}在 $BaMgAl_{10}O_{17}$:Eu,Mn 中的发射光谱

2.5 非辐射与能量传递过程

在外部光源的激发下,发光材料将吸收能量,该过程体现在位形坐标图上就是从基态跃迁到激发态,之后系统将存在两个可能的能量释放过程:一是辐射跃迁过程,即系统中的发光中心将从激发态通过辐射的方式回到基态,在这种情况

下，系统所吸收的激发能将转化为辐射发光；二是非辐射过程，即从激发态以非辐射的方式返回基态，在这种情况下，系统没有通过辐射发光发出的能量将以振动能的形式散失在晶格中。显然，辐射与非辐射是相互竞争的过程，对于发光材料而言，为了提高其光输出强度，就需要抑制与辐射过程相竞争的非辐射过程。

然而，非辐射过程也并非都不利于辐射发光，通常来讲，非辐射过程也分为两种情况：一是前面提到的激发态通过非辐射将能量以振动能的形式发散到晶格中，造成激发能量的直接损失，这是非辐射过程对发光不利的一面，最典型的例子就是温度猝灭效应；二是激发态高能级的能量通过非辐射能量传递的方式转移到主发射能级，导致该发射能级的辐射跃迁概率显著提高，从而提高主发射的光输出强度，比较典型的例子包括三基色商用荧光粉 $LaPO_4:Ce^{3+},Tb^{3+}$ 以及目前已知量子效率最高的 $NaGdF_4:Ce^{3+},Tb^{3+}$（接近 100%）等，$Ce^{3+}\rightarrow Tb^{3+}$ 的非辐射能量传递过程（也即“发光敏化”现象）使得这两种发光材料中 Tb^{3+} 的绿色发射都具有很强的光输出。

由此可见，只有很好地研究非辐射过程，才能更有效地理解、改进和预测发光材料。本章首先将重点讨论孤立发光中心的非辐射过程，主要包括非辐射弛豫和温度猝灭效应；然后，通过位形坐标图从最基本概念的角度来理解非辐射弛豫和温度猝灭效应这两种孤立发光中心系统内最常见的非辐射过程，最后，在此基础上介绍与非辐射过程相对应的能量传递过程。

2.5.1 非辐射弛豫

弛豫过程实质上是系统中微观粒子由于相互作用而交换能量，最后达到稳定分布的过程。图 2.42 给出了非辐射弛豫的位形坐标示意图，考虑到完全平行的位形曲线具有相同的电子构型，根据自旋和宇称禁戒选律，其从基态到激发态的能量吸收属于禁戒跃迁，即便选律放松，其吸收强度也很低。暂且假设系统的激发态和基态之间存在一定的横向位移，即斯托克斯位移$\Delta R\neq 0$，这样的光吸收就属于允许跃迁，使得系统对激发能的吸收强度具有了可参考性。

如图 2.42 所示，根据 Frank-Condon 原理，吸收激发能量后，系统的能量先从基态 g 线的最低振动能级 υ_0（此处的振动波函数具有最大值）垂直跃迁到激发态 e 线边缘的高振动能级 υ_1（即 $\upsilon_0\rightarrow\upsilon_1$），又很快通过非辐射的方式弛豫到激发态 e 线的最低振动能级 υ_2（即 $\upsilon_1\rightarrow\upsilon_2$），该弛豫过程系统不释放光子；之后，系统再通过 $\upsilon_2\rightarrow\upsilon_3$ 的辐射过程回到基态的高振动能级 υ_3，并发出光子；最后，系统再次通过非辐射弛豫的方式回到基态的最低振动能级 υ_0（即 $\upsilon_3\rightarrow\upsilon_0$），该过程同样只将能量以振动能的形式散失在晶格中，并不发出光子。显而易见，由于在激发态和基态中的两个非辐射弛豫过程（即 $\upsilon_1\rightarrow\upsilon_2$ 和 $\upsilon_3\rightarrow\upsilon_0$），系统通过辐射释放的光子能量就比吸收的光子能量减少了很多，因此，发光材料的发射谱峰通常要比激发（吸收）谱

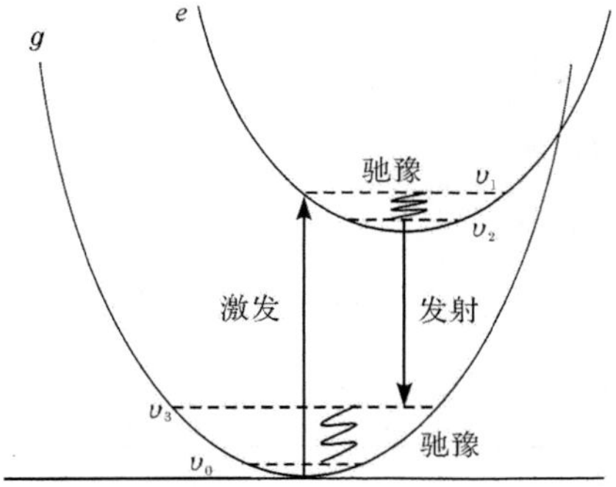

图 2.42　非辐射弛豫的位形坐标示意图

峰处于更低的能量区域。此外，发射光谱和激发光谱的最大值之间的差值大小也体现系统斯托克斯位移的大小。显然，系统激发态和基态的横向差距越大，其斯托克斯位移 ΔR 越大，吸收带越宽，强度越弱，系统的非辐射弛豫耗损越大。而以上所提及的非辐射弛豫过程是最基本的非辐射过程，在几乎所有的发光材料中都存在。

2.5.2　温度猝灭效应

温度猝灭(temperature quenching)又称为“热猝灭”，是指在很多发光材料中，随着温度的升高，其发光效率显著降低的现象。发光材料中温度对发光效率的负面影响主要源自两个方面：一是温度升高使发光中心的状态或周围的晶格微环境发生某种物理和化学变化，从而降低了发光效率，即人们通常所说的“热稳定性”；二是温度升高，晶格振动加剧，从而使发光中心的晶格弛豫增强，非辐射跃迁概率增大，发光效率降低，这就是人们通常所说的“温度特性”。这里所讨论的是上述第二种情况，也即要揭示发光系统中温度与非辐射跃迁概率的关系问题。

图 2.43 给出了系统中温度猝灭效应的位形坐标示意图。当系统受到外在光源辐射激发时，它将由基态 g 线的最低振动能级 υ_0 跃迁到激发态 e 线的高振动能级 υ_1；当环境温度较低时，系统将通过非辐射弛豫下降到激发态的最低振动能级 υ_2，经过辐射跃迁返回基态 g 线的高振动能级 υ_3。但如果环境温度足够高，那么系统在激发态的高振动能级 υ_1 处将会获得由环境温度提供的额外的振动能量，并上升到激发态 e 线上的 υ_4 能级(υ_4 过激发态和基态曲线的交点 A)，使得系统有可能通过 A 点直接从激发态 e 线过渡到基态 g 线，并沿着基态 g 线以非辐射弛豫的方式返回最低振动能级 υ_0，系统所吸收的激发能量完全以振动能(热能)的形式散失到晶格中，而不再辐射出光子，同时导致发光效率的显著降低。

由上述可见，温度猝灭的关键就在于系统基态 g 线和激发态 e 线的交点 A 的

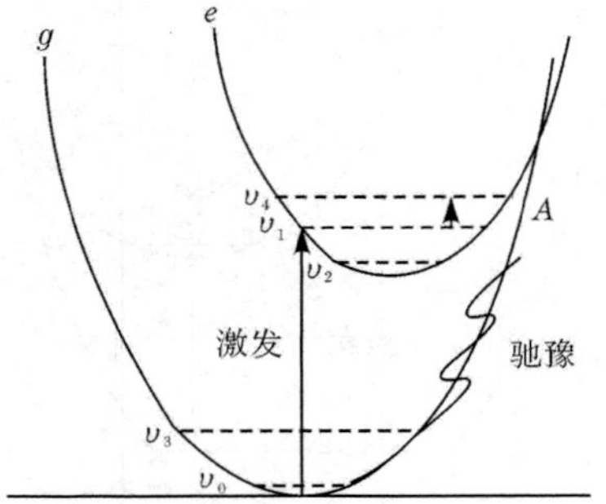

图 2.43　温度猝灭效应的位形坐标示意图

位置，A 点位置越低，即便在较低温度下也可能发生猝灭过程（也即猝灭温度较低）。而基态 g 线和激发态 e 线相交的情况是由系统的斯托克斯位移 ΔR 所决定的。显而易见，代表基态和激发态的两条位形曲线 e 和 g 间的水平位移差越大，也即斯托克斯位移 ΔR 越大，则两线的交点 A 越低，与激发态的高振动能级 υ_2 越近，系统就越容易上升到 υ_4，而不是下降到 υ_3，从而越容易发生温度猝灭现象。如果在 ΔR 足够大的系统中，A 点本来已经低于 υ_2，那么温度猝灭现象就会更容易发生。也就是说，ΔR 越大的系统，猝灭温度越低，非辐射弛豫发生概率越大。因此从理论上讲，强耦合系统比中等耦合系统更容易发生温度猝灭现象。

2.5.3　弱耦合系统中的非辐射过程

在弱耦合和近似弱耦合系统中的非辐射过程，应该是最有代表性的非辐射过程。因为其光谱主要源自稀土离子的锐线发射，即内层 $4f^n$ 电子构型的跃迁发射，系统吸收光后，不涉及化学键的剧烈变化，所以其斯托克斯位移微乎其微。在 $\Delta R \approx 0$ 的弱耦合系统中，代表基态和激发态的两条位形线可能出现平行不相交的情况（$S=0$）。这样一来，系统激发态的能量似乎不可能经过两线交点，以非辐射弛豫（温度猝灭）的方式回到基态。然而，即便两线不相交，系统实际上仍然有可能通过三种非辐射途径猝灭发光。

第一种途径是当系统的环境最高振动频率 ν_{max} 比发光中心的激发态各相关声子能级之间的能量差 ΔE_s 大很多时（通常环境最高振动频率 ν_{max} 要大于声子能量差 ΔE_s 的 5 倍），系统将可能激发多个激发态声子能级同时振动而消耗激发能，通常把这种非辐射过程称为“多声子发射”（multi-photon emission）或者“多声子弛豫”。特别指出的是，这里所涉及的声子能级特指某些发光中心激发态上与多声子过程有关的能级，如 Pr^{3+} 的 ^6I_J、^6D_J 和 ^6G_J 能级等。实际上，多声子发射是一种比较特殊且不多见的非辐射过程。

第二种途径是当系统中激发态与基态之间的能级差 ΔE 并没有比环境最高振

动频率 ν_{max} 大很多时，系统将会有较大的概率从激发态直接以非辐射的方式返回基态。换句话说，当系统中的能级差 ΔE 较小时，ν_{max} 越大，发光中心的辐射概率越小而非辐射跃迁几率越大。这里也可以理解为较大的环境最高振动频率 ν_{max} 使系统基态 g 线得到提升，加强了激发态与基态之间的直接联系和相互作用，因而增加了激发态向基态的非辐射跃迁概率。

这是弱耦合系统中十分常见的非辐射过程，van Dijk 和 Schuurmans 共同通过实验得到了系统非辐射跃迁概率的理论计算公式为

$$W = C\mathrm{e}^{-\alpha\Delta E}(1+m)^{\Delta E/h\nu} \tag{2.35}$$

式中，ΔE 为激发态与基态两能级之间的能量差；$h\nu$ 为声子能量（ν 实际上就是环境振动频率，h 为常数）；C 和 α 为仅与基质有关的常数，由于是弱耦合系统，C 近似与温度无关，α 值与掺杂的稀土离子无关，通常大于 0，且近似只与 $h\nu$ 有关，也即只与基质有关。表 2.10 列出了一些典型晶体中稀土离子非辐射跃迁的 C、α 和声子能量 $h\nu$。整个系统的非辐射跃迁概率与温度的关系体现在参数 m 中，$m=(\mathrm{e}^{h\nu/kT}-1)^{-1}$，其中 T 为温度。这个式子使得精确计算 W 的数量级成为了可能。

表 2.10 一些典型晶体中稀土离子非辐射跃迁的 C、α 和声子能量 $h\nu$

基质	C/s^{-1}	α/cm^{-1}	$h\nu/\mathrm{cm}^{-1}$
$Y_3A_{15}O_{12}$	2.235×10^{8}	3.50×10^{-3}	700
$YAlO_3$	6.425×10^{9}	4.69×10^{-3}	600
Y_2O_3	1.204×10^{8}	3.53×10^{-3}	600
LaF_3	3.996×10^{9}	6.45×10^{-3}	305
$LaCl_3$	3.008×10^{10}	1.37×10^{-3}	240
SrF_2	3.935×10^{8}	4.60×10^{-3}	350

从式(2.35)可以看出，系统的环境最高振动频率 ν 越大，而能量差 ΔE 越小，系统就越容易发生非辐射跃迁。目前，这个关系已经成功地应用于稀土离子发光性质的研究，根据它可以解释一些重要的发光现象，下面举一些具体的例子予以说明。

1. 水溶液或水合物中稀土离子的发光

由于水溶液或水合物中的环境最高振动频率很高（$\nu_{max}\approx 3500\mathrm{cm}^{-1}$），根据上面的关系，预测发光中心在水溶液或水合物中很容易发生非辐射跃迁过程而导致发光猝灭。事实上，除了 Gd^{3+}、Tb^{3+} 和 Eu^{3+}，其他稀土离子在水溶液或水合物环境中都完全不发光，如在 $NaLn(SO_4)_2 \cdot H_2O$ 的基质晶格中，稀土离子虽然只与一个水分子配位，但它们的发光量子效率分别是：Gd^{3+} 为 100%，Tb^{3+} 为 70%，Eu^{3+} 为 10%，Sm^{3+} 为 1%，Dy^{3+} 为 1%。其中，Sm^{3+} 和 Dy^{3+} 的 ΔE 分别约为

$7000cm^{-1}$和 $5000cm^{-1}$，当环境最高振动频率较高时，就会显著增加其非辐射跃迁概率而导致几乎完全的发光猝灭；对于 Eu^{3+} 和 Tb^{3+}，由于其 ΔE 相对较大，达到约 $12000cm^{-1}$和 $15000cm^{-1}$，与 Sm^{3+}、Dy^{3+} 相比，其非辐射跃迁概率就大为降低，整体的发光效率也有了相应提高；至于 Gd^{3+}，其能级差 ΔE 达到了约 $32000cm^{-1}$，由于其辐射跃迁的能量差是如此之大，非辐射跃迁完全无法与辐射跃迁竞争，即便是水分子也不能使 Gd^{3+} 的发射猝灭，要想使此发射猝灭，唯一的途径就是通过与另一个发光中心进行能量传递，具体将在后面的内容中进行讨论。

值得一提的是，即便 ΔE 较小的稀土离子（如 Eu^{3+}）也并非在所有水合物中的发光效率都很低，一个典型的例子就是 $Eu_2Mg_3(NO_3)_{12}\cdot 24H_2O$。看起来在这个水合物中存在大量的水合分子会严重猝灭 Eu^{3+} 的发光。然而，由于发光中心 Eu^{3+} 与 6 个硝酸根离子（每个硝酸根均属于二齿配位体）发生螯合，将 Eu^{3+} 彻底地屏蔽而无法与水分子直接接触。这样，该水合物中的发光中心 Eu^{3+} 周围的环境最高振动频率实际上并不大，所以该水合物的发光量子效率仍然很高。

2. 玻璃中稀土离子的发光

另一个能揭示式(2.35)中 ΔE、ν_{max}与系统非辐射跃迁概率 W 之间关系的典型例子是玻璃中稀土离子的发光。在传统的氧化物玻璃如硅、硼酸盐中，由于其环境最高振动频率较大（$\nu_{max}\approx 1200cm^{-1}$），除了 Gd^{3+}、Tb^{3+} 和 Eu^{3+}，大多数稀土离子并不能有效发光；然而在 ν_{max}相当低的氟化物或硫化物玻璃中，即便是 ΔE 较小的 Sm^{3+}、Dy^{3+}、Pr^{3+} 也有较好的发光。

从上面的理论分析和实例中可以得出一个结论：发光中心的激发态与基态的能级差 ΔE 越小、系统的环境最高振动频率 ν_{max}越大，则系统将越容易发生非辐射跃迁而导致发光效率的降低。事实上，在 Eu^{3+}、Tb^{3+} 以及 Gd^{3+} 这类发射可能源自多个激发态能级的稀土离子，ν_{max}的适当增加也可能提高系统的发光效率，那么这又是怎么回事呢？在 Eu^{3+} 激活的化合物中，Eu^{3+} 不仅有始于$^5D_0$ 能级的橙红色发射，还有源于$^5D_1$（绿色）和$^5D_2$（蓝色）的发射。当环境最高振动频率 ν_{max} 较小时（如常见的三基色灯用红色荧光粉 $Y_2O_3:Eu^{3+}$），源自 Eu^{3+} 激发态各个高能级的辐射相互并不干扰，所以此时可以观察到 Eu^{3+} 几乎所有的发射光谱；然而，在硅、硼酸盐这类环境最高振动频率 ν_{max} 相对较大的基质中，Eu^{3+} 中的较高能级（如$^5D_1$ 和$^5D_2$）的能量将向下以非辐射的方式弛豫到$^5D_0$ 能级，在猝灭较高能级$^5D_1$、$^5D_2\rightarrow{}^7F_J$ 发射的同时，也增加了低能级$^5D_0\rightarrow{}^7F_J$ 发射的粒子集居数，从而导致主发射发光效率的提高。类似的还有 Gd^{3+} ($4f^7$)的发射情况，在一些环境最高振动频率 ν_{max}较小的氧化物中（如 $Y_2O_3:Gd^{3+}$），由于基质晶格是透明的，除了源于最低激发态能级^6P_J 的发射，还可以观察到源自 Gd^{3+} 的^6I_J、^6D_J 和^6G_J 等更高激发态能级的发射。但在硅、硼酸盐中时，由于环境最高振动频率 ν_{max} 较大，所有源自高激发态的发射均被完全猝灭，同时^6P_J发射的发光效率显著提高。由此可见，更高的环境振动频率也有利于一些系统的发光效率的提高。与 Eu^{3+} 和 Gd^{3+} 相比，Tb^{3+} 的两个发射能级$^5D_4$ 和$^5D_3$ 之间的能量差 ΔE 较大，所以环境最高振动频率 ν_{max}要达到一定程度才可能导致$^5D_3 \rightarrow {}^5D_4$ 的非辐射弛豫过程，因此在大多数 Tb^{3+} 浓度较低的化合物中都可以观察到 Tb^{3+} 的$^5D_3 \rightarrow {}^7F_J$ 的蓝色发射。至于为什么会要求 Tb^{3+}浓度较低，这是因为在以上的讨论中，只考虑了发光中心与周围环境的相互作用，而没有考虑它们与其他发光中心的作用。当 Tb^{3+} 浓度增加时，由于 Tb^{3+} 之间的距离变小，它们之间的相互作用加强，也会导致高能级发射的猝灭，即所谓的“交叉弛豫”现象，这部分内容将在 2.5.7 节中予以详细讨论。

第三种途径如图 2.44 所示，虽然发光中心激发态 e 线和基态 g 线不相交，但系统中可能还存在其他具有较大斯托克斯位移的激发态 e'线。e'线同时与 e 线和 g 线相交，系统能量可能首先通过 e 线和 e'线的交点 A，再经由 e'线和 g 线的交点 B，最终返回基态，也有人把这种非辐射过程称为“上能级温度猝灭”。而实例方面，如许多稀土离子在 YVO_4 中通常表现出很高的发光效率，但 Ce^{3+}、Pr^{3+} 和 Tb^{3+}却不能。这是因为三种离子在钒酸盐体系中都存在一种处于低能量区域且斯托克斯位移较大的电荷迁移态(RE^{3+}-V^{4+})，所以体现在位形坐标图上，其电荷迁移态曲线 e'很可能同时与稀土离子激发态 e 和基态的位形曲线 g 相交，使得系统很容易以非辐射弛豫的方式发生温度猝灭，而与 Ce^{3+}、Pr^{3+} 和 Tb^{3+} 相比，其他稀土离子在 YVO_4 中的电荷迁移激发态处于高能区域，因此其电荷迁移激发态曲线通常与基态曲线并不相交，并不容易出现上能级温度猝灭的非辐射过程。

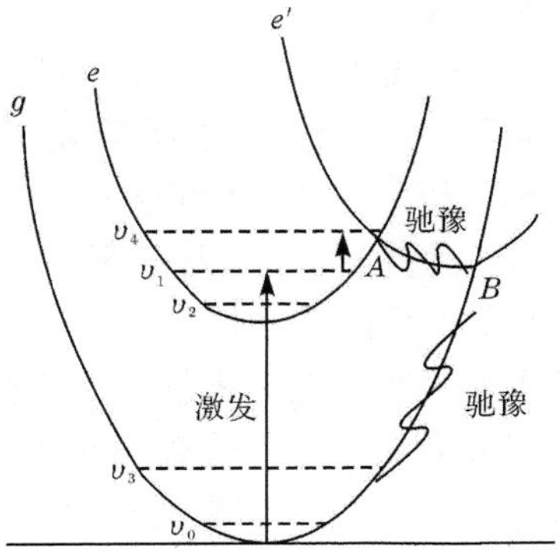

图 2.44　上能级温度猝灭效应位形坐标示意图

到这里，细心的读者可能会提出一个有趣的问题：如果激发态 e'线的斯托克斯位移并不足够大，只与激发态 e 线相交于 A 点，但却没有与基态 g 线相交，那么此时通过非辐射弛豫进入激发态 e'线的能量将何去何从呢？答案是此时这些能量有两种选择：一方面如图 2.45 所示，如果此时环境温度和振动频率较高，那么

进入激发态 e' 线 υ_5 振动能级的能量将会随即弛豫到其最低振动能级 υ_6，最终以辐射的方式返回基态 g 线，这个过程中会发出光子；另一方面如图 2.46 所示，如果环境温度和振动频率并不足以支持以上辐射过程的发生，那么这些能量很可能根本就不会从激发态 e 线弛豫到 e' 线，或者即便进入了激发态 e' 线，也会再次很快弛豫回激发态 e 线，并经由其最低振动能级 υ_2，以辐射的方式返回基态 g 线，这个过程同样会发出光子。

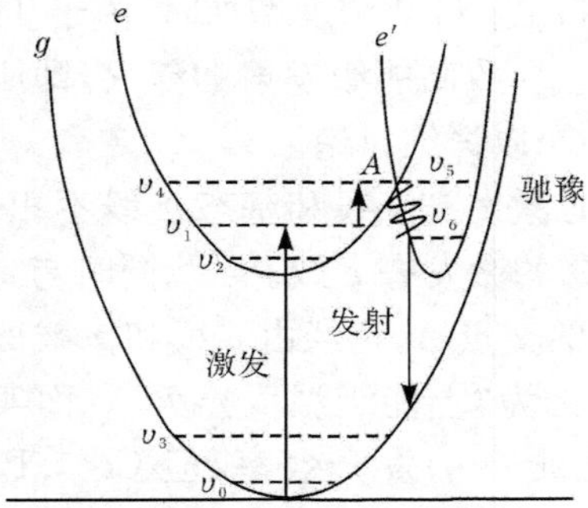

图 2.45　环境温度和振动频率较高时系统中非辐射和辐射过程的位形坐标示意图

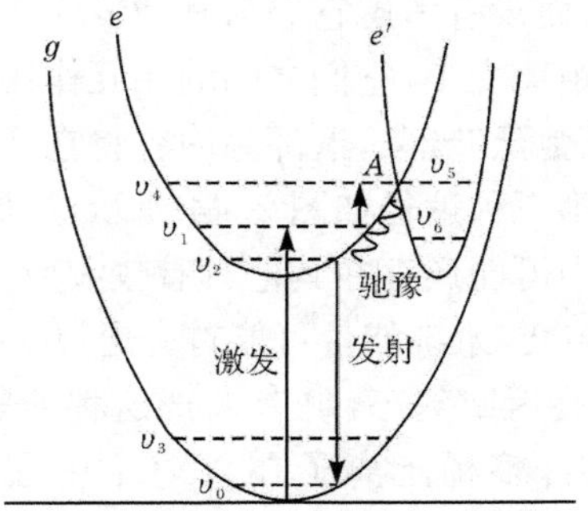

图 2.46　环境温度和振动频率较低时系统中非辐射和辐射过程的位形坐标示意图

特别指出的是，如果因为晶格环境的因素使得激发态 e' 线较高，且其斯托克斯位移较大，由于其属于允许跃迁，发生的概率较大，系统所吸收的激发能就可能直接由基态 g 线跃迁到激发态 e' 线，再经由激发态 e 线返回基态 g 线而实现辐射发光或者经由与 g 线的交点直接返回基态。$Y_2O_3:Eu^{3+}$ 是与这种情况相对应的典型例子。众所周知，$Y_2O_3:Eu^{3+}$ 是目前在三基色节能灯产品中广泛应用的红色荧光粉，其在 254nm 紫外光激发下所对应的吸收是 Eu^{3+}-O^{2-} 电荷迁移激发带(CT)，会导致基于 Eu^{3+} 的 $4f^6$ 构型内的高效红色发射($^5D_0$-$^7F_2$)，但在其相应组成的玻璃中的发光效率却降低了很多，这是因为在 $Y_2O_3:Eu^{3+}$ 晶体中，Eu^{3+}-O^{2-} 电荷迁移激发态的位形坐标曲线的斯托克斯位移较小，与基态 g 线并没有相交，所以其在 254nm 紫外光激发下所吸收的能量将从电荷迁移激发态 e' 线弛豫到 Eu^{3+} 的激发态 e 线，从而实现强吸收及其对应的强辐射发光，具体过程如图 2.47 所示。然而，在玻璃中，由于其 Eu^{3+}-O^{2-} 电荷迁移激发态的位形坐标曲线具有很大的斯托克斯位移，其电荷迁移激发态 e' 线不仅与 Eu^{3+} 的激发态 e 线相交，还与 Eu^{3+} 的基态 g 线相交，这样就使得其电荷迁移激发态主要向 Eu^{3+} 的基态 ^7F 支项能级提供能量，从而导致发光效率大大降低。

与前面提到的 $Y_2O_3:Eu^{3+}$ 中电荷迁移态通过非辐射过程加强发光的典型例子类似的还有真空紫外用红色荧光粉 $(Gd,Y)BO_3:Eu^{3+}$。图 2.48 给出了 $(Gd,Y)BO_3:Eu^{3+}$ 红色荧光粉中非辐射过程敏化 Eu^{3+} 发光的位形坐标示意图。由图可见，在 147nm 的真空紫外光激发下，硼酸根基质首先吸收能量，然后通过非辐射弛豫传递给 Y^{3+}-O^{2-} 或者 Gd^{3+}-O^{2-} 电荷迁移态，接着进入 Eu^{3+}-O^{2-} 电荷迁移态，最后才转移到 Eu^{3+} 的激发态能级用于辐射发光。显然，由于各个高能级激发态间逐次的非辐射弛豫过程，Eu^{3+} 发射能级上的粒子集居数显著增加，从而导致高效的发光。

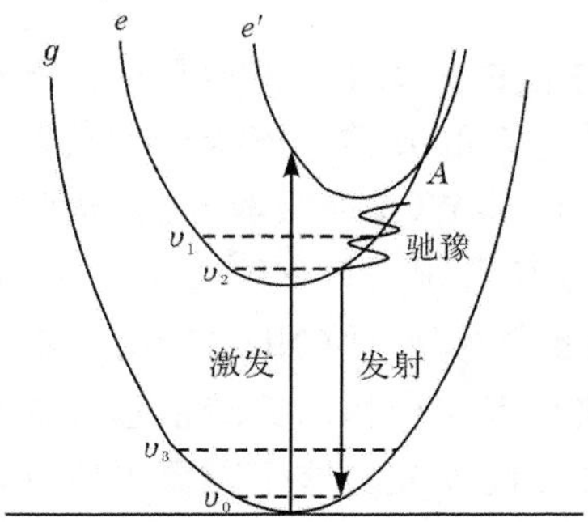

图 2.47　Y_2O_3:Eu^{3+} 荧光粉中非辐射与辐射过程的位形坐标示意图

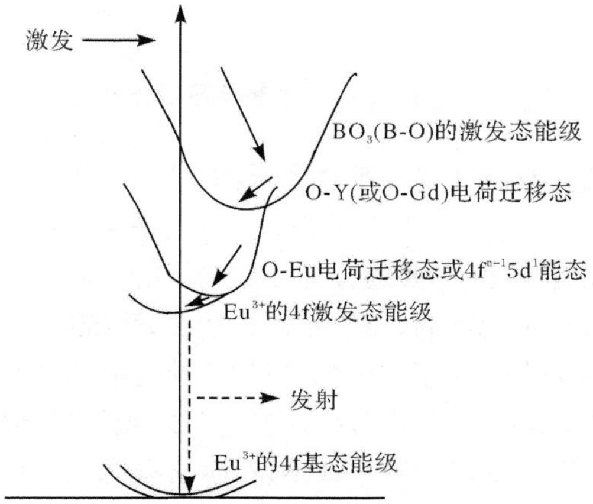

图 2.48　(Gd,Y)BO_3:Eu^{3+} 红色荧光粉中非辐射过程敏化 Eu^{3+} 发光的位形坐标示意图

2.5.4　中等及强耦合系统中的非辐射过程

如图 2.49 所示，在中等及强耦合系统中，当斯托克斯位移 ΔR 增加时($e \to e'$)，激发态位形曲线与基态曲线的交点 A 将向下移动到 A'，因此系统更容易发生非辐射过程而导致温度猝灭现象，在这种情况下，温度对系统的非辐射过程和发光效率的影响是显而易见的。然而，中等及强耦合系统并不像弱耦合情况那样具有式(2.35)的简单实验关系式，因此无法精确计算其非辐射速率，不过可以确定的是系统的斯托克斯位移是衡量非辐射跃迁速率大小的关键因素，接下来将通过一些典型例子对系统斯托克斯位移 ΔR 与非辐射跃迁速率、发光效率的关系作一些简单的讨论。

通常来讲，在一个发光系统中，如果发光中心附近有离子半径较大的其他离子存在，就相当于为发光中心提供了一个相对"松软"的环境。这样一来，系统的晶格环境刚性较差，就无法抵抗激发态的伸展运动，从而导致较大的斯托克斯位移。

例如，$CaWO_4$ 是非常著名的 X-ray 激发用荧光粉，其工业应用已经有近百年的历史。它最主要的发光基团是钨酸根(WO_4^{2-})，其吸收主要源自 W^{6+}-O^{2-} 的电

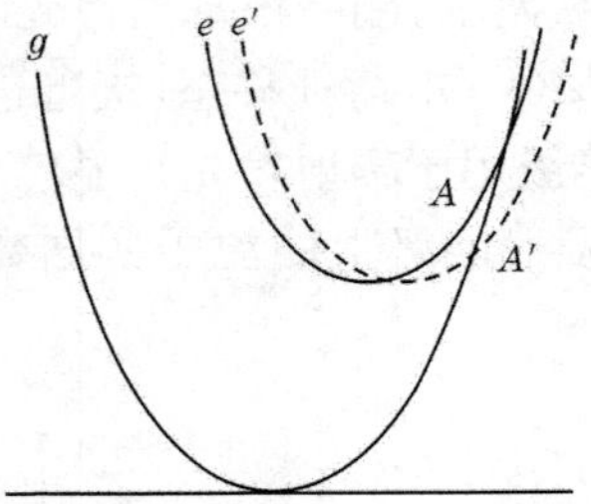

图 2.49　中等及强耦合系统中斯托克斯位移与猝灭温度的关系

荷迁移态(CT),即电荷(电子)从氧配体迁移到中心的钨离子。其电荷的实际迁移量并不大,但发生了很大的电子重组,即电子从基态的成键轨道跃迁到激发态的反键轨道(主要成分是金属离子的 d 轨道)。因此,$CaWO_4$ 在吸收光后,化学键会被严重地削弱,属于强耦合情况,系统的斯托克斯位移很大($\Delta R\approx 20000cm^{-1}$),发射谱带也很宽,与之类似的基质还有钒酸根($VO_4^{3-}$)、铌酸根($NbO_6^{7-}$)等。在室温下,$CaWO_4$ 是非常高效的蓝色发光材料,但和它具有完全相同钨酸根基态性质的 $SrWO_4$ 和 $BaWO_4$ 却不发光,必须降低环境温度才能发光。这个现象可以这样解释:从离子半径上看,Ca^{2+}(99pm)<Sr^{2+}(112pm)<Ba^{2+}(135pm),发光中心附近的环境随着碱土金属离子半径的增加而变得越来越宽松,系统的斯托克斯位移 ΔR 变大,激发态和基态的位形曲线交点变低,从而使系统更容易发生非辐射过程而导致温度猝灭效应。需要特别指出的是,在$CaWO_4$的例子中,发光中心钨酸根(WO_4^{2-})和碱土金属 Ca^{2+} 是各自独立存在的,碱土金属离子构成了发光中心的周围环境。但当发光中心为稀土离子时,情况就有所不同,例如在 $MBPO_5:Eu^{3+}$($M=Ca^{2+},Sr^{2+},Ba^{2+}$)的体系中,由于 Eu^{3+} 是取代碱土金属离子的格位,而 Eu^{3+} 的离子半径较小仅为 99pm,Eu^{3+} 所取代的碱土金属离子半径越大,就会越减小系统的宽松度,降低斯托克斯位移,导致较高的发光猝灭温度:$CaBPO_5:Eu^{3+}$、$SrBPO_5:Eu^{3+}$ 和 $BaBPO_5:Eu^{3+}$ 三种材料的发光猝灭温度分别为 320K、550K 和 690K,这与上面的情况是刚好相反的。

综上所述,在中等及强耦合系统中,斯托克斯位移 ΔR 越大,系统猝灭温度越低,发光中心的非辐射跃迁速率越大,越容易通过非辐射过程降低发光效率。

2.5.5　能量共振传递模型和 Dexter 公式

前面提到系统中处于激发态的发光中心所面临的两种选择:一是从激发态以辐射的方式回到基态,同时发出光子,也就是发光现象;二是从激发态以非辐射的方式回到基态,同时把能量以振动能的形式散失在晶格中。系统发生辐射和非辐射过程的概率主要取决于系统中发光中心的能量差 ΔE、环境最高振动频率 ν_{max} 和

斯托克斯位移 ΔR 等一些关键条件。然而，在讨论以上两种可能的选择时，只考虑了孤立发光中心与外部环境的关系，但这是一种最简单的发光模型。实际上，复杂系统在某些情况下还会发生激发能在基质晶格内传输的现象，也就是能量传递。

当系统中发光中心浓度较高时，发光中心可能以非辐射的形式从激发态返回基态，同时通过与邻近同类中心的相互作用将释放的激发能传递给其他的同类发光中心，也就是非辐射能量传递过程。在这种非辐射能量传递过程中，如果遇到缺陷、杂质等猝灭中心，激发能将会以振动能的形式耗损，从而导致系统发光亮度的降低，这就发生所谓的发光"浓度猝灭"现象。此外，处于激发态的发光中心可能存在多个激发态高能级，当发光中心浓度达到一定程度时，发光中心也可能以非辐射的形式从激发态高能级弛豫到较低能级(主发射能级)。在这个过程中，发光中心释放部分激发能，同时将释放的能量传递给另一个处于基态的发光中心，并使之进入激发态的主发射能级。显然，这个过程将导致源自系统激发态高能级的发射猝灭，但源自低能级的主发射强度将增加，这就是著名的"交叉弛豫"现象。

以上所提及的两种非辐射能量传递都属于同类发光中心之间的能量传递模式。如果系统中存在除发光中心外的其他中心，由于两种中心之间的相互作用，一种中心(供体 D)可能将吸收的能量传递给另一种中心(受体 A)，即 $D \rightarrow A$；同时供体 D 自身以非辐射的方式从激发态返回基态，并由受体 A 最终实现辐射发光，这种现象就是目前无机发光材料中实际应用十分广泛的发光敏化现象。需要特别指出的是，浓度猝灭和交叉弛豫属于同种发光中心之间的相互作用，而发光敏化是两种中心的相互作用过程，因此要想很好地理解发光系统中的非辐射能量传递过程及机理，就需要建立一个可以讨论各中心间相互作用的理论模型，而这其中最典型也最常见的就是能量共振传递模型。因此，在这部分内容中，将结合能量共振传递模型的理论计算，重点从浓度猝灭、交叉弛豫和敏化发光三个具体方面来阐述发光系统中的非辐射能量传递过程。

目前，大多数发光材料中的非辐射能量传递途径主要是能量共振传递模型。共振传递是指处于激发态的某中心离子通过交换相互作用(exchange interaction)、电偶极相互作用(electric -dipole interaction)或者磁偶极相互作用(magnetic -dipole interaction)等近场力的相互作用把激发能传递给另一个中心的过程。结果是前者从激发态返回到基态(也即能量传递过程的供体，标记为 D)，而后者由基态变为激发态(也即能量传递过程的受体，标记为 A)，两个中心能量变化值保持相近。至于中心之间的相互作用类型则是由中心的具体情况决定的，其中光跃迁(吸收)的类型和强度是决定中心相互作用类型的重要因素。如果光跃迁属于允许跃迁、电荷迁移态或者基质吸收等，则通常属于电偶极相互作用，而该允许光跃迁的强度又影响着电偶极跃迁的强度(如电偶极、电四极等)；但如果光跃迁属于禁戒跃迁，则各中心间主要通过交换相互作用来承担能量传递任务。以上光跃迁与中心间相互作用的关系，还将在 2.5.6 节详述。

如图 2.50 所示，系统中的两个中心之间要发生能量共振传递，必须要满足两个前提条件：①两个中心的激发态和基态之间的能量差尽可能相近，特别注意这里不是指单纯的能量差数值相近，而是体现在系统中能量供体 D 的发射光谱要与能量受体 A 的吸收光谱有尽可能多的光谱重叠，重叠越多，能量共振传递速率越大。这里需要特别指出的是，供体 D 的发射和受体 A 的吸收重叠并不意味着供体 D 辐射出来的光子能量又被受体 A 吸收，因为这种方式称为“再吸收”，它与中心间的相互作用没有关系，且不仅在实际上有辐射过程，而且还要求光子输运能量的速率很高。通常，采用机械混合的方式可以区分“能量共振传递”和“再吸收”。例如，将 $NaYF_4:Ce^{3+}$ 和 $NaYF_4:Tb^{3+}$ 样品经机械研磨、混合后，系统中没有发现 $Ce^{3+}\rightarrow Tb^{3+}$ 的能量传递，但在 $NaYF_4:Ce^{3+},Tb^{3+}$ 样品中却能够观察到能量传递过程，这说明 $NaYF_4:Ce^{3+},Tb^{3+}$ 系统中的能量传递模型属于共振能量传递。如果在前者也观察到了能量传递，则足以说明该过程属于再吸收的能量传递模型。②两中心之间存在着合适的相互作用，正如前面所述，相互作用可以是交换相互作用，也可以是电偶极或磁偶极相互作用。

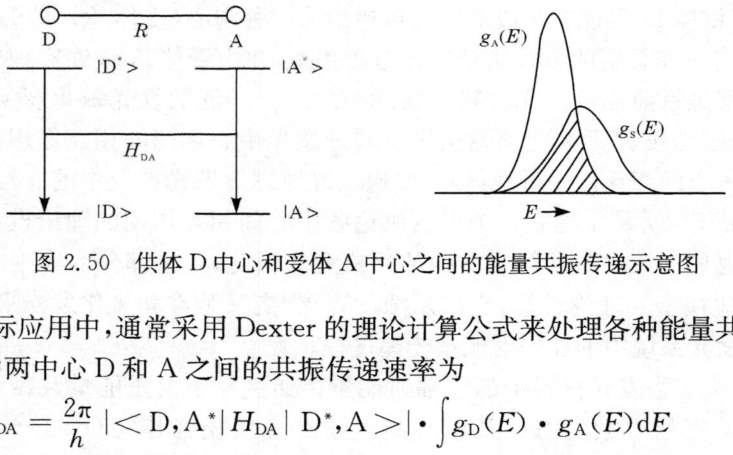

图 2.50　供体 D 中心和受体 A 中心之间的能量共振传递示意图

在实际应用中，通常采用 Dexter 的理论计算公式来处理各种能量共振传递模型，系统中两中心 D 和 A 之间的共振传递速率为

$$H_{DA}=\frac{2\pi}{h}\left|\langle D,A^*|H_{DA}|D^*,A\rangle\right|\cdot\int g_D(E)\cdot g_A(E)\mathrm{d}E \tag{2.36}$$

式中，积分部分表示光谱重叠，$g(E)$为已被归一化的线性函数。由此式可见，如果没有光谱重叠，则能量传递速率为零。H_{DA}是表示相互作用的哈密顿算符，矩阵元表示始态$|D^*,A\rangle$和终态$|D,A^*\rangle$之间的相互作用。从 Dexter 的公式也可以看出，光谱重叠和相互作用是共振能量传递发生的关键条件。关于 Dexter 公式的具体应用实例，将在后面的部分为大家列举。

2.5.6　浓度猝灭

在许多稀土离子激活的发光材料中存在这样一种现象：随着发光中心数量的

增加，系统的发光强度先是逐渐增加，但是当发光中心浓度达到某个特定值后再继续增加时，系统的发光强度又会突然急剧下降，这个现象就是著名的发光浓度猝灭现象，而这个特定浓度值就是该系统的猝灭浓度(quenching concentration)，也称为该发光中心的最佳掺杂浓度。浓度猝灭现象是典型的系统内部同种发光中心之间相互作用的结果，它源自稀土离子 4f 电子组态内的非辐射能量传递过程，当激发能从发生吸收的格位迁移到一个非辐射耗损格位(消光杂质或猝灭格位)时，激发能将以振动能的形式散失在系统晶格中。

由于稀土的 4f 电子被外层电子很好地屏蔽着，稀土离子之间的相互作用很弱，属于典型的弱耦合情况。因为弱耦合系统中发光中心的相互作用较弱，其斯托克斯位移很小($\Delta R \approx 0$)，所以其发光中心的吸收和发射谱线的光谱重叠很大；而且因为稀土离子的辐射速率较低，其非辐射能量传递速率很容易超过辐射速率，所以绝大多数稀土化合物中都很容易发生非辐射能量传递，并可以观察到相应的浓度猝灭现象。

从发光中心在基质中的分布情况看，系统的掺杂浓度的大小实际上体现着发光中心之间的距离长短。那么发光中心相隔多少距离才会发生发光猝灭呢？解释了这个问题，也就基本可以理解发光猝灭现象了。其实，从向基质材料中掺入发光中心开始，处于激发态的发光中心就存在着辐射和非辐射两个相互竞争的过程，只是在浓度较低时，发光中心之间的相互作用不明显，因此主要以辐射过程为主。但当浓度增加到一定临界值时，也就是发光中心之间的距离减小到一定程度，发光中心之间的非辐射能量传递速率将会迅速增大，能量有传递就会有遇到消光杂质而耗损的可能，从而导致发光猝灭现象。实际上，系统中非辐射能量传递速率开始迅速增大所对应的发光中心之间的临界距离的大小取决于发光中心之间相互作用的类型。对于电多极子的相互作用，能量传递速率与距离 R^{-n} 成正比($n=6,8,10$，分别对应着电偶极-电偶极、电偶极-电四极、电四极-电四极相互作用)。对于交换相互作用，传递速率与距离呈指数关系，因为交换作用需要波函数重叠，具体可以参考表 2.11 所示的引起能量共振传递的相互作用 H_{AD} 及能量传递速率 X 与距离 R 的关系。

表 2.11　引起能量共振传递的相互作用 H_{AD} 及能量传递速率 X 与距离 R 的关系

相互作用	哈密顿算符 H_{AD}	能量传递速率	说明
电偶极-电偶极	$1/R^3$	$X_0(R_0/R)^6$	$R=R_0$ 时 $X=X_0$
电偶极-电四极	$1/R^4$	$X_0(R_0/R)^8$	
电四极-电四极	$1/R^5$	$X_0(R_0/R)^{10}$	
磁偶极-磁偶极	$1/R^3$	$X_0(R_0/R)^6$	
交换相互作用	$-e^2/r_{12}$	$X_e\exp(-2R/R_B)$	R_B 为有效 Bohr 半径

从表 2.11 可以看出，一个系统中猝灭浓度的大小取决于发光中心间的作用类型。

2.5.7 交叉弛豫

当系统中随着发光中心浓度的增加，两同类发光中心间的距离减小到一定程度时（通常小于发生浓度猝灭的临界距离），也可能发生供体中心 D 的一部分激发能通过非辐射弛豫传递给受体中心 A 的过程。其间，受体中心 A 从基态跃迁到激发态的主发射能级，而供体中心 D 从激发态的较高能级弛豫到较低能级（也就是主发射能级）。这个过程在导致激发态高能级发射猝灭的同时也增加了低能级（主发射能级）的粒子集居数，有利于主发射能级的发射，从而导致发光亮度的增加，此过程就称为交叉弛豫。通常来讲，交叉弛豫使处于激发态高能级的能量转移到了主发射能级，因而提高了发光效率。

特别指出的是，多声子发射和交叉弛豫两者都是抑制激发态高能级发射的过程。然而，只有在涉及的激发态能级间的能量差较小，而基质晶格的最高振动频率较高时，多声子发射才会起作用，而且它与发光中心的浓度无关。由于交叉弛豫过程取决于两中心间的作用，只有发光中心间的距离减小到一定临界值时它才能发挥作用。例如，YBO_3 的环境最高振动频率（又称声子能量）约为 $1100cm^{-1}$，Y_2O_3 的声子能量约为 $600cm^{-1}$，而 Eu^{3+} 的激发态 $^5D_0$ 与 $^5D_1$ 能级之间的能量差仅约为 $800cm^{-1}$，因此在 $YBO_3:Eu^{3+}$ 中，无论 Eu^{3+} 的浓度高低，都很容易由于多声子发射而导致 Eu^{3+} 的高能级发射被猝灭；但在 $Y_2O_3:Eu^{3+}$ 中，因为环境最高振动频率较低，较难引发多声子发射，所以在低掺杂浓度的 $Y_2O_3:Eu^{3+}$ 中可以观察到源自 $^5D_1$（绿色）甚至是 $^5D_2$（蓝色）的发射。而当 $Y_2O_3:Eu^{3+}$ 中的 Eu^{3+} 浓度增加到一定程度时，将发生“交叉弛豫”，导致高能发射的猝灭。对于 Tb^{3+} 而言，其与 Eu^{3+} 的情况是有一定差别的，因为 Tb^{3+} 的激发态高能级 $^5D_4$ 与 $^5D_3$ 之间的能量差高达 $5000cm^{-1}$，这样就很难发生“多声子发射”现象。因此，在大多数低浓度 Tb^{3+} 掺杂的体系中（包括声子能量较高的 YBO_3）都很容易观察到源自 Tb^{3+} 高能级的 $^5D_3 \rightarrow {}^7F_J$ 的蓝色发射，当 Tb^{3+} 浓度增加后，又将发生“交叉弛豫”而导致 Tb^{3+} 的高能级发射的猝灭。

此外，当发光中心通过交叉弛豫过程从激发态高能级进入低能级后，其低能级的非辐射弛豫速率可能增加，这样也可能随着发光中心浓度的增加而引起发光猝灭现象（从现象上看，与前面所提到的浓度猝灭相似，但实际上有本质的区别）。例如，在含 Sm^{3+} 或者 Dy^{3+} 的化合物中所出现的浓度猝灭现象主要源自系统离子对的交叉弛豫现象，而不是通常所理解的遇到消光杂质而耗损。

2.5.8 发光敏化

前面提到的浓度猝灭和交叉弛豫现象，都属于孤立的同类发光中心之间的相互作用。当系统中存在两种不同的发光中心时，供体中心 D 可能将吸收的激发能传递到另一个受体中心 A，以致受体中心 A 的发光得到加强，这就是目前实际应用较为广泛的发光敏化现象。其中，前一供体中心 D 称为敏化剂，后一受体中心 A 称为激活剂（也即发光中心）。

发光敏化现象是能量传递的结果，也是两中心间相互作用的结果。当两类中心的浓度很低时，它们之间的距离很大，只有在敏化剂的发光被激活剂再吸收的情况下才能发生传递，这一现象虽然很寻常，却很重要。当中心浓度增大，中心之间的距离缩短到一定范围内时，可出现由各中心之间的库仑力而引起的无辐射能量传递，它包括共振传递和有声子参与的非共振传递。如果中心的浓度进一步提高，则可能发生交换相互作用，带走激发能量。通常来讲，有三个简单的特征可以用来判断两类中心之间是否发生敏化现象。

(1) 供体 D 的发射光谱和受体 A 的吸收（激发）光谱有明显的光谱重叠。

(2) 受体 A 的激发峰包含了供体 D 的激发峰，体现 D 吸收的能量有效传递给 A 用以 A 的辐射发光。

(3) 敏化过程将缩短供体 D 的发射寿命，同时增加受体 A 的发射寿命。

敏化现象被广泛地用来提高吸收系数小的发光中心的发光效率，并调节发光的颜色。它还可以在一定程度上改变发光弛豫时间。在激光工作物质中也常被用来提高激光效率。

参考文献

褚圣麟. 1979. 原子物理学[M]. 北京：高等教育出版社.

姜心田. 2004. 原子光谱项的意义和推求[J]. 陕西师范大学继续教育学报，21(2)：110-113.

廖代正，胡龙桥. 1984. 推引原子光谱项的标准及快速方法[J]. 化学通报，(4)：54-61.

廖显威. 1992. 关于原子光谱项的推导[J]. 四川师范大学学报（自然科学版），15(5)：102-107.

刘国范. 1985. 等价组态光谱项速算法[J]. 化学通报，(11)：58-60.

刘月成，杨占森. 1994. 原子轨道能级与原子电子组态[J]. 雁北师范学院学报，10(2)：37-39.

孙家跃，杜海燕. 2003. 固体发光材料[M]. 北京：化学工业出版社.

王军. 2008. 结构化学[M]. 北京：科学出版社.

许国材. 1998. 关于 LS 耦合的适用条件[J]. 大学物理，17(6)：9-13.

Blasse G, Grabmaier B C. 1994. Luminescent Materials[M]. Heidelberg：Springer-Verlag.

Ronda C. 2008. Luminescence：From Theory to Applications[M]. Weinheim：Wiley.

第 3 章　无机发光材料的制备

发光材料的制备是研究发光材料的基础，目前已经实现工业化规模生产和广泛应用的发光材料有近百种，它们大多数是无机化合物，如硫化物、氧化物、卤化物和含氧酸盐类等。近年来，随着交叉学科的发展、新技术的开发和需求领域的扩展，对发光材料提出了不同的要求，需要不断改进发光材料的某些性质，如粒度、成分的均匀程度、纯度等，在工业生产中也需要降低其成本。而要满足这些要求还需从合成方法下手。发展现有无机发光材料的制备与合成技术，不断推出新的合成反应和路线，并改进现有的合成方法，开发新型无机发光材料，将为研究无机发光材料的结构、性能与反应间的关系，揭示新规律与原理提供基础。下面将对无机发光材料的各种合成方法逐一进行介绍。

3.1　高温固相法

在众多无机发光材料合成的方法中，最古老、最简单同时也是应用最广泛的方法就是把粉末状的反应物混合在一起，或者把它们压制成丸状或其他形状，在持续加热的炉子内进行反应，即高温固相法。高温固相化学反应中固态物质直接发生化学变化，是一种传统的制备无机发光材料的工艺，虽然有其固有的缺点，如能耗大、效率低、粉体不够细、易混入杂质等，但由于该方法制备的发光材料具有颗粒无团聚、填充性好、成本低、产量大、制备工艺简单等优点，迄今仍是制备无机发光材料的常用方法。

3.1.1　高温固相法的过程和特点

多数的无机发光材料是由固态原料混合物直接在高温下焙烧而制备的，高温固相法制备发光材料样品的具体过程如下(徐叙瑢等，2004)。

(1) 选择原料。对于固相反应，原料的性质是决定反应温度和速度以及产物的重要因素，尤其要求原料中过渡金属的含量一般要控制在 ppm[①] 级，因为这些金属离子会使荧光粉的发光猝灭而影响到产品的亮度；同时，还要求原料粒径小、粒度分布范围尽量窄。

(2) 混料。按配方精确称取各种原料后在玛瑙研钵中进行研磨混合。

---

①1ppm$=1\times10^{6}$。

(3) 焙烧。将混合料放入高温电阻炉中，按固相反应所需设定炉温，并在反应所需温度下保温一定时间。

(4) 研磨、洗涤及烘干。将烧好的粗粉取出冷却后，先进行研磨过筛，然后加入酸或碱溶液，搅拌均匀，静置一段时间后，将上清液倒出，再加入去离子水进行洗涤直到呈中性，最后将洗涤后的荧光粉放入烘箱烘干，即得到荧光粉样品。

高温固相法通常具有以下特点。

(1) 固相反应一般包括物质在相界面上的反应和物质迁移两个过程。

(2) 一般需要在高温下进行。

(3) 整个固相反应速度由最慢的速度所控制。

(4) 固相反应的反应产物具有阶段性：原料→最初产物→中间产物→最终产物。

3.1.2　影响固相反应的因素

由于固相反应过程涉及相界面的化学反应和相内部或外部的物质输送等若干环节，除了反应物的化学组成、特性和结构以及温度、压力等因素外，凡是可能活化晶格、促进物质内外传输作用的因素均会对反应产生影响。固相反应是一个复杂的过程。在固态材料中发生的每一种传质现象和反应过程均与晶格的各种缺陷有关。通常固相中的各类缺陷越多，其相应的传质能力就越强，因而与传质能力有关的固相反应速率也就越大。固相反应的充要条件是反应物必须相互接触，即反应是通过颗粒界面进行的。反应物颗粒越细，其比表面积越大，反应物颗粒之间的接触面积也就越大，从而有利于固相反应的进行。因此，将反应物研磨并充分混合均匀可增大反应物之间的接触面积，使原子或离子的扩散输运比较容易进行，从而增大反应速率。

固相反应的反应速率主要受到以下几方面因素的影响(陆佩文，1996)。

(1) 反应物的化学组成与结构。这是影响固相反应的内因，是决定反应方向和反应速率的重要因素。从热力学角度来看，在一定温度和压力条件下，反应可能进行的方向是自由能减少的方向。同组成反应物，其结晶状态和晶型由于其热历史的不同易出现很大的差别，从而影响到这种物质的反应活性。在生产实践中往往利用多晶转变、热分解和脱水等反应过程引起的晶格活化效应来选择反应原料和设计反应工艺条件以达到高的生产效率。此外，在同一反应系统中，固相反应速率还与反应物间的比例有关。如果颗粒尺寸相同的 A 和 B 反应生成 AB，改变 A 和 B 的比例就会影响反应物表面积和反应截面的大小，从而改变产物层的厚度并影响反应速率。

(2) 颗粒尺寸及分布。根据杨德尔积分方程式

$$[1-(1-G)^{1/3}]^2=\frac{2KD}{R_o^2}t=k_Jt \tag{3.1}$$

式中，R_o、G、K、D、K_J 和 t 分别为反应物粒径、转化率、反应物性质和过程条件决定的常数、反应物的扩散系数、反应速率和反应时间。从杨德尔积分方程式中可知反应速率常数 K 值反比于颗粒半径的平方，因此在其他条件不变的情况下反应速率受到颗粒尺寸大小的影响。

(3) 反应温度与气氛。温度是影响固相反应速率的重要外部条件之一。一般认为温度升高有利于反应进行。这是因为温度升高，固体结构中质点热振动动能增大，反应能力和扩散能力均得到增强。

对于化学反应

$$K = A\exp\left(-\frac{\Delta G_R}{RT}\right) \tag{3.2}$$

式中，ΔG_R 为化学反应活化能；A 是与质点活化相关的因子；T 为反应温度，可见温度的升高将提高反应速率常数；R 为气体常数。

气氛对固相反应也有重要影响，它可以通过改变固体吸附性而影响表面反应活性。

(4) 助熔剂。在某些固相反应体系中，通过添加少量熔点低而活性高的物质，常会对反应的进行起促进作用，并且可以大幅度地降低反应所需温度。常见的助熔剂主要有硼和磷的氧化物以及一些金属卤化物。

3.1.3 高温固相法制备无机发光材料

以 $SrAl_2O_4:Eu^{2+},Dy^{3+}$ 长余辉发光材料的制备为例，在高温煅烧条件下，由 $SrCO_3$ 受热分解生成的 SrO 与 $Al(OH)_3$ 脱水生成的 Al_2O_3 通过晶粒界面间扩散发生反应，生成鳞石英结构的 $SrAl_2O_4$ 层。与此同时在高温还原气氛下，Eu^{3+} 被还原成 Eu^{2+}，通过扩散进入 $SrAl_2O_4$ 基质晶格的间隙或置换晶格原子，形成发光中心。

1. $SrAl_2O_4$ 基质的固相反应过程（崔国文，1990）

反应主要经历成核和生长两个阶段。具体反应主要分为几个过程：首先是 SrO 与 Al_2O_3 颗粒接触，在它们表面发生化学反应生成具有大量结构缺陷的 $SrAl_2O_4$ 新相，随后发生产物新相的结构调整和晶体生长。然后，当 $SrAl_2O_4$ 产物层达到一定厚度后，它将 SrO 和 Al_2O_3 相互隔开，SrO 与 Al_2O_3 要进一步发生反应，必须通过已经生成的 $SrAl_2O_4$ 层。接着，在 $SrAl_2O_4$ 和 SrO 界面Ⅰ以及 $SrAl_2O_4$ 和 Al_2O_3 界面Ⅱ上发生反应：图 3.1(a)中，Sr^{2+} 离子和电子 e 通过生成物层 $SrAl_2O_4$ 迁移到相界Ⅱ，而氧气则通过气相传质，在相界Ⅱ上发生如下反应：

$$Sr^{2+} + 2e + 1/2O_2 + Al_2O_3 \longrightarrow SrAl_2O_4 \tag{3.3}$$

图 3.1(b)中，Al^{3+} 离子和电子 e 通过生成物层 $SrAl_2O_4$ 迁移到相界Ⅰ，而氧气则通过气相传质，在相界Ⅱ上发生如下反应：

$$2Al^{3+}+6e+3/2O_2+SrO \longrightarrow SrAl_2O_4 \tag{3.4}$$

图 3.1(c)中，Al^{3+}离子和 Sr^{2+}离子通过生成物层 $SrAl_2O_4$ 迁移到相界Ⅰ和Ⅱ，在相界Ⅰ和Ⅱ上发生如下反应：

$$2Al^{3+}+4SrO \longrightarrow SrAl_2O_4+3Sr^{2+} \tag{3.5}$$

$$3Sr^{2+}+4Al_2O_3 \longrightarrow 3SrAl_2O_4+2Al^{3+} \tag{3.6}$$

图 3.1(d)中，Sr^{2+}离子和 O^{2-}离子通过生成物层 $SrAl_2O_4$ 迁移到相界Ⅱ，而氧气则通过气相传质，在相界Ⅱ上发生如下反应：

$$Sr^{2+}+O^{2-}+Al_2O_3 \longrightarrow SrAl_2O_4 \tag{3.7}$$

图 3.1(e)中，Al^{3+}离子和 O^{2-}离子通过生成物层 $SrAl_2O_4$ 迁移到相界Ⅰ，在相界Ⅰ上发生如下反应：

$$2Al^{3+}+3O^{2-}+SrO \longrightarrow SrAl_2O_4 \tag{3.8}$$

以上反应的进行都涉及离子和电子在产物层的迁移，这种物质的输运过程可能通过 $SrAl_2O_4$ 产物层内部、表面、界面、位错或晶体进行。

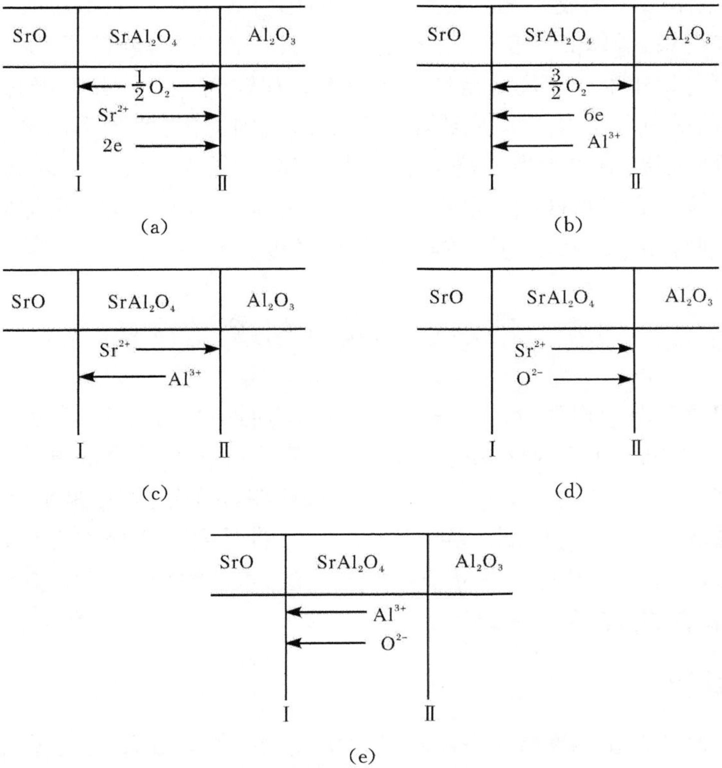

图 3.1　$SrAl_2O_4$ 固相反应生成机理

2. $SrAl_2O_4$:Eu^{2+},Dy^{3+} 发光材料的制备(Kamada et al.,2000)

以 Al_2O_3、Eu_2O_3、$SrCO_3$、Dy_2O_3 为原料,再加入助熔剂 B_2O_3,充分混合,研磨均匀。在还原气氛条件下于 1300℃以上的温度灼烧,经冷却、粉碎、过筛即得产品。固相化学反应式如下:

$$SrCO_3 + Al_2O_3 + 0.005Eu_2O_3 + 0.005Dy_2O_3 \longrightarrow SrAl_2O_4:0.01Eu,0.01Dy + CO_2\uparrow \tag{3.9}$$

其中,Eu^{3+} 离子的还原可采取以下几种方法。

(1) 在一定比例的 N_2+H_2 混合气体中灼烧还原。

(2) 在适当的 NH_3 气流中还原。

(3) 在活性炭粉存在的情况下进行还原。

(4) 在一定比例的 N_2+Ar 气流中灼烧还原。

工业上运用较多的是用氢气作为还原气氛和用炭粉还原。以氢气作为还原气氛,通常采用二次烧成工艺,以节约氢气的用量和节能。采用炭粉还原不需要专门的供气设备,操作简单安全,廉价易实现,且一次烧成,降低了成本,缺点是不适于大规模自动化生产。烧结是形成产品形态和发光中心的关键步骤,其作用在于:使基质组分间发生化学反应或相互扩散形成固溶体;使激活剂进入基质而处于基质晶格的间隙中或置换晶格上的原子;使晶体长大和完善。因此,煅烧温度的控制是影响发光材料性能的最重要因素,在配料中加入助熔剂可以降低煅烧温度,使激活剂容易进入基质,并控制发光粉的粒度。

3.2　溶液法制备无机发光材料

为了避免高温固相反应的弊端,如长时间高温焙烧、产物化学组成均一性较差、产物粒度分布宽和形貌不规整等,人们一直在探索新的合成方法以克服这些缺点。研究表明,在溶液中反应物以离子形式存在,反应过程中能够有效结合,合成出的产品成分均匀,易控制形貌,能够在较低的温度下获得发光材料。溶液法主要有沉淀法、溶胶-凝胶法、高分子网络凝胶法、水热法(包含溶剂热法)、微乳液法等,下面就各类方法及应用进行讨论。

3.2.1　沉淀法

沉淀法通常是在溶液状态下将不同化学成分的物质混合,在混合液中加入适当的沉淀剂制备前驱体沉淀物,再将沉淀物进行干燥或煅烧,从而制得相应的粉体颗粒。同时析出多种沉淀来制备多种混合粉体的方法,称为共沉淀法。其析出过程与溶质在溶剂中的浓度、pH 值和温度等因素密切相关,通过调节 pH 值和温度等参数可以控制沉淀物的状态，将得到的沉淀物加热分解，便可以得到氧化物、硫化物、碳酸盐、草酸盐、磷酸盐等陶瓷粉体或前驱物。

沉淀-共沉淀法中应注意的问题如下（张中太等，2005）。

(1) 多离子共沉淀过程中，对沉淀溶解度差异较大的物质，要特别注意 pH 值的控制及沉淀剂的选择。pH 值对沉淀过程至关重要，低 pH 值可能导致沉淀不完全，高 pH 值可能导致某些沉淀物的再溶解。

(2) 对于多离子共沉淀过程，由于各金属离子沉淀所需的碱度（即 pH）不同，很难得到混合均匀的共沉淀混合物，此时可以将混合均匀的原料溶液加入 NH_4OH 中，以得到均匀的沉淀混合物。

(3) 沉淀法合成粉体的粒度与金属离子在溶液中的浓度密切相关，稀溶液得到的粒度较小。

(4) 沉淀法合成粉体的粒度与温度密切相关。

共沉淀法的优点是反应各组分的混合是在分子、原子级别上进行的，反应能够达到分子水平的高度均匀，掺杂范围广，便于准确控制掺杂量，适合制备多组分体系。合成温度比固相反应大大降低，产物物相纯度高，可获得较小颗粒，设备简单，易于操作。与高温固相法相比，该方法的缺点是发光效率低、结晶程度较差、难以控制晶形、不利于工业化生产。

以下是共沉淀法制备无机发光材料的两个例子。

(1) $BaMgAl_{10}O_{17}:Eu^{2+}$ 荧光粉的合成。二价铕激活的钡镁多铝酸盐蓝色荧光粉 $BaMgAl_{10}O_{17}:Eu^{2+}$ 是一种重要的稀土光致发光材料，主要应用于稀土三基色含汞荧光灯、等离子体平板显示器和无汞荧光灯中。$BaMgAl_{10}O_{17}:Eu^{2+}$ 用传统的高温固相法制备温度较高，合成温度在 1600～1800℃，易导致荧光粉烧结，因此需要进行球磨粉碎，但这样会使荧光粉晶粒产生很多新生的表面并处于高能状态，在真空紫外光激发下，化学稳定性降低，易引起光衰。张占辉等以 $(NH_4)_2CO_3$ 为沉淀剂，利用铵盐共沉淀法在 1350℃下制备出 $BaMgAl_{10}O_{17}:Eu^{2+}$ 蓝色荧光粉材料，研究发现相对高温固相法，铵盐共沉淀法的正向加入方式不仅可使 $BaMgAl_{10}O_{17}:Eu^{2+}$ 的合成温度降低，而且其产物的结晶性能也明显得到增强。图 3.2对比了 1600℃高温固相法和 1350℃铵盐共沉淀法制备的 $BaMgAl_{10}O_{17}:Eu^{2+}$ 粉末的扫描电镜照片，发现高温固相法制备的粉末颗粒不规则且大小分布不均匀，样品有严重的团聚和烧结现象；而用铵盐共沉淀法得到的粉末颗粒呈椭球状且大小分布较均匀，粒径在 0.3 μm 左右，无烧结。规则分布的亚微米颗粒被认为与沉淀过程中产生的大量 CO_2 气体有关。大量气体的产生一方面可以起到很好的分散作用，避免沉淀物的团聚，另一方面可增大沉淀体系局部的过饱和度，有利于生成粒度小的沉淀（Zhang et al.，2005）。

(a) 1600℃高温固相法

(b) 1350℃铵盐共沉淀法的正向加入方式

图 3.2 用不同方法制备的 $BaMgAl_{10}O_{17}:Eu^{2+}$ 粉末的扫描电镜照片

(2) $Y_3Al_5O_{12}:Ce^{3+}$荧光粉的合成。掺铈的钇铝石榴石($Y_3Al_5O_{12}:Ce^{3+}$,简称 YAG:Ce^{3+})黄色荧光粉是一种被用于覆盖蓝光 LED 芯片产生白光光源的发光二极管 LED 材料,这种荧光粉技术对白光 LED 发展有着非常重要的作用。目前工业上生产 YAG:Ce^{3+}荧光粉的最主要方法是高温固相法,通常需要 1600℃以上的高温。黎学明等以 $Y(NO_3)_3 \cdot 6H_2O$、$Al(NO_3)_3 \cdot 9H_2O$ 和 $Ce(NO_3)_3 \cdot 5H_2O$ 为原料,选用混合沉淀剂(组成为 $NH_3 \cdot H_2O$、NH_4HCO_3 和 NH_4HF_2)以反向进行共沉淀反应,发现前驱体粉末具有较高的反应活性,在 900℃低温下可以直接由无定型相转变为 YAG 相,而且能够克服传统方法中由于中间产物的形成而引起的最终产物纯度降低的问题(黎学明等,2007)。

3.2.2 溶胶-凝胶法

溶胶-凝胶(sol-gel)法是 20 世纪 60 年代发展起来的一种制备玻璃、陶瓷等无机材料的新方法。溶胶-凝胶法是经典的湿化学合成方法之一,用这种方法可以获得更细颗粒的发光材料,无须研磨,且合成温度比传统的合成方法低。这种方法在发光材料合成中具有一定的潜力,是合成纳米发光材料的方法之一。

早在 1984 年,Morlotti 就用溶胶-凝胶法制备了 $Mg_2SiO_4:Sm^{3+}$,原料为 $Mg(NO_3)_2$、$Sm(NO_3)_3$ 和 $Si(OC_2H_5)_4$。正式采用溶胶-凝胶法制备发光材料是在 1987 年,Rabinovich 等同样以稀土硝酸盐 $Y(NO_3)_3$ 和 $Si(OC_2H_5)_4$ 为原料,在石英玻璃基底上制成了 $Y_2SiO_5:Tb^{3+}$ 阴极射线发光薄膜。进入 20 世纪 90 年代,溶胶-凝胶法开始走向其兴盛阶段,引起科学界的高度重视,并得到了广泛应用。在发光材料合成领域,也显示了其引人注目的优越性。此法制备的新型或改良的发光材料已成功地应用于光学设备,开展溶胶-凝胶法制备新型稀土发光材料的研究具有非常重要的理论意义和应用前景。

与传统的高温固相反应法相比，溶胶-凝胶法具有以下几方面的优点。

(1) 产品的均匀性好，尤其是多组分制品，其均匀度可以达到分子或原子水平，使激活离子能够均匀地分布在基质晶格中，有利于寻找发光体发光最强时激活离子的最低浓度。

(2) 煅烧温度比高温固相反应温度低，因此可节约能源，以免因煅烧温度高而从反应器中引入杂质；另外，煅烧前已部分形成凝胶，具有大的表面积，利于产物生成。

(3) 产品的纯度高，因为反应可以使用高纯原料，且溶剂在处理过程中易被除去。反应过程及凝胶的微观结构都易于控制，大大减少了副反应的发生。

(4) 带状发射峰窄化，可提高发光体的相对发光强度和相对量子效率。

(5) 可以根据需要在反应不同阶段制取薄膜、纤维或者块状等功能材料。此外，掺杂于基质中的稀土由于受到笼效应的影响，分子之间互相孤立，减小了聚集体的生成和浓度猝灭。

但溶胶-凝胶法制得的基质也有缺点，基质中残留的羟基的高能振动，会引起非辐射跃迁，从而降低了稀土离子的发光，因此，设法消除基质中的羟基，是提高发光强度的关键。

通常这种方法没有明显的溶胶形成过程，因为水解反应和缩合反应同时进行，最终仍形成凝胶，并获得预期产品。对硅醇盐 $Si(OR)_4$ 而言，水解需加入酸或碱作为催化剂，所得凝胶的性质严格依赖于 $H_2O/Si(OR)_4$ 物质的量之比、温度、溶剂、pH 及催化剂的种类。对 Ti、Zr 的醇盐而言，由于其水解反应的速度远远大于聚合反应速度，此时得到的是沉淀而不是透明的凝胶，加入有机螯合剂乙酰丙酮、柠檬酸等可以减慢水解速度而利于获得均匀透明的凝胶。例如，柠檬酸与构成发光材料的各种金属离子可形成稳定的可溶性螯合物，从而使溶液中各种金属离子混合的均匀程度达到原子级水平。在以无机盐制备溶胶的过程中，加入柠檬酸可以取代金属水合物中的配位水分子，为发光材料的制备提供组成和分布均匀的柠檬酸盐前驱体。现在也把用柠檬酸作为螯合剂制备材料的方法称为 Pechini 法，这是 Pechini 在 1967 年发表的专利，主要是利用柠檬酸(citric acid)及乙二醇(ethylene glycol，EG)形成网状高分子来稳定金属离子，再将此高分子经热处理形成所要的产物。产物的化学组成与柠檬酸和金属离子的摩尔比、反应物种类和系统的酸碱值有关。柠檬酸的分子式及与金属离子的反应式如下：

$$\begin{array}{c} CH_2—COOH \\ | \\ HO—C—COOH \\ | \\ CH_2—COOH \end{array} \quad \text{，标记为 A}$$

$$[M(H_2O)_n]+aA^{m-} = [M(H_2O)_w(A)_a]_2^{m-}+(n-w)H_2O \tag{3.10}$$

用溶胶-凝胶法制备无机发光材料是将稀土离子激活剂掺入起始反应溶液中形成凝胶，也可以直接用制备好的凝胶浸泡在含有稀土激活剂的溶液中，只需将制备好的凝胶在一定温度下处理为粉末即可。这种方法简单易掌握，制备的产品均匀且粒度很小，但耗时长，处理量小，成本高且发光强度有待改善。利用该方法已经成功地合成了多种稀土发光材料，如 $SrAl_2O_4:Eu^{2+}$，Dy^{3+}、$YBO_3:Eu^{3+}$、$Y_2SiO_5:Eu$、$Y_2Si_2O_7:Eu$、$YAG:Ce^{3+}$，Tb^{3+} 等。以下是用溶胶-凝胶法合成无机发光材料的两个例子。

(1) 以无机盐为原料合成 $SrAl_2O_4:Eu^{2+}$，Dy^{3+} 发光材料。按化学计量比将 $Sr(NO_3)_2$(A. R.)、$Al(NO_3)_3 \cdot 9H_2O$(A. R.)、Eu_2O_3(99.99%)、Dy_2O_3(99.99%)分别溶于水和硝酸中，制得金属硝酸盐溶液。按化学计量比将上述溶液混合，置于带冷凝装置的三口烧瓶中，加入一定量的非离子表面活性剂，于 60℃左右剧烈搅拌下逐滴加入氨水溶液形成溶胶，将该溶胶缓慢蒸发脱水，得到的凝胶在 60℃温度下烘干，产品以活性炭覆盖，在高温 1150℃煅烧 3～4h，获得 $SrAl_2O_4:Eu^{2+}$，Dy^{3+} 发光材料。蒙延双等将 Eu_2O_3、Dy_2O_3 按化学计量比溶于一定量的稀硝酸中，将硼酸、$Sr(NO_3)_2$、拟薄水铝石(AlOOH)按不同 Sr/Al 摩尔比溶于蒸馏水，再将两种溶液混合强烈搅拌，得到触变性胶体。干燥后的凝胶在还原气氛中 1200℃恒温烧结，冷却后得到疏松状 $SrAl_2O_4:Eu^{2+}$，Dy^{3+} 发光材料。此方法所需的处理温度比高温固相法制备低约 150℃，烧结时间也比高温固相法少 1～1.5h，样品无须研磨(蒙延双等，2005)。

(2) $YAlO_3:Eu^{3+}$ 发光材料的制备。$YAlO_3$ 是一种非常重要的光学材料基质，其化学键较强，熔点高达 1875℃，因此具有非常好的化学稳定性，被广泛地用于激光和荧光的基质材料。例如，Nd^{3+} 掺杂的 $YAlO_3$ 被用于医疗激光设备；Ce^{3+} 掺杂的 $YAlO_3$ 材料在同步加速器 X 射线实验设备中作为快速闪烁体材料；Tb^{3+} 掺杂的 $YAlO_3$ 材料会随着掺杂量的增加，通过交叉弛豫过程实现从蓝光到绿光的转变；Eu^{3+} 和 Ce^{3+} 共掺杂的 $YAlO_3$ 材料对于平板显示设备来说是一种非常重要的红色荧光粉材料。Gao 等(2007)用柠檬酸-凝胶法在 1000℃制备出了单相 $YAlO_3:Eu^{3+}$ 发光材料。

研究还发现，前驱体的 pH 值在溶胶-凝胶过程中具有非常重要的作用。当 pH 值较小时，即强酸环境下，柠檬酸的水解被抑制，它与金属的螯合可能性就会降低，导致杂质相的形成。随着 pH 值的增加，柠檬酸的水解效率增大，金属离子与柠檬酸很好地螯合，形成稳定的柠檬酸盐，同时也加速了凝胶的形成过程。在合成$YAlO_3$的过程中，发现 pH＝3 时能够得到很好的单相 $YAlO_3$。pH 值增大，实际是从酸性变为碱性的环境，Al^{3+} 是一种两性离子，尤其在碱性的环境下易形成勃母石结构，因此也容易出现杂质相。柠檬酸-凝胶法制备的样品粒度分布不太均匀且有一定的团聚现象，粒径为 10～15μm，基本成片状结构，如图 3.3 所示。

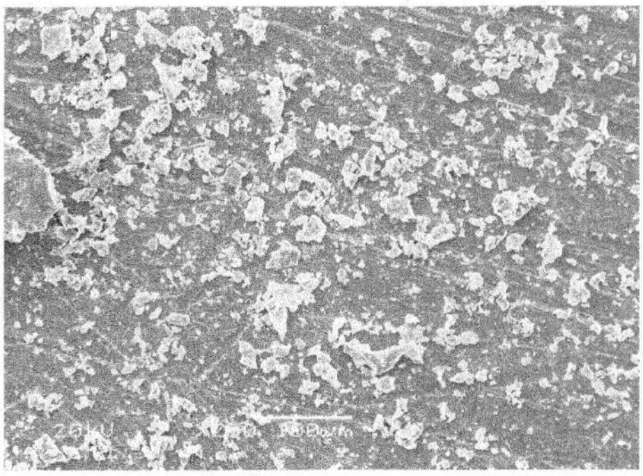

图 3.3　$YAlO_3$ 的扫描电镜照片

3.2.3　高分子网络凝胶法

高分子网络凝胶法是 Odier 在制备 $YBa_2Cu_3O_7$ 粉体中首次采用的一种新的纳米粉体制备方法，其主要目的是减少团聚，获得颗粒细小均匀的纳米粉体。高分子网络凝胶法采用无机盐水溶液为原料，利用丙烯酰胺自由基聚合反应以及N,N-亚甲基双丙烯酰胺两个活性双键的交联反应，将高分子链连接起来构成三维网络从而获得凝胶。凝胶形成过程主要由链引发、链增长、链终止等基元反应及交联反应组成，形成的高分子网络束缚溶液中的离子，并使之均匀地分布于这个立体空间之中。

虽然高分子网络凝胶法合成的多组分氧化物粉体的性能与溶胶-凝胶法、共沉淀法等常用湿化学方法合成的粉体相差不大，但其在工艺方面更具优势：①对原料要求简单，只需溶于水的无机盐即可，避免使用昂贵的金属醇盐；②工艺简单，可重复性好，合成速度快，克服了传统溶胶-凝胶法反应时间长的缺点；③适用范围广，尤其适于合成利用传统的湿化学方法（如溶胶-凝胶法或共沉淀法）无法合成的多组分氧化物粉体；④产物纯度高，粉体分散性好。由于是液相反应，反应物离子可达原子水平均匀混合，且凝胶反应过程十分迅速，经原位有机聚合，网状立体结构快速形成，溶液中的离子被瞬间固定，均匀地分布于这个立体空间之中。另外，由于有机凝胶三维网络的空间效应，分子接触和聚集的机会减少，可有效防止相分离和弥散现象的发生，既可保证高水平的化学均匀性，又利于形成团聚少的纳米粉体。

高分子网络凝胶法也是制备纳米和微米发光材料的一种简单有效的方法，利用此方法能够在室温下生长一些难溶的微晶，由于晶粒的支持物是柔软的高分子凝胶，生长的晶粒完整性较好，应力较小，而且高分子凝胶是不发生对流的，因此生长环境比较稳定。此方法对原料的要求很简单，只需无机盐水溶液即可，所得的微粉中组分混合均匀，不仅可以降低反应温度，而且能够制备出纳米尺寸、结晶性能较好的发光材料。例如，Liu 等(2007)用高分子网络凝胶法制备铈离子掺杂的钇铝石榴石 YAG:Ce 发光材料，具体工艺过程如图 3.4 所示。研究发现，在 900℃时就可以出现 YAG 相，但仍存在着 YAP、YAM 等杂相；煅烧温度为 1000℃时可以得到 YAG 纯相，比传统的高温固相反应法低 600℃左右。高分子网络凝胶法的最大特点是将胶体化学和凝胶化学引入荧光粉制备工艺，使各原料粒子位置相对固定，避免了在最后的煅烧过程中出现成分不均匀的现象。

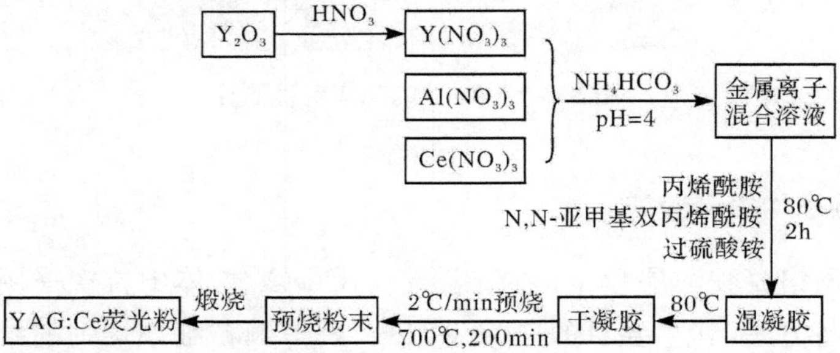

图 3.4 高分子网络凝胶法制备 YAG:Ce 荧光粉的工艺流程图

图 3.5 是用高分子网络凝胶法在不同煅烧温度下制备的 YAG:Ce 荧光粉的扫描电镜照片。1000℃煅烧温度下，YAG:Ce 颗粒形状规则，大小基本一致，尺寸约为 50nm，在 1100℃时尺寸大约为 80nm，在 1200℃时尺寸大约为 100nm。当温度进一步上升到 1300℃时，生成物颗粒之间连接了起来，有烧结现象出现，形成"烧结颈"。可见随着煅烧温度的提高，YAG:Ce 颗粒有逐渐长大的趋势。

此外，用高分子网络凝胶法还可以制备纳米复合材料，如 $La_{1-x}MnO_{3\pm\delta}$、$Zr_{0.84}Y_{0.16}O_{2-\delta}$以及绿色荧光粉 YAG:Tb 和蓝色发光材料 Sr_2CeO_4 等。

(a) 1000℃ (b) 1100℃

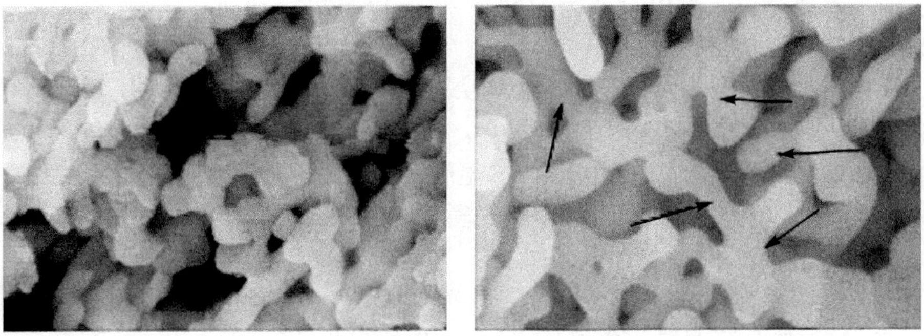

(c) 1200℃　　(d) 1300℃

图 3.5　高分子网络凝胶法制备 YAG:Ce 荧光粉的扫描电镜照片

高分子网络凝胶法是一种正逐步引起人们广泛关注的软化学合成方法，尤其适于纳米粉体、多组分粉体以及复合粉体的合成。虽然我国对该方法的研究已有多年并有一批成果发表，但总体来说，对此方法的研究基本局限于实验室阶段，距离工业化的应用还有一段距离，因此今后仍需在以下几个方面努力。

(1) 进一步拓宽高分子网络凝胶法在纳米粉体、多组分粉体和复合粉体合成中的应用范围。例如，现阶段采用固相法、溶胶-凝胶法、共沉淀法及柠檬酸法合成的纳米粉体、多组分粉体和复合粉体都可以尝试用高分子网络凝胶法来合成。

(2) 进一步揭示高分子网络凝胶过程的热力学及动力学机制，以便优化反应条件。高分子聚合物形成配位络合和网络限制生长的有序结构是随机的，需进一步探索相关机制，以了解有序结构的规律，从而获得最优工艺。

(3) 寻找可替代丙烯酰胺的环境友好的单体，以降低对环境的污染和对操作人员的威胁。由于丙烯酰胺是一种中等神经毒素，在大规模的工业化生产中受到一定的限制。目前，可溶性淀粉、N-乙烯基-吡咯烷酮(NVP)、甲基丙烯酰胺(MAM)、甲氧基聚异丁烯酸乙烯醇酯等单体由于无(低)毒、环保，有望替代丙烯酰胺单体在高分子网络凝胶法中得到应用。

总之，随着科技的发展和对高分子网络凝胶过程认识的不断深入，这种低成本、实用化、高效率、高可靠性和高重复性的粉体合成方法将得到更广泛的重视和应用。

3.2.4　水热法和溶剂热法

1. 水热法和溶剂热法的概念和特点

近年来，水热法和溶剂热法因其具有能在相对温和的反应环境下合成纳米粉体的优点而受到材料工作者的关注。该方法是指在加热密闭体系(通常是指高压反应釜)中，以溶剂体系的自生压强促进原始混合物的反应，以实现无机合成与材料制备。水热合成法是以水作为溶剂体系，若以有机溶剂或非水溶媒取代水，则称为溶剂热合成法。

水热条件下，水处于临界或超临界状态，物质在其中的物性和化学反应性能均有很大的变化，因此通过水热反应可以制得固相反应无法得到的物相。在水热反应中影响晶体生长的因素主要有：①温度，主要是基于在不同温度下水的温度-压力关系；②水填充容器的填充度，填充度不同，在密闭容器加热到一定温度时容器内产生的压力就不同；③生长环境。

水热法和溶剂热法具有如下特点。

(1) 在水热和溶剂热法条件下，反应物性能发生改变，活性提高，不仅可降低反应温度，而且可代替部分固相反应和完成一些其他制备方法难以进行的反应，如合成低熔点化合物、有较高蒸汽压却不能在熔体中生成的物质以及高温下容易分解的物质等。

(2) 在水热和溶剂热法条件下，存在着溶液的快速对流与溶质的有效扩散，多数反应物能溶于水或非水溶媒，使反应在液相或气相的快速对流中进行，溶液和(相对)低温等环境有利于生长缺陷少、热应力小的晶体，能均匀地进行掺杂且易于控制产物晶体的粒度。

(3) 由于水热和溶剂热合成始终在密闭高压釜中进行，可通过控制反应气氛(如溶液组分、温度、压力、矿化剂、pH 值等)而形成合适的氧化还原环境，使之能合成与开发出一系列介稳结构、特种凝聚态与聚集态的新物质。

(4) 水热和溶剂热合成的密闭条件有利于进行那些对人体健康有害的有毒反应体系，尽可能地减少环境污染。

(5) 水热和溶剂热合成体系一般处于非理想、非平衡状态，因此需要应用非平衡热力学研究合成化学问题。

(6) 水热和溶剂热合成的可操作性和可调变性，将使之成为合成化学和合成材料的物理性质之间的桥梁。

水热法具有以下优势：①可明显降低反应温度(100～250℃)；②能够以单一步骤完成产物的合成与晶化(不需要高温热处理)，流程简单；③能够很好地控制产物的理想配比；④可制备单一相材料；⑤可以使用便宜的原材料，成本相对较低；⑥容易得到取向好、更完整的晶体；⑦在成长的晶体中，比其他方法能更均匀地进行掺杂；⑧能调节晶体生长的环境。水热法也存在着一些缺点。由于水热反应在高温高压下进行，对高压反应釜进行良好的密封成为水热反应的先决条件，这也造成水热反应的一个缺点：非可视性。只有通过对反应产物的检测才能决定是否需要调整各种反应参数。苏联科学院 Shubnikov 结晶化学研究所的 Popolitov 等在 1990 年报道了用大块水晶晶体制造透明高压反应釜，使得人们第一次直接看到了水热反应过程，实现根据反应随时调节条件的目标。另外，水热法往往只适用于氧化物功能材料或少数一些对水不敏感的硫属化物的制备与处理，这些缺陷已被溶剂热法所弥补。

溶剂热法是以有机溶剂代替水作为反应介质，采用类似水热合成的原理制备纳米材料的方法。在反应过程中，有机溶剂既是传递压力的介质，同时又起到矿化的作用。溶剂热法具有水热法所不具备的一些特点。

(1) 以非水溶剂代替水，不仅大大扩大了水热技术的应用范围，而且由于溶剂处于近临界状态，能够实现在水热条件下难以实现的反应。

(2) 有利于减少或消除硬团聚。

(3) 能使某些在水溶液中无法消除的易氧化或易水解的纳米非氧化物得以制备。

(4) 可以在相对低的温度和压力下制备出通常在极端条件下才能制得的、在超高压下才能存在的亚稳相。

2. 反应装置

水热釜是进行高温高压水热合成的基本设备。水热釜由外罩和内芯两部分组成。其中，外罩部分为不锈钢，内芯为聚四氟乙烯衬。外罩用来防止高温、高压下内芯可能发生的膨胀和变形，而内芯则可以形成一个密闭的反应室，能够适用于任何 pH 的酸、碱环境。

水热合成中的填充度，即反应混合物占密闭反应釜空间的体积分数，在水热合成实验中极为重要。填充度一定时，反应温度越高，晶体生长速度越大；在相同反应温度下填充度越大，体系压力越高，晶体生长速度越大。因此在试验中既要保持反应物处于液相传质的反应状态，又要防止由于过大的装填度而导致的过高压力。实验上，为安全起见，装填度一般控制在 60%～80%，80%以上的装填度在 240℃压力有突变。

用水热法和溶剂热法合成的流程如下。

(1) 选择反应前驱物，确定反应前驱物的计量比。

(2) 加入前驱物，混料搅拌。

(3) 装釜、封釜、置入烘箱。

(4) 确定反应温度、时间、状态(静态或动态晶化)进行反应。

(5) 取釜、冷却(空气冷或水冷)、取样。

(6) 过滤、洗涤、干燥。

3. 水热和溶剂热合成发光材料

当前，国内外已经应用水热法和溶剂热法成功制备了多种纳米稀土发光材料，如硼酸盐、磷酸盐为基质的发光材料、YVO_4:Eu 和 CeO_2。另外，Li 等(2000)

也以溶剂热法成功合成了 La_2O_2S 材料，提供了一种在低温下液相合成镧系硫氧化物发光材料的有效途径。该方法合成温度低，其反应温度一般在 200℃，比高温固相反应（所需温度在 1000℃以上）要低得多，所制备的纳米粉体纯度高、分散性好、形貌和大小可控，同时晶型完整，体系稳定。由于该方法可以直接生成氧化物，避免了一般液相合成法需再经过煅烧才能转化成氧化物这一步骤，极大减少了硬团聚的形成。以下具体介绍采用水热法、溶剂热法合成发光材料的例子。

(1) 采用水热法合成 $(Y,Gd)BO_3:Eu^{3+}$ 红色发光材料。$(Y,Gd)BO_3:Eu^{3+}$ 是一种大量应用于等离子显示器的红色发光材料，通常是用高温固相法在 1000～1400℃下煅烧数小时得到的，反应原料为稀土氧化物和过量 10%～50%的硼酸。固相法制备的 $(Y,Gd)BO_3:Eu^{3+}$ 粉粒形貌较不规整，经过机械研磨后还会使粉体的发光性能受到影响。Wang 等(2004)首次采用中温水热法制得了粒度均一、平板状、不团聚的 $GdBO_3:Eu^{3+}$ 粉体。具体过程：首先称取化学计量比的 Gd_2O_3、Eu_2O_3 和 B_2O_3 (H_3BO_3) 完全溶解在硝酸里，将溶液蒸干；然后将剩余产物和蒸馏水放置在聚四氟乙烯(PTFE)衬里的不锈钢反应釜中，装填度为 40%，密封；接着在 300℃加热 3h。当温度高于 300℃时，生成单一方解石型 $GdBO_3$ 相，粒度为 1.6 μm，形貌比较规整。而用固相反应制备，在小于 1100℃经 24h 焙烧才能制得不含 Gd_2O_3 固相的 $GdBO_3$，产品粒度分布为 0.5～1.7 μm，形貌不规整（图 3.6）。$GdBO_3$ 水热合成的机理可以设想为

$$Gd^{3+} + HBO_2 + H_2O \longrightarrow GdBO_3 + 3H^+ \tag{3.11}$$

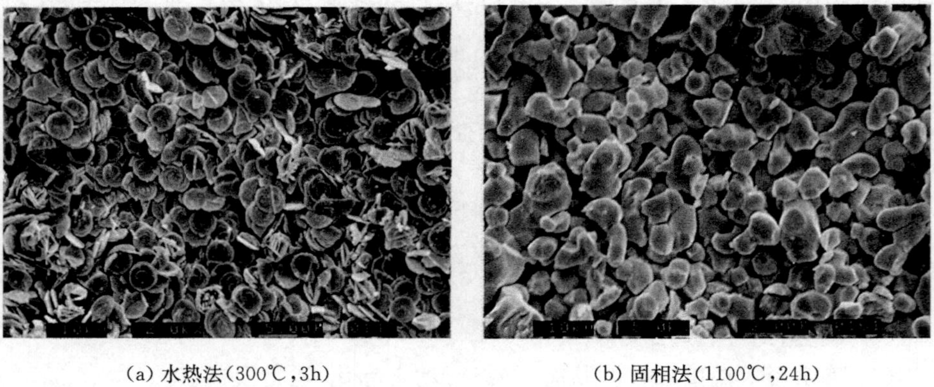

(a) 水热法(300℃, 3h)　　(b) 固相法(1100℃, 24h)

图 3.6　$Gd_{0.95}BO_3:0.05Eu$ 的扫描电镜照片

(2) 采用溶剂热法制备 $La_2O_2S:Eu^{3+}$ 发光材料。Eu^{3+} 离子激活的硫氧化物荧光粉是目前国内外广泛使用的 CRT 红色发光材料，具有色纯度高、色彩不失真、亮度-电流饱和度特性好和稳定性高等特性，已成为 CRT 不可替代的红色荧光粉。此外，掺杂或不掺杂 Eu^{3+} 的硫氧化镧是还原 SO_2 有害气体为 S 单质的优良

催化剂。邝金勇等(2005)用溶剂热法合成了纳米球状 $La_2O_2S:Eu^{3+}$ 发光材料。发现 300℃下溶剂热法合成出的产物为很好的单相$(La_{0.95}Eu_{0.05})_2O_2S$，其衍射峰与六方相 La_2O_2S(JCPDS No. 27-0263)吻合得很好，用溶剂热法合成的荧光粉为球状，产物颗粒分布均匀，大小约为 150nm。研究还分析了用溶剂热法制备 $La_2O_2S:Eu^{3+}$ 的反应机理，认为在溶剂热条件下，随着温度的上升，$La_{1-x}Eu_x(OH)_3$ 粉末首先脱水生成 $La_{1-x}Eu_xOOH$，然后在乙二胺中溶解，生成 $La_{1-x}Eu_xO^+$ 与 OH^-。由于 LaO^+ 与乙二胺可以形成$[LaO(en)_2]^+$络合离子，认为 $La_{1-x}Eu_xO^+$ 同样可以与乙二胺形成$[La_{1-x}Eu_x(en)_2O^+]$络合离子。与此同时，在强碱性环境中硫脲在较低的温度下分解生成活性 S^{2-}。新产生的活性 S^{2-} 与$[La_{1-x}Eu_x(en)_2O^+]$发生化学反应，生成表面吸附有大量乙二胺的$(La_{1-x}Eu_x)_2O_2S$ 纳米晶。随着温度的升高和反应的进行，乙二胺与$(La_{1-x}Eu_x)_2O_2S$ 纳米晶这种弱的相互作用逐渐受到破坏，使乙二胺从纳米晶中解离，形成$(La_{1-x}Eu_x)_2O_2S$ 产物。乙二胺在整个合成过程中扮演着一个极其重要的中间体角色。

3.2.5　微乳液法

微乳液是两种不互溶的液体形成的热力学稳定、各向同性、外观透明或半透明的分散体系，微观上由表面活性剂界面膜所稳定的一种或两种液体的微滴所构成。根据体系中油水比例及其微观结构，可以将微乳液分为正相(O/W)微乳液、反相(W/O)微乳液和中间态的双连续相微乳液。O/W 型即油相分散在水相中，W/O 型即水相分散在油相中。分散相质点通常为球形，半径非常小(10～100nm)，是热力学稳定体系。因此，微乳液也可以说是一种水相、油相、大量表面活性剂和助表面活性剂(一般为中等长链的醇)混合以后自发形成的透明或半透明的体系。

W/O 型微乳液中，微小的"水池"为表面活性剂和助表面活性剂所构成的分子层包围成的微乳颗粒，其大小在几至几十纳米，这些微小的"水池"彼此分离，构成"微反应器"。它拥有很大的界面，有利于化学反应。如果取两个相同的 W/O 型微乳液，并将反应物 A 和 B 分别溶解在两个微乳液的水相中，在混合时，由于水滴的碰撞和聚结，反应物 A 和 B 穿过微乳液界面膜相互接触并形成 AB 沉淀。这种沉淀局限在微乳液滴水核的内部，所形成颗粒的大小和形状反映液滴的内部情况(图 3.7)。另外，也可以通过以液体或气体的方式加入还原剂或沉淀剂的方法在微乳液中产生纳米粒子，这种方法称为软模板法。

微乳液中，因为这些小液滴的碰撞是非弹性碰撞，或"黏性碰撞"，就有可能使得液滴间互相合并暂时结合在一起而形成一些较大液滴。但由于表面活性剂的存在，液滴间的这种结合是不稳定的，所形成的较大液滴又会相互分离，重新变成小的液滴。微乳液的这种性质使体系中液滴的平均直径和数目不随时间的改变

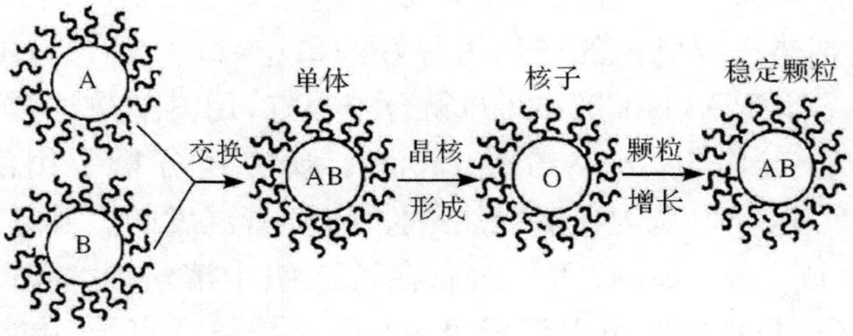

图 3.7　微乳液中纳米颗粒的形成示意图

而改变，因此，微乳体系可用于纳米粒子的合成。微乳液法是制备纳米材料的一种有效的技术。与其他化学法相比，用微乳液法制备的粒子不易聚结，大小可控，分散性好。

微乳液和普通乳状液有两个根本的不同点。

(1) 普通乳状液的形成一般需要外界提供能量，如经过搅拌、超声粉碎、胶体研磨处理等才能形成，而微乳液的形成是自发的，不需要外界提供能量。

(2) 普通乳状液是热力不稳定体系，在存放过程中将发生聚集最终分成油水两相，而微乳液是热力学稳定体系，不会发生聚结，即使在超离心作用下出现暂时的分层现象，一旦取消离心力场，分层现象即消失，还原到原来的稳定体系。

1. 微乳液的工艺流程和特点

用微乳液法制备纳米粒子的实验装置简单，能耗低，操作容易，具有以下明显的特点。

(1) 粒径分布较窄，粒径可以控制。

(2) 选择不同的表面活性剂修饰微粒表面，可获得特殊性质的纳米微粒。

(3) 粒子的表面包覆一层(或几层)表面活性剂，粒子间不易聚结，稳定性好。

(4) 粒子表层类似于“活性膜”，该层基团可被相应的有机基团所取代，从而制得特殊的纳米功能材料。

(5) 表面活性剂对纳米微粒表面的包覆改善了纳米材料的界面性质，显著地改善了其光学、催化及流变等性质。

2. 微乳液的形成机理

将油、表面活性剂、水(电解质水溶液)或助表面活性剂混合均匀，在一定配比范围内可形成澄清透明的微乳液。一般认为微乳液的形成机理是瞬时负界面张力机理。该机理可表述如下：

油/水界面的张力在表面活性剂作用下降至 1～10mN/m，形成乳状液，当加入助表面活性剂后，表面活性剂和助表面活性剂吸附在油/水界面上，产生混合吸附，油/水界面张力迅速下降，甚至产生瞬时负界面张力，此时体系将自发扩张界面，直至界面张力恢复为零或微小的正值而形成微乳液。如果液滴发生聚结，微乳液总界面面积缩小，又将产生瞬时界面张力，从而对抗微乳液滴的聚结。

微乳胶束的结构处于动态平衡中，胶束间不断碰撞而聚集成二聚体、三聚体。这些聚集体的形成会影响胶束直径的单分散性，进而影响合成微粒粒径的单分散性。同时，通过控制胶束及“水池”的形态、结构、极性、疏水性等，有望在分子规模控制纳米粒子的大小、形态、结构及物性的特异性。

微乳液法中，常用的表面活性剂有：双链离子型表面活性剂，如琥珀酸二辛酯磺酸钠（AOT）；阴离子表面活性剂，如十二烷基磺酸钠（SDS）、十二烷基苯磺酸钠（DBS）；阳离子表面活性剂，如十六烷基三甲基溴化铵（CTAB）；非离子表面活性剂，如 TritonX 系列（聚氧乙烯醚类）等。常用的溶剂为非极性溶剂，如烷烃或环烷烃等。无论对微乳液的制备还是其稳定性来说，表面活性剂都起着重要的作用，具体归纳如下。

(1) 降低界面张力。界面张力是导致乳液热力学不稳定的根本原因。表面活性剂在油包水界面的吸附使界面张力大大降低，从而有利于微乳液的稳定。

(2) 决定微乳液的类型。表面活性剂分子中同时具有亲水基团和亲油基团，其亲水亲油平衡（hydrophile-lipophile balance，HLB）是决定微乳液类型的根本因素。HLB 值高则亲水性强，HLB 值低则亲油性强。只有 HLB 值在 3～7 的表面活性剂（如季铵盐类）才适宜作为 W/O 乳化剂，而 HLB 值在 8～18 的表面活性剂（如吐温类）则适宜作为 O/W 乳化剂。

(3) 产生界面张力梯度和 Gibbs-Marangoni 效应。界面张力梯度及由此产生的 Gibbs-Marangoni 效应使液膜稳定，从而有利于增强微乳液的聚结稳定性。

(4) 导致静电效应和位阻排斥效应。离子型表面活性剂在 O/W 界面的吸附使微乳液的液滴带有电荷，从而在 O/W 界面上产生双电层。双电层的排斥效应能有效地阻止液滴间的不可逆絮凝，从而也就不可能发生聚结；对于非离子表面活性剂，吸附膜产生的位阻排斥效应是防止液滴聚结的主要因素。

(5) 增加界面黏度。许多研究表明，界面黏度越高，微乳液越稳定。因为液滴聚结时，界面上的乳化剂要发生移位，而高界面黏度阻碍了这种移位，从而有效地阻止了聚结的发生。

另外，用微乳液法制备纳米颗粒时，需注意以下几点。

(1) 选择一个合适的微乳液体系。根据用来制备纳米粒子的化学反应涉及的试剂，选择一个能够增溶相关试剂的微乳液体系，显然，该体系对这些试剂的增溶能力越大越好，这样可期望获得较高产率。另外，构成微乳液体系的组分（如油相、表面活性剂和助表面活性剂等）应该不和试剂发生反应，也不应该抑制应该发生的化学反应。

(2) 选择适当的沉淀条件以获得分散性好、粒度均匀的纳米粒子。在选定微乳液体系后,就要研究影响生成纳米粒子的因素。这些因素中包括水和表面活性剂的浓度及相对量、试剂的浓度以及微乳液中水核的界面膜的性质等。尤其需要指出的是,微乳液中水和表面活性剂的相对比例是一个重要因素。在许多情况下,微乳液的水核半径是由该比值决定的,而水核的大小直接决定了纳米粒子的尺寸。

(3) 选择合适的后处理条件以保证纳米粒子聚集体的均匀性。由微乳液法制得的粒度均匀的纳米粒子在沉淀、洗涤、干燥后总是以某种聚集态的形式出现,这种聚集体如果进行再分散,仍能得到纳米粒子。但如果需高温灼烧发生化学分解,得到的聚集体一般比原有的纳米粒子要大得多,而且难以再分散。因此,选择适当的后处理条件尤其是灼烧条件以得到粒度均匀的聚集体是非常重要的。

近年来,微乳液法在用于制备纳米金属、金属氧化物、金属硫化物等无机纳米材料的研究中取得了很大的进展。目前,通过选择合适的微乳液体系,以改变水和表面活性剂的浓度及相对量、试剂的浓度来控制产物形貌和尺寸,这种方法正逐渐受到研究者的重视。Zhou 用微乳液法制备出了均匀的 CdS 纳米粒子,通过改变 W 值([H_2O]/[表面活性剂])、Cd^{2+} 和 S^{2-} 的浓度得到了形貌丰富的 CdS 纳米粒子;此外,用这种方法已经合成了不同形貌的 ZnS 粒子。

3. 微乳液法制备无机发光材料

刘俊等用反相微乳液法制备了钼酸锶粉体,选用环己烷为油相,OP(聚氧乙烯壬基苯酚醚)为表面活性剂,正戊醇为助表面活性剂,$SrCl_2 \cdot 6H_2O$ 溶液和 $Na_2MoO_4 \cdot 2H_2O$ 溶液为水相。在试验的过程中需要配置Ⅰ和Ⅱ两种微乳液。微乳液体系中各化学成分组成见表 3.1(Liu et al.,2008)。将Ⅰ和Ⅱ两种透明、稳定的微乳液迅速混合,并且连续搅拌 30min,使两种微乳液中水相充分接触并发生反应,得到乳状液。将乳状液在室温下分别静置反应 1h、2h、5h、10h 和 15h 后,加入破乳剂丙酮,用离心机分离出沉淀物。分别用丙酮、乙醇和去离子水洗涤,去除 OP,反复多次,常温干燥后即得 $SrMoO_4$ 粉体。

表 3.1 微乳液体系中各化学成分组成

组成	微乳Ⅰ	微乳Ⅱ	体积/mL
水相	$SrCl_2 \cdot 6H_2O$	$Na_2MoO_4 \cdot 2H_2O$	10
表面活性剂	OP	OP	15
助表面活性剂	正戊醇	正戊醇	10
油相	环己烷	环己烷	70

图 3.8 是采用不同制备方法所得 $SrMoO_4$ 样品的扫描电镜照片。图 3.8(a)

为用沉淀法制备 $SrMoO_4$ 粉体的扫描电镜照片。从图中可以看出，$SrMoO_4$ 粉体大部分为球形颗粒，尺寸为 5～7 μm。图 3.8(b)～(f)为微乳液法静置反应 1h、2h、5h、10h、15h 所制备的 $SrMoO_4$ 粉体的透射电镜照片。产物粉体的微观结晶形貌发生了明显改变，在相同的微乳体系下静置反应不同的时间可以得到不同形貌的$SrMoO_4$，当反应时间由 1h 延长到 2h 时，原先 100nm 的球形颗粒变为长径比约为 6 的纺锤形颗粒，平均直径大约为 200nm。继续延长反应时间到 5h，长径比稍微增加，约为 8。当反应时间延长为 10h 时，形貌变为短粗状纺锤形，平均直径尺寸约为 500nm，长径比约为 3。继续延长反应时间到 15h，形成了长径比约为 2 的类似"大米"状的颗粒。可见，静置反应时间的改变对形成不同形貌的粉体颗粒有着重要的影响。

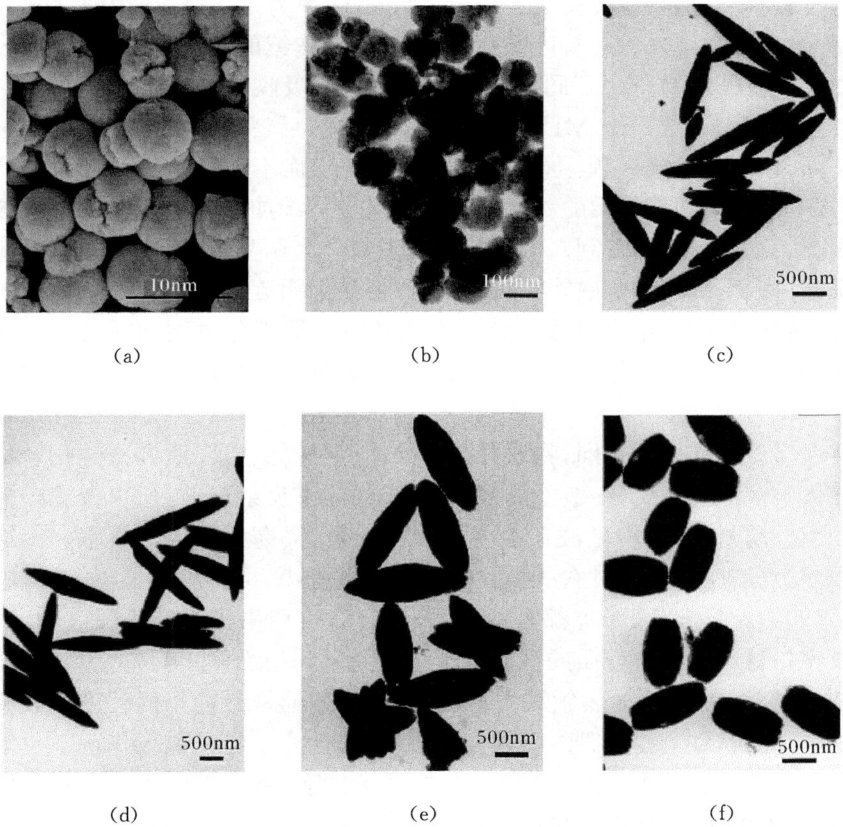

图 3.8　采用不同制备方法所得 $SrMoO_4$ 粉体样品的扫描电镜和透射电镜照片

3.3 无机发光材料其他合成方法

随着科学技术的不断发展,人们对发光材料的质量要求越来越高,传统的高温固相反应法的缺点变得越来越突出。因此,进行新的发光材料合成方法的研究已经成为发光材料科学的热点。例如,物理合成法中的微波加热技术是一种极有价值和应用前景的发光材料合成技术,目前利用该技术已经合成出了几十种发光材料。下面对这些新的合成方法进行逐一介绍。

3.3.1 微波合成法

微波是一种电磁波,波长在1mm～100cm,频率为300MHz～300GHz,一般指分米波、厘米波和毫米波。与可见光不同,微波是连续的和可极化的,与激光相类似。依赖于被作用物质的不同,微波可以被传播、吸收或反射。目前所采取的常用频率为915MHz和2450MHz,前者多用于工业,后者多用于家用。与传统加热方法不同,在微波加热过程中,热从材料内部产生而不是从外部热源吸收。由于是从内部加热,被加热物质的温度梯度和热流与传统加热方法相反,因此,被加热物体不受大小及形状的限制。微波的作用主要分为两类:热效应和非热效应。热效应是指进入系统内的电磁能转化为热能,由热能引起系统响应。热效应的特点是效应的强弱与作用系统吸收的转变为焦耳热的那部分电磁功率的大小呈单调的正相关。非热效应是指系统吸收电磁能后,产生的不可归属于温度变化的系统响应。

按照与微波作用的不同,物质可分为导体、绝缘体、电介质和磁性化合物四大类。导体大多数为金属,一般不能被加热,它们能够反射微波,所以微波炉的内腔通常使用金属材料,利用微波在腔内的多次反射,提高相关吸收效率。绝缘体可反射或使微波穿透,正常时它所吸收的微波功率极小,可忽略不计,如玻璃、陶瓷、云母、聚四氟乙烯、聚丙烯等都是良好的绝缘体,可用来作为家用微波炉的炊具、支架及窗口材料等。电介质的性能介于金属材料和绝缘体之间,金属氧化物是最为重要的一类,在微波加热领域中,被加热的物质通常是能不同程度吸收微波的介质材料,即所谓的有耗介质(极性介质)。非极性介质在外电场作用下也能使分子内正负电荷中心分离,形成偶极子。外电场越强,极化程度越大。对于极性介质来说,无外电场时,偶极子排列紊乱,整体呈现中性;而在外电场作用下,偶极子排列趋向一致。电介质材料能吸收微波这一特性使微波可作为能源应用于工业、医疗、科研、家用及其他许多领域。磁性化合物的一般性能类似于电介质,能反射、吸收和穿透微波。

在低频电场作用下,电场改变方向的时间比偶极子的响应时间要长,因而介电极化和电场保持同向，电场促使分子排列成为直线形，能耗很少，对物料的升温不起什么作用。频率太快，偶极子无法响应，没有能量吸收，也就没有升温作用。只有当微波频率对电场改变时间与偶极子改变响应时间相当时，由于偶极子受电场力矩而转动，但极化结果滞后于电场的改变，结果造成介质温度升高，即产生微波加热。处在微波场中的材料，微波场穿入物料内部，物料吸收的微波功为

$$P = 0.566 \times 10^{-12} f E^2 \varepsilon \tan\delta \tag{3.12}$$

式中，P 为单位体积物料吸收功率，W/cm^3；ε 为物质的介电常数，F/m；f 为微波频率，Hz；E 为电场强度，V/cm；$\tan\delta$ 为介电损耗函数。由式(3.12)可见，对于一定的介质(ε 和 $\tan\delta$ 一定)，吸收功率与微波的频率和电场强度的平方成正比，但当场强无限提高时，介质中的束缚电子可能被从原子中拉出来而成为自由电子，结果是电介质变为导体材料而击穿；微波频率的提高可以增加吸收，但却降低了穿透能力，这时因为

$$D_e = \frac{\lambda_0}{2\pi(2\varepsilon)^{0.5}\tan\delta} \tag{3.13}$$

式中，D_e为微波穿透深度；λ_0 为微波辐射波长。从式(3.13)可知，微波的穿透深度与波长成正比。考虑到设备工艺和通信导航干扰，微波炉都有固定的频率。由于微波场作用于介质带电粒子，会产生介电极化和传导损耗，使介质温度升高，如式(3.14)所示。

$$\partial T/\partial t = \frac{8 \times 10^{-12} E^2 \tan\delta\varepsilon}{\rho C_p} \tag{3.14}$$

式中，$\partial T/\partial t$ 为微波加热物体的升温速率，℃/min；ρ 为物料的密度，g/cm^3；C_p为比热容，J/(g · K)。

由此可见，微波场中物质的升温速度取决于介电损耗因子等多种因素。对于不同的介质，有着不同的 $\tan\delta$ 和 ε。有些物质在温度升高时，介质损耗下降，出现自动平衡，这种情况下，物料加热均匀，不会出现过热现象；而有些物料的介电损耗随着温度的升高而升高，这将导致恶性循环而出现过热现象，因此在实际工作中，反应功率、反应时间的确定及反应样品的用量都很重要。

1. 微波合成的特点

近年来，在化学反应过程中导入微波加热技术，不仅可有效地提高反应效率和选择性，而且能够体现节能、环保等诸多优点，其作为绿色化工的手段之一而备受人们的关注。微波加热与传统加热不同：传统加热是由外部热源通过热对流或热传导，由表及里地传导式加热，而微波加热是物料在电磁场中由介质损耗而引起的体加热。微波加热具有一系列传统加热方法无法比拟的优点。

(1) 选择性加热。微波加热与被加热物质的介电常数密切相关。介电常数越

大,物质越容易被微波加热。在微波加热装置中,介电常数大的物质处于高温状态,而其余组成部分仍处于常温状态。

(2) 加热速度快。在微波加热过程中,被加热的物质是整体同时被加热的,而且微波转变为热能的效率可达 80%～90%。

(3) 加热惯性小。这是微波加热的显著特点。微波加热装置开机后就可以正常运转,调整微波输出功率后,物料加热后的情况立即无惰性地随着改变;切断电源后,被加热物质即可在周围较低的环境温度中实现较快速降温,因而便于自动控温。

(4) 加热均匀。因为微波加热是从物质内部加热,所以可以避免传统加热过程中容易引起的表面硬化和加热不均匀的现象。

(5) 保护环境。微波加热是被加热物质吸收微波转化为热能而使自身升温,微波装置本身基本上不向周围环境辐射热量,故不会产生高温环境,微波本身不产生任何气体,因而有利于环境保护。

2. 微波法合成无机发光材料

利用微波辅助合成技术可以使无机材料在短时间内快速升温,提高材料的结晶度,同时也便于控制反应的进行。物质不同,微波场的频率就不同,物质所吸收的功率也会随之而发生改变。利用微波技术合成稀土发光材料已成为当前的科研热点之一。一些学者已经用微波辐照法合成了 $SrAl_2O_4:Eu^{2+},Dy^{3+}$、$BaMgAl_{10}O_{17}:Eu^{2+}$、$(Y,Gd)BO_3:Eu^{3+}$、$Y_2O_3:Eu^{3+}$、$(Ce_{0.67}Tb_{0.33})MgAl_{11}O_{19}$ 等多种稀土发光粉,其合成方法是在微波加热条件下进行固相反应。按一定量的化学计量配比分别称取反应物,充分混合后放入坩埚内并置于微波炉中加热一定时间,取出冷却即可。例如,以 800W 微波加热 40min,即可得到单相 $(Ce_{0.67}Tb_{0.33})MgAl_{11}O_{19}$ 荧光粉。

下面分别举例进行说明。

(1) $YBO_3:Eu$ 荧光粉材料的合成。陈伟(2009)首次用微波加热法制备了 $YBO_3:Eu$ 荧光粉材料,工艺过程:按一定比例称取 Y_2O_3、Eu_2O_3 和 H_3BO_3,在研钵中均匀混合,压实后放入坩埚,在频率为 2.45GHz、功率为 1.5kW 的微波炉中加热 2h。将所得产物在去离子水中自然分散,用 80℃去离子水洗至中性,抽滤,烘干,得到最终的产物。图 3.9 对比了微波法(a)和高温固相法(b)合成 $YBO_3:Eu$ 粉体的扫描电镜照片,可以看出,微波法合成的粉体分散性好,晶粒大多呈规则的菱形,晶体生长较为完整,产品为类球形,有利于提高荧光粉的涂覆性能;而高温固相法(1400℃,4h)制备的样品团聚十分严重,颗粒黏结成块。微波加热过程中,组分内外整体同时加热,加热速度快,避免了材料合成过程晶体的异常长大,样品粒度小且均匀;助熔剂的加入,在合成过程中产生黏度较低的液相,具有较好的流动性，均匀分布在晶粒间，改善了粉末间的接触状态，有利于分子的扩散传质，促进了界面扩散的过程，因此晶体在较低温度下生长，减少了晶粒间的团聚。

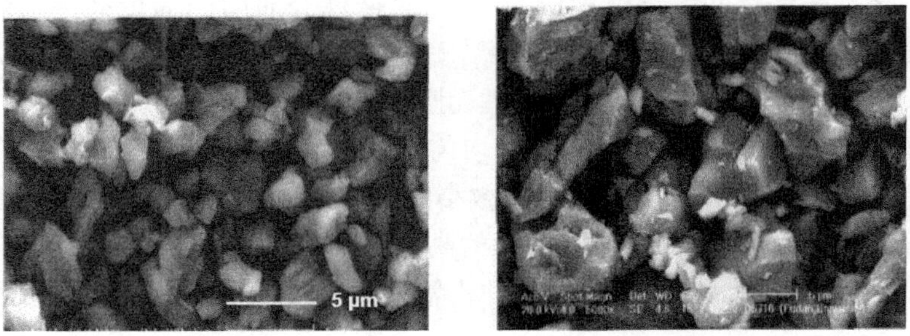

(a) 微波法　　(b) 高温固相法

图 3.9　不同方法制备的 YBO_3:Eu 样品的扫描电镜照片

(2) 微波法和其他方法结合制备材料。微波法还可以与其他制备方法结合制备无机发光材料，如将溶胶-凝胶法与微波烧结技术相结合等，成为近年来合成发光材料的一种先进技术。溶胶-凝胶法生成的前驱体仍需要进行进一步煅烧处理才能够得到产品，若采用传统的煅烧方式，通常需要较高的温度得到单相产品。微波法可以用于后处理溶胶-凝胶法生成的前驱体，在较低温度、较短时间内获得均匀且具有较小尺寸的产品。例如，用溶胶-凝胶法与微波烧结技术相结合的技术制备了 $SrAl_2O_4$:Eu^{2+},Dy^{3+}。具体制备路线为：将化学计量比的碳酸锶、氧化铕、氧化镝分别用一定量的硝酸溶解，并缓慢加入异丙醇铝的氨水溶液中；向反应体系加入 N,N-二甲基甲酰胺，于 40℃水解 3h，升温至 80℃，浓缩至得到黏稠的胶体；胶体微波干燥得到疏松的干凝胶粉末；干凝胶粉末再于微波烧结炉的 450℃空气氛围中预烧 30min 得到前驱体；将前驱体于还原气氛中在烧结温度 900℃下烧结 30min，冷却得到产品。

3.3.2　超声波化学法

超声波化学作为一门边缘学科迅速兴起始于 20 世纪 80 年代，一方面是科学技术的发展为各种高效而经济耐用功率超声源的生产提供了性能优良的声学材料和电子器件；另一方面是出于探索新材料、新技术和新工艺的需要。超声波化学这一学科一出现，就受到了声学界和化学界人士的高度重视。欧洲及美国科学家几乎每年都召开关于超声波化学方面的学术研讨会，并于 1994 年创办了国际《超声化学》杂志。

超声波化学(sonochemistry)又称为声化学，它的原理来自于声空化(cavitation)，是通过声空化提高反应产率和引发新的化学反应的学科，是声能量和物质之间一种很独特的相互作用。利用超声能量进行分散，利用空化过程进行高温分解，利用剪切破碎机理对颗粒尺寸进行控制，利用机械搅动影响沉淀的形成过程。超声波是由一系列疏密相间的纵波构成的，并通过液体介质向四周传播。当超声波能量足够高时，就会产生“超声空化”现象。声空化是指液体中微小泡核的形成、振荡、生长、收缩至崩溃，及其引发的物理、化学变化。附着在固体杂质、微尘、容器表面上及细缝中的微气泡或因结构不均匀造成液体内抗张强度减弱的微小区域中析出的溶解气体等都可以构成这种微小的泡核。空化泡崩溃时，极短时间内在空化泡周围的极小空间中将产生瞬间的高温（5000K）和高压（1800atm[①]）及超过1010K/s的冷却速度，并伴随强烈的冲击波和时速达400km的射流及放电发光作用。

由上所述，超声空化伴随的物理效应归纳为四种：①机械效应（体系中的冲击波、冲击流和微射流）；②热效应（体系中的高温、高压和整体的升温）；③光效应（声致发光）；④活化效应（产生自由基）。液体声空化的过程是集中声场能量并迅速释放的过程。这就为在一般条件下不可能或难以实现的化学反应提供了一种非常特殊的物理环境，足以使有机物、无机物在空化气泡内发生化学键断裂、水相燃烧和热分解；促进非均相界面之间搅动和相界面的更新，加速了界面间的传质和传热过程，使很多采用传统方法难以进行的反应得以顺利进行。

一般认为，声化学反应过程可能发生在三个不同的区域：①流体空化泡中；②空化泡与液体的气（汽）液界面上；③空化冲击波传播的流体中。超声的频率也比较低，一般小于1MHz，而声强则要求较高，一般大于5W/cm^2。影响声化学反应的声学参数很多，主要包括超声频率、超声强度与声功率、超声辐照时间、超声波形、声场的性质及形状等。其他影响参数包括温度、大气压强、反应液体等。

化学反应和物理过程的超声强化作用主要是由液体的超声空化产生的能量效应和机械效应引起的。功率超声波的频率范围为20～100kHz，声化学研究使用的超声波频率范围为200kHz～2MHz，其中功率超声主要利用了超声波的能量特性而声化学则同时利用了超声波的频率特性。在纳米材料的制备中多采用功率超声，其中，有的利用了空化过程的高温分解作用，有的利用了超声波的分散作用，有的利用了超声波的机械扰动对沉淀形成过程的动力学影响，以及超声波的剪切破碎机理对颗粒尺寸的控制作用。实际上，到底哪一种机制在起主导作用取决于纳米材料的制备途径以及溶剂和反应体系的性质。利用超声化学法制备纳米材料，关键是要通过控制反应条件，使新的沉淀相易于形成，难于长大，并且对于已经长大的颗粒还能通过机械方法使之破碎。用功率超声辐照高分子溶液，发现高分子的链长和分子量的分布会变得更为均一，这表明超声空化所产生的冲击

---

① 1atm=1.01325×10^5Pa。

波具有剪切作用，而且优先切断长链分子，这种作用对于制备颗粒均匀的纳米材料是有利的。

超声波化学是近年来发展起来的新型制备方法，具有许多传统方法无法比拟的优点，受到人们的广泛重视。主要优点如下(Gedanken，2004)。

(1) 利用超声波在反应体系中产生的局部极端条件，可制备常规方法难以制备的材料。

(2) 对于采用常规方法时要求反应条件较高的某些反应，利用超声波可降低对反应的条件要求，使之能在室温或接近室温的条件下反应，且反应易于控制。

(3) 在纳米材料的制备中，采用常规的液相方法时，为防止晶粒的团聚，常需要采用多种方法(如加入稀释剂等)来控制反应速度，可能造成杂质的引入等，而采用声化学法，由于超声波的强烈分散作用，对反应速度控制方面的要求降低，可简化实验方法，降低生产成本，同时提高产品的纯度。

(4) 反应速率快、产率高。

(5) 制备过程安全可靠，所需仪器简单，操作方便，经济高效。

超声波化学法已成功应用于稀土纳米磷酸盐的合成，如 Brown 等(2005)首次用该方法合成了 $Ce_{0.33}La_{0.66}PO_4:nH_2O$ 纳米发光材料，具体合成路线为：①酸性溶液合成，10mL 的 0.1mol/L 磷酸滴入 0.1mol/L 氯化镧(6.7mL，0.67mmol)和 0.1mol/L 氯化铈(3.3mL，0.33mmol)，在 20kHz 强超声波环境下约 1h 形成透明的胶体溶液，反应结束时温度大约为 80℃，pH 值为 1，得到产物；②碱性溶液合成，5mL 含有七水氯化镧(0.75g，2mmol)和七水氯化铈(0.37g，1mmol)水溶液滴入 1.0mol/L氢氧化钠溶液中，在同样的超声环境下反应，滴入磷酸二铵(0.4g，3mmol)，用氢氧化钠调节 pH 值为 12，超声 1h 后，得到白色不透明的溶液，反应的最终温度为 80℃，产物溶液经离心、水洗后得到透明胶体溶液。图 3.10 给出了 pH=1 超声反应下制备出的 $Ce_{0.33}La_{0.66}PO_4:nH_2O$ 纳米晶的透射电镜图片。从图中可以看出，在 pH=1 条件下，样品为纳米棒结构，直径为 5～9nm，长度为几十至几百纳米。研究

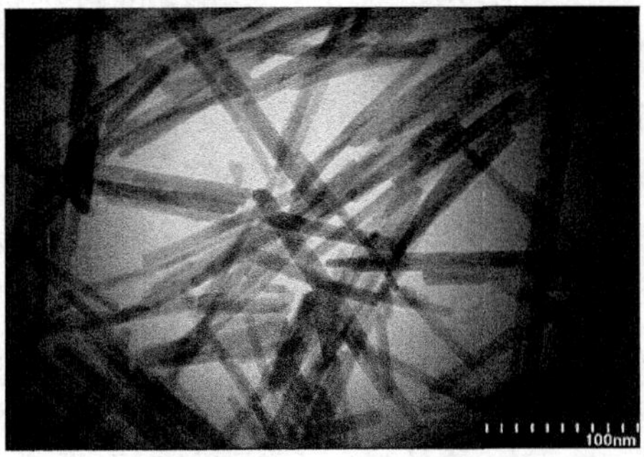

图 3.10 纳米棒状 $Ce_{0.33}La_{0.66}PO_4:nH_2O$ 的透射电镜照片(pH=1)

发现,当反应混合物不经过超声而分别在 90℃加热 1h 和 3h,纳米棒和纳米颗粒同时存在(图 3.11),证明超声能够在短时间内有效控制颗粒生长以控制其形貌。

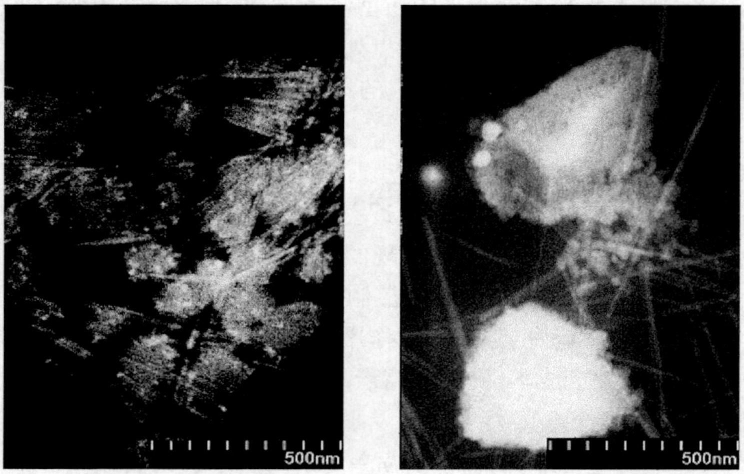

(a) 1h　　(b) 3h

图 3.11　$Ce_{0.33}La_{0.66}PO_4:nH_2O$ 的透射电镜照片(90℃加热,pH=1)

3.3.3　组合化学法

传统的材料研究模式通常是合成一个样品,测试样品的性能,根据实验结果对成分和工艺作适当改进,再合成、测试的过程。人们形象地把传统的材料研究方法称为"炒菜"或"一锅一次"。采用这种模式,需要经过多次反复试验、改进,才能得到性能优化的新材料,研究周期长,费用高。1970 年,普林斯顿 RCA 实验室的化学家 Hanak 在寻找低温超导材料时,对这种传统方法越来越没有耐心,于是设想能否同时合成大量不同组分的材料样品,并且对这些不同组分材料样品的相关性能进行快速检测,提出了多样品概念。Hanak 的这种创意后来经过不断地发展而成为一门新兴学科——组合化学(combinatorial chemistry)。多样品概念是组合方法(combinatorial approach)的先驱。

组合化学最早称为同步多重合成,用于合成肽组合库,也称组合合成、组合库和自动合成。组合方法与传统合成方法存在显著的差异,传统的合成方法一次只得到一批产物,而组合方法同时用 n 个单元与另外一组 n' 个单元反应,得到所有组合的混合物,即 $n+n'$ 个构建单元产生 $n\times n'$ 批产物。组合化学是一门由化学、组合数学和计算机辅助设计等多学科交叉形成的边缘学科。因此,组合化学可定义为利用组合论的思想和理论,将构建单元通过有机-无机合成或化学法修饰,产生分子多样性的群体(库),并进行优化选择的科学。

组合化学最早在制药领域获得成功，无机材料的组合化学目前处于研究阶段。组合化学从制药领域逐步发展到有机小分子、高聚物合成、分子构造与分子识别、均相和异相催化剂、功能材料等诸多领域。与制药行业不同，材料领域的科学家更多地关注组合化学在具有特殊光、电、磁和催化等性质的化合物及合金化合物方面的应用，因此材料领域的研究更宽广。目前国际上对于组合化学在材料方面的研究处于起步阶段，而国内与国外相比更是存在较大差距。国内在水热与溶剂热合成化学及功能材料的合成与表征方面做了很多工作，特别是在数据库与化学合成相结合方面有很多经验积累。

目前，组合化学在多个领域取得进展：①固体材料，包括超导材料、巨磁阻材料、介电及铁电材料、发光材料、分子筛、有机固体及高聚物；②有机及金属有机化合物，包括模拟生物活性酶和肽的金属配合物、非对称催化合成、石蜡聚合催化的组合化学；③无机催化剂，包括电致氧化催化合金化合物的组合化学合成，作为均相催化剂的无机多核阴离子簇组合库的建立等。在组合库筛选方法方面进行创新，如利用红外热成像仪、扫描质谱仪以及活性染料分子进行快速筛选催化剂的方法，大大提高了新型催化剂的开发效率。

组合化学作为合成化学的一个新分支，展现出巨大的发展潜力。它的最大优点是合成的微型化、集成化和自动化，可以迅速、高效地对大量样品进行筛选。发展新的分析手段也十分必要，传统的一对一的分析模式已经成为阻碍组合化学发展的瓶颈。组合化学与计算机科学相结合，特别是与数据库技术相结合，是组合化学发展的未来方向。在材料的开发过程中，假设投入的初始变量为 $A_i(i=1-n)$（包括原料组成、结构基元及其他变化因素），经过一个转变 K（合成条件）以后得到结果 $B_j(j=1-m)$（可以是结构、性质等），它们之间的关系以数学式表达为 $A_i \times K = B_j$，其中 A_i 和 B_j 为已知和可测量结果，因而 K 的确定对于材料的定向合成至关重要。从组合库中得到大量的数据，利用数据库技术进行系统分析，得到相关的 K，这不但可以预测新性质、新化合物的出现方向，而且可以完善人们对材料组成、结构和性能三者之间关系的认识，为定向合成奠定基础。

1. 组合化学法中的并行合成技术

并行合成(parallel synthesis)的一个显著特点是能用算术级数增加的工作量获得几何级数增加的样品，因此，采用并行合成技术能在短时间内通过有限步骤，合成出大量不同的材料样品。并行合成大致可分为两步：一是微量反应原料向微反应器的精确输送，二是微反应器中化学反应的控制。难点主要在第一步，而第二步则与传统的常规材料合成基本相同。目前较为成功的组合合成技术主要有液滴喷射和结合原位掩模的薄膜顺序沉积，它们均适用于发光材料库的合成。下面主要介绍组合溶液喷射技术。

高琛等(2006)研究了组合溶液喷射技术用于粉末材料样品库的合成。图 3.12 是组合溶液喷射合成仪的示意图。该合成仪具有 8 个独立控制的喷头,不同储液瓶装有不同组分的前驱体溶液或悬浮液,通过进液管分别与喷头相连,预打孔的陶瓷基片放置在二维电动平台上。整个仪器由计算机控制,在图形界面的帮助下,操作者输入各喷头所喷液体的浓度、基片尺寸、组合方案等信息后,系统自动生成喷射控制指令控制喷头和平台的协调动作,完成原料的输送。通过这一技术,可以在陶瓷片上的阵列孔中根据需要喷射不同种类、不同浓度、不同数量的液滴,经烘干、高温固相反应后得到所需的材料库。图中右侧是在 50mm×50mm 的陶瓷基片上一次制备含 121 个不同样品的材料库及其荧光照片。

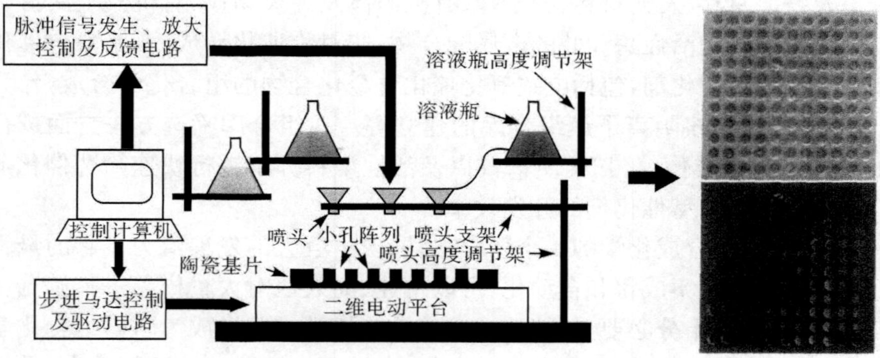

图 3.12　组合溶液喷射合成仪的结构示意图

组合溶液喷射合成仪的核心部件是可控的液滴喷头,其结构如图 3.13 所示。该喷头由不锈钢腔体、压电片、白宝石喷嘴和进液管以环氧树脂粘接而成,所有与溶液接触的部分均具有良好的化学惰性,以保证所喷溶液不被污染。其工作原理:压电片在脉冲高压的作用下产生机械振动,当振动以声波的形式传播到喷嘴

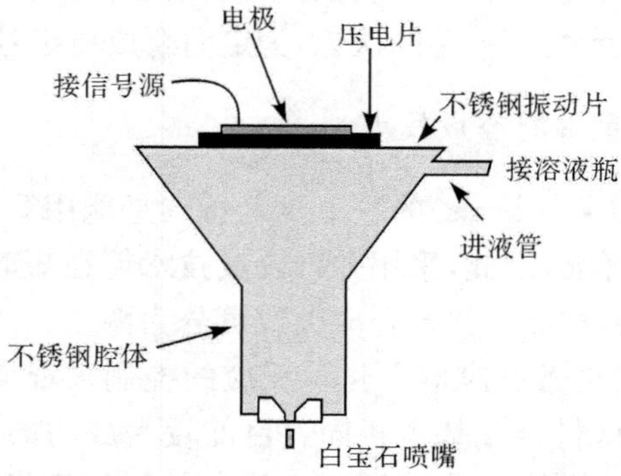

图 3.13　压电喷头结构示意图

尖端时，声波的正压部分使喷嘴尖端的液体加速，并在惯性的作用下，克服表面张力脱离液体，形成液滴射出。随后声波的负压部分在喷嘴中形成局部真空，从进液系统中吸入液体充满喷嘴，准备下次喷射。喷头的技术参数(以纯去离子水标定)：喷射频率范围 500Hz～2kHz，最佳频率约为 1kHz；平均液滴体积约为 10nL；时间稳定性约为 10%。

2. 组合化学法在发光材料中的应用

1995 年，Xiang 等开创了把组合化学法应用于无机功能材料研究的先河。1997 年，出现了应用组合化学法筛选荧光材料研究的报道。开展组合材料研究必须具备并行合成和高通量表征的手段，二者缺一不可。由于真空紫外光 VUV (100～200nm，6.2～12.4eV)光子能量较高，在空气中迅速使氧气电离而被吸收，不能传播，给 VUV 激发下表征组合材料库提出了新挑战。直到 2002 年，韩国 Sohn 等才把组合化学法应用于 VUV 荧光材料研究，并从中筛选出几种可作为 PDP 荧光粉的候选材料。

(1) 组合 VUV 荧光材料库的设计。

虽然组合化学法能够实现对大量不同元素掺杂、不同组分材料样品进行大规模筛选，但仍需在科学思想的指导下完成。科学合理的组合材料库设计，有助于筛选出特定的目标化合物。组合材料库的设计尤为重要，涉及材料体系的选择、技术路线的确定、优化方案的选用、如何取样以及如何明显地表达多种组元的成分-物性关系。

① 优化方案。

选择何种材料体系作为研究对象由研究者根据目标需求和已掌握的理论、专业知识以及个人经验和创新思维决定。组合化学方法与各种算法相结合是目前组合优化方案发展的重要趋势之一。优化随机变量常见的方法有基因算法(genetic algorithms)、随机算法(Monte Carlo algorithms)、人工神经网络法(artificial neural networks)等。这些算法辅助组合化学法已被应用于生物、制药和催化剂的筛选。

基因算法是基于生物体优胜劣汰原理发展而来的。基因算法辅助组合筛选的基本过程：首先通过随机或经验选取几种元素，按常规配比来合成第一代样品的组合材料库；然后对该组合材料库进行检测、筛选后，得出一系列较好的线索材料，并将之作为下一代样品库的“母本”。从“母本”库繁衍到“子本”库要经过两种变化，一种是交叉(crossover)，另一种是突变(mutation)。交叉是指将那些性能较好的“母本”中的元素或配方与其他元素相互交叉配对，这一过程可以将“进化”过程向更大的函数空间中深入。突变是指随机地引入新元素和新配方，或者去掉现存的元素和改变现有配方，这样就可以防止“进化”过程局限在一个局部的最优区而无法进一步突破。Sohn 等把基因算法与组合化学法相结合应用于光致发光二极管(LED)荧光粉的筛选，初始选取 Eu、Mg、Ca、Sr、Ba、Si、B 七种元素，通过适当配比来合成“母本”样品组合材料库，历经交叉和突变 10“代”遗传进化，优化出的样品组分 $Eu_{0.14}Mg_{0.18}Ca_{0.07}Ba_{0.12}B_{0.17}SiO_{\delta}$ 在 400nm 激发下的亮度比任何已知红色荧光粉的亮度都高。

当面对大量的不确定因素和巨大的函数空间，整体遍历无法实现而理论指导又无能为力时，随机算法是一种不错的选择，它可以用在元素和产物配比的选取等各种函数子空间的近似遍历上。例如对一个 5 元体系，可对其中的 3 元或 4 元采用遍历的方法，对其余元素采用随机选择的方法。常规实验方法所使用的区组设计、正交设计、饱和设计与超饱和设计、参数设计、混料设计等优化方案也可用于辅助组合筛选，特别是混料设计，对于选取多元体系荧光材料库内的样品成分非常有益。

② 多种组元的成分-物性关系的表达。

若合成的材料库样品是薄膜样品，那么可以利用连续梯度在三维空间把材料库的成分-性能对应关系清晰地表达出来。如图 3.14 所示，在 $LaAlO_3$ 单晶衬底上合成(Ba,Sr,Ca)TiO_3 连续变化成分梯度材料库，首先沉积一层 TiO_2，在均匀沉积 Ba 的同时，通过原位掩模(mask)在基片的上方匀速运动，形成 Ba 连续成分梯度。薄膜沉积厚度(H)与沉积速率(v)和时间(t)呈线性关系($H=vt$)，掩模运动的速度决定了沉积时间(t)。然后把掩模分别旋转 120°，以相同的方式沉积 Ca 和 Sr。该成分梯度材料库的成分-物性关系如图 3.14(d)所示。采用液相法合成的材料库样品一般是分立的，难以做到如同薄膜库那样连续变化的成分，取样密度的大小决定了合成样品的数目。

图 3.15 为 Kim 等给出的 $CaO\text{-}Gd_2O_3\text{-}Al_2O_3$ 三元变量组合材料库样品的成分及其在 147nm 激发下的相对发光亮度，把三角形每个边若干等分，其中任何两条直线的交点为一种样品。对于四元变量，可借助四面体变形，把四面体转化为二维平面图形。

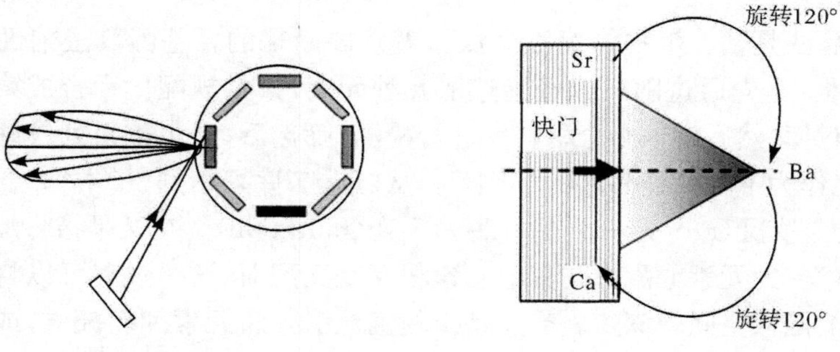

(a)　　(b)

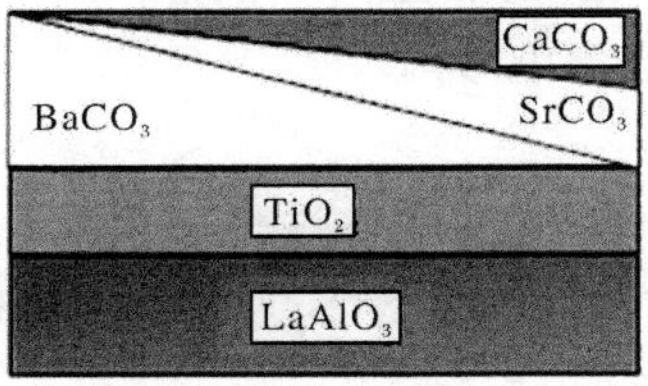

(c)

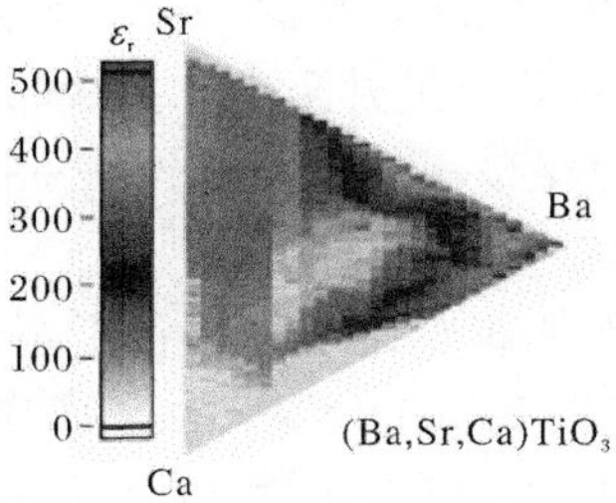

(d)

图 3.14　采用原位薄膜沉积结合连续掩模制备成分梯度材料样品库

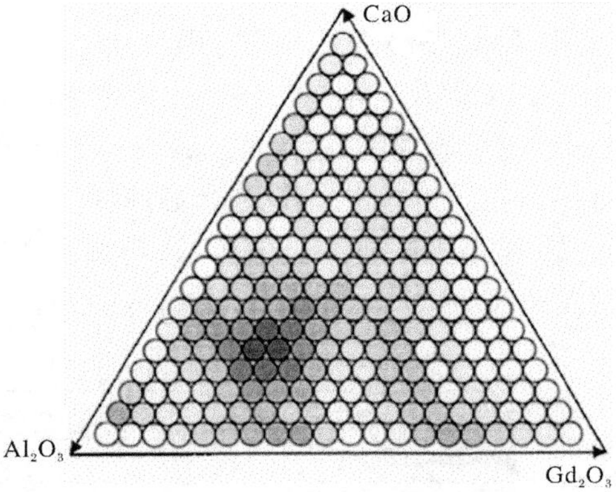

图 3.15　CaO-Gd_2O_3-Al_2O_3 材料库样品成分及其经 1300℃ 煅烧合成后在 147nm 激发下的相对发光亮度

(2) 组合 VUV 荧光材料库的合成。

1997 年，Symyx 公司的研究者采用薄膜沉积(thin film deposition synthesis)与物理掩模相结合的方式，在 7.6cm×7.6cm 的基片上合成了由 25000 个材料样品构成的荧光材料库，在紫外激发下优化出色纯度较高且量子效率与 Y_2O_3:Eu^{3+} 相当而价格只有 Y_2O_3:Eu^{3+} 一半的红色荧光粉 $Y_{0.845}Al_{0.07}La_{0.06}Eu_{0.025}VO_4$。在不同的并行合成策略中，与物理掩模或光刻相结合的薄膜沉积以及液相法(solution-based method)是最为广泛使用的合成方法。对于荧光材料库，最好采用液相法合成。用液相法合成材料库，能够使反应物前驱体溶液在分子水平充分混合，缩短了多层膜之间的扩散过程，易于消除薄膜样品中出现的亚稳相，更为重要的是从物性表征上能够克服高密度分立薄膜样品难以分辨(如荧光材料库中单个样品的光谱)的不足，合成的产物为粉末。液相法合成组合材料库通常是使用手动单/多道可调式微量吸管或液滴喷射装置把前驱体溶液置入预定的微反应器内，经过适当的处理(如高温煅烧),合成所需的材料库。与可调式微量吸管相比,液滴喷射装置具有纳升至皮升量级的分配能力,精度高,且为非接触喷射,污染小。

下面介绍一些用组合化学法制备高效荧光粉的例子。

(1) 红粉。

Liu 等用组合化学法制备了系列无机发光材料,具体过程为:将 Y_2O_3(4N)、Gd_2O_3(4N)、Eu_2O_3(4N)、MgO(4N)溶解在硝酸中,将 $Sr(NO_3)_2$、$Al(NO_3)_3$、H_3BO_3 和 $NH_4H_2PO_4$ 溶解在去离子水中形成 0.1mol/L 或 0.5mol/L 水溶液(Liu et al.,2004)。用 50mm×50mm 带有 11×11 半球状孔的刚玉盘作为反应基底,孔作为喷射液滴的反应容器。样品体积的精确度为 98%。当所有的前驱体溶液分别注入孔内后,先在 150℃蒸发去除溶剂,然后在 1150℃煅烧 3h,得到的每个样品大约为 2mg。

制备得到的(Y/Gd)(Mg/Sr)(B/P)O_n:$Eu_{0.1}$ 系列样品的发射光谱图如图 3.16 所示。从图中可以看出,有两类红色荧光粉可以明显被区分开:$GdSr(B_xP_{2-x})O_{5.5\sim7.5}$:$Eu_{0.1}$和 $Sr_2(B_xP_{2-x})O_{5\sim7}$:$Eu_{0.1}$,前者的色度优于后者。研究认为 $GdSr(B_xP_{2-x})O_{5.5\sim7.5}$:$Eu_{0.1}$ 的主发射峰对应$^5D_0 \to ^7F_0$ 跃迁,其波长大于 $Sr_2(B_xP_{2-x})O_{5\sim7}$:$Eu_{0.1}$ 的主发射波长($^5D_0 \to ^7F_j$)。与真空紫外商用红粉Y_2O_3:Eu 比较发现,在同样的激发波长下,$GdSr(B_xP_{2-x})O_{5.5\sim7.5}$:$Eu_{0.1}$的亮度更高。

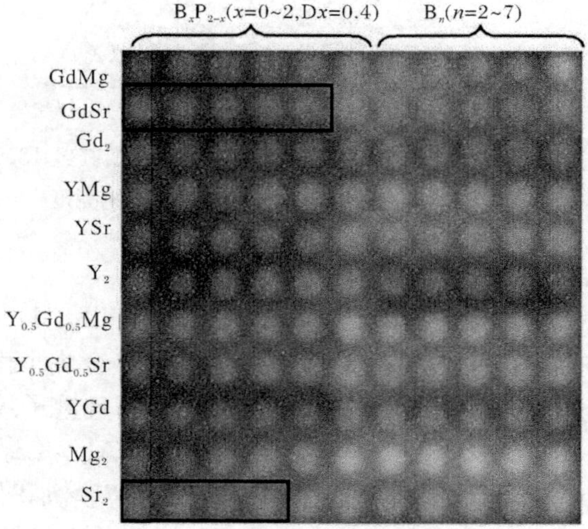

图 3.16 组合化学法制备样品的发射图(Xe VUV 激发)

对于发射红光的材料体系,Sohn 等(2002)也先后采取组合化学法对 Eu^{3+} 掺杂(Y,Gd,Lu,Sc)BO_3、(Y,Gd)(BO_3 · PO_4)和 YRO_4(R=As,Nb,P,V)体系的 VUV 发光进行研究。他们对(Y,Gd)(BO_3 · PO_4)体系组合优化所得的有效发光

组分为($Y_{1-x}Gd_x$)BO_3(0.2<x<0.4)。另外，他们还发现，该硼磷酸盐体系1200℃煅烧发光亮度最高的组分为($Y_{0.55}Gd_{0.45}$)$(BO_3)_{0.67}(PO_4)_{0.33}$，而不是($Y_{1-x}Gd_x$)$BO_3$(0.2<$x$<0.4)，1100℃合成(Y,Gd)($BO_3$·$PO_4$)材料库样品的 VUV 发光亮度比 1200℃高。对于(Y,Gd,Lu,Sc)BO_3 材料库，分别经 1050℃、1100℃、1150℃、1200℃煅烧，发现经 1100℃煅烧合成的样品亮度最高，优化出的最佳材料组分为($Y_{1-x-y}Gd_xLu_y$)BO_3(0<x,y<0.1)，Eu^{3+} 的最佳掺杂量为 5%(molar fraction)，其发光亮度比商用红色 PDP 荧光粉(Kasei Optonix Ltd,Japan)高出约 20%。(Y,Gd,Lu,Sc)BO_3 和(Y,Gd)(BO_3·PO_4)材料库的成分及其在 1100℃煅烧合成样品的相对亮度如图 3.17 所示，图中灰度表示各样品在 VUV 激发下的相对亮度。对 YRO_4(R=As,Nb,P,V)体系优化出的最佳组分为 $Y(P_{0.92}V_{0.03}Nb_{0.05})O_4$，其发光亮度可以和商用红色 PDP 荧光粉相媲美。

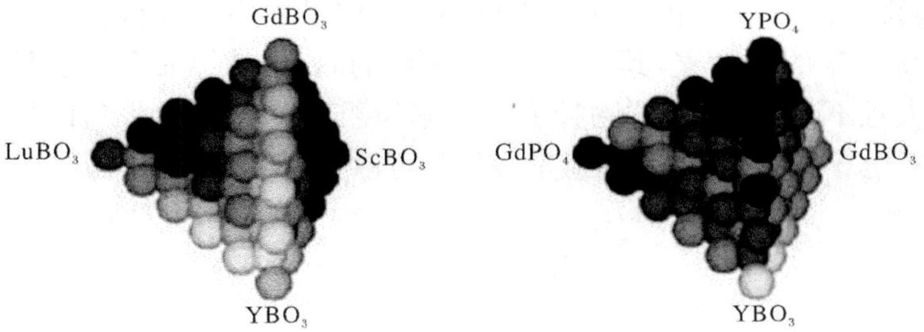

(a) (Y,Gd,Lu,Sc)BO_3　　(b) (Y,Gd)(BO_3·PO_4)

图 3.17　经 1100℃煅烧合成的四面体材料库在 147nm 激发下的亮度

(2) 绿粉。

对于发射绿光的材料，Sohn 等(2003)首先用组合化学法对 YRO_4(R=As,Nb,P,V):Tb^{3+} 材料体系的 VUV 发光进行筛选，发现其发光亮度比 Zn_2SiO_4:Mn^{2+} 弱得多；随后向 YRO_4(R=As,Nb,P,V):Tb^{3+} 中加入 Gd^{3+}，发现发光最亮的组分为 $GdPO_4$:Tb^{3+}；继续优化($Gd_{0.85}Tb_{0.15}$)P_xO_δ，获得 P 含量的最优值 x=1.13，其发光亮度比 x=1.0 时高出 40%；进一步向 GdP_xO_δ:Tb^{3+} 引入 Y^{3+}，最终优化出的组分为($Gd_{0.74}Y_{0.11}Tb_{0.15}$)$P_xO_\delta$，其发光亮度比商用绿色 PDP 荧光粉 Zn_2SiO_4:Mn^{2+} 高，且荧光衰减时间较短，但色纯度有待进一步提高。此外，他们还用组合化学方法对 Tb^{3+} 掺杂 CaO-Gd_2O_3-Al_2O_3 体系的 VUV 发光进行筛选，优化出亮度最高的组分为 $Ca_{0.25}(Gd,Tb)_{0.5}Al_{0.25}O_\delta$，对 $Ca_{0.25}(Gd,Tb)_{0.5}Al_{0.25}O_\delta$ 的结构进行分析，发现该物质由 $CaGdAlO_4$、$CaGdAl_3O_7$ 和微量的 $GdAlO_3$ 组成，Tb^{3+} 在该混合相中的发光效率比其中任何一种单相物质中的发光效率都高。这一研究证实了多元复合相的发光效率可能比单一相更高的可能。

(3) 蓝粉。

对于发射蓝光的材料，Sohn 等(2005)用组合化学法筛选了 $SrO\text{-}B_2O_3\text{-}P_2O_5$：$Eu^{2+}$体系的 VUV 发光，优化出的组分为 $SrBP_5O_{20}$：Eu^{2+}，其发光亮度是商用蓝色 PDP 荧光粉 BAM 的 2.8 倍，并且无热劣化，但色纯度有待提高。

社会发展对新型功能材料需求的急剧增加迫切需要发展新型材料研究方法，组合化学法正是顺应了这一时代的要求。组合化学法的应用使材料研究模式由“炒菜”向“批量作业”转变，使新材料的发现实现了由“叉鱼”向“网鱼”的方式转变。其实，组合化学法的优势远不止这些。组合化学协会(Combinatorial Chemistry Society)在下一阶段的组合材料工作，是通过在组合筛选中引入更深层次的考虑，包括引入各种算法和对大量相关/无关数据进行数据挖掘(data mining)，实现传统方法无法达到的优势。例如，在无生命特征的“材料样品”个体中引入遗传进化机制，需要合成由大量样品构成的“物种群”。如果采用传统材料研究方法，即便是一位训练有素的科学家，其一生中所能合成和表征的样品数目也是有限的，难以构成庞大且不断“进化”的“物种群”；若采用组合化学法，则在有限的步骤内可以合成成百上千个样品，加之高通量表征就可以实现。

参考文献

陈伟. 2009. 微波加热法制备 YBO_3：Eu^{3+} 荧光粉[J]. 光源与照明，(3)：21-24.

崔国文. 1990. 缺陷、扩散和烧结[M]. 北京：清华大学出版社.

高琛，鲍骏，黄孙祥，等. 2006. 组合方法筛选新型发光材料[J]. 发光学报，27(3)：285-290.

邝金勇，刘应亮，张静娴，等. 2005. 溶剂热合成纳米球状 La_2O_2S：Eu^{3+}[J]. 高等学校化学学报，26(5)：822-824.

黎学明，陶传义，孔令峰，等. 2007. 亚微米级 $Y_3Al_5O_{12}$：Ce^{3+} 荧光粉的共沉淀法合成、表征及光致发光[J]. 无机化学学报，23(8)：1409-1414.

陆佩文. 1996. 无机材料科学基础[M]. 武汉：武汉工业大学出版社.

蒙延双，王达健，李岚. 2005. 锶铝比对稀土掺杂铝酸锶物相及发光性能的影响[J]. 中国稀土学报，23(3)：277-280.

徐叙瑢，苏勉曾. 2004. 发光学与发光材料[M]. 北京：化学工业出版社.

张中太，张俊英. 2005. 无机光致发光材料及应用[M]. 北京：化学工业出版社.

Brown S, Im H J, Rondinone A, et al. 2005. Facile alternative synthesis of lanthanum phosphate nanocrystals by ultrasonication[J]. Journal of Colloid and Interface Science, 292(1): 127-132.

Gao H, Wang Y. 2007. Photoluminescence of Eu^{3+} activated $YAlO_3$ under UV-VUV excitation[J]. Materials Research Bulletin, 42(5): 921-927.

Gedanken A. 2004. Using sonochemistry for the fabrication of nanomaterials[J]. Ultrasonics Sonochemistry, 11(2): 47-55.

Kamada M, Murakami J, Ohno N. 2000. Excitation spectra of a long-persistent phosphor $SrAl_2O_4$:Eu,Dy in vacuum ultraviolet region[J]. Journal of Luminescence, 87(5): 1042-1046.

Li Y D, Huang Y, Bai T, et al. 2000. Straight forward conversion route to nanocrystalline monothiooxides of rare earths through a high-temperature colloid technique[J]. Inorganic Chemistry, 39(15): 3418-3420.

Liu C J, Yu R, Xu Z, et al. 2007. Crystallization, morphology and luminescent properties of YAG: Ce^{3+} phosphor powder prepared by polyacrylamide gel method[J]. Transactions of nonferrous metals society of China, 17(5): 1093-1099.

Liu J, Ma J, Lin B, et al. 2008. Room temperature synthesis and optical properties of $SrMoO_4$ crystallites by w/o microemulsion[J]. Ceramics International, 34(6): 1557-1560.

Liu X, Cui H, Tang Y, et al. 2004. Combinatorial screening for new borophosphate VUV phosphors[J]. Applied Surface Science, 223(1): 144-147.

Sohn K S, Kim C H, Park J T, et al. 2002. Optimization of red phosphor for plasma display panel by the combinatorial chemistry method[J]. Journal of Materials Research, 17(12): 3201-3205.

Sohn K S, Lee J M, Jeon I W, et al. 2003. Combinatorial searching for Tb^{3+} activated phosphors of high efficiency at vacuum UV excitation[J]. Journal of the Electrochemical Society, 150(8): H182-H186.

Sohn K S, Yoo J G, Shin N, et al. 2005. Combinatorial screening and QSAR modeling in the SrO-B_2O_3-P_2O_5 ternary system to search for thermally stable blue phosphors for PDPs[J]. Journal of the Electrochemical Society, 152(12): H213-H218.

Wang Y H, Endo T, He L, et al. 2004. Synthesis and photluminescence of Eu^{3+}-doped (Y, Gd) BO_3 by a mild hydrothermal process[J]. Journal of Crystal Growth, 268(3): 568-574.

Zhang Z, Wang Y. 2005. Coprecipitation synthesis and photoluminescence of $BaMgAl_{10}O_{17}$: Eu^{2+} phosphor for PDP application [J]. Materials Science Forum, 475/476/477/478/479: 1701-1704.

第 4 章　荧光粉性能测试方法

4.1　颗粒特征的测试

粉末的特性依赖于其状态是干燥还是潮湿，是在模具中施压并经过烧结还是分散为浆料。测试的装置和方法也依赖于粉末的状态。通过如下一些粉末的基本特性可以决定其物理性质。

(1) 粉末颗粒的尺寸和形状。

(2) 部分依赖于颗粒尺寸和形状的堆积和流动特性，以及依赖于颗粒的运动学或动力学行为的聚集和流动特性，这些特性被称为狭义上的粉末特性。

(3) 粉末的电学、磁学、光学和声学特性，这些特性由粉末的本征电导率、光散射行为、表面特性等确定。广义上的粉末特性包括这些特性。

粉末的物理性质可以通过针对特定目的开发的方法从实验上测量。因为粉末处于上面提到的不同状态，所以需要采用不同的方法，下面将详细进行说明(蒋阳等，2008；Ulrich，2009；Yen et al.，2007)。

4.1.1　颗粒的形状、尺寸及分布

1. 颗粒的形状和尺寸

如果所有的颗粒都是球体或立方体，可以通过测量直径或边长来描述其尺寸。但是对于荧光粉粉末来说，这种情况是非常少见的。对于不规则颗粒，当它们的形状在统计上基本相同时，可以通过长、宽、高或者平均值或等价直径来比较它们的尺寸，如表 4.1 所示。

表 4.1　颗粒的平均值和等价直径

名称	定义
二轴平均径	$(l+b)/2$
三轴平均径	$(l+b+h)/3$
调和平均径	$3(1/l+1/b+1/h)^{-1}$
外接长方形等价直径	$(bl)^{1/2}$
正方形等价直径	$(f)^{1/2}$

续表

名称	定义
圆形等价直径	$(f/\pi)^{1/2}$
长方体等价直径	$(lbh)^{1/3}$
圆柱体等价直径	$(fh)^{1/3}$
立方体等价直径	$(V)^{1/3}$
球体等价直径	$(6V/\pi)^{1/3}$

注：l 为长度；b 为宽度；h 为高度；f 为投影面积；V 为体积。

1）圆形度和球形度

通常，使用和实际颗粒形状最接近的理想形状来描述颗粒的形状，如球体、立方体、圆柱体、针状、薄片状、块状等。但是，由于形状在决定其他物理性质上的重要性，定量地描述颗粒的形状是非常必要的。因此，定义圆形度和球形度等参量来表示理想球体和实际颗粒形状差异的程度：

圆形度＝与颗粒投影面积相等的圆的周长/颗粒投影的周长

球形度＝与颗粒体积相等的球形的表面积/颗粒的表面积

对于难以测量周长和表面积的形状不规则的颗粒，可以利用下式来计算：

实用球形度＝(该颗粒的体积/外接球形的体积)$^{1/3}$

2）形状系数和有效、等价直径

测量颗粒尺寸的各种方法都假设颗粒具有球形或其他简单形状，并利用了相应的物理方法。在这种情况下，以颗粒粒径的测量值 D_p 和其实际大小之间的关系来定义形状系数。一般地，测量每一个颗粒的平均体积和平均表面积、体积形状系数 ϕ_v 和面积形状系数 ϕ_s 通过下列公式计算：

$$V=\phi_v D_p^3 \tag{4.1}$$

$$S=\phi_s D_p^2 \tag{4.2}$$

对于球形颗粒，$\phi_v=\pi/6$，$\phi_s=\pi$。

应该注意，形状系数的数值依赖于测量所采用的物理方法。例如，使用溶液中沉降的方法测量时，将测得的沉降速率和通过斯托克斯方程计算得到的具有等价密度的理想球形颗粒的速率进行比较来得到粉末的有效直径。因此，所得到的被称为斯托克斯直径的球体直径作为粉末颗粒的有效直径。

颗粒直径的另一种不使用形状系数的定义是等价直径，即具有与被测颗粒大小相当的理想形状颗粒的直径。典型的等价直径如表 4.1 所示。

2. 颗粒尺寸和分布

表 4.1 定义了粉末中每一个颗粒的直径。一般来说，可以通过平均粒径来描

述粉末中的颗粒。但是,实际的颗粒是由一定粒径分布的颗粒构成的。

1) 颗粒粒径分布的类型

粒径分布有两种类型:频率分布和累积分布。频率分布表示与各个粒径相对应的颗粒占全部颗粒的百分比。当选用某一粒径的定义测量了 N 个颗粒的粒径后,记录下粒径从 D_p 到 D_p+dD_p 范围内的颗粒的数目为 dn,则频率分布 $q_0(D_p)$ 可定义为

$$q_0(D_p)=\frac{1}{N}\frac{dn}{dD_p} \tag{4.3}$$

这里应满足

$$\int_0^{\infty} q_0(D_p)dD_p = 1 \tag{4.4}$$

累积分布表示小于某一粒径的颗粒占全部颗粒的百分比,可由下式给出:

$$Q_0 = \int_0^{D_p} q_0(D_p) = \int_0^{D_p} \frac{1}{N}\frac{dn}{dD_p} \tag{4.5}$$

因此,频率分布与累积分布的关系为

$$\frac{dQ_0}{dD_p} = q_0(D_p) \tag{4.6}$$

所以,累积分布可以看成是频率分布的积分形式。

上述的定义是以颗粒的个数为基准的。另外,也可以定义下述粒径在 D_n 到 D_{n+1} 范围内的频率分布。

(1) 以长度为基准的分布:直径在 D_n 到 D_{n+1} 范围内的颗粒的长度在总长度中的分布。

(2) 以面积为基准的分布:面积在 D_n 到 D_{n+1} 范围内的颗粒的面积在总面积中的分布。

(3) 以质量为基准的分布:质量在 D_n 到 D_{n+1} 范围内的颗粒的质量在总质量中的分布。

即使相同的样品,分布(如颗粒尺寸)的平均值也依赖于所使用分布的基准的类型。理论上,以颗粒的个数为基准的分布是容易使用的,但是分布(2)和(3)被更多地用来描述实际颗粒的特征。

2) 颗粒的平均值

当一组代表颗粒尺寸分布的直径 $\bar{D}$ 被用于描述一些粉末的性质时,$\bar{D}$ 被称为平均直径。从分布计算得到的不同的 D 值中,最适合这个定义的被作为平均直径使用。表 4.2 中列出了平均直径的不同表示,其中 L 是 nD,S 是 nD^2,W 是 nD^3。

表 4.2　不同标准分布下的平均粒径

以数量为基准分布的平均粒径			以其他基准的平均粒径的定义式		
名称	符号	计算公式	长度标准偏差	面积标准偏差	质量标准偏差
长度平均粒径	D_1	$\frac{\sum(nD)}{\sum n}$	$\frac{\sum L}{\sum(L/D)}$	$\frac{\sum(S/D)}{\sum(S/D^2)}$	$\frac{\sum(W/D^2)}{\sum(W/D^3)}$
面积-长度平均粒径	D_2	$\frac{\sum(nD^2)}{\sum(nD)}$	$\frac{\sum(LD)}{\sum L}$	$\frac{\sum S}{\sum(S/D)}$	$\frac{\sum(W/D)}{\sum(W/D^2)}$
体积-面积平均粒径	D_3	$\frac{\sum(nD^3)}{\sum(nD^2)}$	$\frac{\sum(LD^2)}{\sum(LD)}$	$\frac{\sum(SD)}{\sum S}$	$\frac{\sum W}{\sum(W/D)}$
质量平均粒径	D_4	$\frac{\sum(nD^4)}{\sum(nD^3)}$	$\frac{\sum(LD^3)}{\sum(LD^2)}$	$\frac{\sum(SD^2)}{\sum(SD)}$	$\frac{\sum(WD)}{\sum W}$
面积平均粒径	D_5	$\sqrt{\frac{\sum(nD^2)}{\sum n}}$	$\sqrt{\frac{\sum(LD)}{\sum(L/D)}}$	$\sqrt{\frac{\sum S}{\sum(S/D^2)}}$	$\sqrt{\frac{\sum(W/D)}{\sum(W/D^3)}}$
体积平均粒径	D_v	$\sqrt[3]{\frac{\sum(nD^3)}{\sum n}}$	$\sqrt[3]{\frac{\sum(LD^2)}{\sum(L/D)}}$	$\sqrt[3]{\frac{\sum(SD)}{\sum(S/D^2)}}$	$\sqrt[3]{\frac{\sum W}{\sum(W/D^3)}}$
体积-长度平均粒径	D_{vl}	$\sqrt{\frac{\sum(nD^3)}{\sum(nD)}}$	$\sqrt{\frac{\sum(LD^2)}{\sum L}}$	$\sqrt{\frac{\sum(SD)}{\sum(S/D)}}$	$\sqrt{\frac{\sum W}{\sum(W/D^2)}}$
调和平均粒径	D_h	$\frac{\sum n}{\sum(n/D)}$	$\frac{\sum(L/D)}{\sum(L/D^2)}$	$\frac{\sum(S/D^2)}{\sum(S/D^3)}$	$\frac{\sum(W/D^3)}{\sum(W/D^4)}$
几何平均粒径	D_g	$\frac{\sum(n\cdot\ln D)}{\sum n}$	$\frac{\sum[(L/D)\cdot\ln D]}{\sum(L/D)}$	$\frac{\sum[(S/D^2)\cdot\ln D]}{\sum(S/D^2)}$	$\frac{\sum[(W/D^3)\cdot\ln D]}{\sum(W/D^3)}$

对于发生在颗粒表面的现象和过程，如吸附等，就可以定义单位重量颗粒的总表面积，即比表面积 S_W。对密度为 ρ 的球形颗粒，比表面积 S_W 可表示为

$$S_W=\sum(n\pi D^2)/\sum(n\rho\pi D^3/6)=\frac{6}{\rho}\sum\frac{nD^2}{nD^3}=\frac{6}{\rho\bar{D}} \tag{4.7}$$

式中，$\bar{D}$ 是体积-面积平均值 D_3，D_3 也被称为比表面积直径。

3) 颗粒尺寸分布函数

研究者在使用相对简单的数学函数来描述颗粒尺寸分布方面已经有过很多的尝试，但是没有一套函数能够描述所有的分布。对于最经常使用的或见到的分布来说，需要作一些近似。

正态分布：颗粒尺寸 D 和从 0 到 D 的数目的积分 $n(D)$ 之间的关系可以使用下面的公式来描述：

$$\frac{\mathrm{d}n(D)}{\mathrm{d}D}=\frac{\sum n}{\sigma(2\pi)^{1/2}}\exp\left[-\frac{(D-\bar{D})^2}{2\sigma^2}\right]$$
$$\sigma=\left\{\frac{\sum\left[n(D-\bar{D})^2\right]}{\sum n}\right\}^{1/2} \tag{4.8}$$

式中，$\sum n$ 是颗粒的总数目；σ 是分布的标准偏差。

对数正态分布：分别用正态分布函数中 D 和 σ 的对数 $\ln D$ 和 $\ln\sigma$ 替代正态分布函数中 D 和 σ 后，得到对数正态分布。这种情况下，D 和 $n(D)$之间的关系用下式描述：

$$\frac{\mathrm{d}n(D)}{\mathrm{d}\ln D}=\frac{\sum n}{\ln\sigma_g\ (2\pi)^{1/2}}\exp\left[\frac{-(\ln D-\ln\bar{D}_g)^2}{2\ln^2\sigma_g}\right]$$
$$\ln\bar{D}_g=\frac{\sum(n\ln D)}{\sum n} \tag{4.9}$$
$$\ln\sigma_g=\left\{\frac{\sum\left[n(\ln D-\ln\bar{D}_g)^2\right]}{\sum n}\right\}^{1/2}$$

Rosin-Ramler's 方程：Rosin 和 Ramler 等通过对煤粉水泥等物料粉碎实验的概率和统计理论的研究归纳出指数函数表示的粒径分布关系式。直径为 R(大于 D)的颗粒的百分比用下式表示：

$$R=100\exp(-bD^n) \tag{4.10}$$

使用 $b=1/D_e^n$ 替换后，方程变换为

$$R=100\exp\{-(D/D_e)^n\} \tag{4.11}$$

式中，n 和 b(或 D_e)是由测量决定的分布的特征参数。参数 n 被称为 R-R 分布常数，其值为 0.5～1.5。

4.1.2 粒径测量方法

1. 颗粒的图像分析

1) 微区(样品)的制备

使用光学显微镜测量颗粒尺寸需要非常小心以确保颗粒均匀地分散到媒介中，并不发生可能影响样品分布的团聚，这样可以保证样品中颗粒的分布能够代表全部的粉末。通过在玻璃平板上撒下微量的粉末可以得到均匀分散的颗粒；但是更普遍的方法是先把少量的粉末分散到适当的分散介质中，涂覆到玻璃表面，然后烘干。也可以通过把颗粒和黏性树脂混合到一起，在玻璃平板上涂覆薄薄一层树脂而得到均匀分散的颗粒。

对于电镜测试,需要特别注意使支架不对分布产生影响。在上述情况下,可以使用毛笔把粉末撒到支架上。另外,分散在水和亚麻籽油混合物中的样品可沉积在支架上,使用合适的溶剂除去分散介质,留下分散较好的样品。除了可以利用透射电镜直接观察样品外,也可以使用样品增影术观察颗粒的形貌,以及通过金属复制方法用扫描电镜观察颗粒的形貌。

2) 图像分析

尽管可直接使用光学显微镜所产生的视觉形象进行粒度测量,但在大多数情况下都使用颗粒的照片来测量尺寸。一旦放大倍数已经确定,可以使用适当的比率得到照片上的粒子的大小。目前,已经开发出一些计算机系统辅助的半自动或全自动的图像分析方法。首先获得颗粒投影图像,然后对颗粒进行计数、测量和计算,最后给出要求的各种分析结果。

从原理上说,图像分析方法能够进行粒径测量的范围是最宽的,能够用于从超细颗粒到粗大颗粒范围内的粒径测量。但是,平均颗粒直径相对误差 ε 随被测量的颗粒数 N 的减少而增加。ε 和 N 之间的关系可以表示为

$$\ln\varepsilon = -(1/2)\ln N + \ln K \tag{4.12}$$

式中,K 是由分散度、形状、测得直径的定义和尺寸分布确定的常数。

2. 过筛分析

对于相对粗大的颗粒组成的粉末来说,过筛分析是有效的粒径测量方法。过筛时可测出粉末中介于两个不同网眼尺寸之间的质量。测试时,通常先按照筛网尺寸大小顺序将多个筛网由上到下竖直堆叠,然后将一定量样品铺展在最上层筛网上,一定时间后在不同筛网上得到分级后的粉体。在过筛分析中,需要特别注意筛网尺寸的准确度和筛网的运动。对于那些与球形差别很大的颗粒,需要开发颗粒直径的估计方法。对于尺寸只有几微米的超细晶粒样品需要使用特殊的微孔筛网,为了避免粉末的团聚,经常需要使用湿筛法。

3. 库尔特计数器法

库尔特计数器法通过测量电阻的变化来确定悬浮液中颗粒的尺寸,通过统计电流脉冲的数目来得到颗粒的数目。这种方法被广泛用于药物、食品和陶瓷工业等领域。粒径的测量范围为 0.25～500 μm。

使用这种方法的设备图示见图 4.1,其测量原理:将电解质溶液加入容器,容器中的溶液被一块带有毛细孔的壁分隔为两部分,在这两部分溶液中各放入一个电极。当在电极上加电压时,电流强度主要由毛细孔的电阻控制。当毛细孔被悬浮液充满时,毛细孔中的超细颗粒改变了电阻,而电阻的改变与颗粒的尺寸和电阻率有关。假设毛细孔是一个横截面积为 A、长度为 l 的圆柱体,当体积为 V、横

截面积为 a 的颗粒进入毛细孔后，电阻的变化 ΔR 由下式给出：

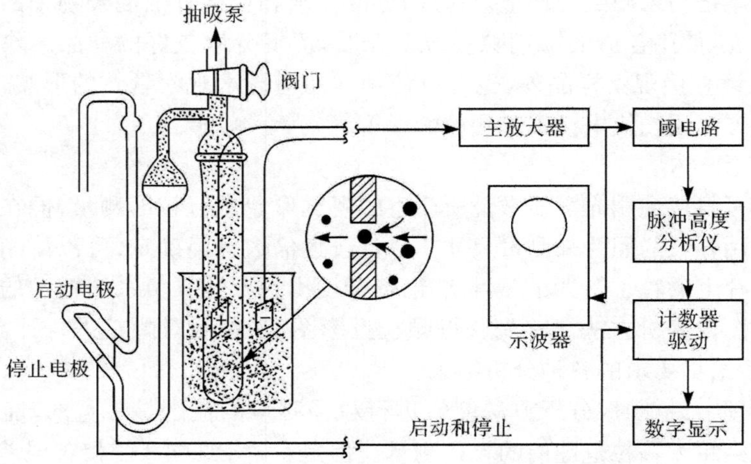

图 4.1　库尔特计数器

$$\Delta R=\frac{\rho_0 V}{A^2}\frac{1}{(1-\rho_0/\rho)-(aD/lA)} \tag{4.13}$$

式中，ρ_0 和 ρ 分别是电解质溶液和颗粒的电阻率；D 是把不规则形状的颗粒使用球形近似后的当量直径。当 $\rho \gg \rho_0$ 时，电阻的变化 ΔR 与 V 大体上成正比。该设备中使用的探测器和计数器的准确性为±0.01μm。

测试过程：在 50～400mL 烧杯中放置颗粒的悬浮液，悬浮液通过毛细孔(孔直径为 30～560μm，长度为 0.10～1mm)进入管道。每当一个颗粒通过毛细孔时，电阻的变化 ΔR 由式(4.13)得到。ΔR 变化产生的脉冲被放大，通过分析脉冲的高度和计数获得颗粒尺寸的分布。

此方法适于沉降法难以分析的样品、相对密度较低的样品或只含有痕量颗粒的样品。但是，不适于颗粒尺寸分布很宽的样品，也不能被用于在电解质溶液中溶解的样品。此方法得到的颗粒尺寸不是绝对值，而是相对值，需要通过与已知尺寸和分布的标准样品进行对比才能得到绝对值。

4. 沉降法

沉降法是通过测量颗粒的沉降的末速度 v 确定粒径的传统方法。确定粒径的原理是 Stokes 定律，即在黏性液体中球形颗粒的末速度为

$$v=\frac{1}{18}\frac{(\rho_p-\rho)gD_p^2}{\eta} \tag{4.14}$$

式中，ρ_p 和 ρ 分别是颗粒和液体的密度；η 是液体的黏度；D_p 是颗粒的直径；g 是重

力加速度。

沉降速度依赖于粒径分布。粒径分布可以通过测量随容器的高度和沉降时间而变化的重量分布而得到，一般地，颗粒通过特定高度的数目决定重量分布，在后面将介绍的比重天平法和光透过法等方法中，分布随长度的变化是瞬间决定的。在固定高度下的测量方法分为两种类型。

(1) 增量型：测量在特定高度 h 的颗粒浓度的变化。

(2) 累积型：测量在高度 h 以上或以下的总浓度在数量上的变化。

图 4.2 给出了这两种技术的区别和简要分析过程。

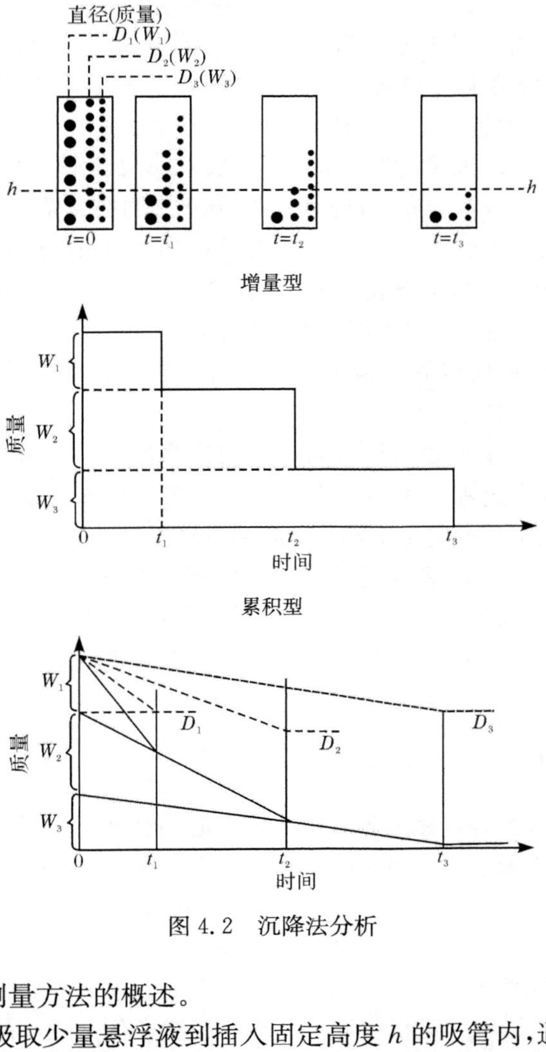

图 4.2　沉降法分析

下面是各种测量方法的概述。

(1) 吸管法：吸取少量悬浮液到插入固定高度 h 的吸管内，通过测量液体的密度得到悬浮液中颗粒的浓度。在固定的时间间隔重复测试得到颗粒浓度随时间的变化情况。粒径 D_p 使用 Stokes 方程(4.14)而得到,其中用 $v=h/t$ 进行代换,t 为吸管被充满的时间。使用上面测得的颗粒浓度、相应的颗粒直径给出累积分布曲线。

(2) 光透过法:通过测量射入悬浮液的一束狭窄的平行光束的衰减来测定颗粒浓度。入射光强为 I_0,透射光强为 I,液体中的光程为 L。入射光强与透射光强比的对数为

$$\ln(I_0/I)=kcL\sum_{i}^{D_{\max}}K_{\mathrm{R}}n_iD_i^2 \tag{4.15}$$

式中,c 是悬浮液的浓度;n_i是在 1g 样品中直径为 D_i的颗粒的数目;k 是依赖于仪器和操作条件的实验常数。常数 K_{R}称为与颗粒光学性质有关的 Rose's 消光系数,通常假设为 1。加和的上限值为由式(4.14)使用速度 $v=h/t$(h 为高度,t 为时间)计算得到的 D 的最大值 $D_{\max}$。式(4.15)的应用被限制在几何光学的条件范围内,能测量的最小颗粒直径为所用波长的 2～3 倍。

沉降法得到的是以重量为基准的分布,从式(4.15)可以知道,光透过法得到的是以面积为基准的颗粒分布。$D_{\max}$和浓度分布之间的关系也可以通过固定时间内不同高度处光的扫描而得到。用这种方法可以非常快速地得到颗粒尺寸分布。

(3) 比重天平法:如果静置粉末悬浮液,颗粒尺寸分布会引起浓度梯度。在一根细线上悬挂一个小铅锤,在不扰动悬浮液的条件下改变铅锤的高度,测量这个过程中浮力的变化,从而得到颗粒的浓度。因为深度 h 给出了离子直径 D,所以此方法给出的是累积分布。

(4) 比重计法:比重计也可以代替铅锤浸入悬浮液。比重计浸入的悬浮液部分的平均比重可以决定那个区域颗粒的浓度。浓度随时间的变化可给出颗粒尺寸分布。此方法被用于测定土壤和简单物质的粒径分布。

(5) 沉降天平法:此方法可用于液相和气相。天平盘放置在接近沉降管底部的位置,测量沉积下来的所有颗粒的重量。沉降重量随时间增加的曲线和该曲线的微分能够给出颗粒尺寸的分布。此方法常用于计算机自动记录和处理结果的粒径测量设备中。

5. 离心沉降法

在重力作用下,沉降很慢的超细颗粒在离心力作用下能够加快沉降过程。和之前的情况类似,末速度 v(=$\mathrm{d}r/\mathrm{d}t$,r 是到转轴的径向距离)可写成

$$v=\frac{1}{18}\frac{(\rho_{\mathrm{p}}-\rho)\omega rD_{\mathrm{p}}^2}{\eta} \tag{4.16}$$

式中,ω 是转动的角速度。在此,ωr 替换了 Stokes 方程中的 g。

因为 r 很大时,颗粒移动而引起的距离的相对变化是微小的,所以可以假定 r 的值为常数,可以用和上面讨论的沉降法相同的方法来分析得到的结果。当系统

开始或停止旋转时，悬浮液被扰动，因此应该在悬浮液以恒定速率旋转时测量颗粒的末速度。

6. 惯性力法

上述两种方法的原理是不同质量的颗粒具有不同的末速度。惯性方法的原理是尽管颗粒的速度可能相同，但是不同的质量会导致不同的动量。

级联冲击取样器：含有颗粒的气流通过一系列喷嘴，反击板改变了气流的方向。较大的颗粒在板上收集，而较小的颗粒被反弹通过进入后续区域。通过堆叠喷嘴直径递减的反击板，颗粒可以根据其尺寸大小在每个反击板上排序，结果得到基于重量基准的分布。然而，由于没有正式的理论能被用来计算颗粒的直径，这种方法是一种纯经验的方法，使用所谓的小多级气旋也产生相同的问题。

7. 激光多普勒法

上述的方法通过分析颗粒组的移动得到以重量为基准的分布，或者通过分析每个颗粒的速度并计算颗粒的质量来得到以数量为基准的分布。另外，还有一种统计具有给定沉降速度的颗粒数目的方法，使用激光速度仪(laser velocity meter)原理，即激光多普勒法。这种方法可用于很宽的超细颗粒的沉降速度范围，包括气体和流体中。图 4.3 是这种方法的图示。一束激光被分成两束，使其彼此交叉形成干涉图样。干涉宽度 d 可表示为

$$d = \frac{\lambda}{2\sin(\theta/2)} \tag{4.17}$$

式中，λ 是激光的波长；θ 是交叉角。当颗粒进入干涉区时，会对光产生散射。散射光产生所谓的多普勒节拍，如图 4.3 中右面所示。节拍的频率 f_{LD} 由下式给出：

$$f_{\mathrm{LD}} = (v/d)[2\sin(\theta/2)/\lambda]v \tag{4.18}$$

式中，v 是颗粒的速度。通过分析节拍的频率，频率 f_{LD} 下的信号对应于速度为 v 的颗粒。和在沉降以及在离心力场中测量的情况一样，使用式(4.14)或式(4.16)，速度 v 能够转换成 D_{p}。通过这种方法可以得到以数量为基准的分布。这种方法已被用于观察超细颗粒的布朗运动。

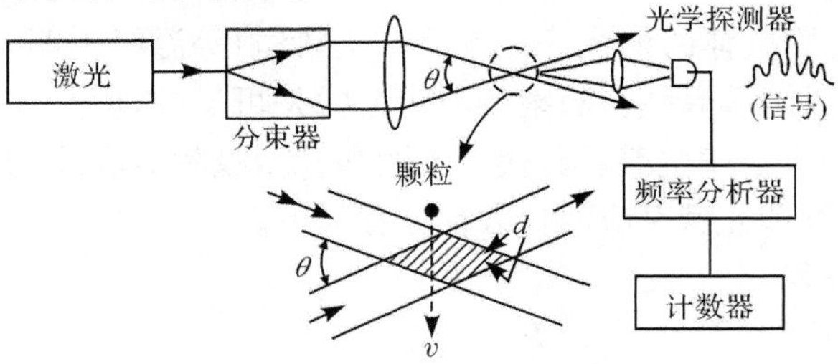

图 4.3　激光多普勒法

8. 吸附法

吸附方法使用在液体中溶解的分子化合物或气相中的低分子量化合物作为吸附质。对于液体，简单方便的比色法用于确定从染料溶液中吸附到粉末表面的染料分子的数量，但是这种方法的准确度较差。更多情况下是使用气相吸附。气相吸附测量方法又分成两种类型：容量法(BET 法)和重量法。

1) 容量法

这种方法基于气体在颗粒表面的吸附而引起压力和体积的变化来测量吸附物质的量，用三位共同建立此方法的科学家的名字 Brunauer、Emmett、Teller 来命名此过程：BET 方法。首先加热样品容器内已知数量粉末除去吸附的气体，然后断开容器上的真空泵系统。在低温下把已知体积的气体通入样品容器中，可以通过压力的测量计算出容器内气体的量。对于这种方法来说，10～15mL 样品基本上就够了，样品总的表面积超过几平方米并不困难。然而，该方法不能用于挥发性物质或低熔点物质，因为这种情况下很难除去表面吸附的气体。通过确定平衡压力和吸附量之间的关系得到吸附等温线，再通过吸附等温线分析可以给出样品的表面积。

2) 重量法

此方法中，通过测量样品重量的增加得到吸附量。例如，N_2 气体分子在 $100m^2$ 表面上吸附后重量增加 28.6mg。

为了得到作为气体压力的吸附等温线，有必要使用下式计算实际吸附量 W_a：

$$W_a = W_{as} + \rho V_s + \rho V_a - W_s \tag{4.19}$$

式中，W_{as}是吸附发生后粉末的表观质量；W_s是样品在真空中的质量；V_s和 V_a分别是样品和被吸附气体的体积；ρ 是达到平衡时气体的密度。当压力小于 1atm 时，ρV_a可以忽略不计。

3) 吸附等温线

除了 N_2，Ar、H_2O 等多种气体也可被作为吸附质，由于其不活泼和使用的便利性，N_2 是最适合的吸附质。根据测量方法的不同，吸附等温线会有不同的形式，在图 4.4 中给出了典型的等温线Ⅰ型和Ⅱ型。图中，P 是平衡压力，P_0 是饱和蒸气压，V 是被吸附气体的体积。一般地，Ⅰ型吸附等温线表明是单层吸附，而多层吸附产生Ⅱ型吸附等温线。吸附等温线通常是可逆的，但是在特别强吸附的样品和/或多孔样品中会发生滞后。代表Ⅰ型和Ⅱ型吸附等温线的方程已被推导出来。图 4.4 中Ⅰ型和Ⅱ型对应的代表性方程如下。

Langmuir 方程：

$$\frac{P}{V} = \frac{1}{V_m b} + \frac{P}{V_m} \tag{4.20}$$

BET 方程：

$$V=\frac{V_m C_p}{(P_0-P)[1+(C-1)P/P_0]} \tag{4.21}$$

式中，b、C 和 V_m是实验确定的常数。BET 方程中的常数 V_m表示形成单层必须吸附分子的体积。BET 方程也可写成

$$\frac{P}{V(P_0-P)}=\frac{1}{V_m C}+\frac{(C-1)}{V_m C}\frac{P}{P_0} \tag{4.22}$$

$P/V(P_0-P)$对 P/P_0 作图，如果是直线，通过斜率和截距就可以得出 V_m。重量比表面积 S_w(m^2/kg)通过由 V_m计算得到的气体分子数和分子横截面积 σ 相乘得到：

$$S_w=V_m\sigma N \tag{4.23}$$

式中，N 是阿伏伽德罗常数。Ropp 列出了每种气体分子 σ 的标准值。N_2 的 $\sigma=0.162nm^2$。

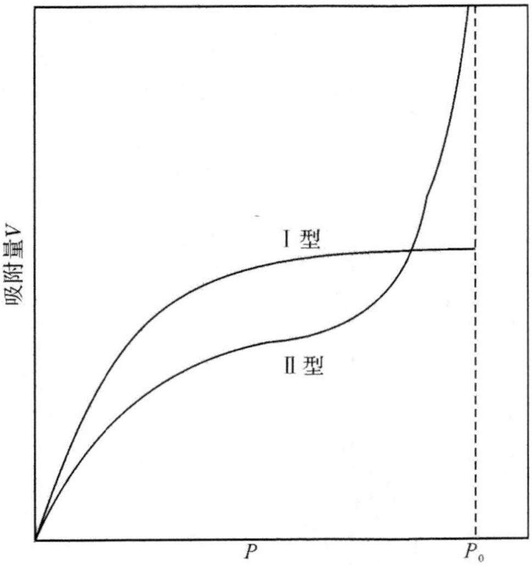

图 4.4　典型的吸附等温线

9. 透过法

透过方法通过测量流体透过粉末填充床的情况来获得比表面积。当不需要高的精确度时，本方法由于设备易于操作，可以进行快速测量而在工业中被经常采用。这种方法基于 Kozeney-Carman 公式(式(4.24))。U 是单位时间内通过横截面积为 A、厚度为 L 的粉末的流体的量，粉末上的压差为 ΔP，重量比表面积 S_w由下式给出：

$$S_w=\frac{1}{\rho}\left[\frac{g\Delta P\cdot A\varepsilon^3}{k\eta LU(1-\varepsilon)^2}\right]^{1/2} \tag{4.24}$$

式中，ρ 是粉末的密度；η 是流体的黏度；ε 是粉末填充床的孔隙度（即 $1-W/(\rho LA)$）；g 是重力加速度；k 是与粉末填充床有关的 Kozeney's 常数，k 的值由实验确定，一般取 0.5。

透过法中使用的流体是液体（对于大颗粒组成的粉末可以用水）或气体（对于小颗粒组成的粉末，常用干燥空气）。使用本方法时，透过量 U 通过稳定的压差 ΔP来测量。Blaine 法是此类方法中最简单的，并有商用设备出售。因为这个原因，根据 JIS（日本工业标准）和 ASTM（美国材料与试验协会标准），这种方法被普遍用于水泥和其他工业粉末测试中。然而，在这种方法中压差 ΔP 在测量中会发生变化。作为示例，图 4.5 中给出了一种在固定压强下操作的使用空气的透过法设备。设备的原理和操作可以通过图来理解。压差 ΔP 为 ρgh（ρ 是产生压差的液体的密度），在使用水的设备中能够在10～100g/cm²的范围内变化。

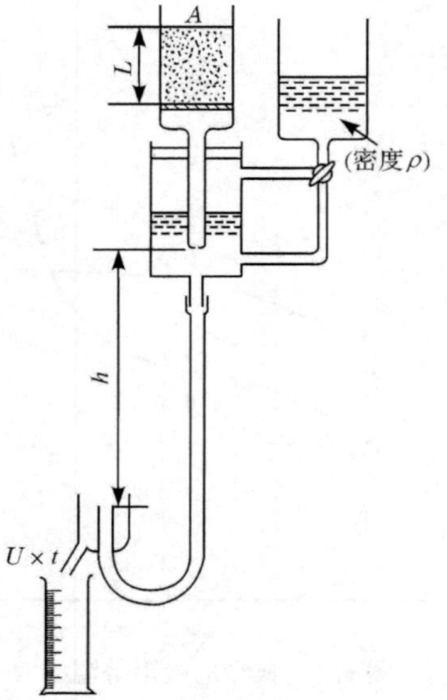

图 4.5 一种在固定压强下操作的使用空气的透过法设备

在透过法中最重要的因素是粉末的堆积。式(4.24)考虑了样品的空隙度 ε，但是，重量比表面积 S_w和孔隙度之间的关系实际是很复杂的。

10. 光散射方法

光散射很大程度上依赖于物理性质，如颗粒的形状、平均直径、物理状态（即液体或固体）。理论上已经存在瑞利散射和 Mie 公式，Mie 公式把瑞利散射扩展到较大颗粒。Mie 公式是在用电磁理论解决颗粒和光之间的作用时得到的，并被用于粉末分散体系。入射光在 θ 方向的散射光强度 $I(\theta)$ 由下式给出：

$$I(\theta)=\frac{\lambda^2[i_1+i_2(\theta)]}{8\pi^2R^2} \tag{4.25}$$

式中，λ 是波长；R 是颗粒和观察点之间的距离；i_1 是与 θ 无关的电矢量垂直于观察平面的光分量；$i_2(\theta)$ 是与 θ 相关的电矢量平行于平面的光分量。散射光 S 的总量由下式给出：

$$S=\frac{\lambda^2}{2\pi}\sum_{n=1}^{\infty}(2n+1)(|a_n|^2+|b_n|^2) \tag{4.26}$$

式中，$|a_n|$ 和 $|b_n|$ 是包含 Ricatti-Bessel 函数和其导数的复杂函数。这两个函数都依赖于 θ 和参数 x（$x=2\pi rm/\lambda$，其中，r 是球形颗粒的半径，m 是折射率），可以在相关参考书中查到。散射光的径向分布和波长的依赖性同样复杂，当颗粒的直径和光波长接近时会发生干涉。在实际测量中，得到两个不同角度（0°和 90°，或 45°和 135°）的散射光的比值，并和通过式(4.26)计算得到的值进行对比。

使用光散射原理的实际方法有两种。一种方法是通过光散射光度计测量大量颗粒散射光的角分布确定颗粒的平均直径和分散度。另一种方法，通过测量单个颗粒散射光的强度来获得颗粒尺寸的分布。

11. 衍射方法

衍射方法的测量使用夫琅禾费衍射进行，对直径在 1～10 μm 的颗粒很有效。基于圆盘的作为 θ 函数的衍射光的强度为

$$S(\theta)=\frac{x^2(1+\cos\theta)J_1(x\sin\theta)}{2x\sin\theta} \tag{4.27}$$

式中，x 是 $2\pi rm/\lambda$（r 为颗粒的直径，m 为相对折射率）；J_1 是 Bessel 函数。当 $x\sin\theta$ 大于 10 时，$J_1(x\sin\theta)/\sin\theta$ 是可以忽略的。图 4.6 中给出了归一化的 $S(\theta)$ 的值。

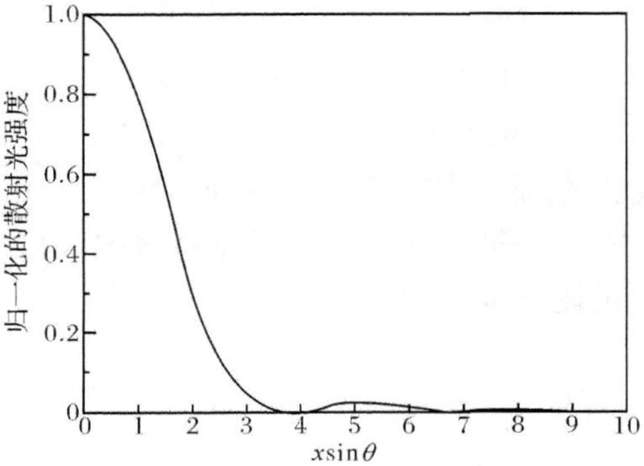

图 4.6　夫琅禾费衍射的强度分布

本方法中,一束强平行光入射到在液相或气相中分散的颗粒体系中,测量散射光强度的角分布,对式(4.27)中参数 x 的函数的角分布进行计算而得到颗粒尺寸的分布。已有几种测量设备采用这种测量方法,一些商业设备能得到小于±0.1μm 的准确度。

12. **X** 射线衍射和 **X** 射线散射

Debye-Scherrer 法被用于对粉末进行 X 射线衍射测试。众所周知,当粉末中颗粒的尺寸减小时,衍射环发生宽化。如图 4.7 所示,衍射线的半高宽和单晶颗粒的尺寸 D 之间通过 Scherrer 公式联系起来:

$$D = k\lambda/[(B-b)\cos\theta] \tag{4.28}$$

式中,λ 是单色 X 射线的波长;θ 是布拉格角(在角度为 2θ 处出现衍射线);b 和 B 分别是大晶粒(大于约 10 μm)和小晶粒的半高宽,如图 4.7 所示。此方法适用于尺寸在 0.01~1.0 μm 的晶粒,但是要求晶粒有很好的结晶性。

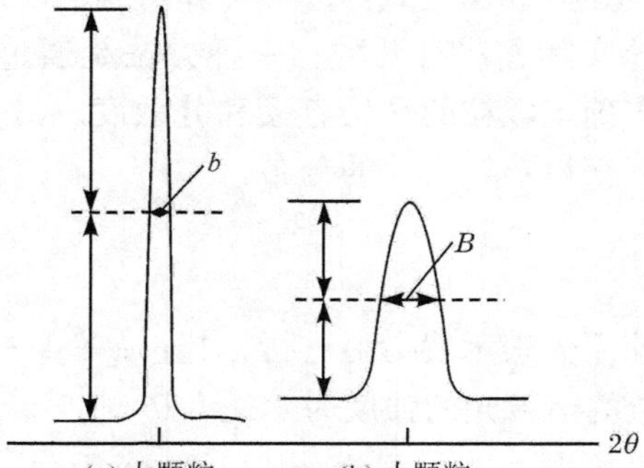

图 4.7　大颗粒和小颗粒的 X 射线衍射谱强度曲线

测量 X 射线散射光强度角分布的方法称为小角散射法,只涉及小入射角的 X 射线。散射光强度近似表示为

$$\begin{aligned} \ln I(\theta) &= \ln I_0 - \pi^2 D^2 s^2/3\lambda^2 \\ s &= (4\pi/\lambda)\sin(\theta/2) \approx 2\pi\theta/\lambda \end{aligned} \tag{4.29}$$

$\ln I(\theta)$ 对 s^2 的图是线性的,通过其斜率能够得到颗粒的直径。这种方法适用于尺寸在 1~200nm 的颗粒。目前,商业的小角 X 射线散射和衍射线宽化的设备都是作为分析 X 射线仪器的附件提供的。

4.2　荧光粉发光性能的测试

4.2.1　发射和激发光谱

发射光谱及其对应的激发光谱是发光材料非常重要的性质，本节将就发光材料发射和激发光谱测量的原理和仪器进行详细介绍(徐叙瑢等，2004；Solé et al.，2005；Yen et al.，2007)。

1. 测量的原理

通过绘制一个样品在特定能量激发源激发下发射光强度与波长的关系，可得到发射光谱。激发源可以是光、电子束、热、X 射线或放射性物质的辐射。单色仪和光探测器组合起来使用可得到光谱。

对于激发光谱来说，通过观察改变激发能量时在一系列波长下发射光强度的变化来获得光谱。激发源是光时，单色仪分离出的单色光激发样品，当激发波长改变时记录下发射光强度。

在光谱中，以特定波长处的光强度为纵坐标，波长为横坐标。纵坐标的单位可以是荧光强度 E(W/m^2)，也可以是光子数 E_p(光子数/m^2)。横坐标的单位为波长 λ(nm)或波数 $\tilde{\nu}$(cm^{-1})。

使用这些单位，光谱强度可表示为

$$E(\lambda)=\frac{dE}{d\lambda} \quad (W\cdot m^{-2}\cdot nm^{-1}) \tag{4.30}$$

或

$$E(\tilde{\nu})=\frac{dE}{d\tilde{\nu}} \quad (W\cdot m^{-2}\cdot (cm^{-1})^{-1}) \tag{4.31}$$

光子数可以表示为

$$E_p(\lambda)=\frac{dE_p}{d\lambda} \quad (\text{光子数}\cdot m^{-2}\cdot nm^{-1}) \tag{4.32}$$

或

$$E_p(\tilde{\nu})=\frac{dE_p}{d\tilde{\nu}} \quad (\text{光子数}\cdot m^{-2}\cdot (cm^{-1})^{-1}) \tag{4.33}$$

实验的目的决定了使用的单位。对于能量效率的测量，使用荧光强度；而对于量子效率的测量，则使用光子数。荧光粉的流明效率以强度(光谱数据 $E(\lambda)$乘以相对光谱发光效率 $V(\lambda)$的积分)乘以光等量值 K_m(为 673 lm/W)，即

$$L = K_m\int_0^{\infty}V(\lambda)E(\lambda)d\lambda \quad (lm/m^2) \tag{4.34}$$

2. 测量设备

图 4.8 中给出了测量荧光粉的光谱特性需要的设备。激发源由光源和用来在入射光中选择特定波长范围的单色仪组成(单色仪也可用滤波片代替)。使用配备光探测器的单色仪分析样品的发射光,光探测器把光子转换为电信号,信号被放大后记录下来。以数字化电信号的方式收集所有光谱数据,并使用计算机进行数据后处理经常是很方便的。

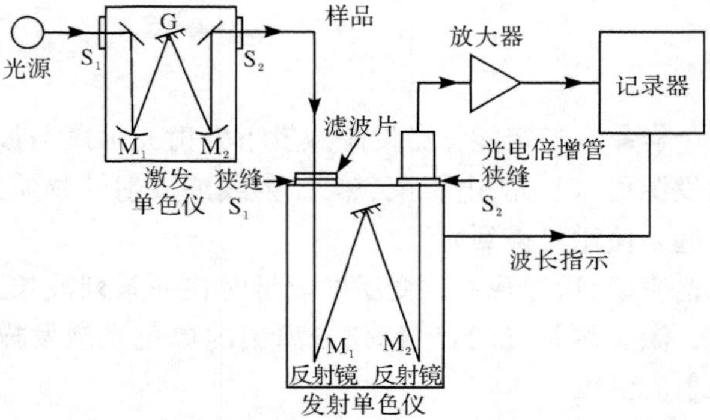

图 4.8　光谱测量设备

下面介绍测量荧光粉荧光特性用到的设备。

1) 单色仪

单色仪是用来选择特定波长光的设备。单色仪包括入射狭缝、出射狭缝、复合光的色散元件、把入射狭缝像聚焦到出射狭缝上的光路。根据所使用的色散元件可以把单色仪分为棱镜型、衍射光栅型和干涉型,其中衍射光栅型和干涉型单色仪是使用最多的。由于其快速和灵敏度高的特点,干涉型单色仪主要用于红外光区测量。棱镜型单色仪的优势主要在于其耐久性和紧凑性。但是,棱镜型单色仪的分辨率低于另外两种,经常在高分辨率工作中作为衍射光栅单色仪的滤光器使用。

图 4.8 给出的切尔尼-特纳(Czerny-Turner)结构是一种典型的衍射光栅单色仪结构,内部详细结构见图 4.9。切尔尼-特纳型仪器的光路由两块等焦距的凹面镜组成,准直镜 M_1 位于距离入射狭缝 S_1 为其焦距的位置,通过入射狭缝进入的光线变为平行光束,并被衍射光栅 G 衍射。现在衍射束成为单色光并被第二块凹面镜 M_2 聚焦到出射狭缝,凹面镜 M_2 常被称为照相机镜。通过调节衍射光栅与入射光之间的夹角,能够改变在出射狭缝处的衍射单色光的波长。切尔尼-特纳结构的优点之一是由于完全对称,照相机镜能够完全消除准直镜引起的像差。因为光沿着垂直于衍射光栅刻线的平面入射,所以波长与光的偏振之间的相关性也

较小。除了切尔尼-特纳结构，还有光学配置更简单的 Ebert-Fastie 结构、针对高分辨率研究的双光栅结构。

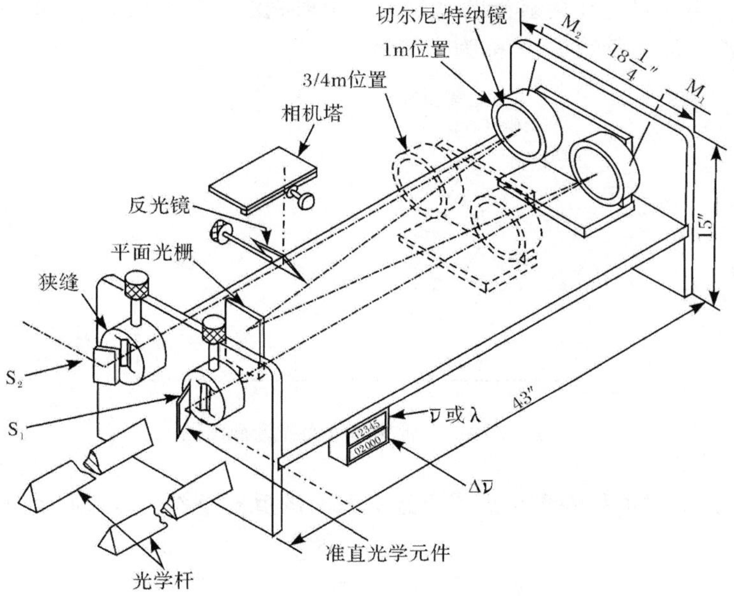

图 4.9 切尔尼-特纳结构光栅光谱仪的内部结构

单色仪的亮度由镜头直径与焦距之比 F 来描述，F 定义为凹面镜的焦距除以其有效直径 D：

$$F=\frac{f}{D} \tag{4.35}$$

分离两条紧密排列的谱线的能力通过线色散来表示：

$$\frac{\mathrm{d}x}{\mathrm{d}\lambda}=f\frac{\mathrm{d}\theta}{\mathrm{d}\lambda} \quad (\mathrm{mm/nm}) \tag{4.36}$$

其中两条波长相差 $\mathrm{d}\lambda$ 的谱线在出射狭缝处的空间距离为 $\mathrm{d}x$。然而，更常使用的是倒数线色散：

$$\frac{\mathrm{d}\lambda}{\mathrm{d}x}=\frac{1}{f}\frac{\mathrm{d}\lambda}{\mathrm{d}\theta} \quad (\mathrm{nm/mm}) \tag{4.37}$$

倒数线色散和狭缝宽度的乘积表示在给定波长时两条谱线的间距。在观察低强度光时，应该使用 F 小即焦距小的单色仪。但是对高分辨率研究，经常采用焦长较大的单色仪。

图 4.10 给出了小阶梯形平面光栅截面的精细结构。图中，光栅为锯齿形状。光栅平面和锯齿平面之间的夹角被称为闪耀角，光栅常数定义为刻线的间距。当满足下述几何关系时发生光的衍射：

$$m\lambda=d(\sin\alpha+\sin\beta),\quad m=0,\pm1,\pm2,\cdots \tag{4.38}$$

式中，α 是垂直于光栅平面的法线和入射光之间的夹角；β 是光栅法线和衍射光之间的夹角。当入射光和衍射光的光程等于衍射光波长的整数 m 倍时，邻近刻线的光发生相长干涉。整数 m 被称为光谱级。

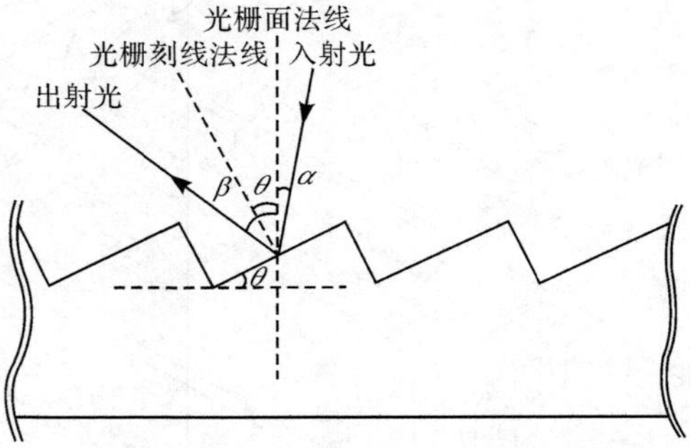

图 4.10　小阶梯形平面光栅截面图

入射角、衍射角和闪耀角满足下述关系时的反射条件可以用几何光学描述：

$$\theta=\frac{\alpha+\beta}{2} \tag{4.39}$$

此条件下，式(4.38)可写成

$$m\lambda=2d\sin\theta\cos\frac{\beta-\alpha}{2} \tag{4.40}$$

当入射光垂直于光栅刻线平面时，$\alpha=\beta=\theta$，得到下述关系：

$$m\lambda=2d\sin\theta \tag{4.41}$$

第一级衍射光在 $\lambda=2d\sin\theta$ 时最大，称 λ 为闪耀波长。

阶梯光栅能够被最有效使用的波长范围通过闪耀波长与光栅级数的商来定义。例如，在紫外和可见区使用的阶梯光栅的闪耀波长为 500nm，因此在一级衍射中可用波长范围为 250～750nm，二级衍射中波长范围为 125～375nm。

式(4.38)中的 $\sin\alpha+\sin\beta$ 表示光的色散度，可被看成是 m、λ 和 d 的比例系数。波长越大，衍射级数越高，光栅刻线间距越小，光栅的分辨率越高。

在光栅型单色仪中一般使用图 4.9 中所示的位置，但是当处理紫外光区时，需要考虑额外的因素。因为空气会吸收波长低于 200nm 的光，所以光路必须保持在真空中。由于没有材料能对这个波长区域有很好的反射能力，就没有能够使用的反射镜。即使像 LiF 这样的窗口材料也不能透过波长低于 105nm 的光，光探测器必须被放在真空中。在光源和其他光学组件之间的样品仓的真空通常会在更换样品时被破坏。

真空紫外光谱仪由凹面衍射光栅、入射狭缝和出射狭缝组成。图 4.11 中给出了 Seya 和 Namioka 设计的这种结构。凹面衍射光栅、入射狭缝和出射狭缝被放置在罗兰圆上。只有光栅旋转，其他组件的位置都被固定。罗兰圆的直径由凹面衍射光栅的中心和其曲率半径决定。如图 4.11 所示，当入射狭缝和出射狭缝的位置能够使其与凹面衍射光栅的中心的连线和凹面衍射光栅中心与其在罗兰圆上相反点的连线成 30°15′，并且光栅中心和狭缝之间的距离为 0.8166r（r 是凹面光栅的曲率半径）时，入射狭缝能够以最小的失真聚焦到出射位置，这可以通过旋转光栅来实现。

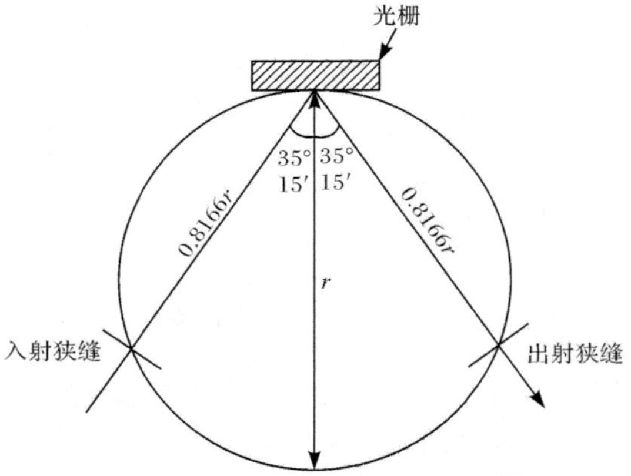

图 4.11　Seya-Namioka 真空紫外光谱仪光学组件结构

在波长低于 50nm 的光区，光的反射率变得非常小，必须在大角度入射光下测量总反射光。在这种光学结构中，因为两个狭缝和光栅都在罗兰圆上，所以它们的几何关系变得非常复杂。

2) 光探测器

经常通过把光的能量转换成电能进行光的探测。光电倍增管和固体探测器由于高可靠性和易处理性成为两种普遍使用的光转换器件。光的探测方法还有很多，如使用测量光被吸收后产生的热能的热电器件，或观察在光化学反应中产生的化学产物等。

(1) 光电倍增管。

光电倍增管常被用于探测紫外和可见光。由于初始光电子经过多次成倍增加，以及反应时间快，光电倍增管适合用于测量强度很弱的光和快的瞬态现象。图 4.12 是侧窗型(side-on type)光电倍增管的内部结构图。图中，光电倍增管包括入射光子作用下能产生光电子的光电面(阴极)。光电子进入多级倍增电极结构，被加到倍增电极上的电压加速。因为每个倍增电极阶段产生大量二次电子，所以初始光电子数被增大很多倍。这种方法产生的所有电子在阳极被收集起来。在两个倍增电极之间加载的电压在几十到几百伏特之间。在光电倍增管中二次

电子发射面的数量 K 通常是 10，电子增加因子为 δ(在每个面的因子为 4～5)，总增加因子 δ^K 在 10^6 量级。

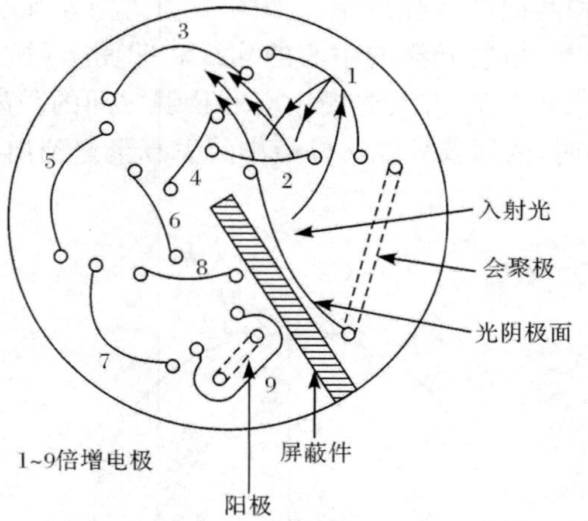

图 4.12 侧窗型光电倍增管

另外，必须选择对于待测波长范围有适当光谱灵敏度的光电倍增管。图 4.13 给出不同光电面的光谱灵敏度曲线。对于紫外和可见光区，多碱金属(Na-K-Cs-Sb)的灵敏度最高。GaAs 光电面对近红外光区显示出较好的灵敏度。对于更长波长区域的研究，采用 Ag-O-Cs 光电面。对真空紫外区光区，采用 Cs-I 和 Cs-Te 光电面。超过这个区域的真空紫外光被涂有水杨酸钠等荧光粉的荧光屏转换为可见光，再使用对荧光粉发射的光有适当灵敏度的光电倍增管进行测量。

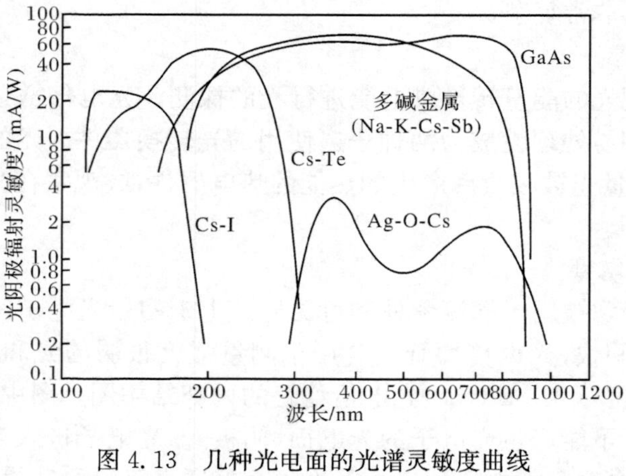

图 4.13 几种光电面的光谱灵敏度曲线

当在光电倍增管上施加电压后，由于光电面的热电子发射，即使没有光子，其中也会有微弱的电流通过，这个电流被称为暗电流。除了这种固定的热电子发射，还存在剩余气体放电和电子轰击造成的玻璃管的光发射引起的散粒噪声。当对非常弱的光进行测量时，选择合适的低暗电流光电倍增管是很重要的，有时通过对光电倍增管进行冷却来减小热噪声。

图 4.14 表示了在倍增电极上施加电压的一种方法。这里，电阻 R 的值是固定的，使得在给定阳极电压时最大电流是阳极电流的 10 倍左右。当观察到交流信号时，阳极峰值电流会很大，因此在后面的倍增电极阶段使用电容器来使电压稳定。

操作光电倍增管时，必须注意：①即使没有施加电压，也不能把光电倍增管暴露在光中；②在开始测量前几个小时，应该在黑暗状态下在光电倍增管上施加电压使输出稳定；③应该在制造商给定的条件下操作光电倍增管。特别地，除了在进行瞬时测量期间，阳极电流不能超过最大允许阳极电流的 1/10；④光电倍增管是非常易碎的，在处理时必须非常仔细。

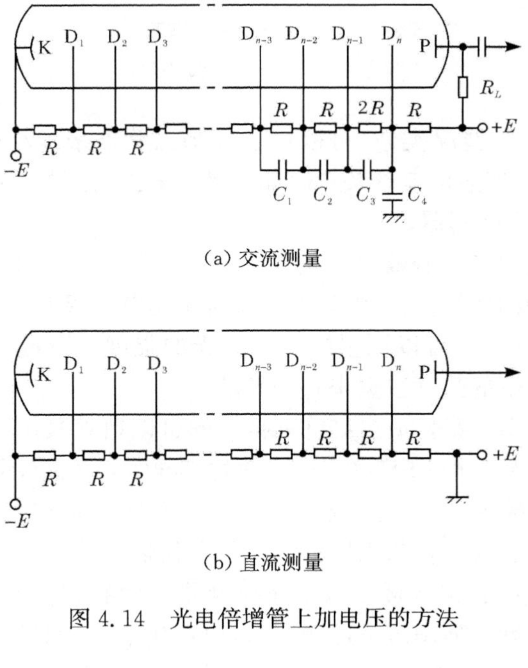

(a) 交流测量

(b) 直流测量

图 4.14　光电倍增管上加电压的方法

(2) 固体探测器。

对于半导体中的 pn 结，在 p 型材料和 n 型材料之间存在一个有强内建电场穿过而使载流子耗尽的区域，这个区域被称为耗尽区。当光照射耗尽区时，通过对光子的吸收而产生电子-空穴对，内建电场使电子和空穴分离。

当装置没有形成闭合回路时(光伏模式)，通过测量 p 区和 n 区间的电势可以探测到积累电荷。当施加一个反向偏压时(光导模式),通过测量流经 p 区和 n 区间的电流也能测到电荷。

使用最多的光电二极管材料是硅,图 4.15 给出了它的典型结构。注意,与半导体材料的电接触经常是通过金属 n^+(或 p^+)结来实现的。硅光电二极管的带隙为 1.14eV,对波长在 0.8～0.9μm 的光,其量子效率为 80%。通过在探测器前表面涂覆包含 λ/2 厚度 SiO_2 涂层的减反射膜可以提高探测效率。

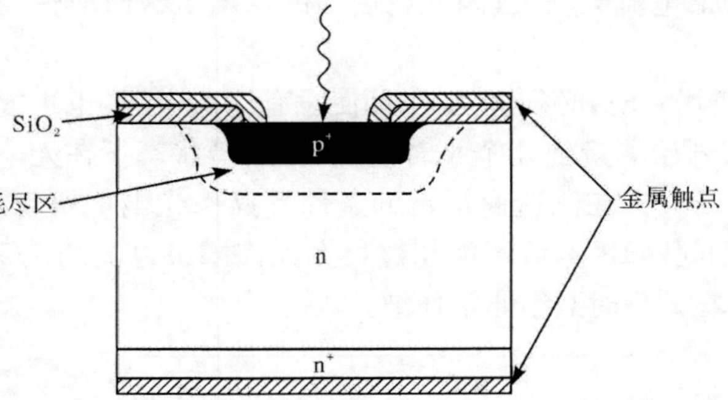

图 4.15 硅光电二极管结构

和光电倍增管的情况类似,可以通过冷却探测器来减小固体探测器的暗电流。由此,可通过使用热电制冷装置冷却探测器来提高探测器的信噪比。

(3) 单道和多道探测器。

用于光谱研究的光探测器可分为单道和多道探测器。单道探测器只有一个光探测元件。典型的例子是光电倍增管和固体光电二极管。单道探测器安放在单色仪出射狭缝的后面,可以测量特定波长光的强度。通过扫描待测波长范围,并记录下每个波长下的强度数据来获得光谱。

多道探测器由多个线性或二维阵列排布的可以独立操作的光探测元件组成。这种探测器的例子是 MOS-FET(金属氧化物半导体场效晶体管)光电二极管阵列和 CCD(电荷耦合器件)。多道探测器的一个经典实例是与摄谱仪结合使用的感光板。多道探测器放置在移除出射狭缝后单色仪输出的光的焦平面上。因此,探测器能够覆盖较宽的波长区域。每个光探测器元件的宽度和长度等于单色仪出射狭缝的宽度和高度。使用多道探测器时,单色仪不需要对待测的波长范围进行扫描,在几到几百毫秒内就可以测得全部光谱。另外,由于收集的是光能,多道探测器可以通过延长曝光时间增加信号量。

由于数据可以以电信号的方式读取并进行数字化,可把数据反馈到个人计算机进行进一步的处理。目前已有许多此类的系统,并带有对应的软件。图 4.16 给出的是此类设备中一种非常紧凑的光谱仪。

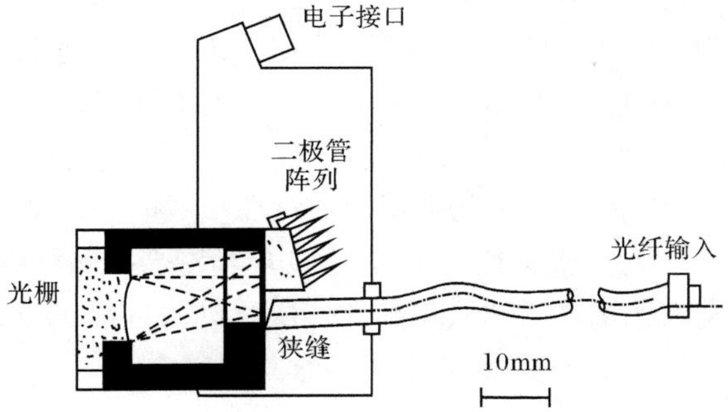

图 4.16　使用光电二极管阵列的紧凑型光谱仪

图 4.17 显示了全固态一维阵列探测器的等效电路。其工作原理：在开始时施加电场给每个 MOS-FET 光电二极管充电，当光照射光电二极管时，产生电子-空穴对，空穴与之前累积的电子复合，因此二极管的再充电与光的强度成比例。固态探测器以电子开关的方式反馈再充电电流。也就是说，为了进行通道扫描，移位寄存器连续地给每个 FET 提供门信号。

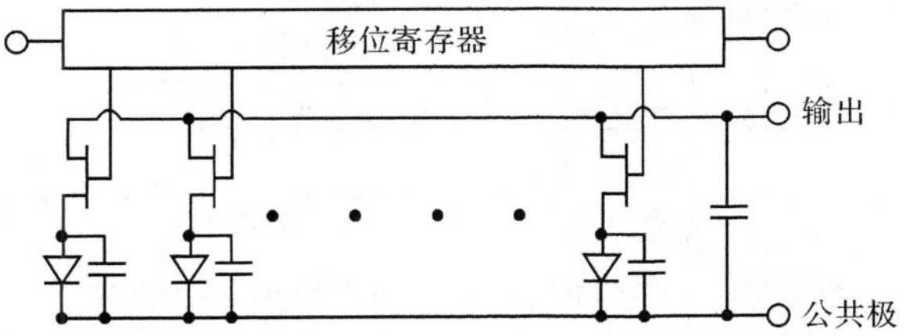

图 4.17　全固态一维阵列探测器的等效电路

标准的光电二极管阵列元件宽 25 μm，高 2.5mm。光电二极管阵列本身宽 25.6mm，包含 1024 个二极管。

电荷耦合器件(charge-coupled device，CCD)：在阵列探测器上形成的光谱像被每个不连续的元件转变成电信号。如果探测器元件为二维排列，且其典型数量为 380000，那么在每个元件上读取电信号需要特殊的技术。一种连续得到电信号的方法就是利用电荷耦合器件。

图 4.18 的上半部表示金属氧化物半导体(MOS)电容器组成的 CCD 的基本结构。先在 p 型硅衬底上生长一层氧化硅膜，之后在氧化物膜上蒸镀金属电极。金属电极作为门，相对于硅显示正偏压。当光照射这个装置时，产生电子-空穴对，若电压为正，则电子被门下面的硅表面吸引并保持下来。电子被门接触下形成的势阱有效捕获。在势阱内捕获的电荷的数量与测量过程中击打在装置上的总光通量成比例。

图 4.18 的下半部分说明被捕获的电子是如何被连续读取的。通过三条电压线(L_1、L_2、L_3)加载门电势,与每三个电极(G_1、G_2、G_3)进行连接。如果电势 L_1 是正 V_g,而 L_2 和 L_3 为 0 电势,与击打在 G_1 上的光成比例的光生电荷将在电极下被捕获[图 4.18(a)]。经过适当的积分时间,若保持 L_1 在 V_g,同时在 L_2 上施加电势 V_g,电荷就会被移走,开始在 G_1 上的电荷现在将在 G_1 和 G_2 之间共享[图 4.18(b)]。如果 L_1 上的电势减小到 0,所有开始在 G_1 上的电荷都会被转移到 G_2[图 4.18(c)]。重复这个循环,电荷将沿着 MOS 从左到右依次移动。在线的末端,作为时间函数到达的电荷量会产生对 G_1 探测器输出的连续扫描。

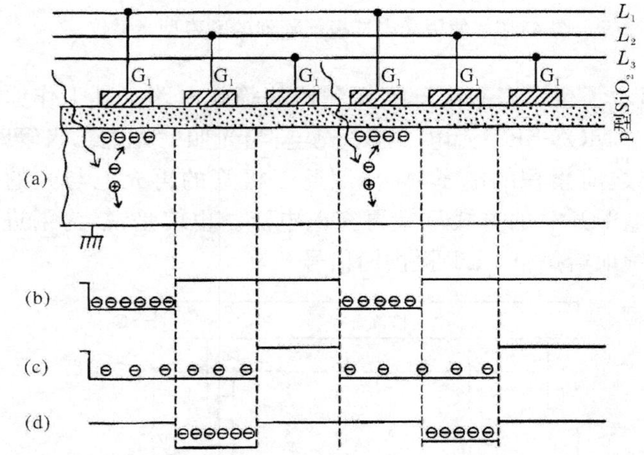

图 4.18 一行 MOS 电容器组成的基本 CCD 阵列

可通过使用第二行 CCD 阵列(传输记录器)实现快速扫描。传输记录器不接触入射光,并沿着感光阵列放置。一旦在感光阵列中产生电荷,即被侧向传输到传输记录器,并能够在传输记录器输出端被读出。可以在感光阵列中形成新图像的同时进行这种读取。基于上述一维设计的二维阵列也是可能的,通常命名为框架传输装置。传输记录器反馈到沿着装置边缘运行的读取记录器。每条线的内容被顺序读取到读取记录器中,使得这些记录器中出现的信号代表图像的逐行扫描。

这种二维 CCD 探测器的一个很大的优点就是在 CCD 的不同部分如上部、中部和下部等引入多个图像,通过分别读取部分数据可以同步得到各自的光谱。

在其灵敏度最大波长 750nm 处,MOS-CCD 的量子效率为 45%～50%。在短波处通过涂覆能够把紫外光转换成长波光的荧光染料的元件以匹配 MOS 光探测器的最大量子效率来提高探测器的量子效率。通过生成比标准芯片更深的耗散区势阱可提高探测器在长波处的量子效率。另外把基体做得非常薄也可以改善

CCD 装置效率。这种背部薄化 CCD 中，光从背面入射，而不是前面。这是因为门在顶部，增加了电阻穿过所需的厚度，降低了到达耗散区的概率。使用背部薄化 CCD，电子到达耗散区的机会更大，可导致更高的量子效率。图 4.19 给出了几种 CCD 的光谱响应曲线。

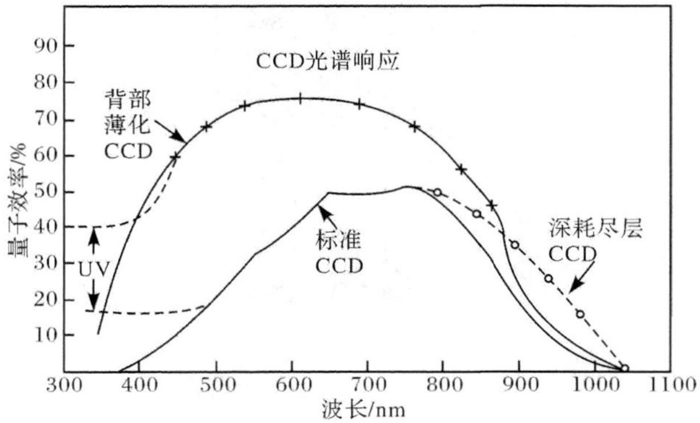

图 4.19　几种 CCD 探测器的光谱响应曲线

CCD 的噪声由散粒噪声、暗电流和读出噪声组成。可以通过热电制冷或使用液氮方式冷却 CCD 的方法来降低暗电流和相关的热噪声。液氮制冷 CCD 是现有的最灵敏的探测器之一，其暗信号为 1 电子每像素每小时。前面描述的光电二极管阵列装置不能被冷却到液氮的温度，因为在其中包含不能在低温下工作的电路。

CCD 的标准尺寸为 1152×298、512×512、578×385 像素，单个像素大小为 22 μm×22 μm。

测量极弱光时，需要为探测器配备图像增强器。当与固体探测器阵列配合使用时，图像增强器是特别有用的，这是因为固体探测器对弱光的灵敏度比光电倍增管要低。图 4.20 显示了图像增强器的内部结构，与光电倍增管类似。当光入射到光阴极时，产生了光生电子。光生电子被加在光阴极和荧光屏上的电压加速，通过微通道板到达荧光屏。微通道板包含金属化细玻璃纤维。从光阴极出来的电子碰撞金属壁，产生二次电子。因此，能够得到超过 1000 的放大倍率。使用的光阴极材料根据所要求的波长灵敏度的不同而不同。

3）信号方法和处理设备

光探测器出来的信号必须要进行进一步的电学处理才能得到有意义的数据。多种技术被用来获得信噪比好的数据，下面就来介绍几种有用的技术。

（1）直流电流电压变换器：光电倍增管或光电二极管等光电探测器都是以光电流的形式输出信号。为了在带状图表记录器上显示信号，必须把光电流转换成

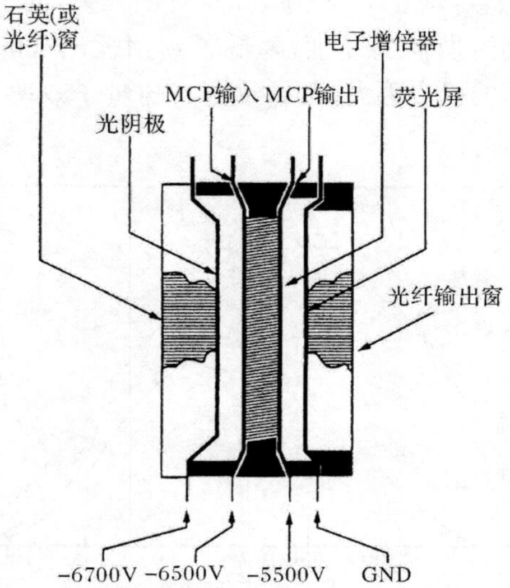

图 4.20　图像增强器的内部结构

电压，这正是使用电流电压变换器的目的。最简单的转换器是放置在输出（如光电倍增管阳极板）和接地之间的允许观察输出电压的一系列负载电阻。为了使用测量设备（如带状图表记录器）直接观察这个电压，仪器的输入阻抗必须比负载电阻高。对于直流测量，经常使用图 4.21 所示的阻抗转换电路。输入补偿电流远小于光电流的运算放大器可用来作为电压/电流转换率高达 10^9 的直流放大器。

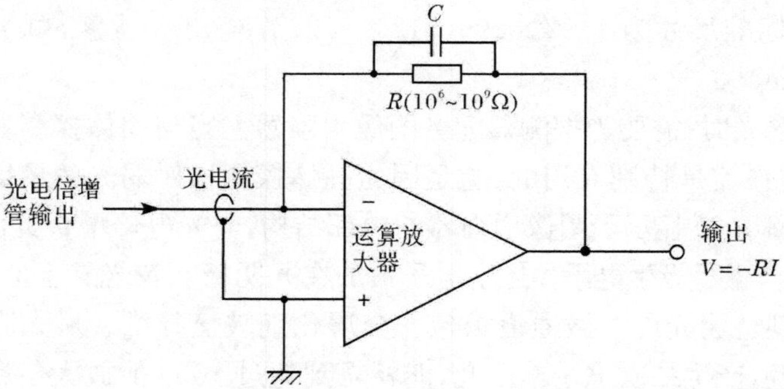

图 4.21　使用操作放大器的电流/电压转换器

(2) 锁相放大器：此类放大器的电路结构见图 4.22。以特定频率对光信号进行斩光时，探测器的输出由信号和非信号部分交替组成。改动后的信号通过耦合电容，其中只有斩光频率部分的信号被同步放大器放大。使用斩光器产生的参比信号，相对于调制信号进行信号的相位检测。调节移相器得到最大信号输出，调节低通滤波器的时间常数对信噪比进行优化。因为只有输入信号的相位与参比信号是相同的,所以杂散光不能通过斩光器,其他随机电噪声也被消除。

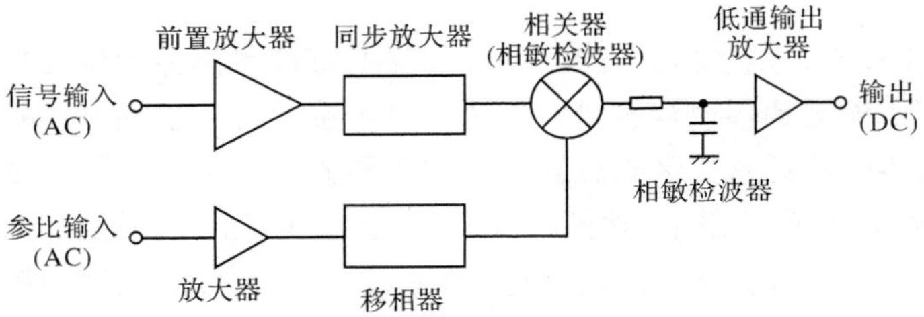

图 4.22　锁相放大器的结构框图

(3) 光子计数器:当光信号极其微弱时,可采用光子计数技术。它能够以离散的光电脉冲的形式观察到光电倍增管的输出,光信号的强度正比于每单位时间内光电脉冲的数目。如图 4.23 所示,一个范围振幅的脉冲输入到能够把信号从暗电流中区分出来的脉冲高度鉴别器电路,(a)为输入光电脉冲和脉冲高度鉴别器以及鉴别电压之间的关系,(b)为与输入信号相关的脉冲高度鉴别器计数的输出脉冲。和在锁相放大技术中一样,使用斩光器从信号中消除杂散光和其他噪声来源。探测器的输出信号中包含信号、杂散光、噪声,在交替的半周期中只有杂散光和噪声,因此通过相减就只得到了信号。这种技术特别被用于消除在使用光子计数器和锁相放大器两种情况中随机发生的散粒噪声。

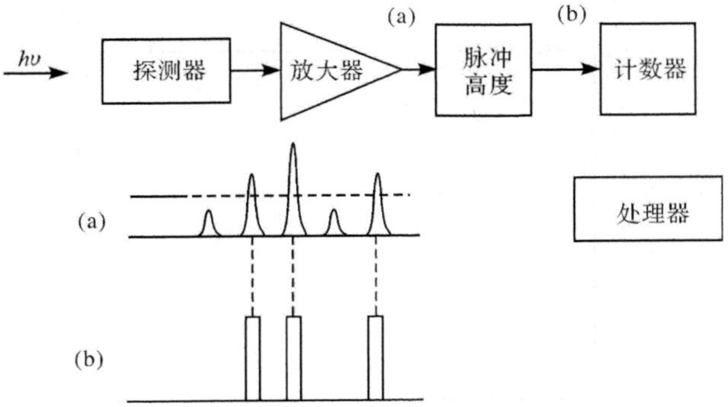

图 4.23　光子计数器的框图和工作原理

3. 激发源

为了观察到样品的荧光,必须在样品上施加某种能量。这里将描述各种研究材料的光致发光性质所用的激发源。

在紫外到可见光区的光激发下材料的荧光光谱是被研究最多的。对于特定的实验目的，需要结合合适的滤波器和/或单色仪并选择适当的光源。下面是常用的一些光源。

1) 钨灯

钨灯易于控制，很经济，寿命相对较长，辐射特性和黑体辐射类似。随着灯丝温度的升高，短波区的辐射强度增大。使用对短波辐射透过性好的石英或硼硅玻璃壳，钨灯可用于从近紫外区到近红外区的各种光测量中。钨灯的缺点是在使用过程中钨从灯丝上蒸发出来，逐渐沉积到内壁上，使灯壳表面变黑而对短波光产生吸收。使用足够大的灯壳或者在灯壳中注入 Ar 气可以避免钨的沉积。

为了延长灯的寿命和提高其稳定性，研究人员开发了金卤灯。金卤灯含有少量的卤素气体(如溴或碘等)。从高温灯丝上蒸发出来的钨蒸气和卤素在邻近低温灯壁的地方发生反应，生成挥发性钨卤化物。钨卤化物通过对流被带到高温灯丝，并分解为钨和卤素。钨重新沉积在灯丝上。通过这个过程可以避免灯壁变黑以及灯丝上钨的损失。因此，金卤灯可以在比传统的钨灯更高的温度下工作，使得短波区辐射的强度增加，灯使用寿命增加一倍，灯的效率更高。

2) 气体放电灯

经常作为激发源使用的气体放电灯有氢(氘)灯、氙灯和汞灯。

(1) 氢灯：其中含有几托①压力的氢气或氘气，通过在热电极之间直流点灯来使用。如图 4.24 所示，灯的发射光谱在紫外区是连续的。高强度灯配有供冷却水循环的玻璃夹层，除了窗口外，夹层把整个灯都包围起来。窗口是用紫外透过率高的石英制成的。

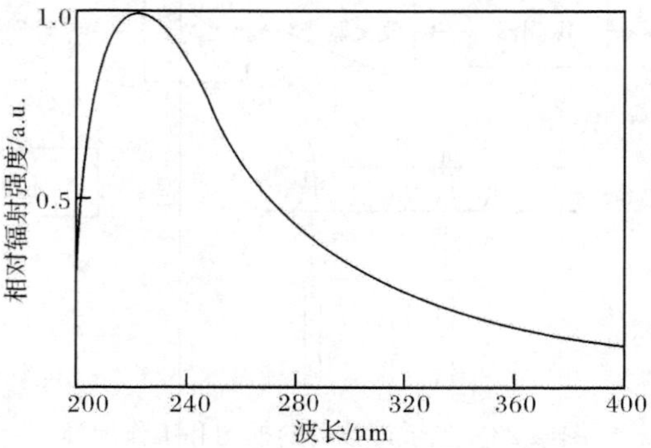

图 4.24 H_2 放电灯的光谱强度分布

(2) 氙灯：能发射出从紫外到可见到红外光区的高强度光。图 4.25 是氙灯相对连续的光谱。氙灯有两种类型：一种电极间隙较小(2～10mm)，气压较高(几十

① 1 托$=1.33322\times10^2$Pa。

个大气压);另一种电极间隙较大(几十厘米),气压较低。电极间隙短的灯的发光部分集中在靠近阴极的位置,这类灯可被看成点光源,但是这种明亮的放电点的位置有波动的趋势,所以当光源聚焦到样品上时必须要注意。长弧灯发射处的光的强度低于短弧灯,光输出稳定,被作为紫外光区的标准灯。

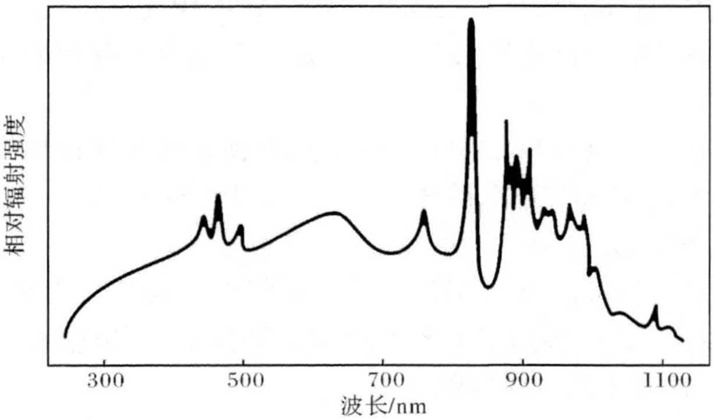

图 4.25　Xe 短弧灯的发射光谱

(3) 汞灯:发射的光的范围为 185～365nm,是紫外光区最普遍的光源。根据使用温度的不同,灯中汞的蒸气压可以为低于 1mmHg 到 50～200 个大气压的任意值。汞气压较高时,主要线发射宽化,并向长波方向移动,出现连续发射成分。汞气压高时,在 253.7nm 的辐射由于自吸收而消失,365nm 的线成为紫外区的主要部分。图 4.26 给出了灯的典型发射光谱。从光谱中可以看到,发射主要集中在几个特定的波长。利用光谱的特点,通过选择特定的波长可以得到强的单色光源。

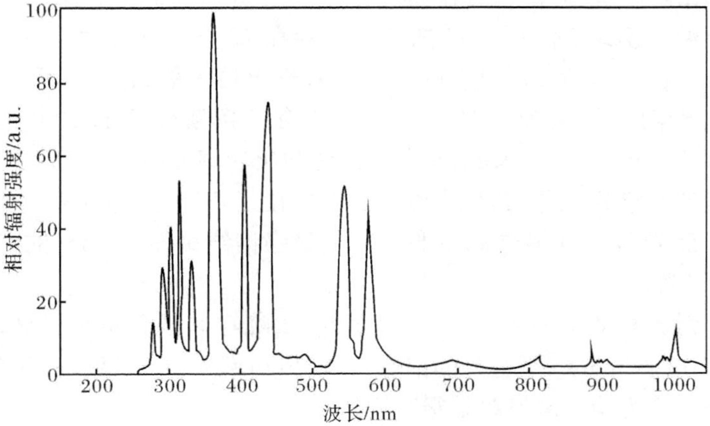

图 4.26　超高压汞灯的发射光谱

为了消除汞发射中的可见输出,可以使用彩色的玻璃滤波器,如 Toshiba

UV-D33S或 Corning7-37 滤波器。要更进一步吸收可见光,可使用饱和的硫酸镍水溶液来分离出 254nm 的光,使用饱和的硫酸铜水溶液来分离出 365nm 的光。

商用的汞灯有三种,具体介绍如下。

低压汞灯:灯壁的温度较低,主要发射在 254nm。典型的输入功率为 5～20W。有两类配备有玻璃滤波片的低压汞灯形成的荧光探测(黑光)灯:一类对短波长(254nm),另一类对长波长(365nm)。后一类使用含有紫外发射荧光粉的滤波片。

中压汞灯:通过升高灯壁的温度,可使长波成分的强度得到增加。灯的特征介于低压和高压灯之间,工作的输入功率为 100～200W。主要发射波长是 254nm、313nm、365nm。

高压汞灯:灯壁温度超过 200℃,这种灯可作为高强度点光源。灯工作的输入功率为 150～2000W。一种用于光刻的稳定高强度的紫外光源已经被开发出来,其中含有稀有气体和汞蒸气混合物。

3) 激光器

激光器是一种性能优异的单色光源,其在特定频率的辐射能量比其他光源高几个数量级。一些激光器能够以脉冲模式工作,能产生极其短的脉冲。根据实验的要求,可以选择合适的气体、固体、液体或染料或半导体激光器。根据工作模式,激光器可以以连续波长模式或脉冲模式工作。在一些激光器中,输出波长在一定范围内可调。下面介绍能用于发光性能测量的激光器。用于发光研究的典型气体激光器是 He-Ne、Ar^+ 离子、Kr^+ 离子、He-Cd、N_2 和准分子激光器。

He-Ne 激光器产生波长 632.8nm 的高相干性、高方向性、高波长稳定性的谱线发射。输出功率达 35mW。这种激光器常用于光学仪器的对准。

以连续波长模式工作时,Ar^+ 离子激光器在 454～529nm 可见光波长范围内共有 10 条谱线。514.5nm 的谱线强度最高,输出功率最高为 10W。整个可见光区域的总输出功率最高为 25W。此激光器有三条紫外区的谱线,波长分别为 351.1nm、351.4nm 和 363.8nm,每条谱线的输出功率最高为 1.5W。

以连续波长模式工作时,Kr^+ 离子激光器在紫外到可见光区共有 15 条谱线。和 Ar^+ 离子激光器不同,Kr^+ 离子激光器中最强谱线是 647.1nm 的红光,输出功率最大为 3.5W。

He-Cd 激光器使用 He 和 Cd 金属蒸气,谱峰在紫外和可见光区。当以连续波长模式工作时,325nm 是主要的谱峰,其输出功率为 100mW。这种激光器在测量发光光谱时作为紫外激发源是很有用的。

N_2 激光器是以脉冲模式工作的,有高压和低压型两种,其脉宽不同。高压 N_2 激光器的脉宽为 0.1～1ns,低压 N_2 激光器的脉宽为 5～10ns。N_2 激光器的峰值输出功率为 200mW,工作频率为 100Hz。N_2 激光器的谱峰在 337.1nm。N_2 激光器被用作紫外光区高输出功率激光器，用于发光的高强度激发和染料激光器的泵浦。

另外，还有一系列准分子激光器。当激光器以脉冲模式工作时，所有的准分子激光器产生强的紫外输出：ArF 准分子激光器在 193nm，KrF 在 248nm，XeCl 在 308nm，XeF 在 351nm。这些激光器的典型峰值功率为 20mW（脉冲能量为 200mJ），也能够产生脉宽为 10ns、重复率为 100～200Hz、100mW（1J）的输出。这类激光器可用于发光的高强度激发和染料激光器的泵浦。

下面再介绍一些用于发光研究的固体激光器。

(1) Nd^{3+}：YAG（$Y_3Al_5O_{12}$）激光器采用氙灯泵浦，效率最高的谱线在 1.064 μm。Nd^{3+}：YAG（$Y_3Al_5O_{12}$）激光器可以以连续模式工作，也可以以脉冲模式工作。连续模式指光输出是持续输出，中间没有间歇。脉冲模式指光输出之间有间隔，当然，根据间隔的不同，脉宽是不相同的。Q 开关脉冲工作模式能产生的峰值功率最高可达 110mW（脉冲能量 1J），其脉宽为 8～9ns，重复率为 10～100Hz。由于通过这类激光器能获得极高的输出功率，使用非线性过程能得到其他频率的光。例如，使用合适的非谐晶体，Nd^{3+}：YAG 激光器能输出二次谐波 532nm、三次谐波 355nm 和四次谐波 266nm 的光，其转换效率分别为 30%～40%、20%和 10%。基频光和谐波都可用于激发光或泵浦染料激光器。可以通过声光调制对激光器进行锁模来产生重复率为 100MHz 的极短脉宽（90～100ps）。这些激光器的平均功率可高达 7W。这种激光器对于观察高速瞬态现象是很有用的。

(2) Nd^{3+}：YVO_4 激光器的谱线和 Nd^{3+}：YAG 相同，也在 1.064 μm。晶体可以被激光二极管（半导体激光器）泵浦，以连续波长模式工作。二次谐波（532nm）的输出功率为 5W，这种输出可用于泵浦 Ti^{3+}：蓝宝石激光器。使用激光二极管作泵浦源可构造紧凑激光装置。

(3) Ti^{3+}：蓝宝石（Al_2O_3）激光器的输出可调谐，能够从 670～1100nm 连续变化，可以以连续波长和脉冲两种模式工作。当如上所述用二极管泵浦的 Nd^{3+}：YVO_4 激光器输出的 532nm 激光泵浦晶体时，以连续波长模式工作的泵浦功率效率为 18%。使用同样的泵浦方法可得到锁模脉冲工作，利用 Kerr 效应进行锁模。

Ti^{3+}：蓝宝石激光器输出非常稳定的在 680～1100nm 波长范围内可调的 20fs～60ps 的极短脉冲。商用激光器的平均输出功率为 790nm 处 2W 量级。使用二次谐波，可以得到 395nm 处 150mW 功率输出的光脉冲。激光器的基频光和二次谐波结合，在 600nm 窗口内可得到非常有用的从近紫外到近红外可调的飞秒到皮秒的激光脉冲。

(4) 染料激光器：根据所使用的染料，染料激光器的波长可从 370nm 连续变化到 1036nm。染料的荧光光谱一般是宽带，可通过使用衍射光栅或其他波长调制元件得到窄带激光。通过光栅扫描，可以改变激光波长。为了得到更高的输出功率，可以使用放大过程。图 4.27 给出了典型的染料激光器的光学结构。

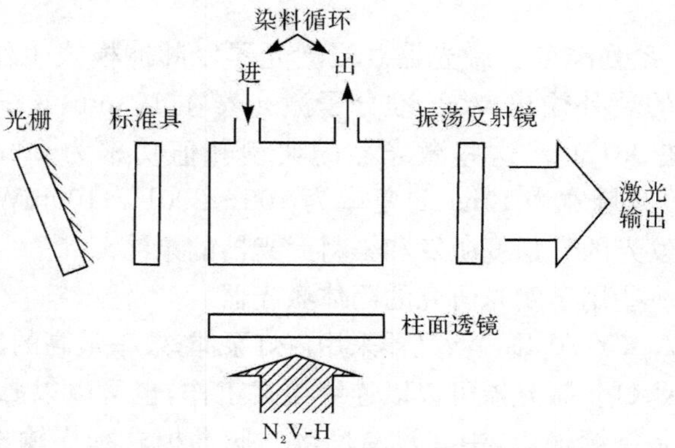

图 4.27　染料激光器的光学结构

脉冲激光可用于泵浦染料激光器。使用染料激光器，可通过两种方式得到特定紫外波长的输出。一种是使用合适的紫外染料，另一种是使用可见染料激光器的二次或三次谐波。例如，使用锁模 Ti^{3+}：蓝宝石激光器泵浦的可见染料激光器的三次谐波能够覆盖 273～322nm 的波长范围，其输出功率为 10～120mW。其他泵浦源包括 N_2 激光器、XeCl 准分子激光器和调 Q Nd^{3+}：YAG 激光器。所有染料激光器中，效率最高的是波长为 565～620nm 的 Rhodamine 6G 激光器。

4) 准分子灯

包含稀有气体和卤素气体混合物的准分子灯最近被开发出来，并已被 Ushio 公司商业化。其主要输出波长是 172nm、222nm 和 308nm。

4. 测量发光时的一些实用建议

(1) 单色仪周围的环境需要保持恒定的温度和尽可能低的湿度。必须防止单色仪遭受机械冲击。

(2) 所有光路必须无震动。

(3) 光探测器必须对待测光谱范围有足够的光谱灵敏度。

(4) 衍射光栅单色仪对光的偏振方向是敏感的，根据光栅的不同，从样品发出的光或者不是偏振光，或者经过偏振来匹配偏振的要求。

(5) 在测量之前必须对易受温度漂移影响的光源、光探测器和放大器进行预热以获得稳定性。

(6) 通过选择合适的滤波片来消除来自激发光和单色仪的高阶谱成分。

(7) 系统不能透过杂散光。

4.2.2　反射和吸收光谱

反射和吸收光谱分别测量靠近样品表面和样品内部吸收光的强度和波长的关系。通过测量反射和吸收光谱，可以得到样品对光能的吸收数据，以确定材料的能带结构和材料内的杂质能级。发光光谱只显示与光发射有关的能级，然而吸收光谱既能给出涉及光发射的跃迁，也能给出不涉及光发射的跃迁。下面介绍测量发射和吸收光谱的原理和仪器(Ropp，2004；Solé et al.，2005；Yen et al.，2007)。

1. 测量的原理

当测量与透明溶液和固体不同的荧光粉粉末样品的吸收和反射光谱时，因为存在光散射，所以必须使用特殊的实验技术来收集光。下面介绍不发光样品的吸收光谱和反射光谱的测量方法。从粉末样品出来的反射和透射光包括三部分：①被样品部分吸收后偏转或散射的光；②被样品表面完全反射的光(镜面反射)；③穿过样品间隙的光(图 4.28)。第一部分的光是必须测量的。因为这部分光由于散射而被扩散，所以探测器只能探测其光圈面对的立体角内的光，并且其信号随着探测器和样品间距离的增大而减弱。此外，如果光是平行的，那么没有被散射的光的强度只与距离有关。

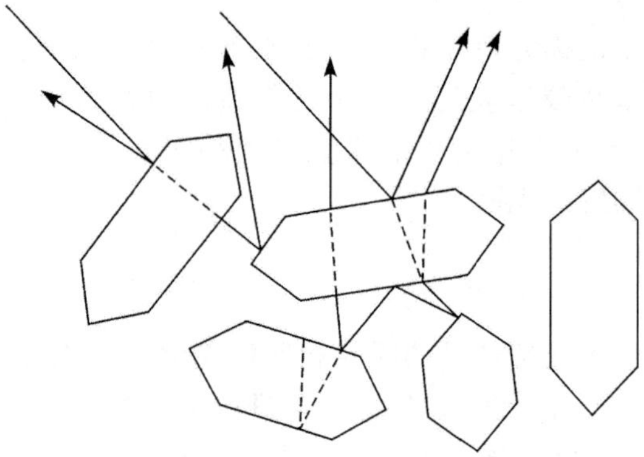

图 4.28　粉末层的光散射

粉末样品的反射率 R 和/或透射率 T 可表示为

$$R\text{ 或 }T=\frac{I}{I_0} \tag{4.42}$$

式中，I 是反射或透射光的强度；I_0 是光源的强度。I 是直射光 I_s 和散射光 I_d 的强度的和，或者

$$I=I_d+\alpha I_s \tag{4.43}$$

式中，α 是散射光的衰减因子(因为散射光的强度会减弱)。由于以上讨论的原因，

一般来说 $\alpha \ll 1$。为了得到好的实验结果，期望 α 尽可能接近 1 和/或 I_s 最小。当 I_d 和 I_s 被散射相同角度时，可以得到 α 接近于 1 的实验系统。另外，样品和对待测波长无吸收的标准材料散射光强度比为

$$R \text{或} I = \frac{\alpha(I_d + I_s)}{\alpha I_0} = \frac{I_d + I_s}{I_0} \tag{4.44}$$

散射光包括镜面反射的成分和被吸收的成分。镜面反射光使用斯涅尔定律描述。如果在斯涅尔定律中应用复反射率和菲涅耳公式，那么反射率随着吸收系数和反射率的增加而接近 1。反射率越大，镜面反射的成分越多，而样品吸收的光越少。随着粉末样品平均粒径变小，反射表面的数量增加，导致穿透样品层的光更少。这就是当样品被研磨越细时样品的体色越深的原因。当粉末的粒径变得和光的波长一样小时，散射光的强度与波长的关系和气体分子瑞利散射中观察到的类似。

上面描述的情况应用于在激发下不发光或发光很弱的样品。下面是当样品的发光很明显时的实验过程。当激发波长区和发射波长区不重合时，可以通过对激发波长区有吸收的滤波片观察到散射光；而当激发波长区和发射波长区重叠时，必须使用特殊的技术。一般来说，被样品吸收的激发光的能量比发射光更大，这种光能量上的减小被称为斯托克斯位移，必须在大多数测量中加以注意。激发光源发出的光通过单色仪以获得足够窄的带宽。通过另一个波长设置相同的单色仪来分析散射光，后一个单色仪的带宽必须小于斯托克斯位移。因此，可以得到没有发光的吸收和反射光谱。

2. 测量设备

采用分光光度计来测量样品的吸收和反射光谱。图 4.29 给出了分光光度计的结构。图示的分光光度计为双光束型，当进行波长扫描时对单色的样品光束和参比光束进行对比。自动分光光度计在记录仪上产生光谱，或者经过合适的计算输出光谱数据。

一般来说，光电流的直流测量容易受到杂散光和电路漂移的影响。因此正如在使用锁相放大器中讨论的那样，使用交流测量方法是有利的。在交流方法中，光束通过斩波器，斩波后的光束交替分别作为样品光束和参比光束。使用扇形镜来分光，再使用光探测器接受两束交替的光，通过相分离器分离电信号并互相对比。

有多种方法对比样品信号和参比信号。当使用光电倍增管作为探测器时，改变施加的阳极电压调节光电倍增管增益来进行对比。也就是说，当参比光束在给

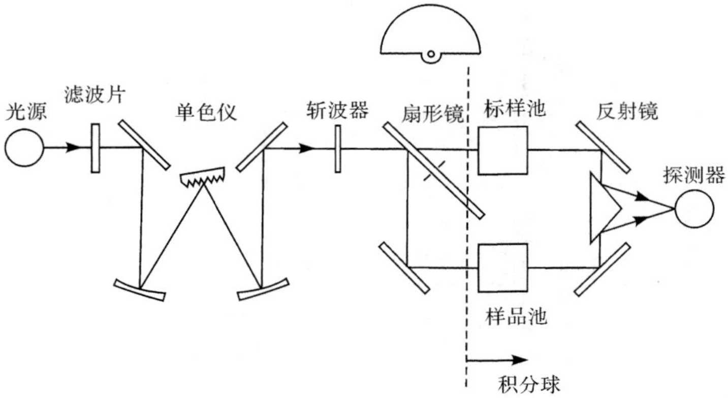

图 4.29 双光束分光光度计的结构

定波长 λ 的辐射亮度为 $E_0(\lambda)$，探测器增益为 $A(\lambda)$，满足式(4.45)：

$$A(\lambda) \cdot E_0(\lambda) = V_c \tag{4.45}$$

由于 $A(\lambda)=V_c/E_0(\lambda)$，如果样品光束在这个增益下探测，则输出信号变为

$$V_0 = A(\lambda) \cdot E(\lambda) = \frac{E(\lambda)}{E_0(\lambda)}V_c \tag{4.46}$$

这样就得到样品光束和参比光束的比值。上面的方法对于在使用光电倍增管的波长区域获得样品光束和参比光束比值是有用的。但是对于在红外到远红外区使用的热电型(热电堆红外探测器)或光电导型(PbS 或其他)光探测器来说，这种对比的方法是很难应用的。

使用光楔或光梳减小参比光束的强度可作为电学控制探测器增益的替代方法。设计系统使光楔移动大小与光强的减小量成比例。当移动光楔使参比光束的强度等于样品光束的强度时，移动的大小就代表了光吸收率。画出在条状图表记录仪上进行波长扫描时光楔的移动就能得到吸收光谱。

当测量粉末样品的吸收光谱时，对样品散射光的影响进行校正是很重要的。如式(4.44)所示，为了使直射光 I_s 等于散射光 I_d，常使用带一块不透明玻璃的样品支架进行测量(图 4.30)。当测量吸收光谱时，通过样品射出的光被放置在样品座上的不透明玻璃板完全散射。使用这样的布局，又因为光 I_d 已经被样品层散射过，所以不透明玻璃不会对散射程度产生大的影响。通过比较 I_s 和光源 I_0 被不透明玻璃散射后直接传播的光，可以满足式(4.44)要求的条件。这种技术会降低信号强度，必须特别注意要增加信噪比。因为不透明玻璃吸收红外和紫外线，所以这种技术不能用于红外和紫外区域的测量。

图 4.31 所示的积分球常用于粉末样品吸收和反射光谱的高精度测量。积分球的内表面全部涂有 MgO 或 $BaSO_4$ 粉末，这些粉末在很宽的波长范围内有高度

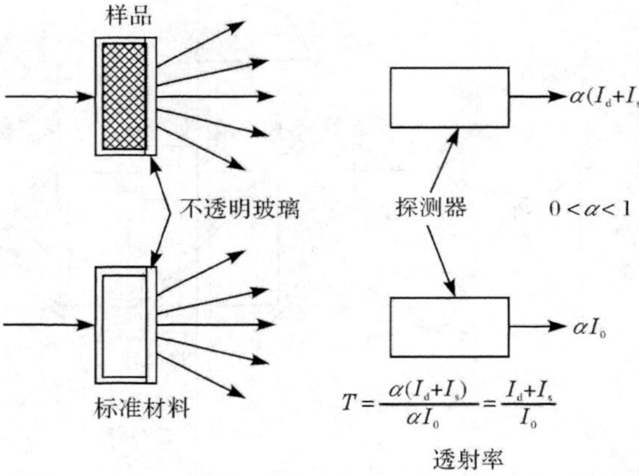

图 4.30　使用带不透明玻璃的样品支架测量粉末样品的吸收光谱

均一的反射率,因此入射光被均匀地漫反射。如果入射窗口的面积比内壁小,壁上任意位置的光强可以认为是相同的。

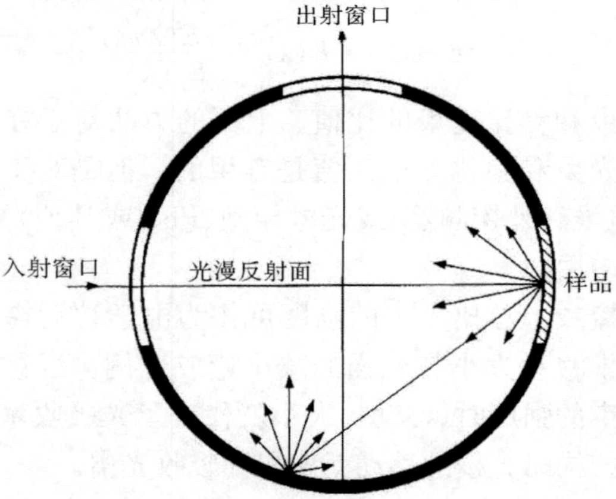

图 4.31　积分球

当使用积分球测量吸收或反射光谱时,积分球安放在分光光度计的前面,样品贴着内壁放置,使激发光直接照射样品。如果进行双光束测量,在球壁上提供标准白反射板,同时有一个使参比光束进入的窗口。尽管球的内壁可以被认为是一个完全漫反射的表面,但是由此产生的光仍然包含微量直接激发光和参比光的成分。为了减少这些杂散光,探测器被放置在垂直于窗口和样品连线的地方。要进一步减少直接激发光的成分,可将直接反射光束照到的地方涂黑或者在那里安放一个黑孔。

4.2.3　发光的瞬态特性

荧光粉发光的瞬态特征的重要性在于其光谱可用来阐明发光机理。通过瞬态特征的测量，可以得到发光能级寿命和有效的非辐射弛豫过程的信息。对于实际应用来说，这些测量可以获得荧光粉发光的衰减时间和发射颜色随时间的变化。通过两类测量可以得到瞬态特征的信息：荧光寿命和时间分辨光谱。下面介绍测量瞬态特征的原理和仪器(Ronda，2008；Yen et al.，2007)。

1. 测量的原理

假设从一个荧光能级到基态的辐射弛豫速率是 R_r，相同能级间的非辐射弛豫速率是 R_n，时间 t 的荧光强度 $I(t)$ 可表示为

$$\frac{\mathrm{d}I}{\mathrm{d}t} = -(R_r + R_n) \cdot I(t) \tag{4.47}$$

假设初始条件为 $I(0) = I_0$，上式可写成

$$I(t) = I_0 \exp[-(R_r + R_n) \cdot t] \tag{4.48}$$

在此能级可测到的平均寿命可表示为

$$\tau = \frac{\int_0^\infty t \cdot I(t)\mathrm{d}t}{\int_0^\infty I(t)\mathrm{d}t} \tag{4.49}$$

把式(4.48)代入式(4.49)，可得

$$\tau = \frac{1}{R_r + R_n} \tag{4.50}$$

对式(4.50)，在没有非辐射弛豫存在的理想情况下，$\tau_r = 1/R_r > 1/(R_r + R_n)$，实验得到的 τ 值会小于 τ_r。考虑到激发能量的变化 $E(t)$ 与时间的关系，发光强度可写成

$$I(t) = \eta \int_0^\infty E(t - t') \cdot D(t')\mathrm{d}t' \tag{4.51}$$

式中，η 是常数；$D(t)$ 是衰减式。为了实验的目的，应该保持 $E(t) = \delta(t)$ 的条件尽可能接近，但是如果样品的寿命非常短，那么得到的波形可能会受到影响。

时间分辨光谱的测量与传统的光谱测量类似。但是，时间分辨光谱是在激发源关闭特定时间后的瞬间观察的。在给定时间的瞬时发光强度 $I(\lambda, t)$ 和波长 λ 的关系可写成

$$I(\lambda) = \int_0^\infty I(\lambda, t)\mathrm{d}t \tag{4.52}$$

2. 实验仪器

瞬态发光现象测量系统中所有的组件，包括光探测器、放大器和分析器，都要

有快的响应时间。当测量低于几微秒的高速现象时，全电路的响应时间变得更加重要。电路中信号传播阻抗、信号线阻抗和终端阻抗必须匹配，否则信号波形会发生变形。激发源的脉冲持续时间也要非常短。

1) 探测器

高增益快响应时间(上升时间为几纳秒)的典型光电倍增管适合于此类实验。当光电倍增管等光探测器连接到示波器或放大器时，其负载电阻必须是50Ω，即大多数高频测量装置的阻抗。另外，从光电倍增管中输出的最大电流的典型值在几百毫安量级，因此50Ω负载电阻产生的输出电压只有几毫伏。

一种从光电倍增管获得大输出电压的方便的方法是连接一个离光电倍增管尽可能近的高速IC放大器，把光电倍增管的输出阻抗转变为50Ω。使用这种技术，很难把光电倍增管阳极和放大器之间的杂散电容降到低于几皮法的水平。当IC的输入阻抗设置为超过1kΩ时，探测电路的响应时间在几纳秒的量级。这就是光电倍增管不能监控低于几纳秒的信号波形变化的原因(即使使用了高速IC放大器和示波器)。另外，使用光电倍增管观察高速现象，电子在光电倍增管电极之间运动需要大概10ns的延迟时间。

前面提到，在通常的直流光测量中光电倍增管在线性相应区(光电流与入射光能量成正比的区域)能输出的最大电流是几百微安。观察高速光脉冲时，必须注意不能超过光电流的这些限制。如果光电流超过了最大电流值，在一个光脉冲下，不仅会产生光强度和光电流之间的非线性关系，还会产生随机的多输出脉冲。一般地，侧窗型光电倍增管的输出电流比端窗型大。

当在要求亚纳秒级响应时间条件下使用时，可以使用装备有微通道板的光电倍增管和/或双平面光电管(尽管双平面光电管的灵敏度比光电倍增管低)。

前面介绍的线性光探测器对测量快速瞬态现象是非常有用的。线性探测器安装在单色仪的出射焦平面上。每个感光器的输出都被相应的CCD存储器存储下来，数据按照顺序的形式传输到个人计算机或通过A/D转换器传输到示波器。

将二维CCD光探测器阵列和装备有垂直偏转电极的图像增强器结合，可以构建条纹相机型探测器。通过选择合适的光阴极，这些装置能够覆盖从X射线到1.6μm近红外区的很宽的光谱范围。商业化条纹相机的时间分辨率为同步扫描2ps，单次扫描200fs。因为有固有的内置快门，所以图像增强器特别适于观察高速瞬态现象。多通道型探测器结合单色仪对时间分辨光谱来说很方便，使用单次脉冲激发就可以得到光谱数据。目前，时间分辨光谱可达到的分辨率为15ps。

2) 信号放大和处理

测量模拟信号时，可以使用脉冲串积分器。而测量数字信号时，需要以脉冲串积分器模式使用光子计数器。瞬态记录器用于信号被数字化后保留瞬态数据，这种技术可用于记录单脉冲现象。瞬态记录器储存随时间变化的光强度信号，而多道探测器储存随波长变化的光强度。

(1) 脉冲串积分器:这种装置的基本电路是图 4.32 所示的采样保持电路。通过与重复信号同步打开和关闭开关 S,信号以时间常数 $\tau=RC$ 在电容器 C 中被累积。输出信号 $V(t)$ 可表示为

$$V(t)=V_0\left(1-\exp\frac{-t}{\tau}\right) \tag{4.53}$$

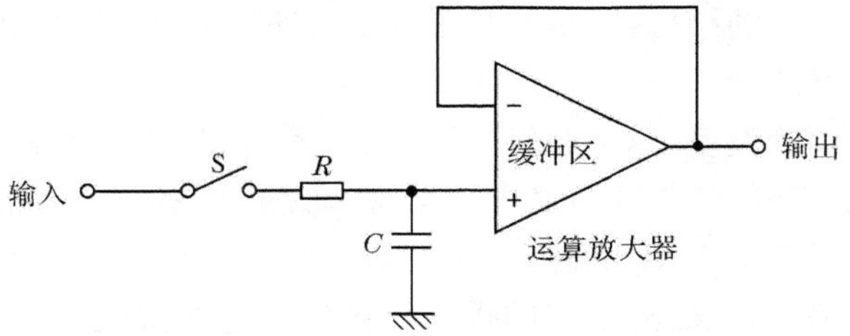

图 4.32　采样保持电路图

式中,V_0 是最终达到的值。开关打开的时间为 t_s,单位时间取样次数为 N,则 $t=N\cdot t_s$。当 $N\approx\tau/t_s$($t=\tau$)时,输出信号为输入信号的 63%。为了使输出信号超过输入信号的 99%,在电容器中信号的累积所需的时间 $t\geqslant5\tau$,取样次数为 $N\geqslant5\tau/t_s$。因为信噪比定义为 $\sqrt{\tau/t_s}$,所以通过采用较短的 t_s 和较长的 τ 可以降低信噪比。因此,必须延长测量时间以获得好的信噪比。

为了测量完整的信号波形,门电路打开的时序被延迟,可按步增加延迟时间以覆盖信号的时间范围。延迟时间保持不变,光谱仪对波长进行扫描,可得到时间分辨光谱。利用光电倍增管是高增益、高阻抗电流源的优势,只在光电倍增管上施加高电压时进行采样,在电容器中积累光电倍增管的输出电流。

(2) 光子计数装置:当对强度极其微弱的光进行测量时,采用模拟信号技术需要的测量时间较长。为了克服这个缺点,可以采用脉冲串积分器模式的光子计数技术。和使用脉冲串积分器类似,通过改变光子计数门的延迟时间可以得到强度随时间变化的关系。测到的值可以存储在数字存储装置中。和存储在脉冲串积分器中的模拟信号不同,数字存储不受电流泄漏的影响。

(3) 瞬态记录器:这类装置使用高速模数转换器将模拟信号转换成数字数据存储。因为这类装置可以存储单脉冲瞬态现象产生的数据,所以对于化学不稳定样品的测量是非常有用的。装置常配备能够处理和操作存储数据的微处理器,其功能包括平滑。使用数模转换器把数字信号复原成模拟信号后,可以在示波器上显示出来。现有的一些商业化示波器内建了这些功能,对于光学测量是很方便的。

多道探测器能监测强度数据随波长的变化,将瞬态记录器装置和多道探测器

联用可用于测量样品的时间分辨光谱。配备图像放大器(作为光快门和信号放大器)的多道探测器常用于这些情况。

3) 脉冲激发光源

传统的含有 Xe 等稀有气体的放电灯和脉冲激光器常被用作激发光源。因为有宽波长范围的发射光,所以稀有气体放电灯便于使用,但是其能量输出比激光器弱。稀有气体放电灯能产生几微秒的脉冲,当充入氢或氘时,脉宽能减小到几纳秒。通过改变电极的结构,放电灯的脉宽能够进一步减小到 1ns。脉冲激光器产生高强度短脉宽的光。

使用上面提到的设备(脉冲激发光源、探测器、信号放大和处理设备)时,需要注意下面的问题。当气体放电灯和激光器被高速高功率开关激活时,都会产生射频噪声。在光学研究中常使用高阻抗探测器来测量小信号,测量系统往往容易接收到射频噪声。另外,电磁波引起的噪声能被信号电缆接收到,因此,有必要使信号电缆形成大的接地面积以防止出现闭合回路。噪声源和探测系统必须在空间上彼此隔离,每一个单独的系统必须被电磁屏蔽。当需要从激发源到探测系统的触发信号时,使用激发源发出的光或通过光纤传输触发信号。

4.2.4 发光效率

发光效率定义为样品发射能量与激发样品的能量的比值。根据应用的不同,发光亮度可以用能量效率(W/W)或量子效率(光子数/光子数)的形式表示。下面介绍测量发光效率的原理及仪器(Ropp,2004;Yen et al.,2007)。

1. 测量原理

荧光粉的发光效率关注的是样品在不包含热或 X 射线的紫外、可见和红外区辐射。因为需要测量荧光粉样品在其全部发射波长范围内发射的辐射量,所以应选择灵敏度与波长无关的探测器,除非待测波长范围有限或者需要比较具有相同光谱分布的样品的量子效率。在很宽波长范围内,光谱灵敏度与波长无关的热电堆常被用于测量能量效率。因为当使用波长低于其发射波长的光激发时,不同激发波长下的量子效率已知为常数,所以罗丹明 B 常被用于量子效率的测量。光量子计用来测量荧光粉样品发射的光照射罗丹明 B 等波长转换材料后发出的光。当使用光谱亮度分布表示荧光粉发射的光时,可得到光子的光谱分布和光子的总数。

2. 测量仪器

图 4.33 所示为荧光粉量子效率测量的典型设备。位于激发源前面的光纤用来传输 250～270nm 的光,使用滤波片可以从高压汞灯中分离出 254nm 的谱线。输出滤波片为吸收激发光透过发射光的滤波片。

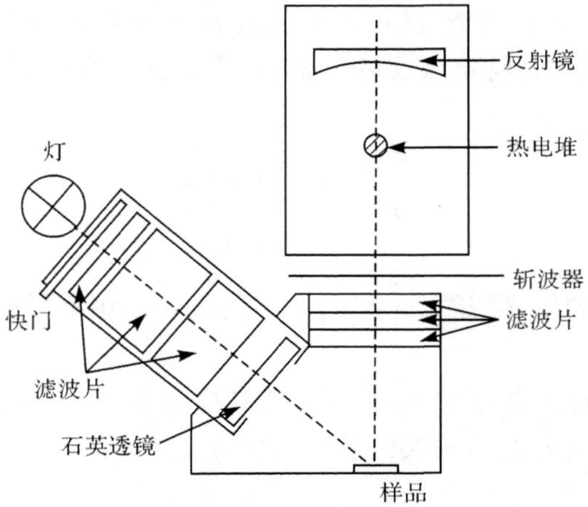

图 4.33　发光效率测量设备

在测量发光能量效率的传统方法中，需要对已知能量效率的标准材料和待测能量效率的样品进行对比，通过比较荧光粉的发光亮度和标准材料的发光亮度可以很容易得到能量效率。标准材料由美国国家标准与技术研究院（National Institute of Standards and Technology，NIST）提供，也可以使用水杨酸钠（对远紫外和紫外区）、EKTA S10、Lumogen T red GC。

使用图 4.33 所示的仪器来测量绝对能量效率的步骤如下。

第一步，使用 $BaSO_4$ 等材料测量激发光的漫反射的强度。反射率与波长的关系已知并在宽的波长范围内反射率不随波长变化。

第二步，不使用滤波片，测量荧光粉样品发射的光和样品反射的激发光的强度。

第三步，使用滤波片，测量样品发射的光的强度。

在上述测量的每一步，从热电堆的输出值都可以得到所需的能量效率 η_p 和样品的反射率 r_p。标准材料的反射率、激发光的强度和被反射的激发光的强度分别用 R、I 和 V_r 表示。发光强度用 L 表示，样品发射的光和样品反射的激发光产生的热电能都为 V_p，通过滤波片后的发射光产生的热电能为 $V_{p,F}$，可得下面的关系：

$$
\begin{aligned}
C \cdot V_r &= I \cdot R \\
C \cdot V_p &= I \cdot r_p + L \\
C \cdot V_{p,F} &= \tau \cdot L
\end{aligned}
\tag{4.54}
$$

式中，C 是光能对热电能的比值；τ 是滤波片的透过时间。从上面的关系出发，可推导出下式：

$$
\begin{aligned}
\eta_p &= \frac{L}{I(1-r_p)} = \frac{R \cdot V_{p,F}}{\tau(1-r_p)V_r} \\
r_p &= \frac{R(V_p - V_{p,F}/\tau)}{V_r}
\end{aligned}
\tag{4.55}
$$

因此，从以上提到的三步测量，就可得到荧光粉的发光能量效率和反射率。从测得的能量效率，可以用在特定激发波长 λ_{exc} 下样品的发光强度 $p(\lambda)$ 的形式表示量子效率 q_p：

$$q_p = \frac{\eta_p \int \lambda p(\lambda)\,d\lambda}{\lambda_{exc}\int p(\lambda)\,d\lambda} \tag{4.56}$$

如果波长范围内发光强度的分布 $p(\lambda)$ 已知，可以用上面的关系计算得到量子效率。

为了更精确地得到能量效率，必须考虑被样品本身吸收的发射光的量。假设足够厚样品的反射率为 R_∞，真实的能量效率 η_i 变为

$$\eta_i = \frac{2\eta_p}{1+R_\infty} \tag{4.57}$$

上面的表示中，假设发光的一半从荧光粉表面发射出来，另一半进入了荧光粉层，进入荧光粉层的光中的部分又被反射出来，并假设激发光不穿透到荧光粉中。

4.2.5 数据的处理

为了得到准确的光谱数据，需要对原始数据进行如下处理（Yen et al. ,2007）。

1. 光谱灵敏度校正

因为用于测量荧光粉光学性质的光学元件如分光计和光探测器等在整个光谱范围内的灵敏度并不相同，所以原始数据必须经过校正。通过测量特定波长下辐射能量已知的标准灯的强度可获得在不同波长下的校正系数。NIST 校准的钨灯或 Ushio 生产的卤素灯（JPD 100V-500W-CS）都可用于这种目的。校正系数应在和测量荧光粉样品的光谱相同的操作条件下测量标准样品来得到，这些条件包括施加在光电倍增管上的电压、狭缝宽度和光谱仪的高度等参数。

校正系数和原始数据经过处理得到灵敏度校正后的光谱。因为每个光学元件的校正系数是不同的，所以必须把各光学元件组合成的整个系统作为整体来使用标准灯进行校正。系统的光谱灵敏度也会随着时间发生变化，需要定期对系统进行校正。当需要进行严格测量时，必须通过对样品光和标准灯光在每个波长下点对点对比来进行校正。

图 4.34 是光谱校正的实例。图 4.34(b)中的箭头表示伍德异常（Wood's anomaly），即来自于光栅分光计的光的透过率随波长出现非单调上升，这种现象是由光栅刻线间距不规则引起的。对比图 4.34(a)和(c)，可见光谱灵敏度的变形就很明显了。

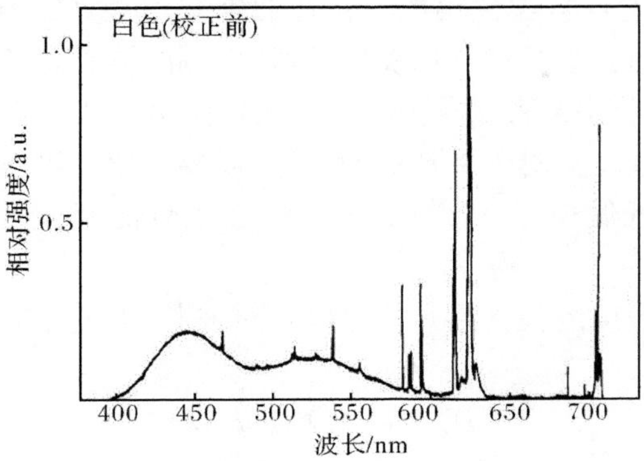

(a) 光谱灵敏度未校正的光谱

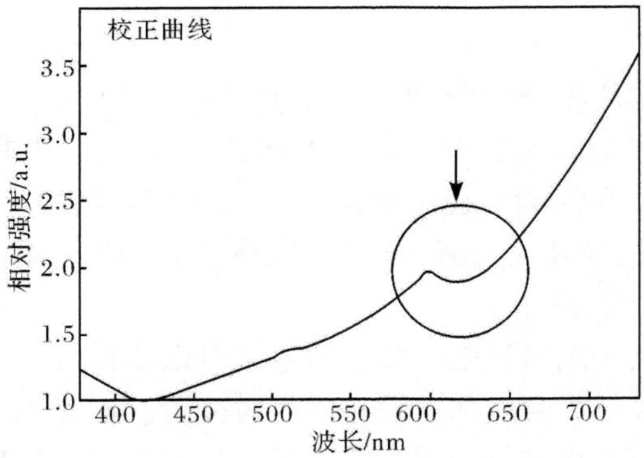

(b) 校正曲线

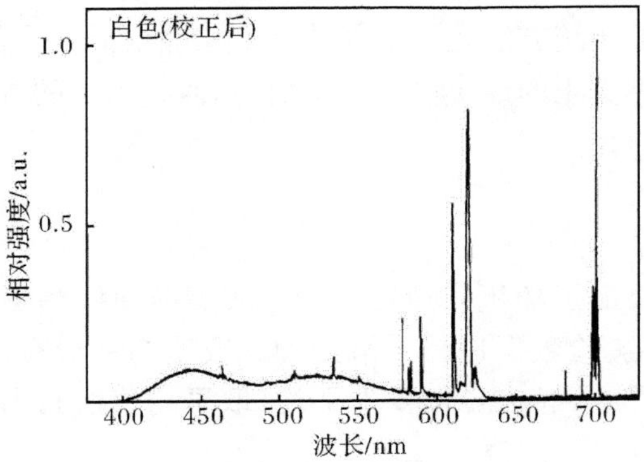

(c) 光谱灵敏度校正后的光谱

图 4.34　光谱校正实例

从扫描光谱仪的计数器读出的波长值通常并不是真实值。观察值和真实值之间的差异随着光谱仪波长的扫描发生起伏。因此,波长也需要使用校正系数进行校正,特别是进行高分辨率测量时。正常的,使用汞放电灯的几条光谱线作为参比进行线性近似校正。对于更精准的工作,需要使用几种气体放电灯的尽可能多的谱线作多项式近似校正。不同元素气体放电灯的特征光谱线的值可从参考书中查到。

假设对光谱灵敏度的校正系数为 $f(\lambda)$,对波长的校正系数为 $C(\lambda_0)$,真实的光谱可写成

$$\begin{aligned} I(\lambda) &= f(\lambda) \cdot I_0(\lambda) \\ \lambda &= C(\lambda_0) \cdot \lambda_0 \end{aligned} \tag{4.58}$$

式中,$I_0(\lambda)$是特定波长下测得的发光强度;λ_0 是从光谱仪读出的波长值。

2. 基线校正

测量得到的光谱数据常常叠加在基线上。基线是由来自系统中不同光学和电学元件的全部直流信号引起的。光电倍增管的暗电流、杂散光、电学元件的直流偏移都对基线的值有影响。通过对观察到的光谱数据扣除或增加基线可以得到真实的光谱数据。使用上面提到的交流测量,可以不用进行大部分的基线校正。

通过测量光快门关闭时光电倍增管的电流可以估计暗电流,把这个值记录下来用于光谱数据的校正。通过测量没有样品时待测波长范围内的光电流,并从光谱数据中扣除这个信号可进行杂散光的校正。但当杂散光强度波动时,这种基线校正方法并不适用。这时,建议改善测量环境。在光谱仪内多次反射而产生的杂散光很难定量测量,应选择使用低杂散光的光谱仪。

进行基线校正的传统方法是从全部数据中扣除最低信号的数据。然而,在观察整个光谱分布找到真正的最小值时要特别小心,因为小的数据峰可能会被这种校正错误地排除。

3. 提高信噪比

如果在数据上叠加了随机噪声,光谱和/或衰减曲线的形状会发生变形。这种情况下,有必要对实验数据进行平滑处理。数据的平滑有两种方法:一种是重复测量数据,对得到的总的信号作算术平均(取平均值法);另一种是通过取相邻数据点的平均值估计一点的值(移动平均法)。

当在光谱数据上应用取平均值法时,数据作为波长的函数必须重新生成。同样,当衰减曲线应用取平均值法时,时间坐标必须完全同步。如果对每个数据点的累积值作简单的算术平均,随机噪声的标准偏差随 $1/\sqrt{N}$成比例减小,其中 N

是扫描的次数。因此，通过增加测量的次数可以在一定程度上改善信噪比。但是随着总测量时间的不断变长，每次测量的成分变得越来越小，取平均值法对信噪比的提高幅度也越来越小。

和取平均值法相比较，移动平均法的优点在于测量时间短，使用数值滤波来平滑实验数据。对等距数据 x_i 的一个简单的移动平均值 $\bar{x}$ 定义为

$$\bar{x} = \frac{1}{N}\sum_{i=-m}^{m} x_i, \quad N = 2m + 1 \tag{4.59}$$

式中，N 是整数。和取平均值法一样，在随机噪声环境中噪声的标准偏差正比于 $1/\sqrt{N}$。如果在数据点间隔保持不变的情况下增加数据点的数量，计算平均值的范围增大，因此，光谱或衰减曲线的形状会发生变化。另外，如果通过减小数据间隔简单地增加数据点的数量，低频噪声成分会被消除。

为了能够得到光谱数据或信号形状数据变形最小的实验数据的平滑，有时采用加权移动平均法。使用加权系数 w_i，平均值可以按式(4.59)类比写成

$$\bar{x} = \frac{\sum_{i=-m}^{m} \omega_i x_i}{\sum_{i=-m}^{m} x_i} \tag{4.60}$$

如果加权系数被调整到能够和最小二乘多项式拟合产生相同的结果，那么数据的变形可以被避免。

图 4.35 是取平均值法和移动平均法联合使用进行光谱平滑的例子。在这个实例中，只用取平均值法要达到 10/1 的信噪比，需要进行 100 次测量。结合移动平均法，使用 9 次数据的累积(1/3)和 11 个数据点的平均(1/3.3)，就能达到相同的结果。

因为不必要的数据点数量的增加会造成光谱形状数据的变形，所以即使对于加权移动平均法，也要求进行数据处理的优化。

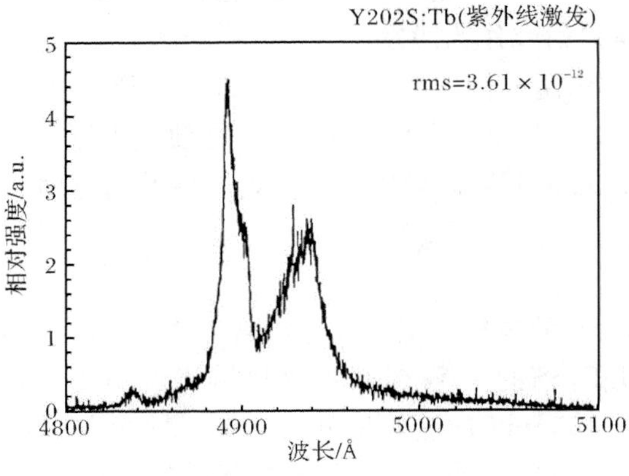

(a) 单次测量

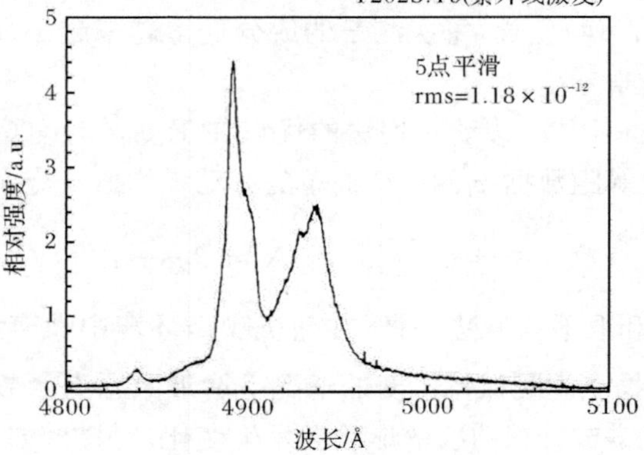

(b) 9 次光谱累积平均

图 4.35 单次测量得到的光谱和 9 次数据累积数据平滑后的光谱

4.2.6 真空紫外光谱的测试

在 0.2～200nm 的波长区域被称为真空紫外(VUV)区,因为空气中的氧气不能透过这些辐射,所以大部分真空紫外光谱仪(Yen et al.,2007)都需要抽真空。按照 Samson 的定义,100～200nm 的区域为 Schumann 紫外区,在这一波长范围,H_2 气体放电灯能够作为激发光源发出有用的辐射。0.2～100nm 的波长区域为极紫外(EUV)区,其中包括 0.2～30nm 的被称为软 X 射线的区域。

图 4.36 是被称为 Schumann-Runge 带和连续谱的 O_2(压强为 10^4Pa)在 Schumann 紫外区域的吸收光谱。图中显示在此压强下 O_2 在 121.6nm(氢原子赖曼 α 发射线的波长)和 184.9nm(汞原子的一条共振线)的吸收系数为 $1cm^{-1}$ 或小于 $1cm^{-1}$。当只是使对这些光透明的 N_2 在光路中流动而不是对光谱仪抽真空时,可以使用这两条发射线作为激发源。

在 Schumann UV 区域粉末,粉末荧光粉的光谱测量可通过使用所有已知窗口材料中透射波长最短的 LiF 晶体窗(105nm)方便地进行。

下面讨论 Schumann UV 区域的一些光谱设备及其应用。

1. 光源

传统的 30～150W 的氢气或氘气放电灯常和 0.2～0.4m(焦长)的 VUV 单色仪配合使用。带 MgF_2 窗的 30W 氘灯的光谱输出见图 4.37。165～370nm 的发射是连续的,而低于 165nm 时,主要是分子谱线。抛光 MgF_2 的最短透射波长是 115nm。在这些低功率灯中,阴极(灯丝)和阳极结构靠直径为 30～50mm、长度为

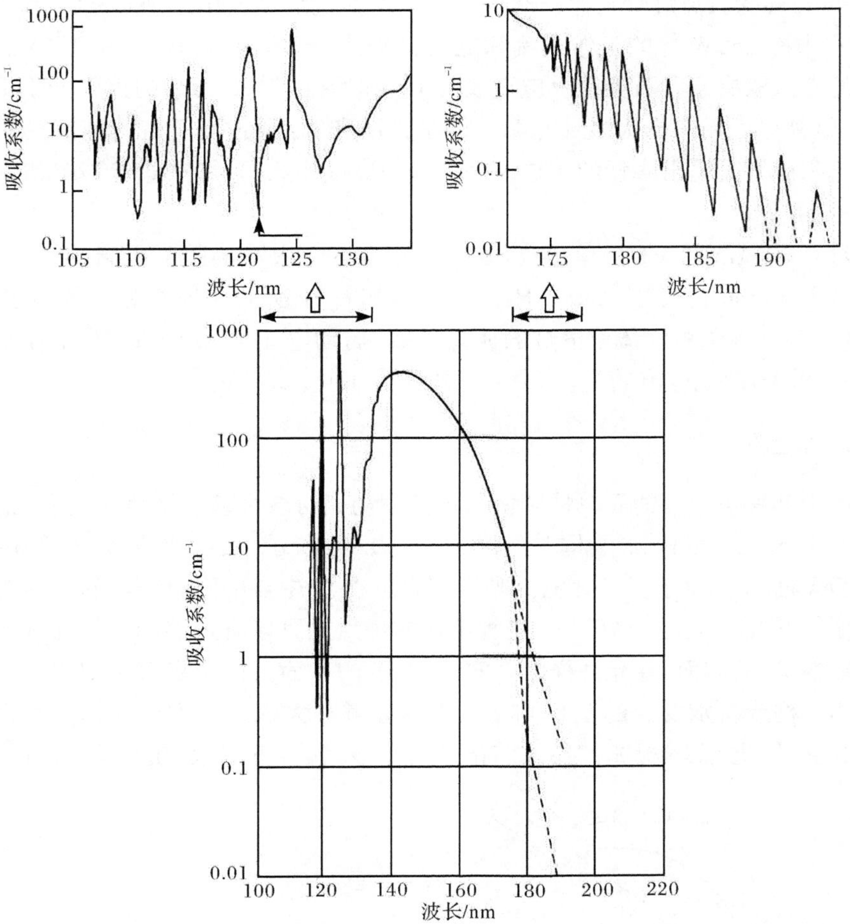

图 4.36　Schumann UV 光区压强为 10^4 Pa 的 O_2 的吸收光谱

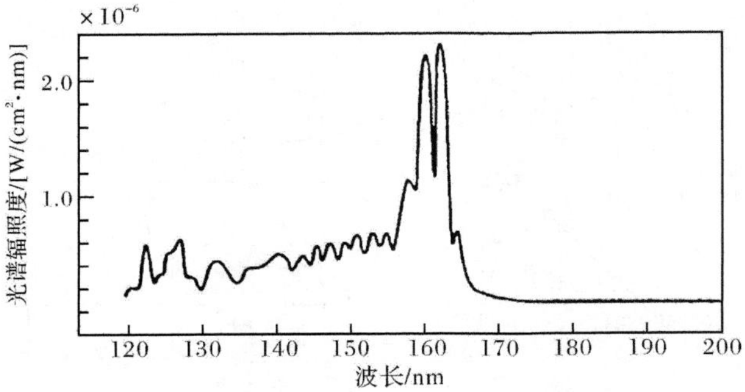

图 4.37　Schumann UV 光区带有 MgF_2 窗氘灯的光谱输出

70～190mm 的石英灯管支撑。30W 和 150W 灯的启动电压分别是350V和 500V。30W 和水冷 150W 灯的工作电流和电压分别为 0.3A、80V 和1.2A、120V。热阴极灯的寿命取决于和石英壁反应造成的 H_2 和 D_2 的损失。D_2 的损失低于 H_2，因此 D_2 灯被广泛用来作为激发光源。但是，H_2 和 D_2 通过石英灯管连续的扩散是造成热阴极灯光输出降低的主要原因。另外应该注意 D_2 灯在低于 170nm 的光输出小于 H_2 灯。

对 0.5～1m 的 VUV 单色仪，推荐使用 0.3～1kW 的强度更高的气流型 H_2 灯。McPherson 公司和 Acton Research 公司都开发了这种类型的不同型号的 VUV 光源。冷阴极气体放电灯的典型参数：启动电压为 1.5～2kV，工作电压为 0.5～0.8kV，放电电流约为 0.5A，H_2 压强为 150～300Pa。

2. 单色仪

由于其聚焦原理的简单性和使用正弦驱动获得线性波长范围的可行性，建议实验室用 Seya-Namioka 结构单色仪。如图 4.38 所示，入射狭缝 S_1、出射狭缝 S_2 和凹面光栅 G 都位于罗兰圆上。光栅绕固定在 G 中点的竖直轴旋转。对等距凹面光栅，$\angle S_1GS_2$ 固定为 70°15′，这种结构的优点是可以有足够的空间允许激发光源安装在 S_1 的前面，并允许样品仓安装在 S_2 的后面。使用机械刻划误差校正后的凹面光栅或特别设计的全息光栅可以明显减小大入射角度引起的这种结构的像散和彗差。全息光栅是使用波前记录的干涉光栅，特别地，在 Seya-Namioka 结

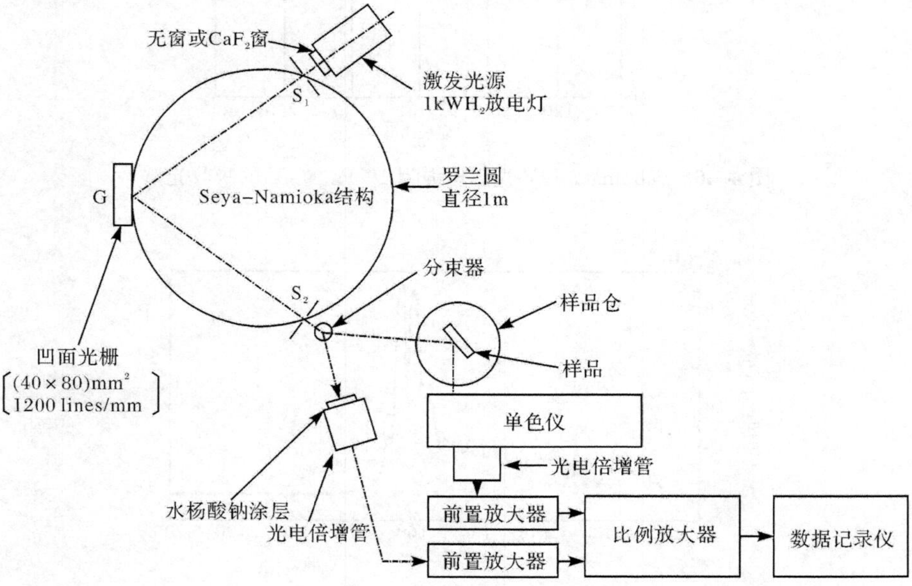

图 4.38 测量粉末荧光粉样品激发光谱装置的原理图

构中使用非球面波前可减小彗差。

除了 Seya-Namioka 结构，正常入射类型的 Johnson-Onaka 结构被广泛用于在半导体中测量 n 和 k 等光学常数，可实现高分辨。然而，必须把激发源和样品仓设计得尽可能紧凑，因为它们都在单色仪的同侧。

3. 样品仓

单色光束在 S_2 后面被一组环形反射镜组成的分束器分成两束，一束激发水杨酸钠膜，另一束进入样品仓。使用水杨酸钠把 VUV 光转换成可见光，水杨酸钠的发射为峰位在 420nm，衰减时间为 10ns 的蓝光，其量子效率在 90～350nm 的光激发下近似不变（约等于 60%）。它的发光峰和常用的光电倍增管在最大灵敏度时的波长相匹配，因此 H_2 放电灯发出的 VUV 辐射能被有效探测。在温度保持为90～110℃的玻璃基板上进行水杨酸钠的饱和甲醇溶液喷涂可以很容易地制备水杨酸钠膜。膜的最佳表面密度大约为 1mg/cm^2。

样品仓（内部尺寸：ϕ190mm×160mm）配备有可竖直旋转的旋转台（中心附近），用于安装探测器和滤波片的小测角支架和探测发射、透射和反射光的真空密封窗口。粉末样品被压入在尺寸为(25×35×2)mm^3 量级的不锈钢样品支架的中心钻出的(10×10×1)mm^3 的小孔里，并用玻璃板抹平。在真空系统抽真空之前，可以方便地在旋转台上同时安装四个样品支架。通过打开或关闭位于光栅和出射狭缝之间的阀门，可以在大约 10min 内更换样品。

4. 激发光谱的测量

45°入射光激发粉末荧光粉样品，通过和水杨酸钠屏的光输出对比得到样品的相对光输出与波长的函数关系。

为了得到量子效率，有必要测量样品的反射光谱来计算光子的吸收率。安装在上面提到的测角支架上的涂有水杨酸钠涂层的侧视光电倍增管和光学滤波片组合，可用于测量样品随角度变化的反射。

在低于 100nm 的 EUV 区域，可使用同步辐射光谱，这类光谱已进入第三个发展阶段。在这种光谱仪中使用的仪器（如光学系统、探测器、电子系统、数据采集等）已经得到了广泛综述，读者可查阅相关文献。

4.2.7　热释光谱

热释光谱能够提供长余辉荧光粉中陷阱性质的重要信息。热释光谱记录了发光强度随温度的变化，能够提供有关俘获能量和脱释机理的信息。一般地，热释理论（蔡干钢等，1993）基于一种单独类型陷阱。温度 T 时发光强度 $I(T)$ 可表示为

$$I(T) \propto n_{t0} s e^{\frac{-\Delta E}{kT}} e^{-\int \left(\frac{s}{\beta}\right) e^{\frac{-\Delta E}{kT}} dT} \tag{4.61}$$

式中，n_{t0}是陷阱中初始电子数；β是加热速度；s是频率因子；ΔE是陷阱深度。

对于低温下热释光谱的上升段，陷阱中电子的数目基本上保持不变，因此发光强度可表示为

$$I(T) \propto s e^{\frac{-\Delta E}{kT}} \tag{4.62}$$

通过$I(T)$对$1/T$作图可以确定电子陷阱的深度。但是，由于难以确定信号的上升时间，在多数情况下使用这种方法计算得到的陷阱深度是不准确的。

使用热释光谱中发光曲线的峰位T_m可以得到电子陷阱的深度，见下式：

$$\frac{\beta \Delta E}{k T_m^2} = s e^{\frac{-\Delta E}{k T_m}} \tag{4.63}$$

这种情况下，如果通过其他方法计算得到频率因子s，则可通过下式估计电子陷阱的深度：

$$\Delta E = (T_m - T_0(\beta/s))/K(\beta/s) \tag{4.64}$$

式中，$T_0(\beta/s)$和$K(\beta/s)$是通过(β/s)比确定的参数。

更普遍确定陷阱深度的方法是通过热释曲线。如图4.39所示，T_1和T_2是半峰宽处的温度，其他参数定义：$\lambda = T_m - T_1$，$\sigma = T_2 - T_m$，$\omega = T_2 - T_1$。基于Chen和McKeever的理论，脱释的级可从热释曲线的对称性得到。陷阱深度ΔE用下式表示：

$$\Delta E = c_\gamma (k T_m^2/\gamma) - b_\gamma (2kT_m) \tag{4.65}$$

式中，c_γ、b_γ和γ是形状因子。McKeever指出，二级机理产生对称性较高的峰形（高斯型），而一级机理产生不对称的峰形（Pekarian型）（图4.40）。从热释曲线中得到陷阱深度后，可以使用下述关系估计频率因子s：

$$\beta \Delta E / k T_m^2 = s\left(1 + (b-1)\frac{2kT_m}{\Delta E}\right) e^{\frac{-\Delta E}{k T_m}} \tag{4.66}$$

式中，b是介于一级和二级之间的脱释机理的通用级（$1 < b < 2$）。频率因子的重要性不高，s的值在$10^7 \sim 10^{16}$。

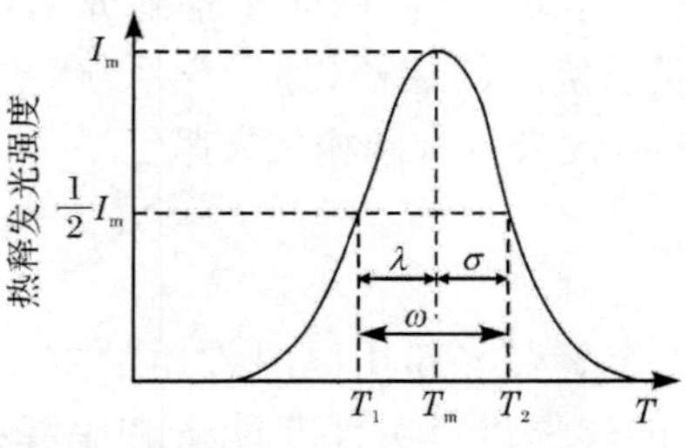

图4.39　发光曲线的形状

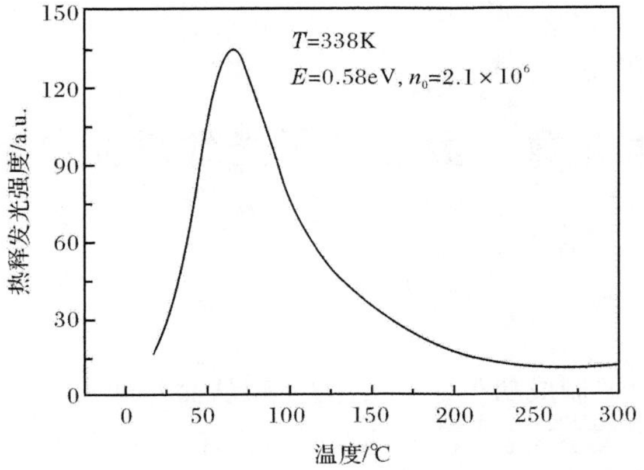

图 4.40　$Sr_2ZnSi_2O_7$:Eu^{2+},Dy^{3+}荧光粉 20～300℃的热释曲线

当陷阱不是单独一种类型时，基于上述理论估计得到的结果的准确性很低。Basun 等提供了多种类型陷阱效应的详细讨论，发现当系统中存在一种以上的陷阱时，热释曲线可能依赖于电子的共享。

实验上，首先在低温下激发样品，使电子进入陷阱，然后以恒定的速度 β 升高温度，使用滤波片或单色仪在选定的波长下检测发光强度。长余辉材料只有在较高能量的激发下才能观察到热释峰，这表明俘获机理与发射中心的离化过程有关。

参考文献

蔡干钢，吴方，王所亭. 1993. 固体热释光[M]. 北京：原子能出版社.

蒋阳，陶珍东. 2008. 粉体工程[M]. 武汉：武汉理工大学出版社.

徐叙瑢，苏勉曾. 2004. 发光学与发光材料[M]. 北京：化学工业出版社.

Ronda C. 2008. Luminescence: From Theory to Applications[M]. Weinheim: WILEY-VCH.

Ropp R C. 2004. Luminescence and the Solid State[M]. 2nd ed. Amsterdam: Elsevier.

Solé J G, Bausá L E, Jaque D. 2005. An Introduction to the Optical Spectroscopy of Inorganic Solids[M]. West Sussex: JohnWiley & Sons.

Ulrich T. 2009. 含能材料[M]. 欧育湘，等译. 北京：国防工业出版社.

Yen W M, Shionoya S, Yamamoto H. 2007. Phosphor Handbook[M]. 2nd ed. Boca Raton: CRC Press.

第 5 章　荧光灯用光致发光材料

5.1 引　　言

1879 年爱迪生研制成功第一只实用灯泡，从而开创了电气照明时代，百余年来，灯泡工业几经变革，飞速发展。1938 年，人们在研究放电发光现象的过程中开发出荧光灯和荧光灯用的发光材料。随着科技的发展，荧光灯的种类和应用范围不断扩展。现在，荧光灯的种类主要有直管荧光灯、高显色荧光灯、紧凑型荧光灯（又称为节能灯）、无极荧光灯等；应用的范围覆盖了从普通照明到特殊照明；发光性能也得到了显著的提高，光效由 20 世纪 50 年代的 40～50lm/W 提高到现在的 80lm/W 以上。表 5.1 详细地列出了各类灯用发光材料的辐射光源及其相关的特性和用途。

表 5.1　使用了发光材料的各类气体放电灯

分类	激发源的波长及其状态	激发源内发光材料表面的辐射强度/(W/m^2)	发光材料的发光强度在灯效中所占的比例/%	主要用途
荧光灯	强 254nm 线谱和 185nm 等相对弱谱线	250～450	约 85	普通室内照明
高压汞荧光灯	297nm、313nm、365nm 线谱和 λ>400nm 的几个可见连续谱	600～900	约 20	普通室外照明
金属卤化物灯	不同种类的金属引起的线谱或连续谱	—	<2	普通室内、外照明
荧光辉光灯	λ>400nm 的系列线谱	10～20	>90	显示
冷阴极荧光灯	254nm 线谱或 λ>400nm 的系列线谱	50～150	约 80	液晶显示或电视的背光源
无电极荧光灯	254nm 线谱	100～200	约 85	普通照明

5.2 荧光灯的结构和工作原理

荧光灯(fluorescent lamp)的基本结构见图 5.1，包括电极、水银（又称为汞）、发光材料及玻璃管(灯管),玻璃管内壁涂有发光材料,灯管内封有气压很低的汞蒸气和惰性气体 Ar 气。

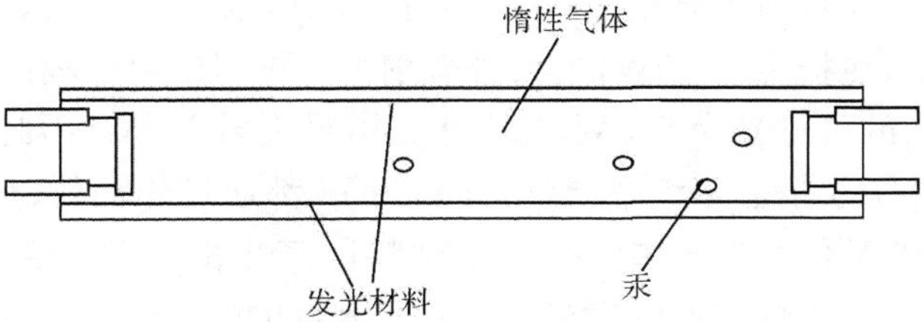

图 5.1　荧光灯基本结构示意图

荧光灯工作时,灯管两端的电极高压放电,灯管内的惰性气体将产生电弧,激发汞蒸气发射人眼看不见的紫外辐射和少量可见光,其中,约 70%的电能转化成波长为 185nm、254nm 和 365nm 等的紫外线,3%的电能直接转化为波长为 405nm、436nm、546nm 和 577nm 等的可见光,其余大部分电能转化为热量。之后,涂覆于灯管壁的发光材料将管内产生的紫外线转换为可见光。通过改变涂于灯管内壁的发光材料的种类,可以得到不同色温的灯光。

图 5.2 是荧光灯工作时的电路图,基本工作原理:当开关闭合、电源接通后,灯管尚未放电,电源电压通过灯丝全部加在启辉器内两个双金属触片上,使氖管中产生辉光放电发热,两触片接通,于是电流通过镇流器和灯管两端的灯丝,使灯丝加热并发射电子。此时由于双金属触片氖管被短路,停止辉光放电,双金属触片也因温度降低而分开,在此瞬间,镇流器产生相当高的自感电动势,使灯管两端的电压升到 800V 以上,处于低电位的灯丝发射热电子向高电位端加速运动,与灯管内的惰性气体 Ar 发生碰撞,灯管内形成稳定的电弧放电,汞原子被激发,发射以 254nm 为主的紫外辐射,从而激发灯管内壁的发光材料涂层,产生光辐射。

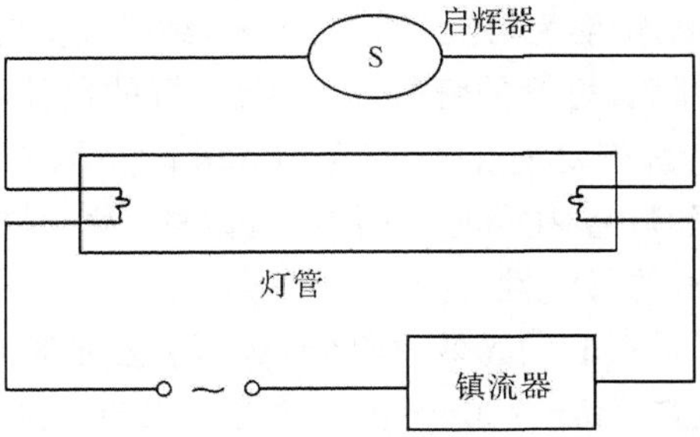

图 5.2　荧光灯工作时的电路图

荧光灯内的紫外辐射源于荧光灯的电能,表 5.2 列出了普通型荧光灯的正电柱中输入电能转换为其他形式能量的比例,大约 65%的输入能量转换为紫外辐射，约3%的能量损失在电极上，大约26%的能量在正电柱的弹性碰撞中转换为热能损失(周太明，1993)。以40W(实耗电能36W)的直管荧光灯的能量转换为例，在40W节能型荧光灯所消耗的36W电能中，输入阳极区为30.1W，其中22.5W转换为紫外辐射，热损失13.5W，近紫外辐射0.2W。在紫外辐射中254nm激发发光材料所发出的可见光为8.8W，加上汞的可见辐射1.2W，因此36W灯所发出的可见光为10W，约占灯功率的28%，其余26W都通过热辐射、热传导和热对流而损耗。在该10W的可见光中，由发光材料所产生的可见光约为8.8W，占了88%，说明涂覆于荧光灯内壁的发光材料对荧光灯的灯效起决定性的作用。

表5.2 荧光灯的正电柱中输入电能转换为其他形式能量的比例

转换	比例/%
紫外辐射 254nm	60
185nm	5
其他	6
弹性碰撞损失的能量	28
复合损失的能量	1

5.3 荧光灯用光致发光材料的基本性能要求

应用于荧光灯中的发光材料需要具有优异的发光性能和高的量子效率。此外，为了在荧光灯制备和使用过程中保持发光材料的发光特性，对发光材料的颗粒形态、粒度大小及其分布、温度特性、紫外辐照稳定性均提出了特定的要求。下面详细介绍荧光灯用光致发光材料的基本性能要求。

首先，发光材料应具有高的发光量子效率，能高效地吸收254nm紫外线，并能有效地把254nm紫外线转换为可见光。近年来，细管径荧光灯和紧凑型荧光灯的开发和应用快速发展，随着灯管的管径逐渐变细，灯的负荷和185nm/254nm辐射线的强度比也越来越大，当灯管的管径为18mm时，254nm辐射线的效率最大。185nm辐射线的效率随灯管内径变小而增大，因此，发光材料也需要具有一定的耐紫外辐照和离子轰击的稳定性，防止由于185nm短波紫外线的辐照和汞离子的轰击而引发老化，使得材料的发光效率降低，从而引发光通维持率降低。

其次，发光材料应在285～720nm波长范围内具有合适的发射光谱，从而使照明用的荧光灯具有良好的显色性。

此外，发光材料应该具有良好的热稳定性能。在荧光灯的制作过程中，发光材料的涂层要经过600℃左右的烤管工艺处理，因此发光材料在600℃短时间暴露在空气过程中应该具有较高的稳定性。此外，在点灯过程中，紧凑型荧光灯的内部温度将达 150℃，因此发光材料同时应该具有良好的温度猝灭特性。

最后，发光材料应具有良好的颗粒特性和分散性，颗粒的中心粒径分布在一定范围，使发光材料在含有机聚合物的溶液中能形成非凝聚的悬浮体，从而在涂管工艺中涂出均匀、致密、平滑的发光膜，保证荧光灯的光通量和稳定性。

5.4　荧光灯用光致发光材料的开发和现状

决定荧光灯特性的主要因素是发光材料的发光性能，使用不同种类的发光材料可以得到不同颜色和特性的荧光灯。从 1938 年荧光灯问世至今，灯用发光材料的发展已经历了三代。

第一代荧光灯用发光材料主要采用 $CaWO_4$ 蓝粉、Zn_2SiO_4:Mn 绿粉和 CdB_2O_5:Mn 橙红粉，三种粉体按照一定比例混合可以制成各种色温的荧光灯，40W 白色荧光灯的光效约为 40lm/W。后改用 $MgWO_4$ 蓝粉和 $(Zn、Be)_2SiO_4$:Mn 黄粉，40W 白色荧光灯的光效提高为 45lm/W，之后改进了制灯工艺，到 1948 年，40W 白色荧光灯的光效提高到 50lm/W。然而，第一代荧光灯用发光材料的相对密度、粒度不同，匹配性能差，且铍有毒性，使其发展受到了严重的限制。1948 年卤磷酸钙发光材料问世之后，上述材料被卤粉取代。

第二代荧光灯用发光材料主要为锑、锰激活的卤磷酸盐发光材料，主要成分为 $3Ca_3(PO_4)_2 \cdot Ca(F,Cl)_2$:Sb,Mn，简称为卤粉。由于制备卤粉的原材料丰富，价格便宜，且粉体的发光效率高，光色可调，因此得到了广泛的应用，从实用化至今一直是直管荧光灯中主要的发光材料。60 多年来，人们对卤粉的发光机理、制备工艺、发光性能及其应用特性作了详细、全面、深入的研究，现在卤粉的发光效率已接近理论值，应用特性也满足制灯工艺的要求，在 20 世纪 70 年代，40W 白色和暖白色荧光灯中，卤粉的光效已达 80lm/W。但是卤粉在应用中存在两大缺陷：首先，发射光谱中缺少波长位于 450nm 以下的蓝光和 600nm 以上的红光，使灯的显色指数 R_a 值偏低，加入一定比例的蓝粉和红粉可以提高 R_a 值，但是灯的光效明显下降；其次，卤粉在 185nm 紫外线照射下易形成色心，灯的光衰较大，随着直管荧光灯的问世，这一缺陷使卤粉在细管径荧光灯上的应用受到了限制。

第三代荧光灯用发光材料主要是三基色稀土发光材料，稀土发光材料在蓝、绿和红三个光谱区域可以得到狭窄光谱带，通过调节三基色稀土发光材料的配比，可以制成各种色温的高性能荧光灯。最早应用于荧光灯中的三基色发光材料是由飞利浦公司合成的 $(Ce,Tb)MgAl_{11}O_{19}$（简称 CAT）绿粉、$(Ba,Mg,Eu)_3Al_{16}O_{27}$ 蓝粉（Venstegen et al.，1974）和 $(Y,Eu)_2O_3$（简称 YOX）红粉。之后研究发现三基色发光材料中蓝粉的发射峰值对灯的显色性能影响最大，当蓝粉的发射光谱位于 470～500nm（蓝绿色）时，荧光灯的显色性能可以得到明显改善。随着研究的不断深入，发展了一系列的荧光灯用蓝绿色稀土发光材料。例如，日本的日亚公司开发出磷酸盐绿粉和卤磷酸盐蓝粉；在20世纪80年代前期成功开发的稀土硼酸盐绿粉，扩展了三基色发光材料的品种；在80年代后期，开发出四基色和五基色发光材料，提高了发射峰值位于490nm处的蓝绿色光的发射强度，同时引入发射峰值位于650nm处的深红色发光材料，使荧光灯的显色指数提高至90以上。

三基色稀土发光材料的特点包括：①发射光谱位于可见光谱区，谱线丰富，谱线窄，在期望的波长范围内的发光亮度集中；②抗紫外辐照和高温特性好，适合高负荷荧光灯的要求；③粉体的发光效率高，三基色稀土发光材料的量子效率均在90%以上。

目前，国内外荧光灯用三基色发光材料的主要区别是绿粉，国内的绿粉主要以铝酸盐体系为主，日本和欧洲的绿粉则主要采用磷酸盐体系 $LaPO_4:Ce^{3+},Tb^{3+}$（简称LAP）。无论国外还是国内，荧光灯用三基色发光材料的红粉均采用 $Y_2O_3:Eu^{3+}$，其量子效率高达100%，并且具有较好的色纯度和光衰特性。在蓝粉方面，主要应用的是铝酸盐和碱金属卤磷酸盐。表5.3为目前荧光灯中主要应用的稀土三基色发光材料。

表 5.3　荧光灯中主要应用的稀土三基色发光材料

发光材料	化学组成	发射峰的最大值的波长/nm
蓝粉	$BaMg_2Al_{16}O_{27}:Eu^{2+}$	约452
	$BaMgAl_{10}O_{17}:Eu^{2+}$	约452
	$(Sr,Ca,Mg)_{10}(PO_4)_6Cl_2:Eu^{2+}$	约483
双峰蓝粉	$BaMg_2Al_{16}O_{27}:Eu^{2+},Mn^{2+}$	约450,515
	$BaMgAl_{10}O_{17}:Eu^{2+},Mn^{2+}$	约450,515
绿粉	$CeMgAl_{11}O_{19}:Ce^{3+},Tb^{3+}$	543
	$LaPO_4:Ce^{3+},Tb^{3+}$	543
	$Y_2SiO_5:Ce^{3+},Tb^{3+}$	543
	$GdMgB_5O_{10}:Ce^{3+},Tb^{3+}$	543
	$La_2O_3\cdot 0.2SiO_2\cdot 0.9P_2O_5:Ce^{3+},Tb^{3+}$	543
红粉	$Y_2O_3:Eu^{3+}$	611

按照发光中心分类，表5.4列出了主要研究的荧光灯用发光材料。

表 5.4　主要研究的荧光灯用发光材料

发光中心	化学组成	发射峰的最大值的波长/nm	发光颜色
Ti^{+}	$(Ca,Zn)_3(PO_4)_2:Tl^{+}$	310	紫外
	$Ca_3(PO_4)_2:Tl^{+}$	328	紫外
Mn^{2+}	$MgGa_2O_4:Mn^{2+}$	510	绿色
	$BaMg_2Al_{16}O_{27}:Eu^{2+},Mn^{2+}$	(450),515	绿色
	$Zn_2SiO_4:Mn^{2+}$	525	绿色
	$3Ca_3(PO_4)_2\cdot Ca(F,Cl)_2:Sb^{3+},Mn^{2+}$	(480),575	暖白色
	$CaSiO_3:Pb^{2+},Mn^{2+}$	610	橙色
	$Cd_2B_2O_5:Mn^{2+}$	620	粉红色
	$GdMgB_5O_{10}:Ce^{3+},Mn^{2+}$	630	橙色
	$GdMgB_5O_{10}:Ce^{3+},Tb^{3+},Mn^{2+}$	(543),630	橙色
Sn^{2+}	$Sr_2P_2O_7:Sn^{2+}$	464	蓝色
	$(Sr,Mg)_3(PO_4)_2:Sn^{2+}$	620	橙色
Eu^{2+}	$SrB_4O_7F:Eu^{2+}$	360	紫外
	$SrMgP_2O_7:Eu^{2+}$	394	蓝色
	$BaMgAl_{10}O_{17}:Eu^{2+},Mn^{2+}$	450,515	蓝色
	$(Sr,Ba)Al_2Si_2O_8:Eu^{2+}$	400	蓝色
	$Sr_3(PO_4)_2:Eu^{2+}$	408	蓝色
	$Sr_2P_2O_7:Eu^{2+}$	420	蓝色
	$Ba_3MgSi_2O_8:Eu^{2+}$	435	蓝色
	$Sr_{10}(PO_4)_6Cl_2:Eu^{2+}$	447	蓝色
	$BaMg_2Al_{16}O_{27}:Eu^{2+},Mn^{2+}$	450,(515)	蓝色
	$(Sr,Ca)_{10}(PO_4)_6Cl_2:Eu^{2+}$	452	蓝色
	$(Sr,Ca)_{10}(PO_4)_6\cdot nB_2O_3:Eu^{2+}$	452	蓝色
	$BaMg_2Al_{16}O_{27}:Eu^{2+}$	452	蓝色
	$SrMgAl_{10}O_{17}:Eu^{2+}$	465	蓝色
	$BaAl_8O_{13}:Eu^{2+}$	480	蓝绿色
	$2SrO\cdot 0.84P_2O_5\cdot 0.16B_2O_3:Eu^{2+}$	480	蓝绿色
	$(Sr,Ca,Mg)_{10}(PO_4)_6Cl_2:Eu^{2+}$	483	蓝绿色
	$Sr_2Si_3O_8\cdot 2SrCl_2:Eu^{2+}$	490	蓝绿色
	$Sr_4Al_{14}O_{25}:Eu^{2+}$	493	蓝绿色

续表

发光中心	化学组成	发射峰的最大值的波长/nm	发光颜色
Pb^{2+}	$(Ba,Mg,Zn)_3Si_2O_7:Pb^{2+}$	295	紫外
	$BaSi_2O_5:Pb^{2+}$	350	紫外
	$(Ba,Sr,Mg)_3Si_2O_7:Pb^{2+}$	370	紫外
Sb^{3+}	$3Ca_3(PO_4)_2\cdot Ca(F,Cl)_2:Sb^{3+}$	480	蓝白色
	$3Ca_3(PO_4)_2\cdot Ca(F,Cl)_2:Sb^{3+},Mn^{2+}$	480,(575)	蓝白色
Tb^{3+}	$CeMgAl_{11}O_{19}:Ce^{3+},Tb^{3+}$	543	绿色
	$LaPO_4:Ce^{3+},Tb^{3+}$	543	绿色
	$La_2O_3\cdot 0.2SiO_2\cdot 0.9P_2O_5:Ce^{3+},Tb^{3+}$	543	绿色
	$Y_2SiO_5:Ce^{3+},Tb^{3+}$	543	绿色
	$GdMgB_5O_{10}:Ce^{3+},Tb^{3+}$	543	绿色
	$GdMgB_5O_{10}:Ce^{3+},Tb^{3+},Mn^{2+}$	543,(630)	绿色
Eu^{3+}	$Y_2O_3:Eu^{3+}$	611	红色
	$Y(V,P)O_4:Eu^{3+}$	619	红色
Dy^{3+}	$YVO_4:Dy^{3+}$	(480),570	白色
Fe^{3+}	$LiAlO_2:Fe^{3+}$	735	红外
Mn^{4+}	$6MgO\cdot As_2O_5:Mn^{4+}$	655	深红
	$3.5MgO\cdot 0.5MgF_2\cdot GeO_2:Mn^{4+}$	655	深红
${WO_4}^{2-}$	$CaWO_4$	415	蓝色
	$(Ca,Pb)WO_4$	435	蓝色
	$MgWO_4$	480	蓝白色
${TiO_4}^{4-}$	$BaO\cdot TiO_2\cdot P_2O_5$	483	蓝白色

5.5 几种典型荧光灯用光致发光材料的发光机理

本节主要介绍在现实生活中已经应用的稀土三基色发光材料的发光机理。

1. 蓝粉

1) $BaMg_2Al_{16}O_{27}:Eu^{2+}$和$BaMgAl_{10}O_{17}:Eu^{2+}$(BAM:Eu)

$BaMg_2Al_{16}O_{27}:Eu^{2+}$和$BaMgAl_{10}O_{17}:Eu^{2+}$主要用于三基色荧光灯中的蓝色成分,特别适用于紧凑型荧光灯。$BaMg_2Al_{16}O_{27}$属于六方铝酸盐体系,体系中存在富钡相和贫钡相两种铝酸盐(Smets et al.,1986)。贫钡相铝酸盐与$(Na_2O)_{0.55}\cdot$

$6Al_2O_3$ 的结构相同，它们与通式为 $M^+Al_{11}O_{17}$ 和 $M^{2+}MgAl_{10}O_{17}$ 的 β-Al_2O_3 的结构相同，人们利用电荷补偿平衡原理对 $M^+Al_{11}O_{17}$ 进行组装，得到 $BaMgAl_{10}O_{17}$。在这种化合物中，Ba 位于镜面层（BaO）中，Mg 处于尖晶石基块（$Al_{10}MgO_{16}$）内，早期的铝酸盐蓝粉的分子式写为 $BaMg_2Al_{16}O_{27}$，后经 Smets 等分析，确定铝酸盐蓝粉的分子式都表达为 $BaMgAl_{10}O_{17}:Eu^{2+}$，简称 BAM:Eu。由于基质组分的不同，$Ba^{2+}$ 离子在 BAM 中将占据不同的晶体学格位。

图 5.3 是 $Ba_{0.87}Mg_{2.0}Al_zO_{\frac{3}{2}z+3}:Eu_{0.13}^{2+}$（$z$=14.0，16.0，19.0，25.0，40.0）的发射光谱和激发光谱，Eu^{2+} 离子的 $4f^65d\rightarrow4f^7$ 跃迁发射带的最大值位于 452nm 附近。从发射光谱可见，当 z 数值增大时，晶体场的强度发生变化，d 轨道的劈裂也发生了改变，发射峰向长波区域平移。BAM:Eu^{2+} 的发射峰源于 Eu^{2+} 离子的 $4f^65d\rightarrow4f^7$ 跃迁发射，由于涉及 5d 轨道上电子的跃迁，光谱的性质容易受到晶体场强度的影响。如果 Eu^{2+} 取代 Ba^{2+} 格位，Eu^{2+} 的发射将主要受基质组分的影响。

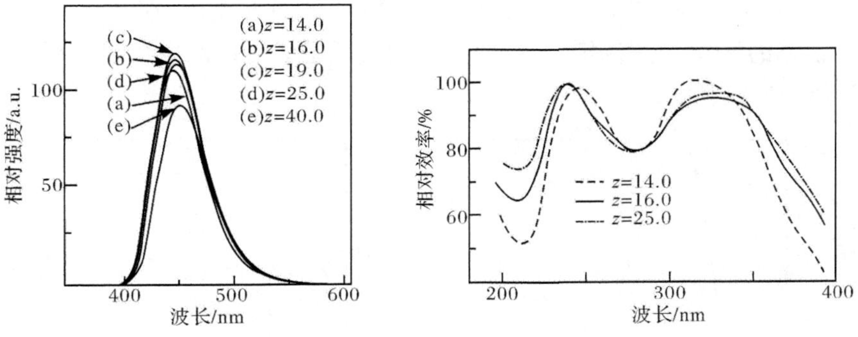

(a) 发射光谱　　(b) 激发光谱

图 5.3　$Ba_{0.87}Mg_{2.0}Al_zO_{\frac{3}{2}z+3}:Eu_{0.13}{}^{2+}$ 的发射光谱和激发光谱

在蓝色 BAM:Eu 荧光粉中，阳离子组分和结构对其发光具有深刻的影响。当 Sr^{2+} 或 Eu^{2+} 取代 Ba^{2+} 格位时，晶体场的强度将发生变化。增加 Sr^{2+} 离子的浓度或提高 Eu^{2+} : Ba^{2+} 摩尔比，发射峰将向长波区域偏移。当 Ba^{2+} 离子格位全部被 Sr^{2+} 离子取代时，发射峰将偏移到 465nm；如果 Ba^{2+} 离子格位全部被 Eu^{2+} 离子取代，发射峰将偏移到 475nm。当 Eu^{2+} : Ba^{2+} 摩尔比大于 0.4 时，粉体的发光出现严重的猝灭。

蓝色 BAM:Eu 荧光粉的光衰和热稳定性存在严重的问题，粉体色坐标的 y 值变化较大（黄京根，1992）。在制灯过程中，经过 600℃左右的高温烤管和弯管工艺后，BAM 的性能发生劣化，灯的光效下降，色温发生变化。研究发现 BAM:Eu 荧光粉在空气中退火后发光强度下降的主要原因是部分 BAM:Eu 被氧化，生成 $MgAl_{11}O_{19}:Eu^{3+}$ 杂质相化合物，致使发光中心 Eu^{2+} 减少；同时杂质相的增多，使

粉体的 y 值增大,在空气中的热稳定性能降低,灯的光衰增大。此外,荧光灯在点灯过程中荧光粉对汞的吸附也是造成灯的光衰增大的原因之一(马林等,2002)。对荧光粉采用包膜等后处理是一种改善荧光粉热稳定和降低光衰的有效办法,如包覆 SiO_2、Al_2O_3、Y_2O_3 等。

2) 卤磷酸盐蓝粉 $(Ba,Ca,Mg)_{10}(PO_4)_6Cl_2:Eu^{2+}$

卤磷酸盐蓝粉 $(Ba,Ca,Mg)_{10}(PO_4)_6Cl_2:Eu^{2+}$ 主要用于三基色荧光灯中发光材料的蓝色组分,属于六方晶系、氯磷灰石结构。其发射光谱见图 5.4(a),发射带的最大值位于 483nm 附近,主要由 Eu^{2+} 的 5d-4f 跃迁产生。Eu^{2+} 的发射光谱呈现不对称分布,主要是因为在卤磷酸盐基质中存在两个 Eu 发光中心。在短波区域,发射带的强度随波长减小而急速降低;在长波区域,发射带的强度随波长增加强度降低非常缓慢,发射带延伸到红光区域(600nm),该特性有利于提高 R_a 和光通量。

图 5.4(b)为 $(Ba,Ca,Mg)_{10}(PO_4)_6Cl_2:Eu^{2+}$ 的激发光谱,在 200～420nm 范围内有很宽的激发带,表明荧光灯中汞线的蓝区谱线可以激发该发光材料,从而提高粉体的发光亮度。

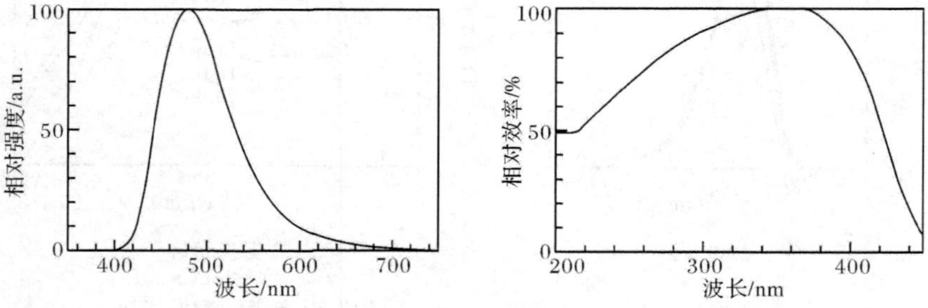

(a) 发射光谱　　(b) 激发光谱

图 5.4　$(Ba,Ca,Mg)_{10}(PO_4)_6Cl_2:Eu^{2+}$ 的发射光谱和激发光谱

2. 双峰蓝粉 $BaMg_2Al_{16}O_{27}:Eu^{2+},Mn^{2+}$ 和 $BaMgAl_{10}O_{17}:Eu^{2+},Mn^{2+}$ (BAM:Eu,Mn)

双峰蓝粉 $BaMg_2Al_{16}O_{27}:Eu^{2+},Mn^{2+}$ 的晶体结构与 BAM 的晶体结构相同,掺入的 Mn^{2+} 取代部分 Mg^{2+} 格位,与四面体上的氧离子形成多面体。

由于 Mn^{2+} 的 d-d 跃迁属于禁戒跃迁,在 BAM 中,晶体本身的振子强度约为 10^{-7} 量级,因此,在直接激发下,BAM 中观察不到 Mn^{2+} 的发射,但是通过 Eu^{2+} 到 Mn^{2+} 的高效的非辐射能量转移,可以观察到一个高强度的 Mn^{2+} 绿光发射,位于 515nm 附近,见图 5.5(b),逐渐增加 Mn^{2+} 的浓度,$Ba_{0.8}Mg_{2-x}Al_{16}O_{27}:Eu_{0.2}{}^{2+}$,$Mn_x{}^{2+}$ 的发射光谱中 Mn^{2+} 的发射逐渐增强,Eu^{2+} 的发射逐渐减弱。分别监控

Mn^{2+} 和 Eu^{2+} 的发射,得到的两个激发光谱非常相似,见图 5.5(a),说明 Mn^{2+} 的发射源于 Eu^{2+} 到 Mn^{2+} 的能量转移,根据Dexter理论,其能量转移机理是偶极子与四极子之间的相互作用。

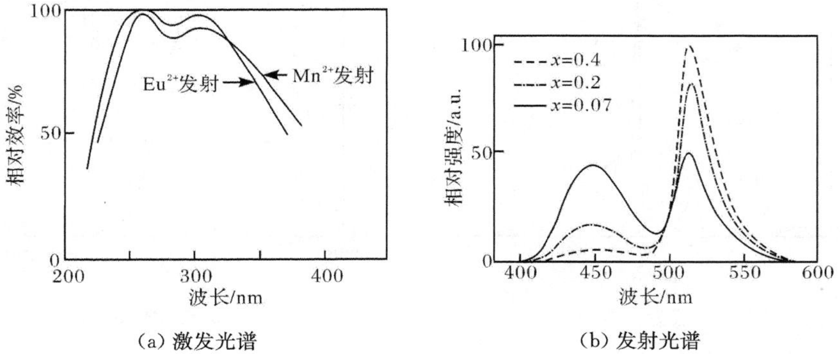

图 5.5 $Ba_{0.8}Mg_{2-x}Al_{16}O_{27}:Eu_{0.2}{}^{2+},Mn_x{}^{2+}$ 的激发光谱和发射光谱

双峰带绿蓝粉 BAM:Eu,Mn 主要用于紧凑型荧光灯中,最大的优点是可以提高荧光灯的显色指数:$R_a \geqslant 80$,但是 BAM:Eu,Mn 的亮度低于 BAM:Eu。

3. 绿粉

1) 铝酸盐绿粉 $CeMgAl_{11}O_{19}:Ce^{3+},Tb^{3+}$ (CAT)

$CeMgAl_{11}O_{19}:Ce^{3+},Tb^{3+}$ 广泛用于三基色荧光灯的绿色发光材料,具有高效的紫外发射,发射峰位于 340~360nm。在 $CeMgAl_{11}O_{19}:Ce^{3+},Tb^{3+}$ 荧光体中可以发生高效的 $Ce^{3+}\rightarrow Tb^{3+}$ 的能量传递,得到绿色荧光体。$CeMgAl_{11}O_{19}:Ce^{3+}$,$Tb^{3+}$ 的量子效率高达 65%,几乎与 Ce^{3+} 的浓度无关。$CeMgAl_{11}O_{19}:Ce^{3+},Tb^{3+}$ 的发射光谱见图 5.6(a),是典型的 Tb^{3+} 的 ${}^5D_4\rightarrow{}^7F_{j(j=6,5,4,\cdots)}$ 能级跃迁发射,主发射峰位于 544nm。在 $CeMgAl_{11}O_{19}:Ce^{3+},Tb^{3+}$ 中,$Ce^{3+}\rightarrow Tb^{3+}$ 的能量传递主要发生在中间层离子之间,Ce^{3+} 到 Tb^{3+} 的最短距离大约为 0.56nm,距离比较大,交换传递的概率低,主要是偶极子与四极子的耦合作用决定能量传递过程。图 5.6(b)是 $CeMgAl_{11}O_{19}:Ce^{3+},Tb^{3+}$ 的激发光谱,在短波区域 253.7nm 附近具有很强的吸收。

2) 磷酸盐绿粉 $LaPO_4:Ce^{3+},Tb^{3+}$ (LAP)

$LaPO_4:Ce^{3+},Tb^{3+}$ 荧光粉大量用三基色荧光灯的绿色荧光粉,是很重要的发光材料,属于单斜结构(Boucet et al.,1974)。$LaPO_4:Ce^{3+},Tb^{3+}$ 的激发光谱主要由 Tb^{3+} 的 4f-5d 跃迁激发带和弱的 4f-4f 跃迁线谱组成,在 254nm 激发下 $LaPO_4:Tb^{3+}$ 的发光效率很低,在 $LaPO_4:Tb^{3+}$ 中掺入 Ce^{3+},由于 Ce^{3+} 在 250~290nm 的短波区域存在很强的吸收,可以发生 $Ce^{3+}\rightarrow Tb^{3+}$ 的高效的无辐射能量传递,敏化

Tb^{3+}的发射，从而显著地增强Tb^{3+}发射。绿色$LaPO_4:Ce^{3+}, Tb^{3+}$荧光粉的量子效率高达90%以上。

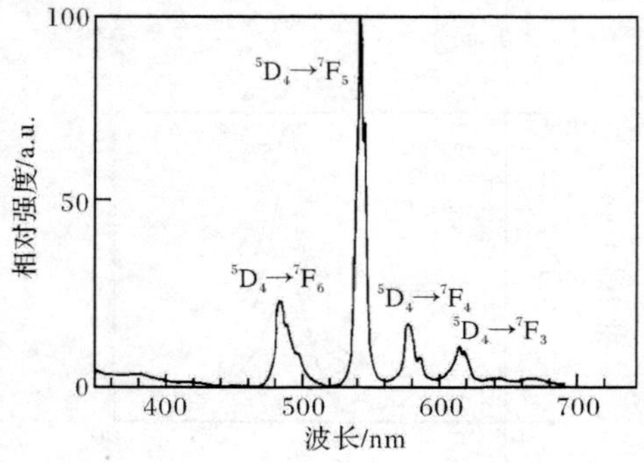

(a) 发射光谱

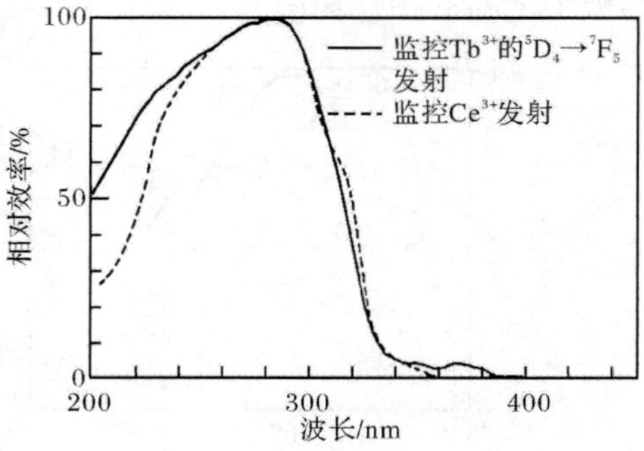

(b) 激发光谱

图 5.6　$CeMgAl_{11}O_{19}:Ce^{3+}, Tb^{3+}$的发射光谱和激发光谱

紧凑型细管径荧光灯管的管径很小，管壁负荷大，温度高，致使荧光粉容易产生温度猝灭效应，特别是烤管的温度高达600℃时，这要求荧光粉具有较高的猝灭温度和良好的热稳定性。早期$LaPO_4:Ce^{3+}, Tb^{3+}$荧光粉的温度特性很差，后来人们发现在粉体中加入Li^+和硼酸可以克服这个问题，详见图5.7，掺入硼酸和碳酸锂后，$LaPO_4:Ce^{3+}, Tb^{3+}$荧光粉的热稳定性得到了提高，同时Li的掺入也可以改善$LaPO_4:Ce^{3+}, Tb^{3+}$的发光强度。研究发现在$LaPO_4:Ce^{3+}, Tb^{3+}$粉体中加入少量的硼酸，粉体在20～350℃的发光强度几乎保持不变，且室温发光强度大约提高10%。用硼酸部分置换磷酸根后，荧光粉在20～200℃的激发光谱的形状保持不变，硼酸根的掺入可以抑制Ce^{4+}的生成，在高温条件下不易发生$Ce^{3+} \to Ce^{4+}$的能量传递，从而保证$Ce^{3+} \to Tb^{3+}$的无辐射能量传递概率不降低。

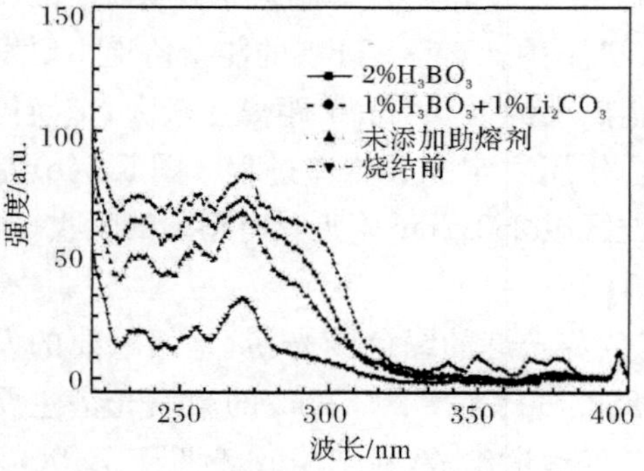

(a) 激发光谱(λ_{em}=543nm)

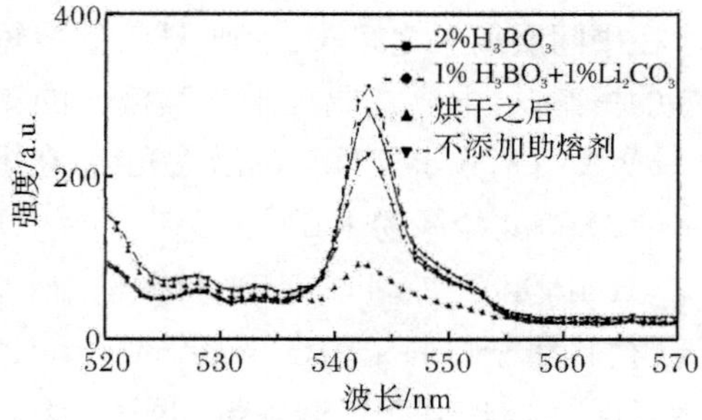

(b) 发射光谱(λ_{ex}=254nm)

图 5.7　$LaPO_4:Ce^{3+}, Tb^{3+}$的激发光谱和发射光谱

3）硅酸盐绿粉 $Y_2SiO_5:Ce^{3+},Tb^{3+}$

硅酸盐绿粉 $Y_2SiO_5:Ce^{3+},Tb^{3}$ 主要用作紧凑型荧光灯的绿色荧光粉以及紫外白光 LED 的绿色成分，属于单斜结构，晶体结构主要由一个孤立的（SiO_4）四面体和一个不与硅成键的氧及两个占据不同的晶体学格位的 Y 原子组成，具有高温相和低温相，分别用 X_1 和 X_2 表示，晶型转变温度大约为 1190℃。

254nm 激发下 $Y_2SiO_5:Ce^{3+},Tb^{3+}$ 发射绿光，见图 5.8 中曲线Ⅰ，主要属于 Tb^{3+} 的$^5D_4\rightarrow{}^7F_5$ 跃迁发射。$Y_2SiO_5:Ce^{3+},Tb^{3+}$ 的发射光谱和颜色主要与 Tb^{3+} 的浓度有关，当 Tb^{3+} 的浓度低于 5%时，Tb^{3+} 位于蓝光区的$^5D_3\rightarrow{}^7F_j$ 跃迁强度比较高；当 Tb^{3+} 浓度大于 5%时，Tb^{3+} 的$^5D_4\rightarrow{}^7F_j$ 跃迁强度比较高，表现为黄绿光发射。

Ce^{3+},Tb^{3+} 共激活的 Y_2SiO_5 的激发光谱主要由 Tb^{3+} 的激发带和 Ce^{3+} 的激发带组成，见图 5.8 中曲线Ⅱ。其中，Ce^{3+} 的激发带主要位于 300nm 和 350nm，而其发射位于 400nm 的蓝紫光区域；Tb^{3+} 的激发光谱主要由一个位于 245nm 附近较强的 4f-5d 吸收带和 290～390nm 的弱吸收峰组成。很明显，$Ce^{3+}\rightarrow Tb^{3+}$ 可以发生无辐射能量传递，Ce^{3+} 敏化 Tb^{3+} 的发光。在 $Y_2SiO_5:Ce^{3+},Tb^{3+}$ 中，Ce^{3+} 在空气中容易被氧化成 Ce^{4+}，使发光材料的猝灭温度随着 Ce^{3+} 浓度的增加而下降。

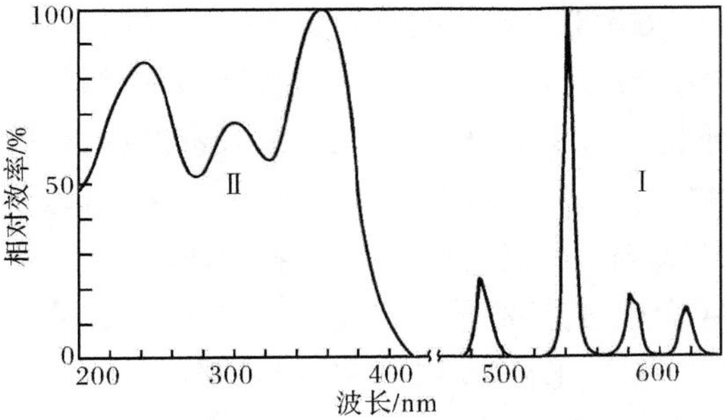

图 5.8　$Y_2SiO_5:Ce^{3+},Tb^{3+}$ 的发射光谱Ⅰ和激发光谱Ⅱ

4）硼酸盐绿粉 $GdMgB_5O_{10}:Ce^{3+},Tb^{3+}$

$GdMgB_5O_{10}:Ce^{3+},Tb^{3+}$ 荧光体适用于荧光灯用绿色成分（Saakes et al.，1981），具有单斜结构，Gd 离子位于由 10 个氧原子形成的一个非对称的多面体中，多面体通过共享氧离子形成了一些孤立的 Z 字形键，Mg 离子位于一个畸变的八面体格位。

在紫外激发下，$GdMgB_5O_{10}:Ce^{3+},Tb^{3+}$ 荧光体中 Gd^{3+} 离子在无辐射能量传递过程中起重要的中介作用：$Ce^{3+}\rightarrow Gd^{3+}\rightarrow Tb^{3+}$。由图 5.9 中的激发光谱可见，$GdMgB_5O_{10}:Ce^{3+},Tb^{3+}$ 在 254nm 附近具有很强的吸收特性，其发射光谱是典型的 Tb^{3+} 的$^5D_4\rightarrow{}^7F_{j(j=6,5,4,\cdots)}$ 能级跃迁发射，主发射峰位于 543nm。

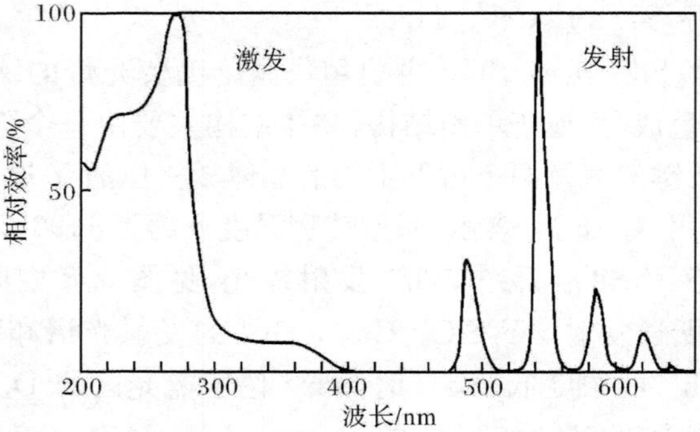

图 5.9　$GdMgB_5O_{10}:Ce^{3+},Tb^{3+}$ 的激发光谱和发射光谱

4. 红粉 $Y_2O_3:Eu^{3+}$

Y_2O_3 属于立方结构，晶格中存在 C_2 和 S_6 两种对称性不同的格位，其中 S_6 格位具有反演对称性，Eu^{3+} 取代 Y^{3+} 后，将分别占据这两种格位。

图 5.10(a)所示的宽带为 $Y_2O_3:Eu^{3+}$ 的激发光谱，该宽带属于 Eu^{3+}-O^{2-} 电荷跃迁带，主峰位于 300nm 以下的短波紫外区域，$Y_2O_3:Eu^{3+}$ 可以有效地吸收汞的 254nm 辐射，产生量子效率近 100％的高效发光。一般认为 75％的 Eu^{3+} 离子占据低对称的 C_2 格位，发射峰以 $^5D_0 \rightarrow {}^7F_2$ 电偶极跃迁为主，峰值位于 611nm 附近，荧光寿命 1.1ms。剩下的少数 Eu^{3+} 离子占据具有反演对称性的 S_6 格位，发射 $^5D_0 \rightarrow {}^7F_1$ 磁偶极跃迁，主峰位于 595nm 附近，荧光寿命 8ms。在较低 Eu^{3+} 浓度下，可以观察到 Eu^{3+} 的 $^5D_1$、$^5D_2$ 和 $^5D_3$ 高能级跃迁发射，这些发射位于光谱的黄色和绿色区域，当 Eu^{3+} 浓度变大后，这些高能级发射通过交叉弛豫过程而被猝灭。发射峰主要以能量较低的 $^5D_0 \rightarrow {}^7F_2$ 跃迁发射为主，产生强红光。由于 $^5D_0$ 以上高能级的发射是灯用红色荧光粉所不希望的，在 $Y_2O_3:Eu^{3+}$ 中 Eu^{3+} 浓度高达 4％(Joffin et al.，2005)。

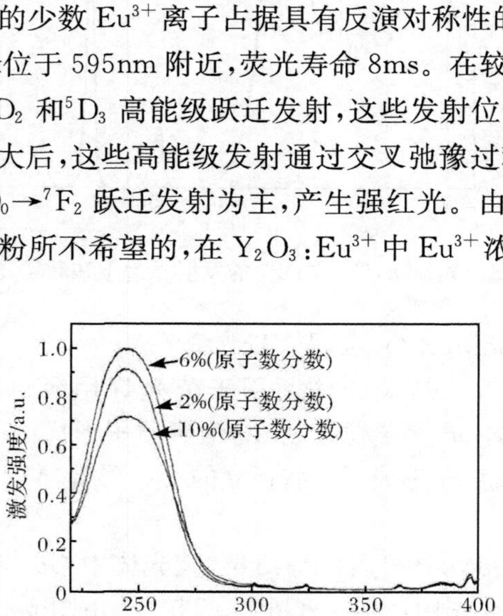

(a) 激发光谱

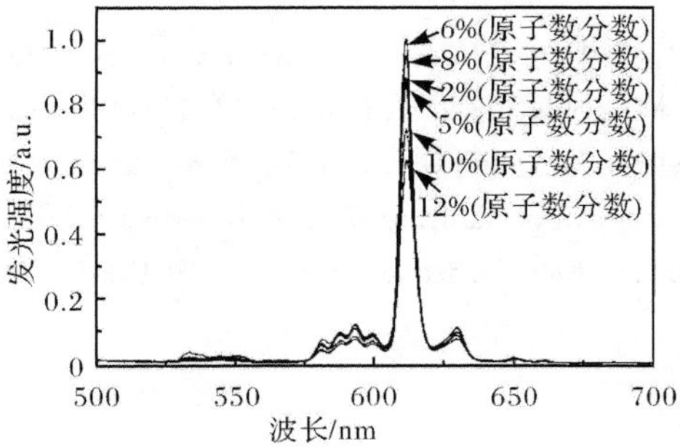

(b) 发射光谱

图 5.10　不同 Eu 浓度下，Y_2O_3:Eu 的激发光谱和发射光谱

Y_2O_3:Eu^{3+} 主要用于荧光灯，特别是紧凑型、细管径荧光灯的红光成分，在我国它的用量已达百吨级，并被大量出口。

5.6　展　　望

我国是稀土储量和生产大国，国内存在大量的大、中、小规模的稀土荧光粉生产企业，然而国内生产的灯用稀土荧光粉的质量还远不如国外的知名企业，为了我国稀土行业的长远发展，提高国内稀土荧光粉的质量势在必行。目前，蓝色荧光粉 BAM、绿色荧光粉 LAP 和铝酸盐 CAT，以及红色荧光粉 YOX 是国内灯用荧光粉的主流产品，改进荧光粉的合成方法，选择合适的激活剂和敏化剂，使其实现高效的能量吸收和传递是未来灯用荧光粉的研发趋势。

参 考 文 献

黄京根. 1992. 稀土三基色荧光粉的化学问题[C]//《中国发光学进展》编委会. 中国发光学进展. 北京：科学出版社.

马林，胡建国，王惠琴，等. 2002. 荧光粉表面吸附汞的检测[J]. 发光学报，23(4)：409-412.

周太明. 1993. 光源原理与设计[M]. 上海：复旦大学出版社.

Boucet J C, Fong F K. 1974. Quantum efficiency of diffusion limited energy transfer in $La_{1-x-y}Ce_xTb_yPO_4$[J]. Journal of Chemical Physics, 60(1): 34-39.

Joffin N, Dexpert-Ghys J, Verelst M, et al. 2005. The influence of microstructure on luminescent properties of Y_2O_3:Eu prepared by spray pyrolysis[J]. Journal of Luminescence, 113(3/4): 249-257.

Saakes M, Fouassier C, Hagenmuller F. 1981. Luminescent efficiency of Eu^{3+} and Tb^{3+} in $LaMgB_5O_{10}$-type borates under excitation from 100 to 400nm[J]. Materials Research Bulletin,

16(2):193-198.

Smets B M J, Verlijsdonk J G. 1986. The luminescence properties of Eu^{2+}-and Mn^{2+}-doped barium hexaaluminates[J]. Materials Research Bulletin, 21(11):1305-1310.

Venstegen J M P J, Radielovic D, Vrenken L E. 1974. A new generation of "deluxe" fluorescent lamps, combining an efficacy of 80 lumens/W or more with a color rendering index of approximately 85[J]. Journal of the Electrochemical Society, 121(12):1627-1631.

第 6 章　真空紫外发光材料

进入 21 世纪后，随着一些高新技术的发展和兴起，稀土发光材料科学和技术又步入了一个新的活跃期，它为今后占主导地位的平板显示和照明光源的可持续发展和源头创新提供可靠的依据和保证。在多种技术的平板显示市场中，等离子显示器(PDP)的发展首屈一指。PDP 是一种新兴的显示器件，在大屏幕显示器(30in① 以上)市场上一直具有较大的优势，而对于 PDP 用稀土发光材料的研究也成为此领域的研究热点。高效 PDP 用三基色发光材料还可以用于照明灯中，实现对人体无害、对环境无污染、没有发光滞后问题的平面无汞荧光灯。无论 PDP 还是无汞荧光灯，其激发波长都位于真空紫外(VUV)区域，因此人们对稀土离子激活的发光材料在 VUV 区域光谱性质的研究产生了越来越浓厚的兴趣，相关的研究工作受到国内外专家的高度重视。要开发高效荧光材料，对稀土离子在真空紫外区的能级、产生的各种跃迁、基质敏化以及能量传递的理解非常有必要。本章主要介绍 PDP 和无汞荧光灯的结构、原理以及真空紫外发光材料。

6.1　简　　介

1. 真空紫外光源的获得

1801 年德国物理学家里特发现在日光光谱的紫端外侧一段能够使含有溴化银的照相底片感光，而紫外线(UV)由近紫外线、远紫外线和真空紫外线三个波段的光组成。紫外线是电磁波谱中波长从 10～400nm 辐射的总称，不能引起人们的视觉。真空紫外光(VUV)通常指波长范围 200～10nm 的光线，其光子能量范围为 6.2～124eV。波长大于 200nm 的光在空气中可以自由传送，而低于 200nm 的光易被空气中的氧吸收，因而 200～150nm 的真空紫外线必须在无氧的真空或高纯氮气保护下使用。波长低于 150nm 的真空紫外光对氮气不再透明，只能使用真空条件。波长高于 120nm 的光可以使用氟化镁窗口，这样可将光源和样品等隔离开来。低于 105nm 的光目前还没有合适的窗口材料，这样的系统对真空度的要求更高，技术上更为复杂(Zhang J et al.，2002)。

① 1in＝2.54cm。

可以通过两种途径获得真空紫外光源，一是同步辐射光源，二是真空紫外光谱仪。中国科学院于1978年建造第一台真空紫外光及软X射线专用同步辐射光源，即合肥同步辐射实验室的国家同步光源。真空紫外光谱仪是在真空室抽真空的条件下工作，满足真空紫外光传播的条件，可以进行UV和VUV波段相关光学材料性能的测试。一般的真空紫外光谱仪是在真空紫外单色仪的基础上，采用微机控制步进电机驱动光栅扫描机构，在真空条件下实现50～300nm光测试。真空紫外光谱仪由氟化镁氘灯光源、真空紫外光栅单色仪、样品室、水杨酸钠荧光屏、光电倍增管及高压电源组成，而单色仪由入射狭缝、出射狭缝、凹面光栅、光栅扫描驱动结构和真空系统组成。

2. 真空紫外激发机理

通过近些年的研究，人们发现很多新的光谱位于VUV能区的稀土离子掺杂的发光材料，因此对稀土离子在40000～70000cm^{-1}的高激发态产生了极大的兴趣。例如，Zhou等(1999)测量了(Ca,Sr,Ba)$(PO_4)_3$Cl:Eu^{2+}和(Ca,Sr)$_5(PO_4)_3$Cl:Eu^{2+}的激发光谱，除了观察到256nm处的激发峰外，还在VUV区观察到源于Eu^{2+}基态到激发态的直接跃迁的112nm和136nm的强激发峰，其激发效率几乎比256nm的激发高一倍。Meijerink等(1999)也利用同步辐射，发现了稀土离子很多新的高激发态能级，最高能级达到近200000cm^{-1}，大大拓展了Dieke离子能级图的能量范围。目前，大部分能级只限于理论计算，尚缺少实验的佐证。张忠义等(2007)总结了真空紫外的激发机理，基本内容如下。

(1) 单一稀土离子的吸收和发射过程。稀土离子具有$4f^n$基态电子构型，内壳层的4f电子被$5s^25p^6$电子所屏蔽，产生的f-f跃迁是禁戒跃迁，发射光谱是弱的线状发射。稀土离子也可以产生从基态$4f^n$到激发态$4f^{n-1}5d$的跃迁，这些跃迁是允许跃迁，一般产生强的宽带，它受晶场的影响较大，随基质的不同而发生移动。5d轨道具有五重简并，在晶体场的作用下，5d能级的劈裂与5d能级相对于$4f^n$能级或者导带的位置有关，而这些能级间通常涉及能量传递过程。例如，$LiYF_4$:Pr^{3+}产生Pr^{3+}的f-d(快衰减)跃迁，而YF_3:Pr^{3+}产生Pr^{3+}的f-f(慢衰减)跃迁，这与5d能级的晶体场劈裂有关。对于许多三价稀土离子，在紫外或真空紫外区$4f^{n-1}5d$能级和$4f^n$基态发生交叠，在4f和5d能级间存在无辐射弛豫，从而影响发光效率，因此设计适当的基质非常必要。

(2) 自电离带：掺杂离子和导带有关的吸收过程。在复合体系中，稀土离子的f-d跃迁是从基态激发一个电子进入位于导带的激发态5d能级。当吸收激发能量时，电子进入导带而在价带中产生空穴形成激子，激子通过迁移并捕获空穴，在这些态和基质之间，电子在导带中完全解离和连续的自电离过程产生$Ln^{4+}+e^-$(自由)态；捕获电子形成$Ln^{4+}+e^-$(结合)态；自电离$Ln^{4+}+e^-$(自由)态和Ln^{4+}

$+e^-$(结合)态通过无辐射弛豫到发射中心，过量的复合过程的能量产生发射，如图 6.1 所示。部分能量被传递到 4f 发射能级，在允许跃迁的情况下通过偶极-偶极相互作用产生发射。稀土离子失去一个电子反映了其接受空穴的能力，同时取决于它的+4 价态的稳定性。自电离态的一个重要优点是基质敏化发射对 f-f 跃迁比 f-d 跃迁更有效。

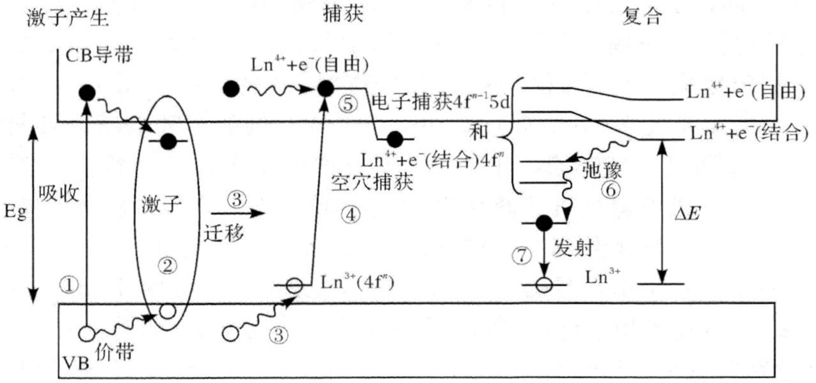

图 6.1　稀土离子自电离态和自由电荷复合能级图

(3) 电荷迁移带：掺杂离子和价带吸收。电荷迁移带和 f-d 跃迁一样，对稀土发光材料起着非常重要的作用，一般位于真空紫外区(Eu^{3+} 离子的电荷迁移带能量相对较低)。从配体阴离子到中心金属离子的电荷迁移一般位于真空紫外区。电子的解离涉及分子轨道理论，从氧的 2p 轨道跃迁到稀土离子的 4f 或 5d 轨道(如氧化物体系、氧的 2p 轨道形成价带、稀土离子的 4f 或 5d 轨道形成导带)。电荷迁移带的能量和稀土离子+2 价的稳定性有关，如 Eu^{3+} 和 Yb^{3+} 容易获得一个电子分别达到半充满 $4f^7$ 和全充满 $4f^{14}$ 的更稳定结构，因此它们的电荷迁移带能量较低。电荷迁移带除了和配体阴离子的电负性有关外(如对于同一稀土离子，氟化物中电荷迁移带能量高于氧化物和硫化物)，配体和金属离子之间的距离也是其影响因素之一，长的距离具有高的电荷迁移带能量。另外，对于相同的配体，电荷迁移带又和金属离子的配位数有关。因此选择适当的基质组成，实现与真空紫外激发能量相匹配的稀土发光材料成为可能。

6.2　等离子显示器

等离子体显示器是目前高清晰度、大屏幕平板显示中的佼佼者，是继阴极射线管(CRT)、液晶显示(LCD)后的新一代显示器，不仅具有屏幕大、机体薄、像质好等多种特点，更使壁挂彩电成为可能。这项技术是美国 Illinois 大学的

Bitzer 和 Slottow 教授于 1964 年发明的，曾受到很大的关注。20 世纪 70 年代，由于 PDP 缺少色彩，辉度级少，发光效率低，功耗大等，曾一度处于低谷。1985 年，Photonics 公司成功制得三基色条状屏，同年底提供了一套对角线 137mm 的 PDP 显示器用于海军核潜艇的温度监视器；1987 年又在点阵式单色 AC-PDP 屏的基础上实现由红、绿、蓝三色组成的点阵式彩色 AC-PDP。20 世纪 90 年代，美国等离子体显示出现根本性转变，其应用范围不断扩大，成本也随着大规模集成电路的发展而不断下降。日本对于 PDP 技术的研发集中在 PDP 的改进和完善，即实现更大的显示面积、更高的分辨率、高亮度（700cd/m^2）、高对比度（100∶1）、高发光效率（5lm/W）、低功耗（100W）、低的驱动电压以及与降低成本有关的一些因素。1993 年，日本富士通公司率先实现了全球首台 21in 规格的 PDS-1000 型 PDP 电视机的商品化，当年标价 115 万日元/台，产品指标：对角线 21in（53.3cm），像素为 640×480，辉度级为 256，峰值亮度为 200cd/cm^2，寿命为 1 万小时，厚为 8cm，质量为 11.5kg。日本索尼公司及美国 Textronics 公司还把 PDP 及 LCD 技术相结合，以等离子体的放电作为开关，驱动液晶彩色电视，背光源用荧光照明。1995 年，日本松下生产出 25in（63.5cm）的显示屏，亮度为 250cd/m^2，彩色数为26 万，质量只有 1.7kg；尺寸为 602mm×380mm×3.7mm，宽高比为 16∶9，像素为 768×448，像素间距为 0.72mm×0.69mm，对比度为70∶1，功耗为 300W，但视角仍然超不出 LCD 的限制。目前，PDP 已是全世界都公认的壁挂电视 HDTV 的首选技术，具有广阔的市场前景，世界上 PDP 生产厂家主要有日本的松下、索尼、三菱、富士通、夏普，荷兰的飞利浦，美国的 Plasma、Photonic 和法国的汤姆逊等公司。

PDP 显示器有如下优点。

(1) 体积小，质量轻，厚度薄。

(2) 全数字化矩阵工作，不存在因电子束扫描而造成的几何畸变。

(3) 显示屏幕的亮度非常均一，既不会像 CRT 那样出现四周暗、中间亮的现象和散焦、会聚、闪烁等问题，也不存在液晶屏的薄膜晶体管的阴影。

(4) 无 X 射线辐射，也不会受到磁场的影响，有很好的环境适应能力。

(5) 与 LCD 相比，能制造大画面和 160°宽视角的显示器，亮度高，彩色还原性好，灰阶丰富，对快速运动的画面响应迅速。

与其他显示技术一样，PDP 技术也有其局限性：功耗大，这是气体放电激发方式固有的缺点；驱动电压高，虽然与 CRT 的高压相比，其驱动电压低得多，但与 LCD 等平板显示器件相比，工作电压还是较高；制备过程中采用的障壁技术决定了其像素较大，不能制备小尺寸高清晰度的显示器，因此 PDP 的应用领域主要在 40in 以上的大屏幕显示领域。

PDP 是由前后两块玻璃基板组成的，在前基板上面制有汇流电极、透明电极、支撑电极等，后基板则制有与前基板上电极互相垂直的电极和肋条，并涂覆荧光粉。前基板作为 PDP 的阳极，后基板作为 PDP 的阴极。肋条用于隔离前后基板，以形成放电空间，并分隔与构成像素单元，以防止因像素间窜扰而恶化像质。PDP 的工作气体为惰性气体 Ne+Xe，利用 Ne 的亚稳态和 Xe 的碰撞，产生电离雪崩，使 Xe 电离成 Xe^{+}，再经内部能量弛豫，到 Xe 的 1s 激发态。它跃迁到基态时发出 147nm 和 172nm 的真空紫外光来激发发光材料，从而发出红、绿、蓝等不同颜色的光，PDP 的工作原理如图 6.2 所示。离子、亚稳态原子及高能光子可以从阴极表面轰击出次级电子，当这些次级电子满足 $a(e^{U\eta}-1)=1$ 时，气体的电离可保持自维持状态。式中，a 为次级电子的发射系数，U 为外加电压，η 是电离系数。由于 PDP 的伏安曲线具有很强的非线性，选址时间较短，在矩阵选址中它的行数可以达到 2K，像素间距为 0.33mm，障壁宽度为 30μm，物理分辨率可以达到 1280×1024，亮度为 50～500cd/m^2，对比度为 200～400，视角可达 160°。由此可见，PDP 达到了我国数字电视的图像显示标准。

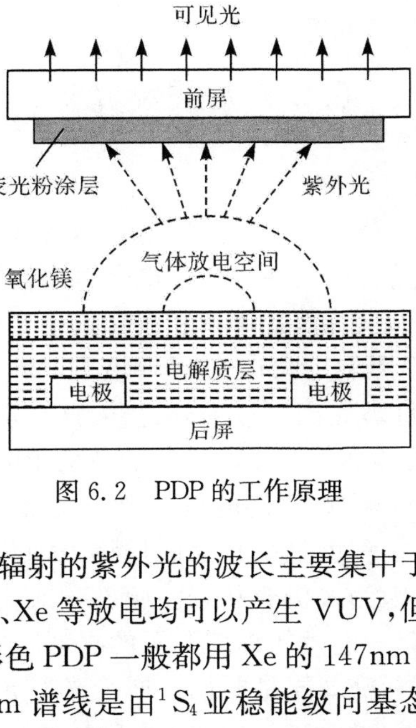

图 6.2　PDP 的工作原理

在 PDP 中，稀有气体辐射的紫外光的波长主要集中于 100～200nm 真空紫外(VUV)波段，虽然 Ar、Kr、Xe 等放电均可以产生 VUV，但 Ar、Kr 谱线波长更短，且光效没有 Xe 强，因此彩色 PDP 一般都用 Xe 的 147nm 谱线。Xe 的能级图如图 6.3 所示，可以看出，147nm 谱线是由 $^{1}S_{4}$ 亚稳能级向基态跃迁过程辐射出来的。当压强增大时，在 172nm 处会出现明显的连续辐射光谱，辐射光波长与气体的组成和压力有关。

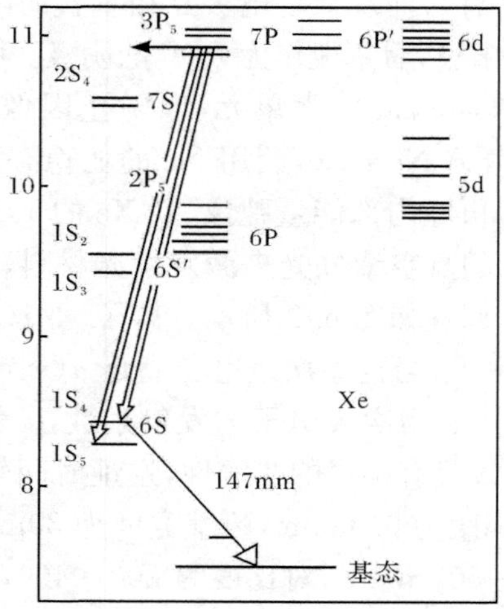

图 6.3 Xe 能级图

6.3 无汞荧光灯

节能和环保是绿色照明的两大主题。由于汞蒸气具有效率高、导电性好等优点，被广泛地应用于各种气体放电灯，尤其是荧光灯。但汞是对人体有害的金属，常温下易蒸发，对肝肾功能有一定的危害，也会对中枢神经系统和植物神经功能造成不可逆的损害。因此，荧光灯的生产和废弃都会对环境造成污染。在荧光灯中使用汞会带来一些负面影响，例如在低温环境下不易启动，对环境会产生污染；在灯工作时汞离子会由灯玻壳内向玻壳外迁移，这会造成汞的损耗，从而导致灯电压的升高和灯寿命的减少等。为了减少汞的负面影响，业界内对此采取了许多措施，也取得了一些成效。例如，在灯的玻壳内表面涂上一层由 Y_2O_3 或 Al_2O_3 颗粒构成的薄膜，可以在一定程度上阻止汞的迁移，从而降低汞的损耗。但此举并不能完全消除汞的损耗，因为汞仍会从未涂膜部分或涂膜不足处迁移。此外，荧光粉及其所含的杂质也会产生汞的损耗。汞的损耗在冷阴极荧光灯 CCFL 中更加严重，因为 CCFL 的灯管壁载能量要比普通荧光灯高 1.5 倍，其玻管壁的温度也比普通荧光灯高约 20℃，这会进一步加大汞的损耗。在玻壳内壁的涂膜只能降低(不是消除)汞的损耗，并不能解决汞在低温下不易启动以及汞污染的问题。

因此，解决汞在荧光灯中负面作用的最好方法就是在灯中不使用汞，只有研究无汞荧光灯才能完全解决问题。然而，在光源中目前很多产品还离不开汞。最根本的原因是含汞光源可以达到很高的光效，而无汞光源还不能达到与之相当的光效。从对环境影响的整体影响比较发现，光源消耗的电力也产生汞污染，因为发电有较大部分采用燃料,燃料中也含有汞。举例来说,欧洲的混合燃料含汞大约 29μg/(kW·h),而一个普通 30W 的节能灯在 20000h 的寿命中会因电力消耗而释放约 20mg 的汞,这比一个普通的节能灯中的汞含量要高 5～10 倍。也就是说如果无汞荧光灯的光效过低,其因电力消耗所排出的汞就会远远大于普通荧光灯灯管内的汞含量加上普通荧光灯因电力消耗排出的汞的总和,从而使无汞产品在环保方面的努力变得毫无意义。因此,为了降低对环境的影响,在没有出现高效的无汞荧光灯替代产品前,光源行业仍应把注意力集中在降低灯管中汞的含量上。

无汞荧光灯可以是低气压 Xe 放电,也可以是高气压准分子放电。由于在 PDP 方面的巨大投入,近年来在低气压 Xe 放电荧光灯和准分子光源方面取得了长足的进步。而整灯效率的提高有赖于荧光粉研究的突破,研究表明低气压 Xe 放电有很高的效率(在较小的功率密度下可达 80%),如果有高效率的荧光粉,就可以制作出高效的无汞荧光灯。

许多研究者对无汞荧光灯的放电方式进行过探索,辉光放电、高频微波放电、脉冲放电等均被尝试过作为无汞荧光灯的放电方式,现有的含汞灯荧光灯的很多成熟技术都可以借用。无汞荧光灯可采用 He-Xe 或 Ne-Xe 混合气体作为工作气体,放电使该气体能高效率地产生 Xe 共振辐射(147nm),其光子能量足以激发荧光粉。如果与波长 147nm 的真空紫外线匹配的荧光粉的量子效率达到 90%～95%涂层效率达 85%～95%,那么无汞荧光灯的光效可达 21～26lm/W。由此可见,无汞灯荧光灯能否推广,在很大程度上取决于能否找到符合上述要求的荧光粉。最近,韩国研究人员用日本学者研发的稀土荧光粉 R80 制作出 18in 平面无汞荧光灯,尺寸为 287mm×359mm,重 1.49kg,亮度为 5600cd/m^2,亮度均匀性达 92%,寿命为1 万小时。

在开发无汞荧光灯方面,世界各主要荧光灯生产厂家均进行了长期而不懈的努力,也研发出了不少品种,由德国推出的被称为 PIANO Ⅱ 的荧光灯是其中性能较好的一种。此外,日本近来制作的一种导航用无汞外电极荧光灯也是其中的佼佼者之一。

无汞荧光灯可采用氦氙或氖氙混合气体作为工作气体,但是氙的共振辐射波长为 147.6nm,而目前大多数的荧光粉(包括三基色荧光粉)并不能很有效地被 147.6nm 的辐射激发。因此,要提高无汞荧光灯的光效,重点还是在于优化荧光粉的工艺和组分。传统荧光灯的荧光粉转换效率为 35%～42%,其中量子效率为 90%～95%,涂层效率为 90%,如果与 147.6nm 的紫外光匹配的荧光粉也能达到这样的参数,此时的光子能量比由 0.46 下降到 0.27,光效估计达21～26lm/W。由于斯托克斯位移效应,传统荧光灯仅在荧光粉光子转换时就要损失约 55%的能量,而 Xe 放电发射的 147nm 辐射则带有更大的能量,在转换时会导致更大的斯托克斯位移损失。但如果使用量子剪裁荧光粉，转换效率能立即获得极大提升，有望达到与汞基荧光灯相当的水平。因此，对于耐紫外辐射高量子效率的量子剪裁荧光粉的研究是提高无汞荧光灯光效的关键之一。

在放电方式的选择上，因为准分子放电有着高强度、高效率的优异特性，所以最有可能成为无汞荧光灯的候选放电类型。而在可以创造准分子放电的放电条件中，介质阻挡放电较之于高频放电、微波放电及脉冲放电对电源的要求较低，更有可能投入实际应用。此外，除了众多的包含稀有气体的混合气方案，XeBr 等稀有气体卤化物也可能成为取代汞蒸气的工作气体。同时各个实验样品的参数，如充气压强、气体混合比例、激励电压、激励电源波形及激励电源频率等还有待进一步优化。

研究者在提高无汞荧光灯的光效方面，已经作出了巨大的贡献。在现今众多的无汞荧光灯成果中，最需要迫切提高的指标仍是光效，在现有的条件下，充以氩氙、氦氙混合气体的荧光灯的理想光效只有 21～26lm/W。平板准分子荧光灯中则以欧司朗公司的 PLANON 为最佳，光效达 30～40lm/W，可以说是现今无汞荧光灯中的佼佼者。Jinno 的双螺旋电极荧光灯的理想实验光效达 28lm/W，很有发展潜力。但这些无汞荧光灯与目前的商用荧光灯相比还有一定的差距，发光效率的提高是决定其能否替代普通荧光灯的关键，相信在不久的将来无汞荧光灯产品的性能将得到显著的改善。

6.4 真空紫外发光材料

近年来，科学技术的发展使得稀土发光材料在 VUV 范围内的测试条件大大改观，同步辐射光源的运用、真空紫外光谱仪的出现使发光材料在 VUV 区域发光性能的测试大为简便而快捷。对于稀土离子在 VUV 区域光谱的研究，能扩展和完善稀土离子的能级、深化对材料的光学性能和微观结构的认识以及拓宽稀土发光材料的基础研究领域。以往人们对稀土离子在 $5000cm^{-1}$以上(200nm 以下)能级情况的研究并不深入，近些年对于 VUV 光谱的研究发现了许多新现象，如量子剪裁、级联发射等，这将成为提高真空紫外发光材料发光效率的理论依据。此外，VUV 激发下稀土发光材料光谱的研究涉及大屏幕等离子平板显示器(PDP)和无汞荧光灯的需要。VUV 光谱的充分运用为人们寻找更好的能满足 PDP 和无汞荧光灯用荧光材料提供很好的理论依据，使 PDP 显示器性能、功耗和价格更有实际意义，也将使平面无汞荧光灯能够顺利发展，避免汞对环境的污染和人类健康的危害。

6.4.1 稀土离子的 VUV 区能级

20 世纪 60 年代，能级检测、能级的理论模型和计算模型等方面相互影响的研究成果导致了能级图的发展。Dieke 的实验结果是以 $LaCl_3$ 为基质所取得的，$LaCl_3$ 具有较高的 C_{3v} 对称性，拟合光谱只需四个晶场参数即可。LaF_3 是紫外区具有较好的光学特性的晶体之一，可以用来测试真空紫外区并具有好的化学稳定性。Carnall及其合作者详细地研究了稀土离子在 LaF_3 基质中的光谱，他们对在 LaF_3 中的所有稀土离子的吸收光谱和以 C_{2v} 对称性(实际上是 C_2 对称性)计算得到的能级进行比较，结果非常一致。Carnall 所用的实验数据都没有超过 $40000cm^{-1}$，如果在真空紫外区则结果可能更不精确。

20 世纪七八十年代，一些工作应用同步辐射、多声子光谱来探索新的能级，利用同步辐射检测、激光技术以及两声子吸收和激发态吸收技术对 Carnall 稀土离子的能级图在 LaF_3 体系中进行扩展，即真空紫外区的能级。利用 Carnall 所使用的一些参数进行了 $39000 \sim 75000cm^{-1}$ 的真空紫外区稀土离子能级以及最低的 $4f^n$-$4f^{n-1}5d$ 态的能级的计算，将其扩展到 $70000cm^{-1}$，计算的最高能级是 Tb^{3+} 的 $^1S(1)$ 能级，为 $193000cm^{-1}$。众所周知，在多于 7 个 4f 电子的情况下，存在低自旋和高自旋 $4f^{n-1}5d$ 态。例如，Tb^{3+} 有 8 个 4f 电子，当一个电子被激发到 5d 轨道，剩下的 7 个 4f 电子是自旋平行的，自旋多重性是 8，d 电子和这 7 个 4f 电子具有两种可能的取向。当 d 电子和 7 个 4f 电子自旋平行时，形成高自旋态，其能量低于自旋相反的情况，前者的自旋多重性是 9 而后者是 7。低自旋态的电子跃迁不改变自旋状态，被称为“自旋允许”跃迁，其强度高于从基态到高自旋状态的“自旋禁戒”跃迁。

Ce^{3+} 和 Pr^{3+} 的所有 $4f^n$ 能级都已经观察到，而 Nd^{3+} 的约为 $68000cm^{-1}$ 的 $4f^2 5d$ 吸收带还没有观察到。由于 Nd^{3+} 的共振单声子吸收约在 $34000cm^{-1}$，从基态的两声子激发是不可能的，从 Nd^{3+} 激发态两声子吸收可以用来检测 VUV 能级。Pm^{3+} 是放射性元素，其半衰期为 2.5 年，因此没有任何关于它的 VUV 光谱。在 LaF_3 中，$61000cm^{-1}$ 以下有一个能级间隔大于 $2000cm^{-1}$ 的能级可以产生发射，但由于 Pm^{3+} 衰变成 Sm^{3+} (β 衰变)，变成一个掺杂离子 Sm^{3+} 而产生发光。在 $52000 \sim 58000cm^{-1}$ 处 Sm^{3+} 的一些能级已经观察到，而另一些能级有待进一步检测。许多 Eu^{3+} 在 VUV 区的能级被证实，但是在 $60000cm^{-1}$ 以上由于电荷迁移带而限制了 Eu^{3+} 激发谱线的观察。

关于 Gd^{3+} 已经观察到在 $68000cm^{-1}$ 以下的 VUV 能级以及多重态。用单声子技术不可能观察 Tb^{3+} 的 $4f^8$ 的 VUV 能级，可使用两声子技术来观察到。所有 Dy^{3+} 的 $4f^9$ 能级还没有被观察到，但 Dy^{3+} 的 $4f^8 5d$ 吸收在 $58000cm^{-1}$。许多 Ho^{3+} 的 $4f^{10}$ 能级已经被观察到，在 YF_3 基质中 $^3P(1)_2$ 能级在 $63000cm^{-1}$。几乎所有

Er^{3+}的能级都已经被观察到，在LaF_3基质中，$^2F(2)_{5/2}$在63000cm^{-1}，$^2G(2)_{7/2}$在66500cm^{-1}，正好在高自旋的4f-5d吸收之下，而这一位置在最大f-d吸收带以上，导致不能被观察到。三个多重态能级$^2G(2)_{9/2}$在70000cm^{-1}，$^2F(1)_{5/2}$在93000cm^{-1}，$^2F(1)_{7/2}$在97800cm^{-1}。Tm^{3+}的唯一能级$^1S_0$还没有被观察到，计算的能级位置在73000cm^{-1}，在$4f^{11}5d$吸收带以上，Yb^{3+}在VUV区没有任何的4f能级。

目前，镧系离子VUV光谱成为重要的研究领域，已经发现在不同基质的宽谱带间隙中，稀土离子强的$4f^n \rightarrow 4f^{n-1}5d$组态间跃迁可产生相干真空紫外光或紫外光。范英芳等(2002)研究了几类三价稀土离子在真空紫外区的$4f^n \rightarrow 4f^{n-1}5d$跃迁光谱。

1. 重镧系离子的$4f^n \rightarrow 4f^{n-1}5d$跃迁光谱

重稀土离子掺杂晶体$LiYF_4$:Ln^{3+}(Dy^{3+} 1%、Ho^{3+} 1%、Er^{3+} 2%、Tm^{3+} 1%和Tb^{3+} 1%)的激发光谱如图6.4所示。镧系离子的高分辨激发光谱具有非常相似的特征，即谱图中都有一系列强的f-d跃迁谱带，而且这些谱带的峰形都较宽，有些还有比较精细的结构；另外，在这些强吸收谱带的长波方向都有一些弱峰，它们与强的激发峰有相似的振动结构。Dy^{3+}、Ho^{3+}、Er^{3+}、Tm^{3+}和Tb^{3+}都是4f层为半充满以后的镧系离子(即$n>7$)，当一个电子由基态跃迁到5d时，会产生更多自旋平行的未配对电子，因此Dy^{3+}离子的184nm和193nm附近的吸收带、Tb^{3+}离子在255nm附近的吸收带以及Ho^{3+}、Er^{3+}、Tm^{3+}等离子在163nm附近的吸收带都可归属于基态($4f^n$)到$4f^{n-1}5d$组态高自旋态的自旋禁阻f-d跃迁谱带。

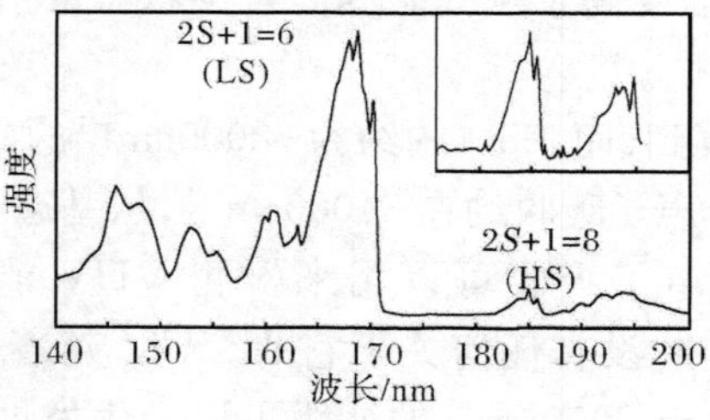

(a) Dy^{3+}

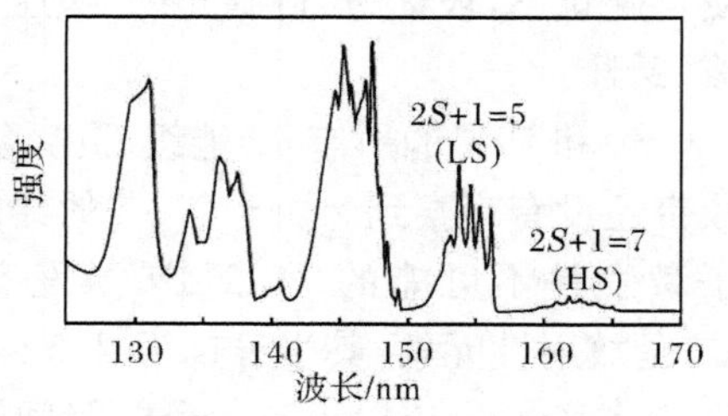

(b) HO^{3+}

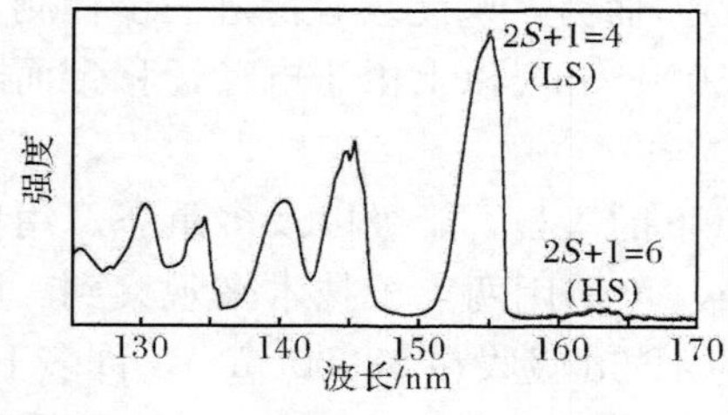

(c) Er^{3+}

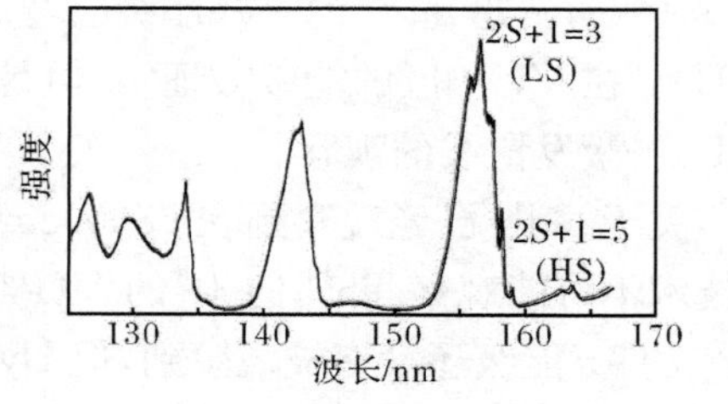

(d) Tm^{3+}

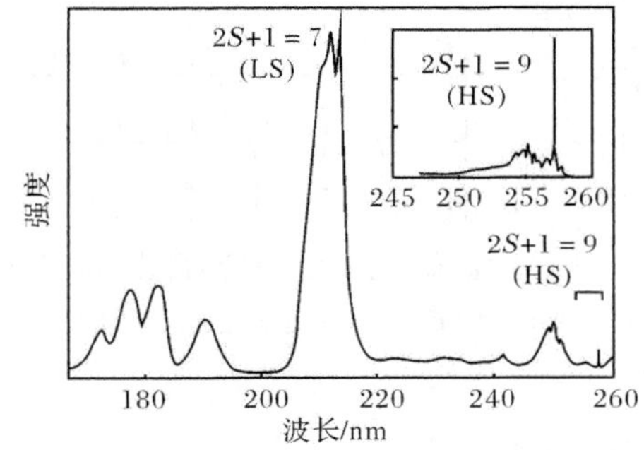

(e)Tb^{3+}

图 6.4　激发光谱

图 6.4(a)为 10K 温度下 $LiYF_4$:Dy^{3+} 1%的激发光谱,通过监测 $4f^9$($^4F_{9/2}$→$^6H_{13/2}$)发射(575nm)得到,插图为 9K 温度下 1%单晶样品的激发光谱,通过监测所有可见的 $4f^9$→$4f^9$ 发射得到,波长的比例尺与其他光谱一致;图(b)为 9K 温度下 $LiYF_4$:Ho^{3+} 1%的激发光谱,通过监测所有可见的 $4f^{10}$→$4f^{10}$ 发射得到;图(c)为 10K 温度下 $LiYF_4$:Er^{3+} 2%的激发光谱,通过监测 $4f^{11}$($^4S_{3/2}$→$^4I_{15/2}$)发射(551nm)得到;图(d)为 12K 温度下 LiYF4:Tm^{3+} 1%的激发光谱,通过监测 $4f^{11}5d$(HS)→$4f^{12}$($^3H_6$)发射(170nm)得到;图(e)为 10K 温度下 $LiYF_4$:Tb^{3+} 1%的激发光谱,通过监测 $4f^8$($^5D_4$→$^7F_5$)发射(545nm)得到。

根据理论分析,当 4f 层中一个电子被激发到 5d 轨道上时,形成了 $4f^{n-1}5d$ 组态。对于 $n>7$ 的镧系离子,当一个电子被激发到 5d 轨道上时,它的自旋有两种取向:①与 4f 电子的自旋平行,即高自旋态(HS);②与 4f 电子的自旋相反,即低自旋态(LS)。如图 6.5 中 Ho^{3+} 离子的电子组态排布情况,在高自旋态(HS)时,自旋量子数 $S=3$,自旋多重度 $2S+1=7$;在低自旋态(LS)时,自旋量子数 $S=2$,自旋多重度 $2S+1=5$。而在基组态 $4f^n$(GS)时,未配对的自旋平行的电子数为 4,因而 $4f^n$ 组态的总自旋量子数 $S=2$,自旋多重度为 5。由于自旋多重度不相等即 $\Delta S\neq0$,从基态 $4f^n$(GS)到能量最低的高自旋态 $4f^{n-1}5d$ 组态(HS)的跃迁是自旋禁阻的,因而谱峰较弱,又根据 Hund 规则,高自旋态(HS)位于低能量处,所以在长波方向观察到的这些弱峰是自旋禁阻 f-d 跃迁。然而从基态 $4f^n$(GS)到能量更高的低自旋组态 $4f^{n-1}5d$(LS)的跃迁是自旋允许的(因为 $\Delta S=0$),所以谱峰较强。又因为 $4f^{n-1}5d$ 组态的 d 电子裸露在外,容易受到配位场的影响而使能级发生分裂,所以 f-d 跃迁谱带都较宽。对于 Dy^{3+} 在 175～200nm 范围内的激发光谱中,有两个相似的弱吸收谱带,它们都属于自旋禁阻的 f-d 跃迁。而其他离子的自旋禁阻跃迁是一个宽峰,这可能是因为能量最低的高自旋态(HS)各能级之间的能量差比能量最低的高自旋态(HS)与低自旋态(LS)之间的能量差小,所以可能观察到两个自旋禁阻的 f-d 跃迁。

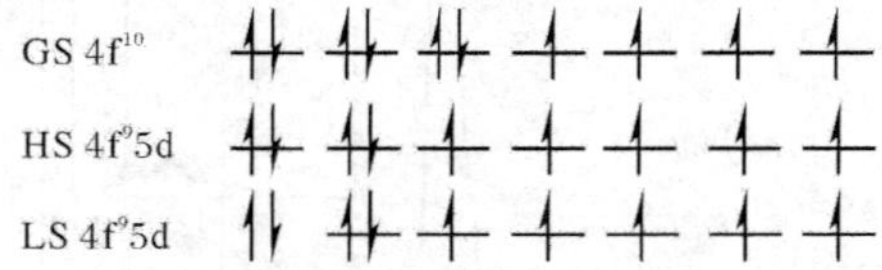

图 6.5 Ho^{3+} 的基态、能量最低的高自旋和能量较高的低自旋 $4f^9 5d$ 态的电子组态示意图

2. 轻镧系离子的 $4f^n \rightarrow 4f^{n-1}5d$ 跃迁光谱

图 6.6 是 $LiLuF_4:Pr^{3+}$ 和 $LiYF_4:Nd^{3+}$ 晶体的真空紫外吸收光谱，图(a)为 $LiLuF_4:Pr^{3+}$ 晶体在 100～300nm 光谱区域的吸收光谱，Pr^{3+} 离子的浓度为 1%；图(b)为 $LiYF_4:Nd^{3+}$ 在 110～250nm 光谱区域的吸收光谱。可以看出，对于 4f 层为半充满以前的镧系离子(即 $n \leqslant 7$)，在分辨率很高的激发光谱中只观察到一系列强的 f-d 跃迁谱带，这些谱带的峰形较宽，这与重镧系离子非常相似。但在它们的吸收光谱中，没有观察到弱的吸收峰。认为对于 $n \leqslant 7$ 的镧系离子，在 $4f^n$ 基态(GS)中，所有 4f 电子都是自旋平行的，因此，当一个电子被激发到 5d 轨道时，$4f^{n-1}5d$ 组态中自旋平行的电子数目不变，不会产生更高的自旋量子数。对于 $4f^{n-1}5d$ 组态能量最低的高自旋态(HS)，其自旋多重度与基态的完全相同，相应的 f-d 跃迁是允许的，因此，在真空紫外区域 Pr^{3+}、Nd^{3+} 等离子的激发光谱中，只观察到强的 $4f^n$(GS)$\rightarrow 4f^{n-1}5d$(HS)激发谱带。

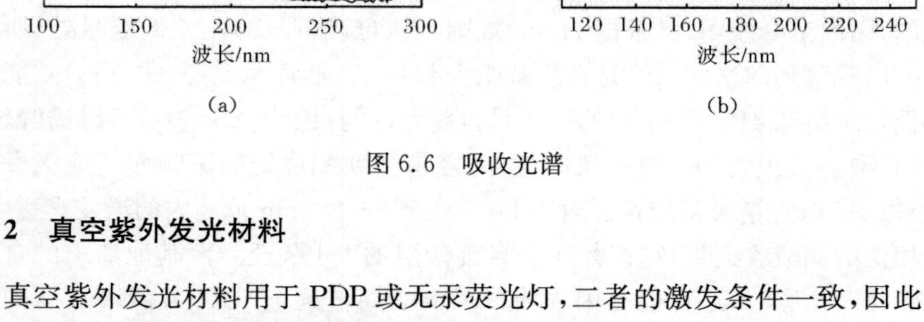

图 6.6 吸收光谱

6.4.2 真空紫外发光材料

真空紫外发光材料用于 PDP 或无汞荧光灯，二者的激发条件一致，因此以下都以 PDP 发光材料为例来说明真空紫外用发光材料。

1. 彩色 PDP 用荧光粉的现状

1) 彩色 PDP 对三基色荧光粉的性能要求

由于真空紫外线波长位于 100～200nm 的短紫外区，PDP 用荧光粉与 254nm 紫外激发下发光的灯用荧光粉有相当大的差别。高能量的激发波长使得 PDP 用荧光粉应具备以下要求。

(1) 荧光粉基质的禁带宽。PDP 用荧光粉的激发波长位于真空紫外区，这就要求荧光粉在真空紫外区有较强的吸收。在 PDP 用荧光粉的真空紫外激发光谱中，通常见到的较强的激发带来自基质的吸收带。因此，PDP 荧光粉的基质需要选择基质吸收在真空紫外区的宽带物质。在不同宽带基质中，可以看到不同位置的基质敏化带：在 $YBO_3:Eu^{3+}$、$GdBO_3:Eu^{3+}$、$GdBO_3:Tb^{3+}$、$ScBO_3:Tb^{3+}$、$YAl_3(BO_3)_4:Eu^{3+}$、$LaMgB_5O_{10}:Eu^{3+}$ 中观察到硼氧阴离子基团的敏化带中心位于 150～160nm；在 $YPO_4:Eu^{3+}$、$GdPO_4:Eu^{3+}$、$LaPO_4:Eu^{3+}$、$YPO_4:Tb^{3+}$ 中 ${PO_4}^{3-}$ 的敏化带中心位于 150～160nm；在 $Sr_3(PO_4)_2:Eu^{2+}$、$Ba_3(PO_4)_2:Eu^{2+}$ 中磷氧阴离子基团的敏化带中心位于 125nm；在 TbP_5O_{14} 中 ${P_5O_{14}}^{3-}$ 的敏化带中心位于 135nm；在 $BaAl_{12}O_{19}:Mn^{2+}$、$BaMgAl_{14}O_{23}:Mn^{2+}$、$BaMgAl_{14}O_{23}:Eu^{2+}$ 中观察到 AlO_4、AlO_5 或 AlO_6 的敏化带中心位于 140～175nm；$LiYF_4$、LaF_3、YF_3 的基质敏化带中心位于 120nm；在 $YVO_4:Eu^{3+}$ 中基质敏化带出现在 150nm。各类晶体及其基质吸收带的位置如表 6.1 所示。

表 6.1　基质及相应敏化带位置(Kim et al. ,2000)

基质晶体	代表物质	基质吸收带位置
氧化物	$CaO:Eu^{3+}$，$Y_2O_3:Eu^{3+}$	200nm
多铝酸盐	$BaMgAl_{10}O_{17}:Eu^{2+}$	175nm
硅酸盐	$Ca_2SiO_4:Tb^{3+}$	160～170nm
硼酸盐	$(Y,Gd)BO_3:Eu^{3+}$	150～160nm
钒酸盐	$YVO_4:Eu^{3+}$	155nm
正磷酸盐	$(La,Gd)PO_4:Eu^{3+}$	155nm
五磷酸盐	$TbP_5O_{14}:Eu^{3+}$	135nm
二磷酸盐	$Sr_3(PO_4)_2:Eu^{3+}$ 或 $K_3Tb(PO_4)_2:Eu^{3+}$	125nm
氟化物	$LaF_3:Eu^{3+}$ 或 $LiYF_4:Eu^{3+}$	120nm

(2) 发光效率高。为了清晰地显示图像，等离子体显示平板具有一定的光发射亮度。目前 PDP 的发光效率还较低，只有 2lm/W 左右，而 CRT 的发光效率为 5lm/W 左右。尽管 PDP 的发光效率不仅仅由荧光粉的发光效率决定，但荧光粉高的发光效率无疑会提高 PDP 的发光效率并节约能源。就目前使用的 PDP 荧光

粉来说，它们在真空紫外线的激发下发光的能量效率较低，只有 25%，而灯用荧光粉在紫外线的激发下发光的能量效率达 44%。由于一个 VUV 光子的能量相当于两个以上可见光子的能量之和，如果吸收一个 VUV 光子能发射出两个可见光光子，则 PDP 荧光粉发光的能量效率将大大提高。

(3) 色纯度。要实现 PDP 的全色显示，要求三基色荧光粉都具有较好的色纯度。PDP 绿粉的色纯度较好，使得 PDP 的显示色域比 CRT 大，但 PDP 蓝粉和红粉的色纯度仍比相应的 CRT 荧光粉稍差。只有提高 PDP 蓝粉和红粉的色纯度，才能进一步改善 PDP 的全色显示。

(4) 热稳定性好。由于在 PDP 制作过程中的烤屏温度高于 500℃，PDP 荧光粉必须具有较高的热稳定性。

(5) 衰减时间短。显示用的荧光粉的 $\tau_{1/e}$ 值一般要求小于 5ms 或 $\tau_{1/10}$ 值小于 10ms，否则容易引起前后显示图像的重叠以及横向串扰(即所谓的 Crosstalk 效应)。

表 6.2 给出了 PDP 适用荧光粉的色坐标及发光效率。

表 6.2 PDP 适用荧光粉的色坐标及相对发光效率

荧光粉	CIE 色坐标		相对发光效率	$\tau_{1/e}$/ms	亮度/(cd/m²)
	x	y			
NTSC* 蓝	0.14	0.08			
$CaWO_4:Pb^{2+}$	0.17	0.17	0.74		
$Y_2SiO_5:Ce^{3+}$	0.16	0.09	1.1		51
$BaMgAl_{10}O_{17}:Eu^{2+}$	0.147	0.067			
$BaMgAl_{14}O_{23}:Eu^{2+}$	0.14	0.09	1.6	<1	
NTSC 绿	0.21	0.71			
$Zn_2SiO_4:Mn^{2+}$	0.21	0.72	1	11.9	365
$BaAl_{12}O_{19}:Mn^{2+}$	0.16	0.74	1.1	71	
$BaMgAl_{14}O_{23}:Mn^{2+}$	0.15	0.73	0.92		
$SrAl_{12}O_{19}:Mn^{2+}$	0.16	0.75	0.62		
$ZnAl_{12}O_{19}:Mn^{2+}$	0.17	0.74	0.54		
$CaAl_{12}O_{19}:Mn^{2+}$	0.15	0.75	0.34		
$YBO_3:Tb^{3+}$	0.33	0.61	1.1		
$LuBO_3:Tb^{3+}$	0.33	0.61	1.1		
$GdBO_3:Tb^{3+}$	0.33	0.61	0.53		

续表

荧光粉	CIE 色坐标		相对发光效率	$\tau_{1/e}$/ms	亮度/(cd/m²)
	x	y			
$ScBO_3:Tb^{3+}$	0.35	0.6	0.36		
$Sr_4Si_3O_8Cl_4:Eu^{3+}$	0.14	0.33	1.3		
NTSC 红	0.67	0.33			
$Y_2O_3:Eu^{3+}$	0.65	0.34	0.67	1.3	62
$Y_2SiO_5:Eu^{3+}$	0.66	0.34	0.62		
$Y_3Al_5O_{12}:Eu^{3+}$	0.63	0.37	0.47		
$Zn_3(PO_4)_2:Mn^{2+}$	0.67	0.33	0.34	15.1	
$YBO_3:Eu^{3+}$	0.65	0.35	1		
$Y_{0.65}Gd_{0.35}BO_3:Eu^{3+}$	0.65	0.35	1.2	4.3	
$GdBO_3:Eu^{3+}$	0.64	0.36	0.94		
$ScBO_3:Eu^{3+}$	0.61	0.39	0.94		
$LuBO_3:Eu^{3+}$	0.63	0.37	0.74		

* NTSC 是美国国家电视系统委员会制定的彩色电视广播标准。

2) 彩色 PDP 商用荧光粉研究现状

美国国家电视标准委员会(NTSC)建议，为了最大程度保证图像真实性，图像应由红、蓝、绿三种颜色组成，NTSC 标准的红、蓝、绿荧光粉的色坐标列于表 6.3。近 20 年来，国外研究工作者根据发光效率及色坐标等指标，从 600 多种荧光材料中筛选出硼酸盐红粉 $(Y,Gd)BO_3:Eu^{3+}$（简称 YGB)、铝酸盐蓝粉 $BaMgAl_{10}O_{17}:Eu^{2+}$（简称 BAM)及硅酸盐绿粉 $Zn_2SiO_4:Mn^{2+}$（简称 ZSM)作为 PDP 用荧光粉。将三基色荧光粉配比混合，各混合粉的色坐标及相对发光效率列于表 6.3。由表 6.3 可见，PDP 用荧光粉组合(1 号混合粉)的色坐标与 NTSC 标准最接近，且相对发光效率最高。

表 6.3　三基色混合荧光粉的色坐标及相对发光效率

序号	三基色混合粉			色坐标		相对发光效率/%
	红	蓝	绿	x	y	
1		NTSC 标准		0.3101	0.3161	100
2	YGB	BAM	ZSM	0.31	0.31	182
3	YGB	BAM	$BaAl_{12}O_{19}:Mn^{2+}$	0.30	0.31	172
4	$YBO_3:Eu^{3+}$	BAM	ZSM	0.29	0.31	150
5	$Y_2O_3:Eu^{3+}$	$Y_2SiO_5:Ce^{3+}$	ZSM	0.31	0.38	100
6	$YBO_3:Eu^{3+}$	$YP_{0.85}V_{0.15}O_4$	ZSM	0.31	0.31	83
7	$Y_2O_3:Eu^{3+}$	$CaWO_4:Pb^{2+}$	ZSM	0.34	0.44	58

PDP商用三基色荧光粉均存在不足之处，例如，红色荧光的粉色纯度较差，即红光偏黄，绿色荧光粉余辉时间过长，蓝色荧光粉稳定性太差。此外，由于荧光粉被具有较高能量和较强辐射的VUV激发，由VUV辐射造成的荧光粉色心、表面缺陷会使其发光性能降低。PDP荧光粉发光效率低，主要与荧光粉本身质量有关。荧光粉本身质量取决于两方面：一方面，在PDP显示板制造过程中，封接温度达450℃，该温度可使荧光粉因受热而亮度衰减，例如，绿色铝酸钡锰荧光粉的亮度会因此下降10%，蓝色荧光粉BAM甚至下降20%；另一方面，荧光粉亮度还会在工作状态下衰减，衰退原因主要有真空紫外照射、气体放电的溅射、离化的气体分子相互间碰撞而使荧光粉分子离解、杂质的吸附使荧光粉表面态发生变化等。此外，离子的轰击和真空紫外辐射对荧光粉也有影响。对于不同的粉体，其影响因素不一样，如绿色荧光粉主要受离子轰击的影响，而蓝色荧光粉则受真空紫外辐射的影响较大，经过15000h后蓝色荧光粉的最大亮度衰减量可达30%～40%。尽管对真空紫外发光材料的研究已经取得了一定的进展，但还存在发光材料在真空紫外激发下从高能光子产生可见光子的能量转换效率较低、真空紫外发光材料的品种陈旧、研究停滞不前等问题。

针对上述问题，对真空紫外激发下发光材料的研究主要基于以下几个方面。

(1) 发光材料制备手段的改进。发光材料制备手段趋于多样化，可通过采用不同的材料制备技术及其工艺改进来调控结构和性能的关系。除了传统的高温固相法以外，现在逐渐发展出溶胶-凝胶法、水热法、微乳液法、化学共沉淀法等湿化学合成方法等，具体介绍见第3章。多种合成方法研究的主要目的是降低能耗、缩短合成时间，制备出的材料具有不同的形貌和粒径，在一定程度上也会影响材料的发光性能。例如，红色发光材料$(Y,Gd)BO_3:Eu^{3+}$的发光强度较高，但色度偏黄，色纯度差。根据这一特点，人们制备出了纳米$(Y,Gd)BO_3:Eu^{3+}$，在纳米结构中Eu^{3+}的占位对称性被破坏，因此偏离对称中心位置，有效地提高其色纯度；用喷雾热解法、共沉淀法和固相法制备$YAG:Eu^{3+}$材料，发现用共沉淀法和喷雾热解法能够在较低的温度下制备出单相材料，而且当煅烧温度相同时，与固相法相比，共沉淀法和喷雾热解法制备出材料的发光强度相对较高。

(2) 改进现有的发光材料。改进现有发光材料的有效途径是掺杂敏化剂离子。图6.7给出了敏化发光过程的示意图。其中M表示基质晶格，在M中掺杂两种外来离子A(激活剂)和S(敏化剂)，并假设基质晶格的吸收不产生辐射。敏化剂S吸收能量并将所吸收的激发能量传递给A，全部或部分的激发能量通过A产生的发射而释放出来。许多研究报道表明，选择适当的敏化剂离子可以显著提高材料的发光强度并有效抑制发光材料的劣化。最常见的敏化剂离子如Gd^{3+}，在许多体系中都有很好的敏化效果：在$YAl_3(BO_3)_4:Eu^{3+}$体系中，Gd^{3+}的加入能够有效提高真空紫外区域基质吸收的强度，样品的发射强度大大增强；其他敏化离

子如 Ce^{3+}、Bi^{3+} 等也有许多相关报道(Zhang K et al., 2008)。敏化剂离子除了能提高发光强度以外,还可以缩短余辉时间,如 $Zn_2SiO_4:Mn^{2+}$ 绿色发光材料的余辉时间较长,研究表明增加 Mn^{2+} 掺杂浓度对其余辉时间没有明显降低,但掺入少量的 Eu^{2+} 等离子却能在不同程度上缩短其余辉时间。

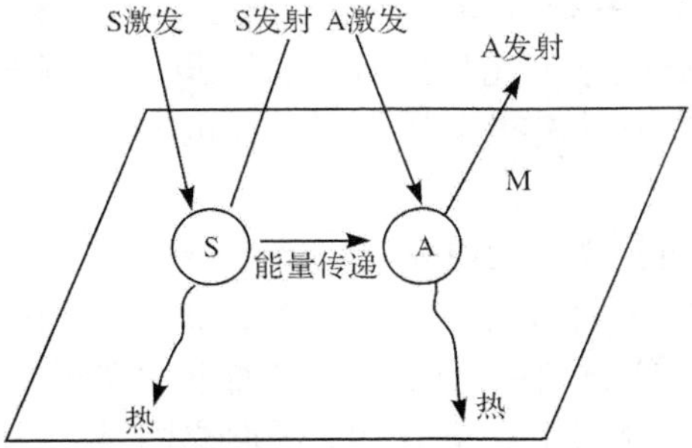

图 6.7　敏化发光过程的示意图

(3) 真空紫外发光材料机理的研究。对发光材料在真空紫外区域的基质敏化、4f-5d 电子跃迁、电荷迁移态的特点和变化规律,以及稀土离子之间高效能量传递的特性的系统研究是设计新型真空紫外发光材料,探寻提高 PDP、无汞荧光灯用发光材料发光效率的重要理论基础。近些年许多研究组已经进行了有关真空紫外光谱的经验总结,并发展出一些理论。例如,Dorenbos(2000)提出了三价稀土离子 f-d 跃迁的半经验公式,可利用出现在紫外区域的 Ce^{3+} 的 f-d 跃迁来预测其他三价稀土离子通常出现在真空紫外区域f-d跃迁的能量;Jφrgensen 等利用稀土离子的光学电负性计算出电荷迁移带,并在自旋成对能理论中确定了 Ln 系配合物中的电荷迁移带的公式(Resfeld et al., 1977);Belsky 和 Krupa 等报道了稀土发光材料机理研究,认为激发过程分为发光中心的直接激发和基质晶格将部分能量传递给发光中心的间接激发两部分(Belsky et al.,1999)。

2. 彩色 PDP 用三基色荧光粉的研究进展

1) PDP 红色荧光粉的研究进展

最早应用在 PDP 中的红色荧光粉是 $YVO_4:Eu^{3+}$,但 $YVO_4:Eu^{3+}$ 在 VUV 激发下发光效率非常低。硼酸盐基质能有效吸收 VUV 光子,在紫外和可见光波段又具有良好的透光性,化学和热稳定性好,合成温度低(通常在 1200℃以下),经济成本低,所以备受青睐。1979 年 Koike 等报道了稀土正硼酸盐 $LnBO_3:Eu^{3+}$ (Ln=Y,Gd,Lu,Sc)的 VUV 发光性能,除此之外,至今几乎没有找到比(Y,Gd)$BO_3:Eu^{3+}$ 发光效率更高的 PDP 红色荧光材料,因此一直将(Y,Gd)$BO_3:Eu^{3+}$ 作为 PDP 的红色荧光粉。

目前,PDP 商用荧光粉$(Y,Gd)BO_3:Eu^{3+}$的主要缺点是发光效率低、色纯度低,因而,关于红色 PDP 荧光粉的研究也主要集中在两个方面:一方面是提高发光效率,另一方面是改善色纯度。但在过去,众多研究单位都把研究重点放在改善红色 PDP 荧光粉的色纯度上,直到近两年,产业竞争对 PDP 发光效率和能耗提出更高要求之后,一些研究单位才逐渐把研究重点转向提高发光效率。从材料体系分,有关 PDP 红色荧光粉的研究主要集中于硼酸盐和磷酸盐。另外,关于稀土离子 VUV 高能激发态及其跃迁规律的研究一直是 VUV 发光研究的课题之一。

(1) 新型 PDP 红色荧光粉的研究。

2002 年 Lee 等(2002)报道了$(Y,Gd)Al_3(BO_3)_4:Eu^{3+}$的 VUV 发光性能。$LnAl_3(BO_3)_4$为碳酸钙镁石结构,具有斜方六面体对称性(空间群:R32),Al 占据扭曲八面体中心位置并分散于三角形 BO_3 平面之间,Ln 占据扭曲三棱柱的中心(D_3对称位置),不具有中心对称性。Eu^{3+}在$YAl_3(BO_3)_4$、$GdAl_3(BO_3)_4$和$(Y,Gd)Al_3(BO_3)_4$基质中的发光都以$^5D_0 \rightarrow {}^7F_2$电偶极跃迁为主,色坐标为(CIE:0.67, 0.33),色纯度较高,但发光强度较弱。$(Y,Gd)Al_3(BO_3)_4:Eu^{3+}$和$YAl_3(BO_3)_4:Eu^{3+}$与$(Y,Gd)BO_3:Eu^{3+}$的激发谱形状基本相似,但其电荷迁移带较$(Y,Gd)BO_3:Eu^{3+}$发生红移,硼铝酸盐基质吸收带在 168nm,电荷迁移带峰值在 240nm,基质敏化Eu^{3+}发光的能力降低。

2002 年 Park 等(2002)报道了色坐标为(CIE:0.66,0.34)、发光效率为 YGB 80%的六方系红色 VUV 材料$BaGdB_9O_{16}:Eu^{3+}$。目前,对于$BaGdB_9O_{16}$的结构尚没有统一的定论。一些研究给出了$BaLaB_9O_{16}$和$BaGdB_9O_{16}$的粉末 X 射线衍射的指标化结果,认为它们属于六方对称结构,其晶胞参数分别为:$BaLaB_9O_{16}$:a=7.878Å,c=15.632Å;$BaGdB_9O_{16}$:a=7.797Å,c=15.474Å。激发谱中 153nm 的激发峰为硼酸盐基质的吸收带,233nm 为电荷迁移带,274nm 和 310nm 为Gd^{3+}的$^8S_{7/2} \rightarrow {}^6I_J$和$^8S_{7/2} \rightarrow {}^6P_J$跃迁。其发射谱中除了$Eu^{3+}$取代$Ba^{2+}$占据的非对称位置所发生的$^5D_0 \rightarrow {}^7F_2$电偶极跃迁外,还含有由于基态自旋轨道劈裂发生的跃迁所发射的其他谱线。$^5D_0 \rightarrow {}^7F_0$跃迁是严格禁戒的,但在 575nm 处观察到了这一谱线,说明$BaGdB_9O_{16}:Eu^{3+}$的晶场作用很强,足以引起 J 能级的混合。高分辨光谱中可观察到$^5D_0 \rightarrow {}^7F_1/{}^7F_2$跃迁由 3/5 能级劈裂组成。时间分辨光谱表明$Gd^{3+} \rightarrow Eu^{3+}$传递能量激发$Eu^{3+}$发光,能量传递速度估算为 $6000s^{-1}$。此外,通过对合成工艺的优化发现,在 1000℃烧结的样品与 900℃的相比,发光强度提高了 60%;在初始加入 10%过量的硼酸,发光强度提高了 1 倍。

除了以硼酸盐为基质的红粉发光材料,发光效率较高的还有以磷酸盐如$YPO_4:Eu$、$(La,Gd)PO_4:Eu$等为基质的红色荧光体。PO_4是磷酸根的最基本组成单元,为四面体结构,由 PO_4 四面体结构基元所形成的磷酸盐通常都为对称结构，因而磷酸盐基质中 Eu^{3+} 的发光通常以 $^5D_0 \rightarrow {}^7F_1$ 磁偶极跃迁为主，色纯度较低。磷酸盐基质吸收带在 150nm 左右，与硼酸盐基质相比，磷酸盐基质吸收带的位置更加接近于 Xe-147nm 特征吸收带。推测磷酸盐基质的发光效率应该比硼酸盐高，但遗憾的是，总发现同等激发条件下 Eu^{3+} 掺杂磷酸盐基质的发光效率没有硼酸盐的发光效率高(如 YPO_4 和 YBO_3 等)。

(2) $(Y,Gd)BO_3:Eu^{3+}$ 红色荧光粉的掺杂改性研究。

掺杂改性的研究思路都是采用敏化发光来提高发光效率，在探索真空紫外发光规律的同时，侧重于提高发光效率。

Chen 等(2008)在不同波长激发下对不同浓度的 Bi^{3+} 和 Eu^{3+} 共掺杂 YBO_3 体系的发光进行了研究(图 6.8)。研究发现当 Bi^{3+} 的掺杂浓度为 0.05%～1%时，Bi^{3+} 的 $^1S_0 \rightarrow {}^3P_1/{}^1P_1$(175～205nm/235～275nm)特征激发带及对应波长范围的激发发光强度都随着 Bi^{3+} 浓度的增大而增大；当 Bi^{3+} 的掺杂浓度为 0.05%～0.25%时，YBO_3 的基质吸收带和 Eu^{3+}-O^{2-} 电荷转移带的强度几乎没有变化，但在激发光谱中额外出现的 $^1S_0 \rightarrow {}^3P_1/{}^1P_1$ 特征激发带，有助于吸收 PDP 中 Xe/Xe+Ne 稀有气体电离辐射中的连续光谱部分，对提高发光效率有利。在 147nm 激发下，当 Bi^{3+} 的浓度为 0.1%时发光达到最强；当 Bi^{3+} 的掺杂浓度大于 0.25%时，YBO_3 的基质吸收带和 Eu^{3+}-O^{2-} 电荷转移带的强度都随 Bi^{3+} 掺杂浓度的增大而减弱。当 Bi^{3+} 的掺杂浓度达到一定程度(大于 0.25%)时，一方面 Bi^{3+} 捕获的激发能倾向于在 Bi^{3+} 之间进行共振传递，而不会传递给 Eu^{3+}；另一方面在 147nm 激发下，Bi^{3+} 对基质激发能的捕获影响了基质向 Eu^{3+} 传递能量，从而导致 Eu^{3+} 的发光强度随 Bi^{3+} 掺杂浓度的进一步增大而降低。

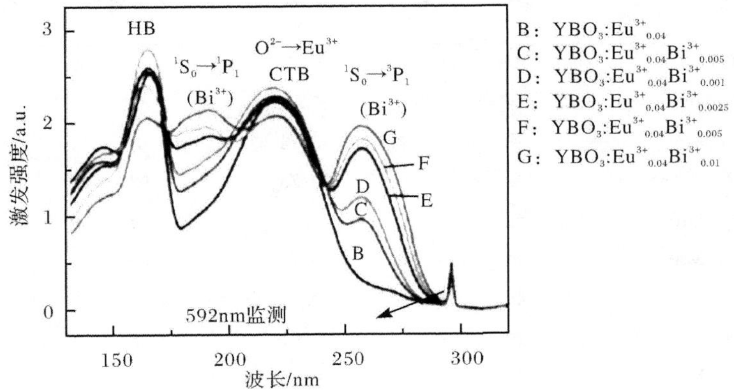

图 6.8　300K 下监测 Eu^{3+} 的 592nm 发射测得不同浓度 Bi^{3+} 和 Eu^{3+} 共掺 YBO_3 体系的激发光谱

2) PDP 绿色荧光粉的研究进展

在彩色 PDP 三基色荧光粉中，绿色发光材料是一种非常重要的发光材料，因为人眼对绿色最为敏感。绿色荧光粉的相对发光强度约占 40%，因此绿粉的亮度和发光效率决定了显示器的显示质量。目前，PDP 用绿粉主要有硅酸盐类（如 $Zn_2SiO_4:Mn^{2+}$）、铝酸盐类（如 $BaAl_2O_{19}:Mn^{2+}$）、磷酸盐类（如 $YPO_4:Tb^{3+}$）和硼酸盐类（$YBO_3:Tb^{3+}$）四种体系。前两者属于 Mn^{2+} 激活发光体系，其色纯度比 Tb^{3+} 作为激活剂的色纯度高，而且量子效率高；但抗真空紫外辐射能力差，粉体容易老化，寿命短。另外，由于 Mn^{2+} 发射属于自旋禁戒跃迁，发光衰减时间长，往往会产生动态显示图像滞后的现象。通过增加掺杂浓度引起浓度猝灭能够使发光衰减时间缩短，但浓度猝灭也显著降低了荧光粉的发光亮度。

在以 Mn^{2+} 为激活剂的绿色荧光粉中，$Zn_2SiO_4:Mn^{2+}$ 虽然余辉时间较 $BaAl_{12}O_{19}:Mn^{2+}$ 的余辉时间长，但因发光效率高、色纯度高、价格低廉而被广泛应用于彩色 PDP 三基色荧光粉中。目前常用的合成方法主要是高温固相法，此法制备的荧光粉具有晶型完整、表面缺陷少、相对发光强度高、利于工业化生产等优点，但需在 1600℃左右的高温炉中灼烧较长的时间，制备的荧光粉需要球磨等后期工序，从而破坏了荧光粉表面的完整性，且颗粒易团聚。

Tb^{3+} 激活的磷酸盐和硼酸盐体系具有适宜的发光衰减时间，抗真空紫外辐射能力强，但 Tb^{3+} 的发射光是黄绿色，色纯度不够高。表 6.4 给出了 PDP 用绿色荧光粉的材料及特性。

表 6.4 PDP 用绿色荧光粉的材料及特性

荧光粉	颜色	色度坐标		相对发光效率	余辉时间/ms
		x	y		
NTSC	绿	0.21	0.71		
$Zn_2SiO_4:Mn^{2+}$	绿	0.21	0.72	1.0	11.9
$BaAl_{12}O_{19}:Mn^{2+}$	绿	0.16	0.74	1.1	7.1
$BaMgAl_{14}O_{23}:Mn^{2+}$	绿	0.15	0.73	0.92	
$SrAl_{12}O_{19}:Mn^{2+}$	绿	0.16	0.75	0.62	
$CaAl_{12}O_{19}:Mn^{2+}$	绿	0.15	0.75	0.34	
$ZnAl_{12}O_{19}:Mn^{2+}$	绿	0.17	0.74	0.54	
$(Y,Gd)BO_3:Tb^{3+}$	绿	0.33	0.61	0.53	8
$LaBO_3:Tb^{3+}$	绿	0.33	0.61	1.1	
$ScBO_3:Tb^{3+}$	绿	0.35	0.60	0.36	
$LaPO_4:Tb^{3+}$	绿	0.34	0.57		
$Sr_4Si_3O_6C_{14}:Eu^{2+}$	绿	0.14	0.33	1.3	
$SrAl_2O_4:Eu^{2+}$	绿	0.26	0.59		0.01

(1) Mn^{2+}作为激活剂绿色荧光粉的研究。

① $Zn_2SiO_4:Mn^{2+}$。

$Zn_2SiO_4:Mn^{2+}$属硅锌矿晶体，斜方六面体结构，Mn 在发光体中主要以 Mn^{2+}离子的形式存在，它取代 Zn^{2+}离子的位置，在晶格中被 4 个氧原子包围形成发光中心。在 PDP 条件激发下（约 147nm 和 172nm），Mn^{2+}发生了最低激发态 $^4T_1 \rightarrow {}^6A_1$ 的跃迁而发出绿光，研究发现 $Zn_2SiO_4:Mn^{2+}$在 120～200nm 的真空紫外区域内存在着较强的基质吸收，而 Mn^{2+}在 VUV 区域的吸收在 170～200nm 范围内，表明基质与 Mn^{2+}之间存在着高效的能量传递，从而使其具有较高的发光效率。针对 $Zn_2SiO_4:Mn^{2+}$余辉时间过长、时效劣化及形貌上的不足等，人们多通过调整 Mn^{2+}的离子浓度、添加其他杂质或使用不同的制备手段等方法来改进，以下是相关研究的结果和例子。

有研究表明通过调节 $Zn_2SiO_4:Mn^{2+}$中 Mn^{2+}离子的掺杂浓度可以缩短其过长的余辉时间。PDP 条件激发下 $Zn_2SiO_4:Mn^{2+}$的猝灭浓度很低，当发光强度随着掺杂浓度的逐渐增大而增强时，余辉时间会随之增长；随着锰离子浓度的继续增加，在余辉时间出现明显的缩短时，发射强度却又会同时大幅下降，因此可通过调整 Mn^{2+}离子的浓度有效缩短荧光粉的余辉时间。这种方法虽然简单、效果明显，但是同时也牺牲了部分亮度。

Yu 等(2009)用水热法制备了 $Zn_{1.94}SiO_4:Mn_{0.06}{}^{2+}$样品，发现水热制备的样品具有规则均一的形貌（图 6.9），大都为直径 100nm、长度 150nm 的棒状结构。1200℃热处理后，棒状纳米晶尺寸增大，直径为 150nm，长度为 400nm。研究还比较了 147nm 激发下用固相法和水热法分别制备样品的发射光谱，发现 1200℃热处理后样品的发射强度最大，可归因于在水热过程中样品结晶程度较高，且具有规则的形貌。

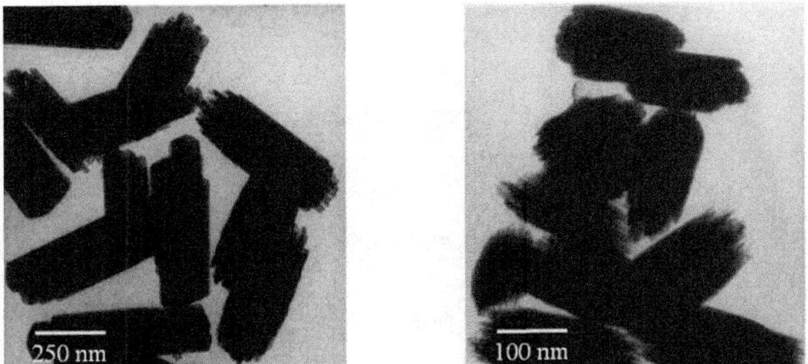

(a) 水热条件：220℃、4h　　(b) a 样品进行 1200℃、2h 热处理

图 6.9　水热法制备 $Zn_{1.94}SiO_4:Mn_{0.06}{}^{2+}$样品的透射电镜照片

② 铝酸盐荧光粉。

以碱土金属铝酸盐为基质，掺杂 Mn^{2+} 为发光中心的 PDP 绿粉，在 VUV 激发下都具有较高的发光效率和量子效率。在铝酸盐体系中 Mn^{2+} 取代四配位的铝离子，进入四面体中心，发出绿光。以 $BaAl_2O_{19}:Mn^{2+}$ 为代表的铝酸盐荧光粉与 $Zn_2SiO_4:Mn^{2+}$ 相比，也具有较高的相对发光效率，其余辉时间一般为 7.1ms，远比 $Zn_2SiO_4:Mn^{2+}$ 的 11.9ms 短。常规高温固相法生成的 $BaAl_2O_{19}:Mn^{2+}$，所需反应温度高(1300～1550℃)，且发光强度相对稍差。人们一般通过改进焙烧工艺、改变助熔剂、添加其他元素等方法来提高其发光强度。

③ 锡酸盐。

另外，还有以锡酸盐基质掺杂 Mn^{2+} 合成的 $Mg_2SnO_4:Mn^{2+}$。与商用的 $Zn_2SiO_4:Mn^{2+}$ 在 VUV 激发下相比较，$Mg_2SnO_4:Mn^{2+}$ 的发射波长峰值为 500nm，具有高的发光强度。当掺 Mn^{2+} 的摩尔分数为 0.25%时，$Mg_2SnO_4:Mn^{2+}$ 的发光强度达到最高，而 $Zn_2SiO_4:Mn^{2+}$ 在相同情况下，Mn^{2+} 的摩尔分数一般为 2%。$Zn_2SiO_4:Mn^{2+}$ 中 Mn^{2+} 的摩尔分数低将导致余辉时间的增加，反之虽然可使余辉时间缩短，但是大大牺牲了其发光亮度。图 6.10 显示了用掺摩尔分数为 0.25%Mn^{2+} 的 $Mg_2SnO_4:Mn^{2+}$ 与商用 $Zn_2SiO_4:Mn^{2+}$ 的余辉时间比较情况，$Zn_2SiO_4:Mn^{2+}$ 的余辉时间在 7～9ms，而掺摩尔分数为 0.25%Mn^{2+}(发光强度达到最高时的掺杂量)的 $Mg_2SnO_4:Mn^{2+}$ 的余辉时间也小于 10ms，因此可以认为将掺杂量进行调整后 $Mg_2SnO_4:Mn^{2+}$ 可以有比 $Zn_2SiO_4:Mn^{2+}$ 更短的余辉时间。

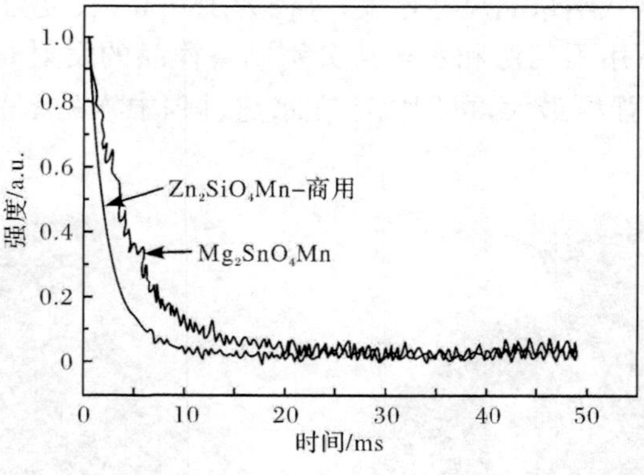

图 6.10 $Mg_2SnO_4:Mn^{2+}$ 和 $Zn_2SiO_4:Mn^{2+}$ 的时间衰减曲线

(2) Tb^{3+} 作为激活剂绿色荧光粉的研究。

由于受基质的影响较小，Tb^{3+} 被广泛地用作绿光荧光粉的发光中心。由 Tb^{3+} 激活的铝酸盐、磷酸盐以及硼酸盐具有较好的紫外吸收、高的量子效率以及较好的发光亮度和光通效率等，已成为三基色荧光粉中绿粉的主要代表。Tb^{3+} 的特征发射峰在 543～545nm 处，源于 Tb^{3+} 的 $^5D_4$-$^7F_5$ 跃迁。在 PDP 领域，Tb^{3+} 激活的荧光粉在 PDP 条件激发下，其发射光谱带宽窄、性能稳定、量子效率高，已经引起了越来越多的关注。由于以 Tb^{3+} 为发光中心的荧光粉与 Mn^{2+} 激活荧光粉相比在发光亮度和色纯度等方面还有待提高，其相应的研究重点则围绕寻找在 VUV 区域内有强吸收的基质和寻找能够有效进行能量传递的稀土敏化剂等。

稀土正磷酸盐在真空紫外光的激发下具有很高的发光效率，研究表明在正磷酸盐的真空紫外激发光谱中，基质的吸收带位于 120～160nm；稀土正硼酸盐也具有优良的 VUV 吸收特性，在真空紫外的基质吸收带位于 140～170nm 附近，掺杂 Tb^{3+} 后，与紫外激发相比，VUV 激发下的样品发光亮度更强，量子效率更高。铝酸盐化学稳定性好，耐热耐辐射，在 VUV 区域内也有良好的吸收。例如，多铝酸盐 $LaMgAl_{11}O_{19}$ 基质在真空紫外区的吸收带位于 165nm 附近，$BaAl_{12}O_{19}$ 在 150nm 左右有强吸收。研究表明这些基质不仅在真空紫外波段有强吸收，而且能与所掺发光中心之间发生高效的能量传递。

对于 Tb^{3+}，主要的稀土敏化剂有 Ce^{3+}、Gd^{3+}，其作用机理如下。

$Ce^{3+} \rightarrow Tb^{3+}$ 的能量传递：三基色荧光粉的绿粉中 Ce^{3+} 经常是作为敏化剂存在的，它对 Tb^{3+} 的发光有强敏化作用。但大量的研究已证明，在不同的激发条件下，$Ce^{3+} \rightarrow Tb^{3+}$ 的有效能量传递是不相同的。在紫外光激发下 Ce^{3+} 可以有效敏化 Tb^{3+}，使之发射强度增强，但在真空紫外光激发下，因为 Ce^{3+} 在此区域内并无强的吸收，所以对 Tb^{3+} 并不能起到强的敏化作用。

$Gd^{3+} \rightarrow Tb^{3+}$ 的能量传递：研究证明在许多材料中 Gd^{3+} 不仅在紫外光激发下对 Tb^{3+} 有敏化作用，而且在真空紫外光激发下也能有效地将能量传递给 Tb^{3+}，增强其发光。例如在磷酸盐、硼酸盐等基质中共掺 Gd^{3+} 和 Tb^{3+}，在 VUV 的激发下，基质吸收带先吸收能量，再将部分能量传递给 Gd^{3+}，并在 Gd^{3+} 之间传递，最后传给发光中心 Tb^{3+}，实现其高效发光。

3) PDP 蓝色荧光粉的研究进展

(1) BAM 的结构和存在的问题。

$BaMgAl_{10}O_{17}:Eu^{2+}$ (BAM)是 PDP 中以二价铕离子(Eu^{2+})为发光中心的蓝色荧光粉，在真空紫外线(VUV)激发下具有发光效率高和色纯度好等优点，是常用的 PDP 蓝色荧光粉。

由于自身结构性能的不稳定，BAM 蓝色荧光粉在 PDP 面板烤屏工序的焙烧过程中常常出现相对发光强度下降、色坐标值漂移等劣化现象，最终导致显示屏色彩失真、亮度下降。BAM 主要存在的问题如下。

① 合成温度过高。合成 $BaMgAl_{10}O_{17}:Eu^{2+}$ 蓝色荧光粉的最主要的方法仍然是传统的高温固相法。由于 $BaMgAl_{10}O_{17}:Eu^{2+}$ 的熔点高达 1920℃，固相法合成一般需要 1600℃以上的高温才能得到单相，不仅花费高、能耗大，而且生成的荧光

粉颗粒形状不规则，甚至有烧结现象，需要球磨粉碎后才能使用。

② 性能劣化。在荧光灯和 PDP 的制作工艺中，发光材料涂层要分别经过 600℃和 500℃左右的烤管工序处理，在这过程中 $BaMgAl_{10}O_{17}:Eu^{2+}$ 发生性能劣化，称为热劣化或工序劣化，表现为亮度衰减及色度坐标发生偏移。在 PDP 工作时，发光材料受高能的真空紫外线照射，并受高速离子轰击，也会出现性能劣化问题即历时劣化，同样表现为亮度衰减和色度坐标发生偏移，导致照明或显示装置的亮度降低和色彩失真。图 6.11 给出了 PDP 用荧光粉在经过 500℃、30min 的热处理或 22h 的真空紫外线辐照后发光效率的劣化情况（图(a)）和色度坐标的偏移情况（图(b)），可见三基色荧光粉中只有蓝色荧光粉存在劣化问题。这容易给混合荧光粉带来颜色不匹配的问题，给其应用对象的性能和使用寿命带来严重的负面影响。因此，$BaMgAl_{10}O_{17}:Eu^{2+}$ 的劣化已成为该蓝色荧光粉在实际应用中的最主要问题，成为迫切需要提高 $BaMgAl_{10}O_{17}:Eu^{2+}$ 的热稳定性和真空紫外辐照稳定性。

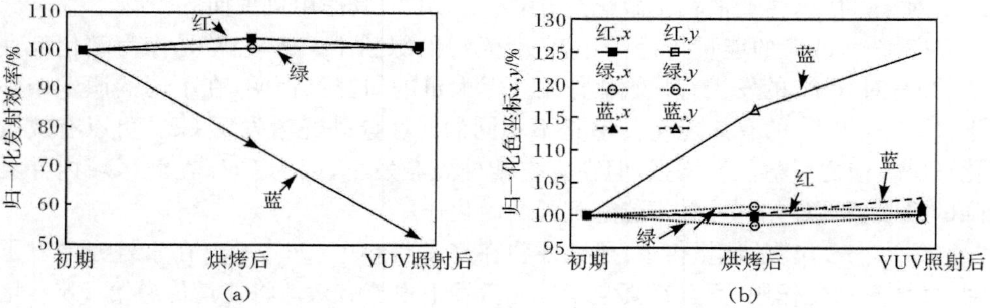

图 6.11　PDP 用荧光粉在经过 500℃、30min 的热处理或 22h 的真空紫外线辐照后发光效率的劣化情况和色度坐标的偏移情况

(2) BAM 劣化的机理。

关于 BAM 蓝粉的劣化机理，主要有两种形式：热劣化和 VUV 辐照劣化。

Oshio 等(1998)提出 $BaMgAl_{10}O_{17}:Eu^{2+}$ 的热劣化主要是由于在热处理过程中 Eu^{2+} 被氧化成 Eu^{3+}，并形成与 $BaMgAl_{10}O_{17}$ 结构相近的 Eu(Ⅲ)$MgAl_{11}O_{19}$。黄京根等提出了氧空位扩散热劣化模型，即在对 $BaMgAl_{10}O_{17}:Eu^{2+}$ 进行热处理时，气氛中的氧与 $BaMgAl_{10}O_{17}:Eu^{2+}$ 接触并进入表面，形成表面氧，表示为 O_x^o。表面氧也可看成是一个氧离子束缚两个空穴，氧空穴扩散进入 $BaMgAl_{10}O_{17}:Eu^{2+}$ 内部后，空穴与 Eu^{2+} 结合，形成 Eu^{3+}，造成 Eu^{2+} 中心劣化(Shimomura et al., 2004)。无论哪一种解释，氧在 $BaMgAl_{10}O_{17}:Eu^{2+}$ 蓝色荧光粉的热劣化中都起了重要作用，$BaMgAl_{10}O_{17}:Eu^{2+}$ 的热劣化主要表现为激活离子 Eu^{2+} 被氧化为 Eu^{3+}。张书秀(2006)研究了在不同的热处理条件下 $BaMgAl_{10}O_{17}:Eu^{2+}$ 的热劣化

机理，发现 BAM 亮度减少的幅度与 773K 下从 30min 到 30h 的热处理时间不成比例，这就意味着在较低的温度（如 773K）的热处理导致了 Eu^{2+} 激活剂的变化，但对 BAM 基质的影响甚微（图 6.12）。

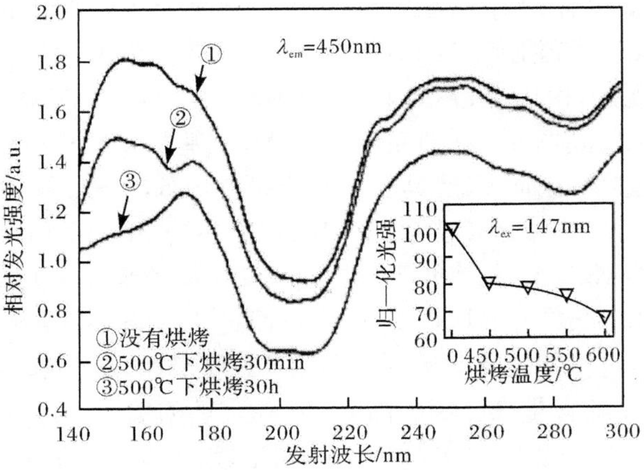

图 6.12　BAM 经烘烤和未经烘烤的激发光谱

目前对 $BaMgAl_{10}O_{17}$:Eu^{2+} 蓝色荧光粉在真空紫外辐照下的劣化问题的研究较少，因此劣化机理尚不明确。Zhang 等认为真空紫外辐照严重损害了 $BaMgAl_{10}O_{17}$:Eu^{2+} 的基质，辐照过程中产生的晶格畸变或色心等缺陷破坏了从基质到激活剂的能量传递，致使 $BaMgAl_{10}O_{17}$:Eu^{2+} 在真空紫外激发下的发射严重降低（zhang S et al.，2004）。Dawson 等（2004）认为辐照引起的色度坐标偏移是由于发光中心 Eu^{2+} 在晶格中向亚稳态的迁移，辐照引起的亮度衰减是由在尖晶石块中形成的色心造成的，这种色心作为能量陷阱阻碍了能量从基质向激活剂的传递。

（3）BAM 研究进展。

目前，大量研究集中在如何提高 BAM 材料的结晶性、其发光性能以及寿命，下面举例进行说明。

陈哲等（2008）利用溶液燃烧法成功制备了 BAM 蓝色荧光粉，着重研究了助熔剂 H_3BO_3 对 BAM 发光性能影响的机理。结果表明：助熔剂有利于产物的晶化，所获得的 BAM 颗粒形貌更加规整，呈球状且尺寸分布更加均匀；研究添加不同含量助熔剂对 BAM 发光性能的影响，发现 H_3BO_3 的最佳添加质量为 1.0%，此时可使 BAM 的发光强度提高 30%以上；认为助熔剂的加入改变了粉末之间的接触状态，降低了分子扩散的传质阻力，有利于激活剂稀土离子充分进入 BAM 晶格而形成更多的发光中心，从而提高产物的发光性能。

王娟娟等（2010）研究了 PDP 用 BAM 蓝色荧光粉的制备及表面包覆，考察了 Sr^{2+}、Ce^{3+}、Mg^{2+}、Zn^{2+} 掺杂对 BAM 蓝色荧光粉发光性能的影响。选用上述离子掺杂的主要原因：①Sr 和 Ba 是同主族元素，而 Ba 处于第八周期，Sr 处于第六周期，Sr^{2+} 离子半径小于 Ba^{2+} 离子半径，当 Ba^{2+} 被取代后，晶格参数减小、晶胞缩小，使得作为发光中心的 Eu^{2+} 与其周围的 O^{2-} 的密排程度增加，在接受外界的能量（热处理、真空紫外光照射、X 射线辐照）后不易引起 O^{2-} 严重偏离平衡位置，从而减小了 Eu^{2+} 发生无辐射跃迁的概率；②Ce^{3+} 只有一个 4f 电子，一般只表现为电偶极允许的 d-f 跃迁，由于 d-f 跃迁具有高的振子强度，可以有效地吸收辐射能，另外，由于 d 带受基质晶场和共价性的影响较大，随基质类型和结构的改变，发光颜色可以从紫色到红色，因而 Ce^{3+} 具有较宽的能量分布，可作为一种良好的敏化剂，将激发能直接通过一步或多步能量迁移后，以共振方式传给 Eu^{2+} 发光中心，使得 Eu^{2+} 发射增强；③Mg^{2+} 和 Al^{3+} 属于同周期，Mg^{2+} 离子半径稍大，Zn^{2+} 离子半径略大于 Al^{3+}，Zn^{2+} 和 Mg^{2+} 容易取代 Al^{3+} 位置而进入晶格，补偿电荷的同时能够提高相对发光强度，过量的氧化铝不利于 BAM 的稳定性，Zn^{2+} 和 Mg^{2+} 的掺杂可以通过降低基质物质的含量来达到提高 BAM 稳定性的效果。

Wang 等（2011）用助熔剂法制备了不同形貌的 $BaMgAl_{10}O_{17}:Eu^{2+},Mn^{2+}$ 荧光粉，发现不加助熔剂得到的样品是无规则的，而且颗粒严重团聚（图 6.13(a)）。助熔剂 $(NH_4)_2CO_3$ 的加入可有效提高样品的分散性，随着 LiF 助熔剂含量的增加，样品颗粒的厚度增大，认为 LiF 促进了片状 $BaMgAl_{10}O_{17}:Eu^{2+},Mn^{2+}$ 荧光粉的生长，具有“形状调节”的作用（图 6.13(b)～(h)）。

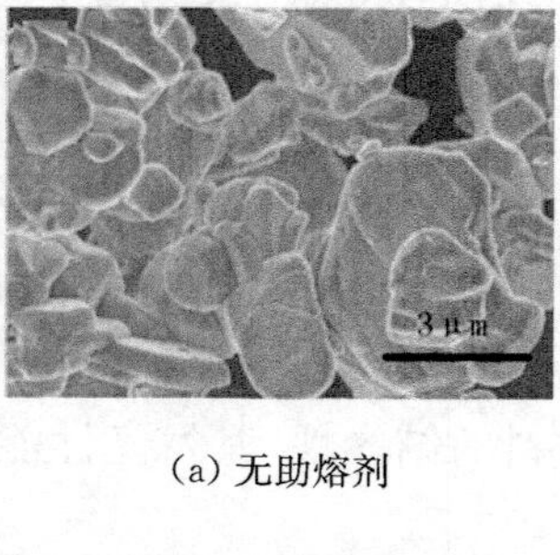

(a) 无助熔剂

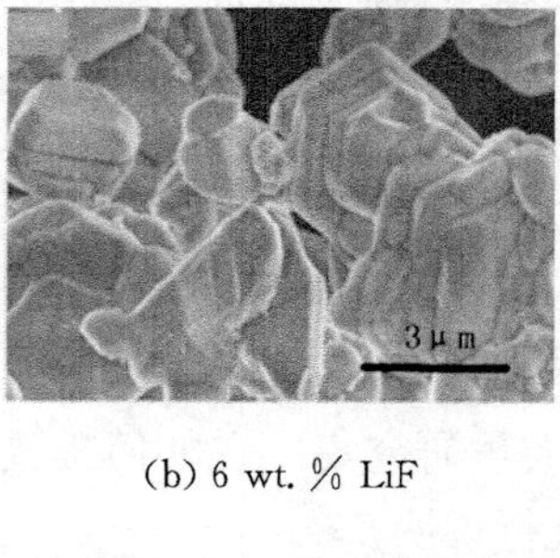

(b) 6 wt. % LiF

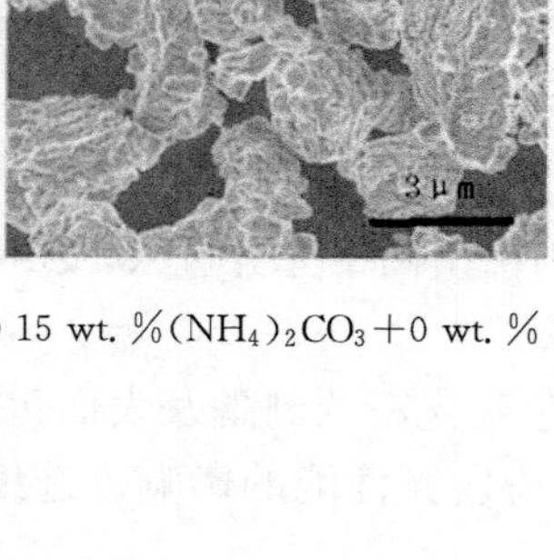

(c) 15 wt. % $(NH_4)_2CO_3$ + 0 wt. % LiF

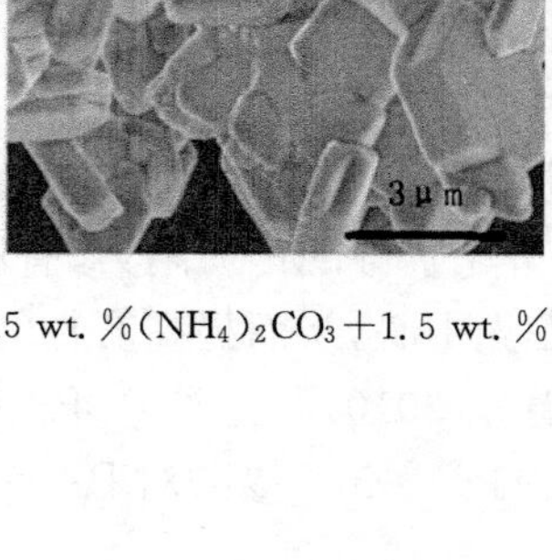

(d) 15 wt. % $(NH_4)_2CO_3$ + 1.5 wt. % LiF

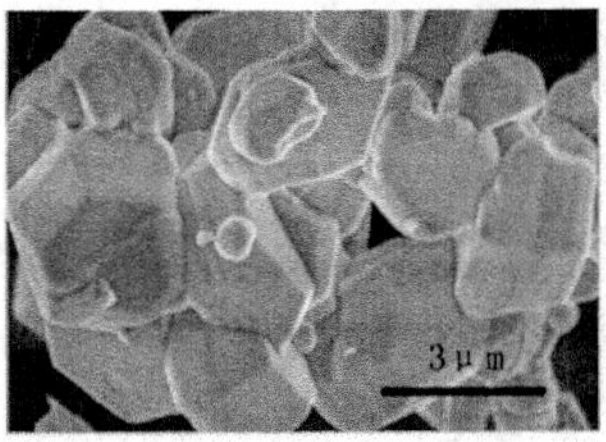

(e) 15 wt. %$(NH_4)_2CO_3$+3 wt. % LiF

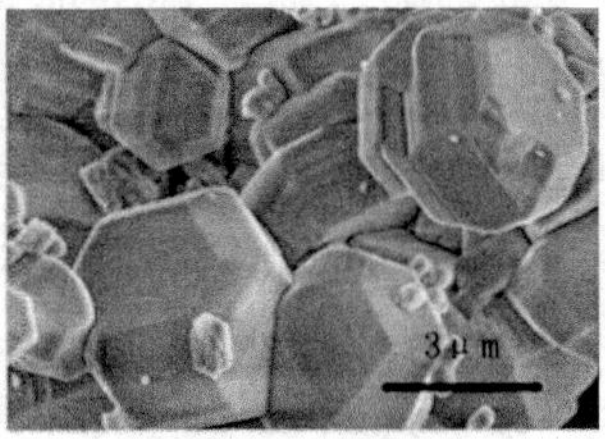

(f) 15 wt. %$(NH_4)_2CO_3$+4.5 wt. % LiF

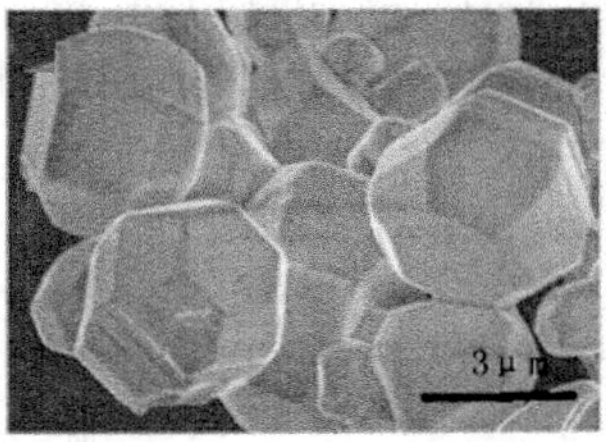

(g) 15 wt. %$(NH_4)_2CO_3$+6 wt. % LiF

(h) 15 wt. %$(NH_4)_2CO_3$+7.5 wt. % LiF

图 6.13　BAM:Eu^{2+},Mn^{2+}的扫描电镜照片

3. 研究 PDP 荧光粉的新思路——量子剪裁

要研制出性能更好、可满足 PDP 需要的荧光粉，必须考虑对荧光粉的三点要求：首先必须具备较高的发光效率，其次要有较高的稳定性，再次有较高的真空紫外吸收。自 20 世纪 90 年代后期以来，量子剪裁理论和真空紫外光谱研究受到国内外专家的高度重视。其中，真空紫外光谱研究的活跃主要是由于同步辐射光源的运用以及等离子平板显示器和无汞荧光灯对真空紫外荧光粉的需求。而研发实用性强、量子效率大于 100%的荧光体将是一个历史性创举，使 PDP 的性能、功耗和价格更有实际意义，也将使平面无汞荧光灯顺利发展，避免汞对环境的污染和对人类健康的危害。因此，这两项研究将在以等离子体平板显示器和平面无汞荧光灯为代表的现代显示和照明工业中表现出很高的实用价值，成为当今 PDP 荧光粉研究的热点。

量子剪裁是一种高效的下转换效应，泛指大能量光子向小能量光子的转换。通常，借助两个离子之间的部分能量传递所实现的高效下转换来达到量子剪裁的目的。其基本思路可用图 6.14 来表示。其中，Ⅰ和Ⅱ分别表示两个稀土离子，vis 指可见光。图 6.14(a)是通过一个离子实现可见光"量子剪裁"的情况。由于高强度的红外和紫外光的发射，单个离子不能将吸收的紫外光全部转化为可见光子输出，即不能实现有效的量子剪裁。图 6.14(b)～(d)表示利用第二个离子，使部分激发能从第一个离子传递到第二个离子，从而发射可见光。其中，图 6.14(b)描述的是只有一个离子发光的情况。第一步，离子Ⅰ吸收真空紫外光，被激发到高激发态(用①表示),随后将一部分能量通过交叉弛豫传给离子Ⅱ,使其被激发到激发态。当离子Ⅱ返回基态时发出一可见光光子。第二步(用②表示),仍处于激发态的离子Ⅰ把剩余的能量再次传给离子Ⅱ,离子Ⅱ返回基态,同时发出可见光。图 6.14(c)和(d)是两个离子都发光的情况。在图 6.14(c)中,首先离子Ⅰ从高激发态弛豫到中间激发态,能量传递给离子Ⅱ,离子Ⅱ被从基态激发到激发态,然后两个离子都从激发态跃迁到基态,发出两个可见光光子。而图 6.14(d)中,首先离子Ⅰ从高激发态跃迁到中间激发态,同时发出一个可见光光子,然后离子Ⅰ将剩余能量传递给离子Ⅱ,最后离子Ⅱ跃迁回基态,发出一个可见光光子。因此,对于图 6.14(b)～(d)的情况,理论上讲,吸收一个 VUV 光子可以放出两个可见光光子,量子效率达到 200%,实现了“量子剪裁”。

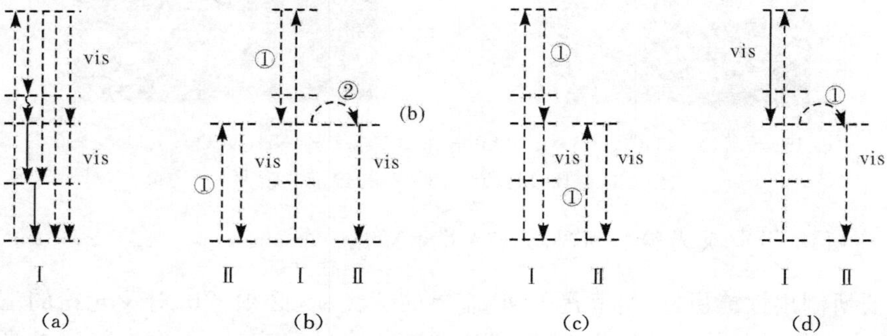

图 6.14　通过量子剪裁实现高效下转换示意图

早在 1964 年,Bril 和 Wanmaker 共同研究了 Gd_2O_3:Eu 的荧光光谱,发现 Gd^{3+} 和 Eu^{3+} 间有能量传递。因此,Gd_2O_3:Eu 被用作高清晰电视、投影电视、平板显示、绿色照明工程所需的高效优质发光材料。近年来,人们对 Gd^{3+}-Eu^{3+} 体系的紫外、真空紫外激发光谱和它们之间的能量传递进行研究。Gd^{3+} 本身可以发射 311nm 紫外光,同时也是很好的敏化剂,把它作为发光基质时,能起到中间体的作用,可把吸收的能量通过 Gd^{3+} 之间的转移传递给其他激活离子,从而提高发光效率。无机固体氟化物离子性强,能带隙宽,声子能量低,电子云扩展效应小,易于光能存储、传递、转换。与氧化物相比,氟化物折射率小,易与基质相匹配,可避免严重的光散射,减少光的传输损耗。正是由于众多的优点,氟化物深受众多研究量子剪裁理论的学者关注。

20 世纪以来,荷兰科学家 Wegh 对含有 Gd^{3+} 和 Eu^{3+} 的氟化物体系进行了大量研究,发现利用 Gd^{3+} 与 Eu^{3+} 的结合可实现量子剪裁,特别是在 $LiGdF_4$:Eu 中,通过 Gd^{3+} 与 Eu^{3+} 之间的能量传递和下转换效应实现量子剪裁,从而成功将一个 VUV 光子转换成两个可见光光子,量子效率高,达到 200%。但是无机氟化物不仅对设备要求高，而且解决氟化物中含氧问题也是当今的技术难点之一，因此已有学者利用氧化物来替代氟化物作为基质来进行量子剪裁的研究。

上述量子剪裁理论及其实例为探索新型高效的发光材料提供了新思路——基于两个镧系离子的配合实现高于 100%量子效率的构思，也即通过在离子间的部分能量传递获得高达 200%的量子效率。其基本原理是，将稀土离子激发到高激发态，通过能量传输把能量转移给其他激活离子，从而得到高效的发光材料。这种观念也有利于量子效率高于 100%蓝色和绿色下转换发光材料的探索。下面通过国内研究的两个例子对量子剪裁进行说明。

(1) GdF_3:Eu^{3+} 纳米晶的 VUV 发光性质。华瑞年等(2005)用微乳液水热技术制备了 GdF_3:Eu^{3+} 纳米晶并研究其 VUV 发光行为。图 6.15 给出了 GdF_3:Eu^{3+} 纳米晶的激发光谱(监控波长为 614nm)，可以看出，光谱中出现的两个峰对应于 Gd^{3+}→Eu^{3+} 离子对的两步能量传递过程。在激发谱中，Gd^{3+} 离子的 ^6G_J 的强度要远大于 ^6I_J 和 ^6D_J。图 6.16 分别给出了在 160nm($^8S_{7/2}$→^6G_J)和 273nm($^8S_{7/2}$→^6I_J)紫外光激发下 GdF_3:Eu^{3+} 纳米晶的荧光发射光谱，在发射谱中除了观察到 $^5D_0$→^7F_J 的跃迁发射外，也观测到从 $^5D_1$、$^5D_2$ 和 $^5D_3$ 分别到基态 ^7F_J 的一系列发射跃迁。图中标出了各发射峰对应的发射跃迁。GdF_3:Eu^{3+} 纳米晶在 160nm 波长激发下的量子效率约为 170%。

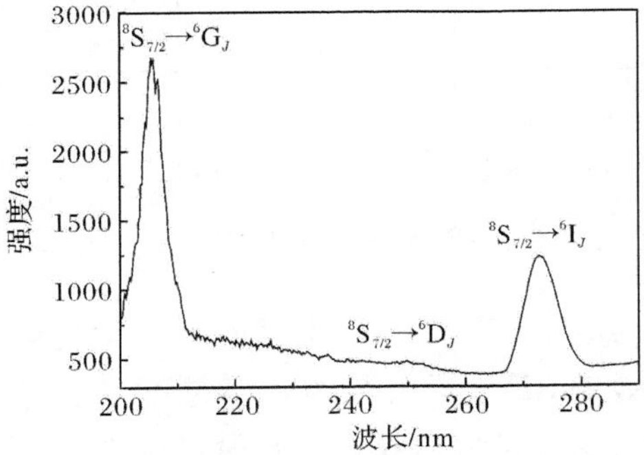

图 6.15　GdF_3:Eu^{3+} 的激发光谱(λ_{em}=614nm)

(2) Gd_2SiO_5:Eu^{3+} 中的量子剪裁。陈永虎等(2002)研究了 Gd_2SiO_5:Eu^{3+} 材料中的量子剪裁现象。图 6.17 给出了 Gd_2SiO_5:Eu^{3+} 在不同发射波长监控下的激发光谱，可以看出，186nm 和 276nm 的激发峰分别对应 Gd^{3+} 的 $^8S_{7/2}$→^6G_J 和 $^8S_{7/2}$→^6I_J 吸收跃迁。255nm 附近的结构对应 Gd^{3+} 的 $^8S_{7/2}$→^6D_J 跃迁，纯 Gd_2SiO_5 激发谱上 300nm 的谱线对应 Gd^{3+} 的 $^8S_{7/2}$→^6P_J 跃迁。

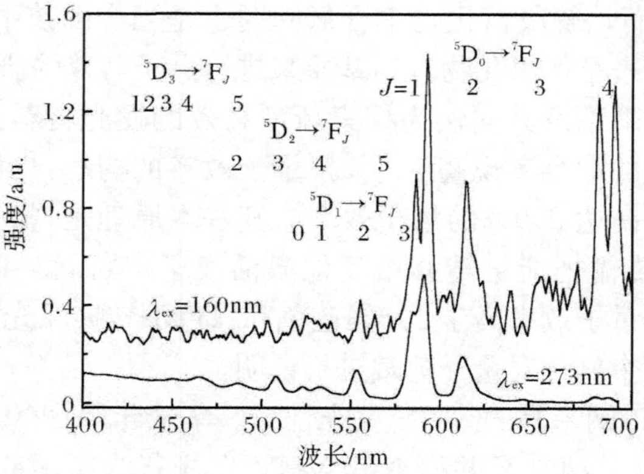

图 6.16　$GdF_3:Eu^{3+}$的发射光谱

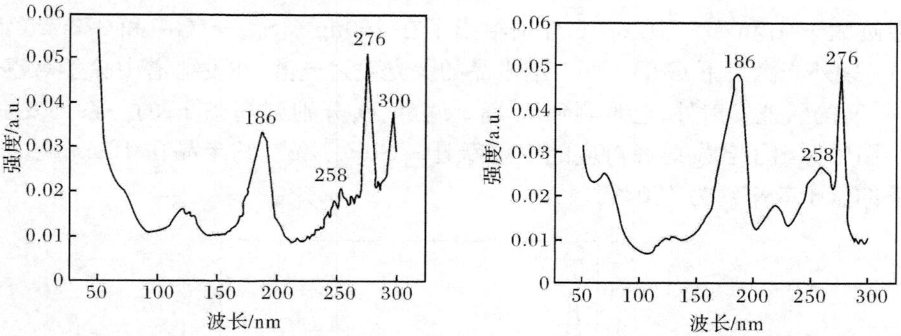

(a) Gd_2SiO_5样品 588nm 发射的激发谱　　(b) Gd_2SiO_5样品 614nm 发射的激发谱

图 6.17　$Gd_2SiO_5:Eu^{3+}$和纯 Gd_2SiO_5的激发谱

以上的激发中,只有对应$^8S_{7/2}\to{}^6G_J$的 186nm 激发是可以产生双光子发射的激发。双光子发射的效率,即量子剪裁的效率是可以通过 Eu^{3+}的$^5D_0$发射相对于$^5D_1$发射的增强来估算的,因为在双光子发射过程中,第一步能量传递,即交叉弛豫的结果是产生一个来自 Eu^{3+}的$^5D_0\to{}^7F_J$发射,在发射谱上相当于 588nm、614nm、628nm 几个强峰,而第二步能量传递后 Eu^{3+}的高激发态被占据,从这些高激发态向$^5D_3$、$^5D_2$、$^5D_1$、$^5D_0$能级弛豫,结果是不仅有来自$^5D_0$的发射,还有来自$^5D_3$、$^5D_2$、$^5D_1$的发射。其中$^5D_1\to{}^7F_J$,发射主要位于 535nm、554nm 等处。来自^5D_J各态的发射强度的比由多声子弛豫的概率和辐射跃迁的概率共同决定,这个比值称为辐射分支比。当用 276nm 激发时,Gd^{3+}的^6I_J态被激发,通过直接能量传递,Gd^{3+}将能量传给 Eu^{3+}的高激发态,与第二步能量传递的结果一样(如图 6.18 所示,图(a)是 186nm 激发的发射谱,插图为 186nm 激发时紫外波段的发射;图(b)是 276nm 激发的发射谱)。经计算,用 186nm 激发 $Gd_2SiO_5:Eu^{3+}$的量子效率可达 186%。Gd^{3+}-Eu^{3+} 量子剪裁示意图如图 6.19 所示。

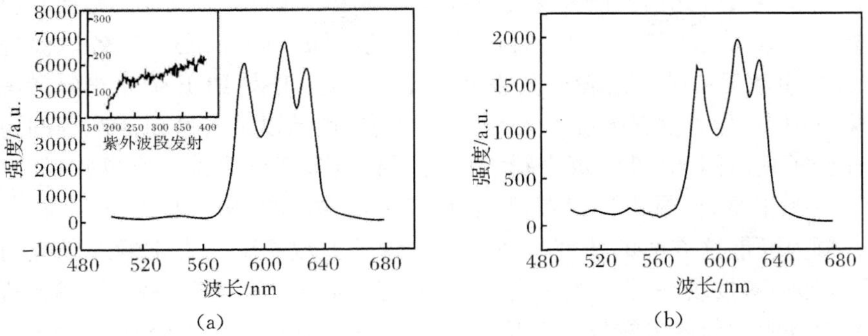

图 6.18 Gd_2SiO_5：Eu^{3+} 发射光谱

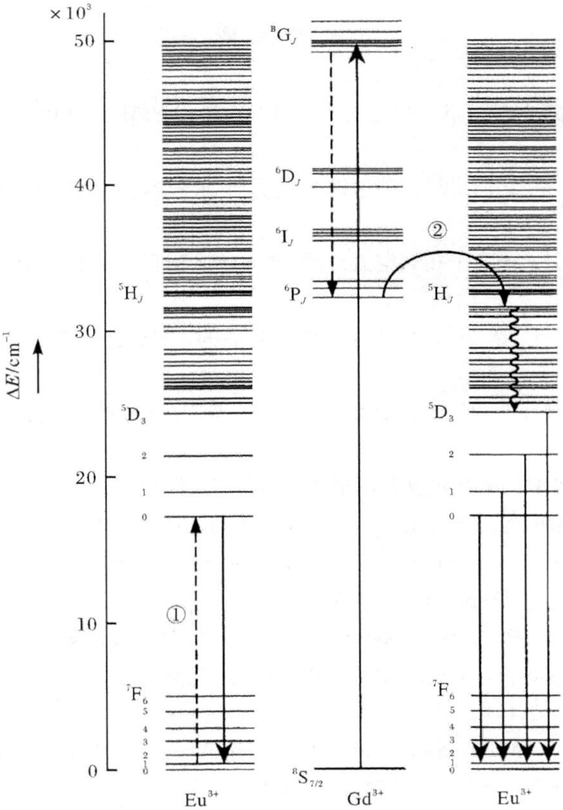

图 6.19 Gd^{3+}-Eu^{3+} 量子剪裁示意图

量子剪裁效应为研究新型发光材料提供了新的途径——选择合适的稀土离

子组合，通过稀土离子之间的能量传递和下转换，将激发能有效地传给其他激发离子。而真空紫外光谱的研究又为选择能有效吸收 VUV 的良好的基质材料提供了具有实际意义的理论。因此，对这两个理论的深入研究，必将有效地促进高效 PDP 荧光粉和无汞荧光灯粉的开发和利用。当然，开发 PDP 荧光粉要考虑的影响因素有很多，除了发射强度外，荧光粉的寿命、色域以及三基色匹配等问题也需加以充分重视。因此，PDP 荧光粉的研究还有很多工作要做。值得欣慰的是，我国稀土资源丰富，储量占世界首位，品种齐全，资源优势得天独厚；许多科研院所也正在倾力开展这方面的研究。在先进的量子剪裁理论和真空紫外研究的指导下，通过加强科技攻关，就一定能够研发出高效的 PDP 荧光粉，将我国稀土资源优势转化为高附加值的尖端技术产品，使我国摆脱长期以来大部分 PDP 用荧光粉需要进口的困境。

参考文献

陈永虎，刘波，施朝淑. 2002. Gd_2SiO_5：Eu^{3+} 中 VUV 激发的量子剪裁[J]. 中国科学，32(8)：711-715.

陈哲，严有为，尹懿，等. 2008. 助熔剂对纳米发光性能影响的机理[J]. 硅酸盐学报，3(9)：1267-1271.

范英芳，李彩云. 2002. 稀土离子在真空紫外区 $4f^n \rightarrow 4f^{n-1}5d$ 跃迁光谱的分析[J]. 化学通报，11：777-785.

华瑞年，牛晶华，李文连，等. 2005. GdF_3：Eu^{3+} 纳米晶的 VUV 荧光性质[J]. 发光学报，26(5)：684-686.

王娟娟，袁曦明，李予晋，等. 2010. PDP 用 BAM 蓝色荧光粉的制备及表面包覆[J]. 液晶与显示，25(2)：181-185.

张书秀. 2006. 用于 PDP 的蓝色荧光粉的最新发展[J]. 现代显示，(5)：12-17.

张忠义，张韫宏，李晓丽，等. 2007. 真空紫外稀土发光材料的研究进展[J]. 稀土，28(2)：65-69.

Belsky A N, Krupa J C. 1999. Luminescence excitation mechanisms of rare earth doped phosphors in the VUV range [J]. Displays, 19(4): 185-196.

Chen L, Fu Y, Zhang G, et al. 2008. Optimization of Pr^{3+}, Tb^{3+} and Sm^{3+} co-doped ($Y_{0.65}Gd_{0.35}$) BO_3: $Eu^{3+}_{0.05}$ VUV phosphors through combinatorial approach [J]. Journal of Combinatorial Chemistry, 10(3): 401-404.

Dawson B, Ferguson M, Marking G, et al. 2004. Mechanisms of VUV damage in $BaMgAl_{10}O_{17}$: Eu^{2+} [J]. Chemistry Materials, 16(25): 5311-5317.

Dorenbos P. 2000. The $4f^n$-$4f^{n-1}5d$ transitions of the trivalent lanthanides in halogenides and chalcogenides[J]. Journal of Luminescence, 91(1/2): 91-106.

Kim C, Kwon I E, Park C H, et al. 2000. Phosphors for plasma display panels [J]. Journal of Alloys and Compounds, 311: 33-39.

Lee K G, Yu B Y, Pyun C H, et al. 2002. Vacuum ultraviolet excitation and photoluminescence characteristics of (Y, Gd) Al_3-$(BO_3)_4$/Eu^{3+} [J]. Solid State Communications, 122(9): 485-488.

Meijerink A, Wegh R T. 1999. VUV spectroscopy of lanthanides: Extending the horizon [J]. Materials Science Forum, 315/316/317: 11-26.

Oshio S, Matsuoka T, Tanaka S, et al. 1998. Mechanism of luminance decrease in $BaMgAl_{10}O_{17}$: Eu^{2+} phosphor by oxidation [J]. Journal of the Electrochemical Society, 145(11): 3903-3907.

Park W, Summers C J, Do Y R, et al. 2002. Photoluminescence properties of the red emitting BaGdB9O16: Eu phosphor [J]. Journal of Materials Science, 37(18): 4041-4045.

Resfeld R, Jφrgensen C K. 1977. Lasers and Excited States of Rare Earth [M]. Berlin: Springer-Verla.

Shimomura Y, Kijima N. 2004. Effect of ammonium chloride addition on spray pyrolysis synthesis of $BaMgAl_{10}O_{17}$: Eu^{2+} phosphor without post-heating [J]. Journal of the Electrochemical Society, 151(8): H192-H197.

Wang W, Liu B, Wang Y, et al. 2011. Morphology control and photoluminescence of $BaMgAl_{10}O_{17}$: Eu^{2+}, Mn^{2+} phosphors prepared by flux method [J]. Materials Letters, 65(23): 3580-3582.

Yu X, Wang Y. 2009. Synthesis and VUV spectral properties of nanoscaled Zn_2SiO_4: Mn^{2+} green phosphor [J]. Journal of Physics and Chemistry of Solids, 70(8): 1146-1149.

Zhang J, Zhang Z, Tang Z, et al. 2002. Luminescent properties of the $BaMgAl_{10}O_{17}$: Eu^{2+}, M^{3+} (M = Nd, Er) phosphor in the VUV region [J]. Chemistry of Materials, 14(7): 3005-3008.

Zhang K, Hu W, Wu Y, et al. 2008. Photoluminescence investigation of (Yln) Al_5O_{12}: Ce (Ln^{3+} = Gd^{3+}, La^{3+}) nanophosphors [J]. Physica B: Condensed Matter, 403(101): 1678-1681.

Zhang S, kona T, Ito A, et al. 2004. Degradation mechanisms of the blue-emitting phosphor BaMg $Al_{10}O_{17}$: Eu^{2+} under baking and VUV-irradiating treatments [J]. Journal of Luminescence, 106(1): 39-46.

Zhou Y X. 1999. VUV spectrum of Eu^{2+} doped halophophates [J]. Materials Science and Engineering B, 68(1): 48-51.

第 7 章　长余辉发光材料及其应用

7.1　引　言

长余辉发光材料属于光致发光范畴，是一种可以将吸收的激发光(如日光和长波紫外线等光源)能量存储，光激发停止后再把存储的能量以光的形式慢慢释放出来，能长时间发光的材料。这种吸收激发光(储能)-发光(余辉)-再吸收-再发光过程可以无限重复，因此长余辉发光材料又被称为储光型发光材料。长余辉发光材料不消耗电能，但能把吸收的光(自然光)储存起来，在较暗的环境中发出明亮可辨的可见光，具有照明功能，可以起到指示照明的作用，是一种“绿色”光源材料。

7.2　长余辉发光材料的分类

按照发光材料基质的不同，长余辉发光材料主要分为硫化物体系、硫氧化物体系、碱土铝酸盐体系和硅酸盐体系等。

7.2.1　硫化物长余辉发光材料

传统的硫化物长余辉材料主要是碱土金属硫化物(如 CaS:Bi、(Ca,Sr)S:Bi 等)、过渡元素硫化物(如(Zn,Cd)S:Cu、ZnS:Cu 等)。其中最具有代表性的是 1866 年 Sided 发现的发黄绿光的 ZnS:Cu，它是第一个具有实际应用价值的长余辉材料，曾用于钟表、仪器及特殊军事部门。近 10 多年来，稀土离子的掺杂(主要是将 Eu^{2+} 作为激活剂，添加 Dy^{3+}、Er^{3+} 等稀土离子或 Cu^{+} 等非稀土离子作为辅助激活剂)使硫化物长余辉材料的研究取得较大进步，材料的亮度和余辉时间为传统硫化物材料的几倍，品种从最初的黄绿色 ZnS:Cu(530nm)和 ZnS:Cu,Co(530nm)(Sekreteva et al.，1975)发展到蓝色的(Ca,Sr)S:Bi(450nm)、CaS:TmF_3(447nm)以及红色的 CaS:Eu 和 ZnS:Eu，品种多，颜色丰富。图 7.1 和图 7.2 分别为 CaS:Eu 的发射光谱和余辉光谱，在 350nm 激发下，CaS:Eu 发红光，在夜间，肉眼可见的余辉时间大于 20min(贾冬冬等，1998)。

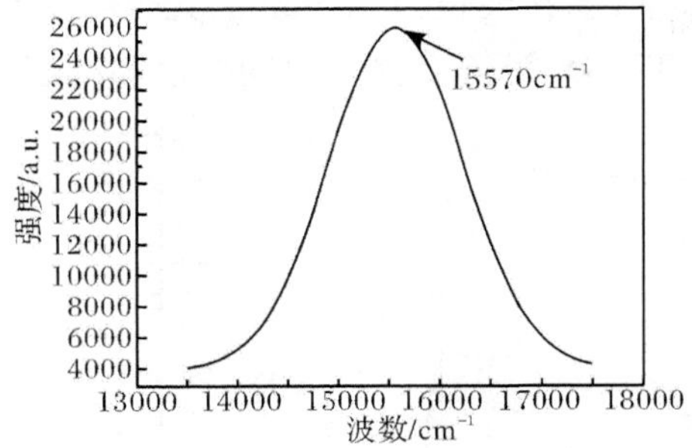

图 7.1　350nm 激发下 CaS:Eu 的发射光谱

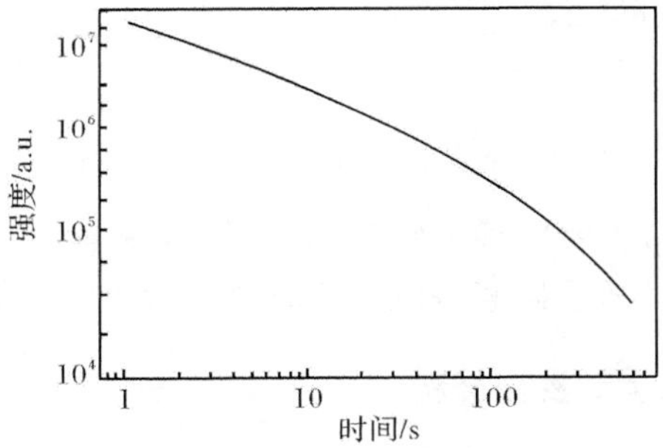

图 7.2　可见光激发下 CaS:Eu 的余辉光谱(监控波长 $15570cm^{-1}$)

虽然硫化物长余辉发光材料的发光覆盖了从蓝光到红光整个可见光范围,但它一直未能得到广泛的应用,主要原因是硫化物长余辉发光材料的余辉时间短,一般只有几十分钟,如发蓝光的(Ca,Sr)S:Bi 和 ZnS:Bi,Cu 的余辉时间分别在 90min 和 60min 左右,不能满足实际应用的需要,添加放射性同位素可以提高发光的亮度和延长余辉时间到数小时,但由于使用了放射性物质,在材料的处理、回收及废水的处理上要求严格,还会给人体及环境造成危害。另外,硫化物长余辉发光材料的耐候性差、化学性质不稳定,在紫外光照射或潮湿空气的作用下易分解、变黑、发光减弱,最后丧失发光能力,这些缺点给它的应用带来了很大的局限性。

7.2.2　硫氧化物长余辉发光材料

硫氧化物长余辉发光材料是一种新型的长余辉发光材料,体系主要以 Eu^{3+} 和 Sm^{3+} 激活的 Y_2O_2S 和 Tb^{3+} 激活的 Gd_2O_2S 为主(Chatterjee et al., 2003),其中 Y_2O_2S:Eu^{3+} 是目前红色长余辉发光材料中性能较好的体系(Nakazawa et al., 2008)。图 7.3 和图 7.4 分别为 Y_2O_2S:Eu^{3+} 的发射光谱和 Mg^{2+}、Ti^{4+} 掺杂的

$Y_2O_2S:Eu^{3+}_{0.06}$余辉衰减曲线，在波长为 330nm 的光子激发下，$Y_2O_2S:Eu^{3+}$发射出红光，通过掺杂 Mg^{2+}、Ti^{4+}等离子，其余辉时间长达 2h 以上。

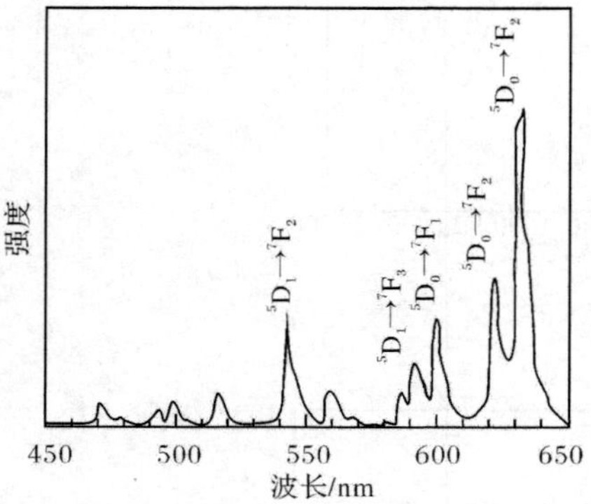

图 7.3 $Y_2O_2S:Eu^{3+}$的发射光谱(激发波长 330nm)

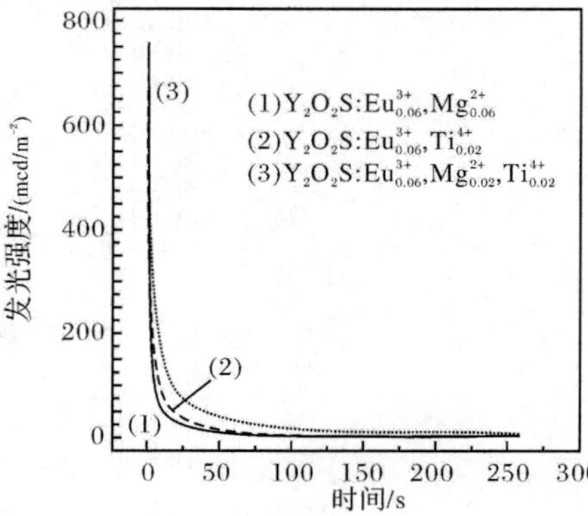

图 7.4 余辉衰减曲线

硫氧化物基质材料主要由稀土硫氧化物组成，成本高，难以实现产业化生产，而且发光亮度和余辉时间不如蓝绿色长余辉材料碱土铝酸盐和硅酸盐体系。

7.2.3 碱土铝酸盐长余辉发光材料

除了硫化物之外，稀土激活的碱土铝酸盐是近年来研究最多、应用最广的一类长余辉发光材料。早在 1946 年，Froelich 发现以铝酸盐为基质的发光材料 $SrAl_2O_4:Eu^{2+}$经过太阳光的照射后，可以发射出波长在 400～520nm 范围内的可见光。1975 年，Бланк 报道了 $MAl_2O_4:Eu^{2+}$(M=Ca,Sr,Ba)的长余辉特性，引起了人们极大的兴趣。经过 20 余年的工艺改进、发光机理的探讨，1997 年前后，Sugimoto 等以 Dy^{3+}作为辅助激活剂，融入 $SrAl_2O_4:Eu^{2+}$体系，制备了具有超长余辉时间的黄绿色长余辉发光材料 $SrAl_2O_4:Eu^{2+},Dy^{3+}$，使稀土激活的碱土铝酸盐长余辉发光材料的研究发生了一次巨大飞跃。目前，碱土铝酸盐长余辉发光材料主要有 $MAl_2O_4:Eu^{2+},RE^{3+}$(M=Sr,Ca,Ba)和 $Sr_4Al_{14}O_{25}:Eu^{2+},Dy^{3+}$(Aitasalo et al.，2001)，特别是 $Sr_4Al_{14}O_{25}:Eu^{2+},Dy^{3+}$和 $SrAl_2O_4:Eu^{2+},Dy^{3+}$荧光粉(Matsuzawa et al.，1996)，在停止激发 1h 后的亮度仍能保持在 60mcd/m^{2}以上，余辉时间超过 2000min，完全可以达到实用化水平，这也是目前这两种长余辉发光材料得以商业化的主要原因。图 7.5～图 7.7 分别为 $CaAl_2O_4:Eu^{2+}$和 $CaAl_2O_4:Eu^{2+},Nd^{3+}$的激发光谱、发射光谱以及余辉曲线，由激发光谱可知，225～400nm 波长范围内 Eu^{2+}的 $4f^7\rightarrow4f^65d$ 的跃迁吸收具有很高的强度，能量在该区域的光子均可有效激发 $CaAl_2O_4:Eu^{2+}$和 $CaAl_2O_4:Eu^{2+},Nd^{3+}$，得到发射波长范围为 400～500nm 的宽带蓝光，Nd^{3+}的掺入延长了荧光粉的余辉时间，使其余辉时间达到

18h 以上，见图 7.7。

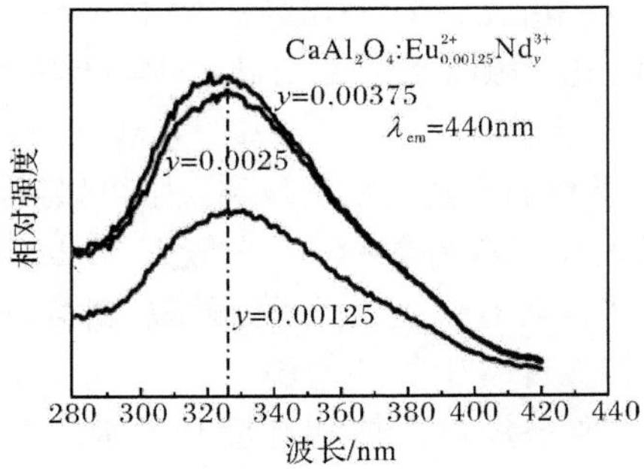

图 7.5　$CaAl_2O_4:Eu^{2+},Nd^{3+}$ 的激发光谱

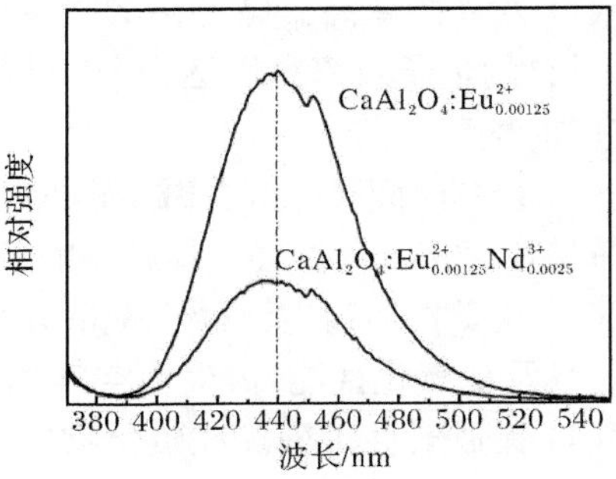

图 7.6　$CaAl_2O_4:Eu^{2+}$ 和 $CaAl_2O_4:Eu^{2+},Nd^{3+}$ 的发射光谱

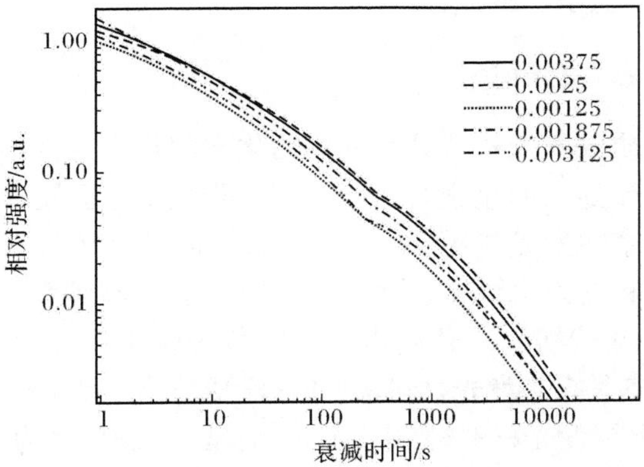

图 7.7　系列样品 $Ca_{(1-x-y)}Al_2O_4:Eu_x^{2+},Nd_y^{3+}$ ($x=0.00125, 0.00125\leqslant y\leqslant 0.00375$)的余辉曲线

表 7.1 为已商业化的铝酸盐长余辉发光材料的相关余辉性能参数。

表 7.1　几种铝酸盐长余辉发光粉的性能参数

发光材料的组成	发光颜色	发射波长/nm	余辉强度/(mcd/m^2)		余辉时间/min
			10min	60min	
$CaAl_2O_4:Eu^{2+},Nd^{3+}$	蓝紫	440	20	6	>1000
$Sr_4Al_{14}O_{25}:Eu^{2+},Dy^{3+}$	蓝绿	490	500	65	>2000
$SrAl_2O_4:Eu^{2+},Dy^{3+}$	黄绿	520	400	60	>2000

由于稀土激活的碱土铝酸盐具有优越的性能，目前已成为储能、节能材料研究的新亮点。与传统的硫化物长余辉发光材料相比，铝酸盐长余辉发光材料主要

具有以下优点。

(1) 发光效率高。碱土铝酸盐发光材料在可见区具有较高的量子效率，部分发光材料的量子效率可以达到 90%以上，在电光源以及可见光显示领域具有优越的应用前景。

(2) 余辉时间长。部分碱土铝酸盐发光材料的发光亮度衰减到人眼可以辨认所需时间超过 2000min。而其他种类的长余辉发光材料的余辉时间一般为 3～5h。

(3) 化学性质稳定。碱土铝酸盐发光材料具有优良的耐酸、耐碱、耐候、耐辐射性，以及抗氧化性能，可以在空气和某些特殊环境中长期使用。

(4) 无放射性污染。在硫化物体系中需要添加对人体和环境有危害的 Co 等放射性元素以提高材料的发光强度和延长其余辉时间，而在铝酸盐体系中则不需要，因此，碱土铝酸盐长余辉发光材料对人体和环境十分友好。

铝酸盐长余辉发光材料主要具有发光颜色单调、发射光谱主要集中在 440～520nm 范围、遇水不稳定等缺点。

7.2.4 硅酸盐长余辉发光材料

以硅酸盐为基质的发光材料具有良好的化学和热稳定性，其原料 SiO_2 价格便宜、易得，长期以来受到人们重视，广泛应用于照明及显示领域。1975 年，日本首先开发出硅酸盐长余辉发光材料 Zn_2SiO_4:Mn，As，其余辉时间为 30min。针对铝酸盐体系长余辉材料的耐水性差、化学稳定性差、要求高纯度原料、发光颜色单调的缺点，20 世纪 90 年代初我国开始自主研发数种耐水性强、余辉性能良好、发光颜色多样的硅酸盐基长余辉发光材料，例如化学成分表示为 $a\mathrm{MO}\cdot b\mathrm{M'O}\cdot c\mathrm{SiO_2}\cdot d\mathrm{R}:\mathrm{Eu}_x,\mathrm{Ln}_y$ 的长余辉发光材料，其中 M、M′为碱土元素；R 为 B_2O_3、P_2O_5 等助熔剂；Ln 为稀土或过渡元素；a、b、c、d、x、y 为摩尔系数，$0.6\leqslant a\leqslant 6$，$0\leqslant b\leqslant 5$，$1\leqslant c\leqslant 9$，$0\leqslant d\leqslant 0.7$，$0.00001\leqslant x\leqslant 0.2$，$0\leqslant y\leqslant 0.2$(Xiao et al.，2000)。

这种硅酸盐体系长余辉材料具有不错的余辉性能，表 7.2 列出了我国科学家合成的两种材料 SB 和 SBG(SB 和 SBG 为大连路明科技集团有限公司的产品标号)的性能指标，粉体余辉时间最长可以达到 2000min 以上，60min 后的余辉亮度接近 20mcd/m²，余辉性能虽然不如铝酸盐 $Sr_4Al_{14}O_{25}:Eu^{2+},Dy^{3+}$ 和 $SrAl_2O_4:Eu^{2+},Dy^{3+}$，但已经可以达到产业化水平。

表 7.2 样品 SB 和 SBG 的部分发光性能参数

长余辉材料	发光颜色	峰值波长/nm	发光强度/(mcd/m²)				余辉时间/min
			1min	10min	30min	60min	
SB	蓝色	469	500	87	28	14	>2000
SBG	蓝绿	490	650	121	39	19	>1000

此外，在 $CdSiO_3$ 基质中掺入 Dy^{3+} 离子，在 420nm、480nm 和 580nm 处有特征发射峰，粉体表现出白色的长余辉发射（Liu et al.，2005）。$Ca_xMgSi_2O_{5+x}$：Dy（x=1，2，3）也表现为白色长余辉，余辉发射时间超过 1h（Chen et al.，2009）。

硅酸盐系列长余辉发光材料有下列优点。

（1）化学性质稳定，尤其是耐水性好。

（2）在发光陶瓷方面的应用性能优于铝酸盐系列发光材料。

7.2.5　其他无机长余辉发光材料

除了以上介绍的几大类长余辉发光材料，人们研究较多的还有 Mn^{2+} 激活的磷酸盐红色长余辉发光材料 p-$Zn_3(PO_4)_2$：Mn（Wang et al.，2005），余辉时间约为 2h，性能稳定的钛酸盐 $MTiO_3$：Pr（沈雷军等，2007）或 $MTiO_3$：Eu（M=Ca，Sr，Ba）红色长余辉发光材料（最佳余辉时间是 240min，但亮度低，见图 7.8）以及 Gd^{3+}、Dy^{3+}、Tb^{3+} 和 Eu^{3+} 等稀土离子对 $CaTiO_3$：Pr 余辉性能的影响。在钙钛矿结构 $CaBO_3$（B=Ti，Zr，Sn）中观察到 Tb^{3+} 的绿色和 Pr^{3+} 的红色与 $CaSnO_3$：Tb 绿色长余辉发光，见图 7.9。在石榴石结构的化合物 $Cd_3Al_2Ge_3O_{12}$ 中观察到 Tb^{3+} 的绿色长余辉发光。此外，在 $CaWO_4$：Eu^{3+} 中也观察到了红色的长余辉发光现象。

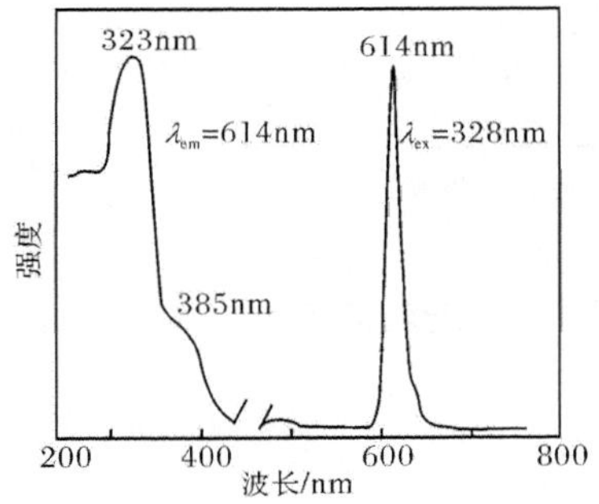

图 7.8　$CaTiO_3$：Pr 的激发（λ_{em}=614nm）和发射光谱（λ_{ex}=328nm）

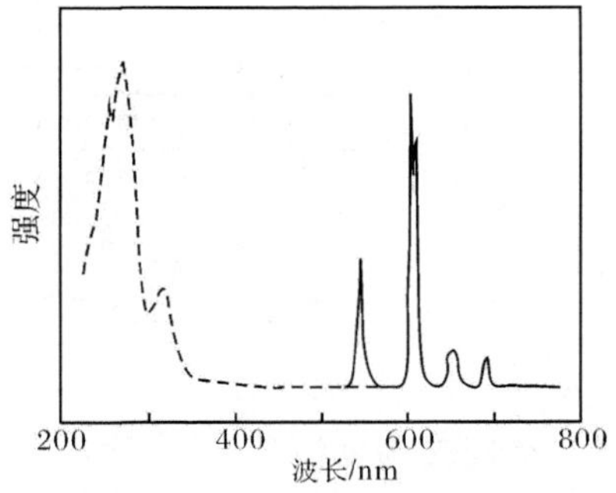

图 7.9　$CaSnO_3$：Tb 的激发（λ_{em}=545nm）和发射光谱（λ_{ex}=254nm）

7.3　长余辉发光材料的发光机理

目前，人们普遍认为长余辉发光材料的发光应该经历以下几个过程。

（1）基质晶格或激活剂离子吸收能量，此能量可以是可见光，也可以是同位素离子辐照的射线。

（2）被吸收的能量以其他形式被储存。

（3）能量传递给激活剂离子，将激活剂离子的外层电子从基态激发至激发态。

（4）电子从激发态跃迁至基态从而产生激活剂离子的特征发射。

长余辉材料的发光是一种复合发光,发光中心由激活剂离子或其与基质相互作用构成,激活剂离子的外层电子被激发进入导带产生光电导,此时完成了能量吸收过程。被激发的电子在导带中运动,有可能被杂质形成的陷阱中心俘获,完成能量的储存过程。陷阱中心可分为两类:一类是主缺陷形成的负电性中心,相应于空穴陷阱 HT;另一类是施主缺陷形成的正电性中心,相应于电子陷阱 ET,如图 7.10 所示。图中,过程"1"表示晶体吸收激发光后,在导带和价带中分别产生自由电子和空穴,部分电子和空穴返回导带和价带,即过程 3 和 5。过程 2 和过程 4 分别表示扩散到导带的电子或价带的空穴被陷阱俘获的过程,即能量的储存过程。被储存电子或空穴在热扰动下逃逸,电子和空穴发生湮灭并将能量传递给发光中心,即过程 6 和 7。发光中心获得能量后将电子从激发态跃迁至基态从而产生激活剂离子的特征发射,上述能量的传递过程完成。下面详细介绍几种长余辉发光机理模型。

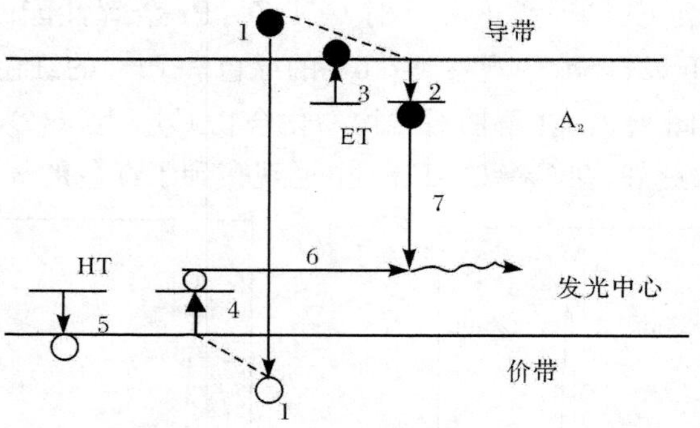

图 7.10 长余辉发光产生过程中的能量转移路径

7.3.1 空穴转移模型

空穴转移模型最早由 Matsuzawa 等提出,借用半导体的发光理论来解释长余辉现象,主要涉及导带和价带之间的能量跃迁过程、杂质离子造成的局域能级参与俘获电子或空穴。

下面以 $CaAl_2O_4:Eu^{2+},Dy^{3+}$ 长余辉发光材料为例进行介绍,如图 7.11 所示,Eu^{2+} 和 Dy^{3+} 的引入,在晶体点阵中产生缺陷,形成深浅不同的局部能级。$CaAl_2O_4:Eu^{2+},Dy^{3+}$ 发光材料在紫外光或太阳光照射下,Eu^{2+} 由于 4d-5f 的跃迁在价带中产生空穴。光照停止后,一部分空穴与 Eu^{+} 复合,从而发光。另一部分空穴通过价带迁移,被掺入的第二种离子 Dy^{3+} 捕获。当激发停止后,Dy^{3+} 捕获的空穴在热作用下会缓缓释放出来,并再次复合,释放出光子形成余辉,从而延长发光。Dy^{3+} 形成的相应的能级深度会影响余辉持续时间及发光强度,其能级深度较浅,发光时该离子会较快、较容易地释放出其捕获的空穴;其能级深度较深,该离子释放空穴的速度变慢。当第二种掺杂离子的能级深度合适时,由于离子的热运动,空穴以一个合适的速度使发光中心重新俘获空穴,与电子复合发光,从而延长余辉时间和加强余辉强度,即所谓的"空穴转移模型"。

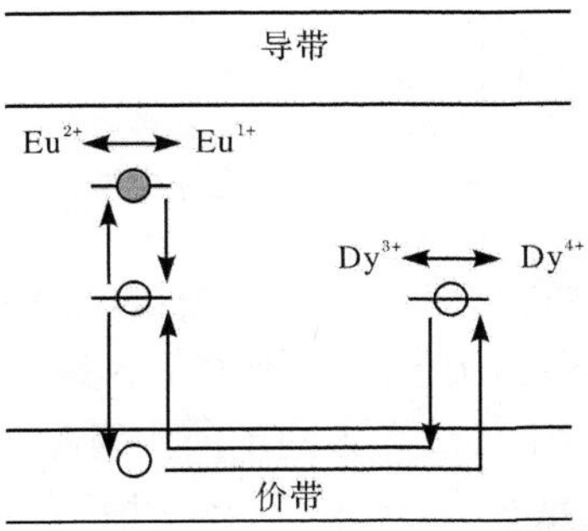

图 7.11　$CaAl_2O_4$基空穴转移模型

对于长余辉发光材料,缺陷能级的深度十分重要。能级较浅,电子在室温时容易从陷阱中逃逸出来,从而导致余辉时间过短或观察不到长余辉;能级较深,室温下从陷阱中逃逸出的电子数量较少或不存在,同样不利于长余辉现象的产生。虽然通过实验已经验证了价带中空穴的存在,但是此机理目前仍没有被确认。对于空穴转移模型,人们质疑是否存在 Eu^+,镧系元素的三价离子态比较稳定,因此在普通可见光源的激发下生成四价离子是很困难的,目前还没有证据说明在基质中存在 Eu^+ 和 Er^{4+}、Ho^{4+}、Dy^{4+} 等异常价态离子。

7.3.2　位形坐标模型

针对空穴转移模型的缺陷,Qiu 和苏锵等提出了位形坐标模型。位形坐标模型涉及电子从高能级到低能级的跃迁复合发光,不涉及导带和价带,根据陷阱中心的俘获特性延长电子跃迁时间或者降低电子的跃迁频率,达到延长余辉的目的。

图 7.12 所示为位形坐标模型。其中,A 是 Eu^{2+} 的基态,B 是 Eu^{2+} 的激发态,C 是缺陷能级,位于 A 和 B 之间。缺陷能级是俘获电子的陷阱,主要由掺入的离子如 Sr^{2+} 取代 M^{2+} 使晶格发生畸变而产生,也可能因基质中的一些缺陷而产生,如氧离子空位等。Qiu 等认为缺陷能级 C 可以捕获电子或空穴,长余辉发光是被捕获在陷阱能级 C 中的电子或空穴在热激活下与空穴或电子复合而产生。

当电子受激发从基态跃迁到激发态后,即过程 1,有一部分电子跃迁回低能级产生发光,即过程 2,另一部分电子通过弛豫过程(即被激发电子向低能态跃迁的过程)储存在缺陷能级 C 中,即过程 3。余辉发光过程是指缺陷能级中的电子先吸收能量重新受到激发回到激发态能级 B,然后跃迁回基态 A 而发光的过程。其余

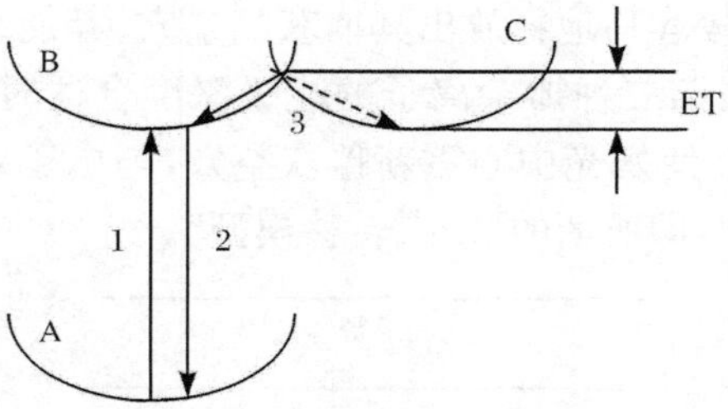

图 7.12 位形坐标模型

辉时间的长短与缺陷能级中储存的电子数量及吸收的能量有关，缺陷能级中的电子数量多，则余辉时间长；吸收的能量多，则电子容易克服缺陷能级与激发能级之间的能量间隔(ET)，从而产生持续发光的现象。但并非吸收能量的持续增加就会使长余辉时间延长，假如能量过大，电子在很短时间内全部返回激发态能级，那样只能看到瞬间较强的亮光，并不利于余辉时间的延长；反之，吸收的能量过少，不足以使电子返回激发态能级，同样也观察不到长余辉现象。余辉持续时间的长短取决于缺陷能级中电子的数量和它们返回激发态能级的速率；余辉的强度则取决于缺陷能级中电子在单位时间内返回的速率。位形坐标模型的不足之处是无法对光电导现象和热电导现象进行合理的解释，只强调了电子的俘获与释出，对空穴的产生及其对余辉发光所起作用的解释不够清楚。

7.3.3 能量传递模型

Aitasalo 等发现用低能量的绿光(波长为 530nm)长时间激发 $CaAl_2O_4:Eu^{2+}$, Dy^3 和未掺杂三价稀土离子的 $CaAl_2O_4:Eu^{2+}$ 均可以观察到长余辉现象，否定了空穴转移模型中 Eu^{2+} 和 Dy^{3+} 分别直接作为电子和空穴陷阱的论点，同时用位形坐标模型也无法对其作出合理的解释，为此，他们提出了一个新机理，即能量传递模型(图 7.13)。

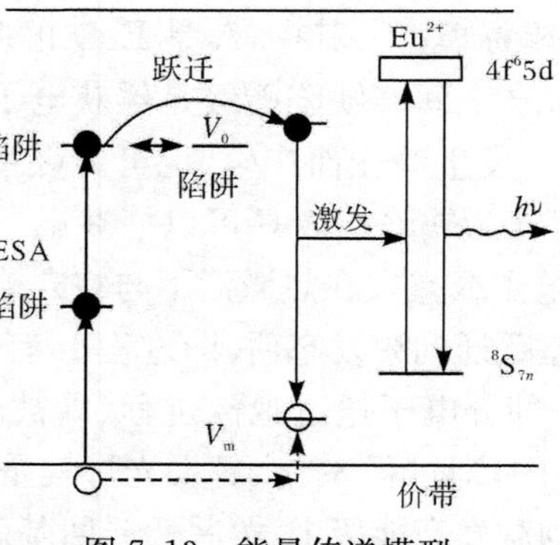

图 7.13 能量传递模型

Aitasalo 等认为晶体中各种电子陷阱(氧离子空位)、空穴陷阱(锶离子空位)和 Eu^{2+} 等因静电引力作用相互靠近,形成一个相互关联的缺陷系统,由于导带的能量较高,电子很难被激发到导带,只能在该缺陷系统内进行有效跃迁。在热扰动下,电子和空穴复合,产生的能量传递给发光中心 Eu^{2+},使 Eu^{2+} 受激发而发光。该模型首次提到了激发态吸收(excited state absorption,ESA)过程,认为导带和价带之间存在着不同的缺陷能级,受激发电子可以吸收多个光子的能量,从能量较低的缺陷能级跃迁到能量较高的缺陷能级,最终将能量传递给发光中心 Eu^{2+}。该模型的最大缺点是所提供的实验证据不足,无法对光电导和热电导现象进行合理的解释,忽略了导带对电子的传递作用,也忽略了三价稀土离子 Dy^{3+} 对长余辉产生的重要作用。

7.3.4　热致发光模型

Hölsä 等在研究不同种类的三价稀土离子 RE^{3+} 对 MAl_2O_4:Eu^{2+} 体系发光性能的影响时提出了热致发光模型,认为在热扰动下被陷阱捕获的电子和空穴的复合导致了长余辉发光,同时提出可能存在两种复合模型,一种为导带跃迁模型,另一种为定域跃迁模型,见图 7.14。

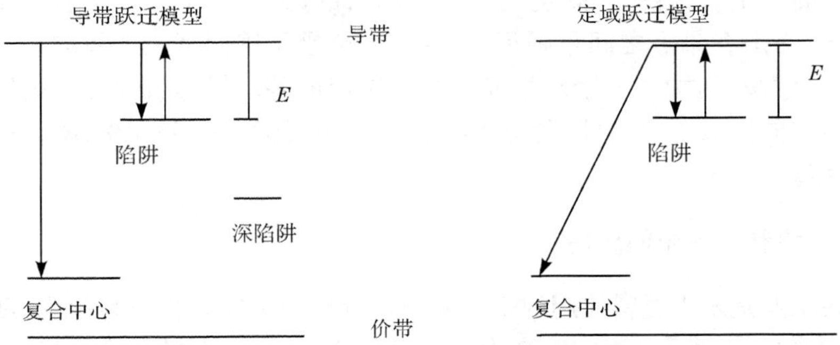

图 7.14　热致发光模型

导带跃迁模型认为被陷阱捕获的电子和空穴在晶格中均匀分布,相互之间距离较远,在热扰动下电子通过导带跃迁到复合中心与通过价带跃迁的空穴复合,并将能量传递给发光中心 Eu^{2+}。定域跃迁模型认为晶格中被陷阱捕获的电子和空穴成对存在并且距离较近,在热扰动下陷阱捕获的电子/空穴对跃迁到复合中心进行复合,将能量传递给发光中心 Eu^{2+}。热致发光模型首次提出电子与空穴的复合存在两种方式,但对电子/空穴对的产生过程描述分析不足,对三价稀土离子 Dy^{3+} 和 Nd^{3+} 在发光材料中的作用描述不够完善,提出的证据也不够充分,因此缺乏说服力。

7.4 长余辉发光材料的应用

长余辉发光材料在太阳能转换和利用方面具有独特的优势，广泛应用在工农业生产、军事、消防、生物医学、能源和人们生活的许多方面，例如，可做成发光涂料、发光油墨、发光薄膜、发光纤维、发光陶瓷和发光塑料等系列夜光产品，也可应用于建筑装潢、交通运输、军事设施、消防应急以及日用消费品等。

7.4.1 在塑料工业中的应用

长余辉发光材料在塑料中的应用十分广泛，将少量长余辉发光材料加入聚甲基丙烯酸甲酯(PMMA)透明塑料中，经过挤压、造粒、混炼和热压成型后制成具有较长余辉时间的稀土光致发光塑料。长余辉发光材料与塑料复合后制成的材料，其余辉的性质随塑料种类的不同而有所不同。目前，已经开发成型的发光塑料有丙烯酸树脂类、聚乙烯类、聚苯乙烯类、聚丙烯类、聚碳酸酯类、聚氨酯类和聚甲醛类等，用途广泛。

现在部分商家用夜光塑料来制作招牌，这样的招牌白天吸收光能储存下来，晚上发出亮度足够的夜光，既达到了广告的目的，又节省了不少电费开支。在风景名胜区，一般各景点之间相距很远，为了一个警示牌而铺上电线就显得非常麻烦，在这种情况下，加入长余辉发光材料而制成的警示标志就弥补了采用光电照明的不足。同样的道理，塑料发光标志也可用于电影院、办公大楼、购物中心和地铁站等大型公共场所。

7.4.2 在涂料工业中的应用

涂料工业是发光材料应用的主要领域。将长余辉发光材料与树脂、助剂以及溶剂等混合反应后可以制成发光涂料或发光漆，如水性丙烯酸类发光涂料、聚氨酯夜光公路行车道漆和丙烯酸发光金属漆等。这些发光涂料可以用于安全标志、防伪、室内装潢、广告招牌和工艺美术等领域，还可以用于道路刻线、停车场和地铁的标志线以及机床、机器设备、汽车、工具和建筑机械等的表面显示。

7.4.3 在陶瓷工业中的应用

发光陶瓷是长余辉发光材料的应用领域之一。将硼酸盐或硅酸盐等基质釉粉末、发光材料及少量添加剂经过充分混合后施于陶瓷表面，经过煅烧，会在制品表面得到发光釉，可用于内墙艺术瓷砖、标志地砖、日用瓷器或玻璃器皿等。发光陶瓷具有良好的机械强度、耐磨性和耐候性，同时又具有发光储存的性能，受到人们的广泛关注。

7.4.4　在玻璃工业中的应用

在工业上，用各种方法制得的高性能发光玻璃，是一种节能的"绿色"材料，可广泛应用于军事、民用领域，如器皿玻璃、艺术玻璃、建筑玻璃、灯具玻璃和橱窗广告，以及玻璃仪表盘等。此外，将印有文字、图像等信息的纸张等放在这种透明玻璃上，用短波紫外线等高能电磁波照射，玻璃就自动记忆纸张上的信息，当在暗背景中受到日光等长波光源照射时，原先储存在玻璃上的信息(如文字、图像等)可以再现出来。

目前，最引人注目的技术是在飞秒激光作用下含有稀土离子的玻璃可以产生长余辉现象，聚焦高能量的飞秒激光能够在短时间内将能量注入材料中具有高度空间选择的区域，可以进行纳米和微米级别的三维周期性排列和调制。利用飞秒激光可以诱导玻璃微结构并进行微观调控，改变玻璃中稀土离子的微观环境使其产生不同的长余辉发光颜色，从而实现三维光存储和显示。通过改变玻璃的成分和稀土离子的种类，可以在玻璃内有选择性地写各种颜色的三维立体图像，利用此现象能够制造自动消失的光存储元件和三维显示器件。

7.4.5　其他应用

长余辉发光材料在纺织工业中的应用，主要用来生产一些需要有夜间指示作用的服饰，其中以制服最为常见，如消防服和各种不同的夜光背心、为满足某些时尚人士的需要而生产的一些普通的夜光服。

长余辉材料已广泛应用于生活，许多物品上都出现了它的身影。过去的夜光手表以及汽车、飞机等仪表中的夜光部分，都是添加了含有镭等放射元素的硫化物，利用其放射性来激活硫化物发光。虽然这种仪表在夜间亮度较大，且可以持续相当长的时间，但是随着人们普遍认识到放射的危害性，这些材料逐步被无放射性的新型长余辉发光材料所取代。此外，通过把长余辉发光材料与光催化材料结合制成复合材料，有望在无光或黑暗中实现光催化作用，净化空气，降低环境污染。

7.5　展　　望

当前，国内外关于长余辉发光材料的研究十分活跃，不断出现组成、结构、激活离子和发光颜色不同的各种新型长余辉发光材料。纵观国内外的研究进展，选择化学稳定性好、余辉强度大、余辉时间长的长余辉发光体系，选择合适的激活剂和敏化剂，制造合适的陷阱，使其发生最优的能量传递和能量储存，同时考虑节约能源、保护环境，将是今后长余辉发光材料研究的必然趋势。同时，激发光谱尽可能扩展到可见光区，使用温度也不仅限于室温条件，要扩展陷阱分布的温区。结合大量的实验结果，提出合理的长余辉发光模型，将对合成或者设计新的长余辉发光材料起指导意义。此外，粒子大小、形貌、表面结构和结晶状态对材料余辉特性的影响和作用还没有得到应有的重视和研究，材料的余辉强度和余辉时间，特别是二次余辉强度和余辉时间都有待进一步提高。

参考文献

贾冬冬，姜联合，刘玉龙，等. 1998. $Ca_{1-x}Sr_xS$:Bi，Tm，Cu 和 CaS:Eu 荧光材料的研究[J]. 发光学报，19(4)：312-316.

沈雷军，赵增祺，韩莉，等. 2007. Zn，Cd 对 $CaTiO_4$：Pr^{3+} 的发光性质的影响[J]. 发光学报，28(1)：74-78.

Aitasalo T, Hölsä J, Jungner H, et al. 2001. Mechanisms of persistent luminescence in Eu^{2+}, RE^{3+} doped alkaline earth aluminates[J]. Journal of Luminescence, 94/95(01): 59-63.

Chatterjee S, Shanker V, Chander H. 2003. Thermoluminescence of Tb doped Gd_2O_2S phosphor materials[J]. Chemistry and Physics, 80(3): 719-724.

Chen Y, Cheng X, Liu M, et al. 2009. Comparison study of the luminescent properties of the white-light long afterglow phosphor: $Ca_xMgSi_2O_{5+x}$: Dy^{3+} ($x=1, 2, 3$)[J]. Journal of Luminescence, 129(5): 531-535.

Liu Y, Lei B, Shi C. 2005. Luminescent properties of a white afterglow phosphor $CdSiO_3$: Dy^{3+} [J]. Chemistry of Materials, 17(8): 2108-2113.

Matsuzawa T, Aoki Y, Takeuchi N, et al. 1996. A new long phosphorescent phosphor with high brightness, $SrAl_2O_4$: Eu^{2+}, Dy^{3+} [J]. Journal of the Electrochemical Society, 143(8): 2670-2673.

Nakazawa E, Yamamoto H. 2008. Trapping mechanism in the afterglow process of the rare-earth activated Y_2O_2S phosphors[J]. Journal of Luminescence, 128(3): 494-498.

Sekreteva I N, Mitrofanova N V, Timofeev Y P, et al. 1975. Excited absorption by ZnS: Cu, Co crystal phosphors[J]. Journal of Applied Spectroscopy, 23(1): 928-932.

Wang J, Su Q, Wang S. 2005. A novel red long lasting phosphorescent (LLP) material β-$Zn_3(PO_4)_2$: Mn^{2+}, Sm^{3+} [J]. Materials Research Bulletin, 40(4): 590-598.

Xiao Z G, Xiao Z Q. 2000. Long afterglow silicate luminescent material and its manufacturing method: US, 6093346[P].

第 8 章　白光 LED 用光致发光材料

人类照明的历史经历了漫长的发展过程。过去，人们曾长期靠燃烧木材照明，到 1772 年燃气照明进入人们的生活；1879 年爱迪生发明白炽灯，人类的照明进入了一个崭新的时代。20 世纪 90 年代末，随着第三代半导体材料 GaN 的突破，半导体照明进入人们的视野，并继引发微电子革命之后又在孕育一场新的照明产业革命，其标志是基于半导体发光二极管的固态照明，它将逐步取代传统光源进入普通照明领域。

8.1　白光 LED 基础知识

8.1.1　LED 的概念

LED 又称发光二极管，利用固体半导体芯片作为发光材料，当两端加上正向电压时，半导体中的载流子发生复合，放出过剩的能量而引起光子发射产生可见光。应用半导体 pn 结发光原理制成 LED 问世于 20 世纪 60 年代初，1964 年首先出现红色 LED，之后出现黄色 LED，直到 1994 年蓝色、绿色 LED 才研制成功，1996 年由日本 Nichia（日亚）公司成功开发出荧光粉转换白光 LED。近几年来，随着人们对半导体发光材料研究的不断深入、LED 制造工艺的不断进步和新材料的开发和应用，各种颜色的超高亮度 LED 研究取得了突破性进展，其发光效率提高了近 1000 倍，色度方面已实现了可见光波段的所有颜色，其中最重要的是超高亮度白光 LED 的出现使 LED 应用领域跨越至高效率照明市场成为可能。

8.1.2　LED 的发光原理及特点

LED 的结构和发光原理如图 8.1 所示，基本结构是一块电致发光的半导体材料，置于一个有引线的架子上，四周用环氧树脂密封，起到保护内部芯线、增加 LED 的抗振性能的作用。其核心半导体材料部分由 p 型半导体和 n 型半导体组成，在 p 型半导体和 n 型半导体之间有一个过渡层，称为 pn 结。在 pn 结中注入的少数载流子与多数载流子复合时会把多余的能量以光的形式释放出来，从而把电能直接转换为光能，即在外加电场的作用下，半导体材料中的电子和空穴定向移动，在 pn 结处复合，以光子的形式释放能量从而实现发光。发光颜色覆盖紫外到红外区，由半导体材料决定，光的强弱与电流有关。

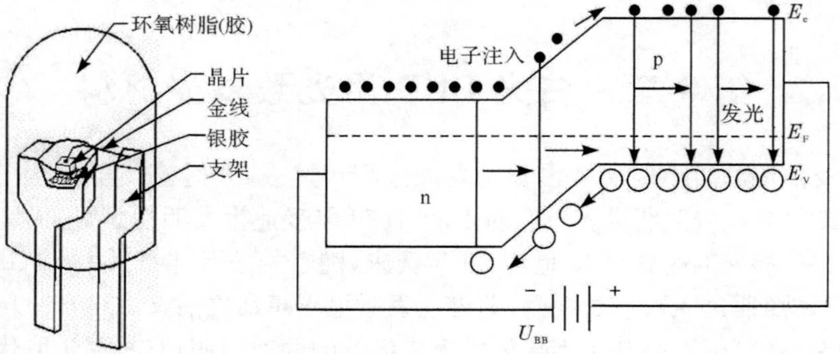

图 8.1　LED 的结构和发光原理示意图

LED 的内在特征决定了它具有很多优点。

(1) 体积小：基本上是一块很小的晶片被封装在环氧树脂里面。

(2) 耗电量低：一般来说，LED 的工作电压是 2～3.6V，工作电流是 0.02～0.03A，消耗的电能不超过 0.1W，相同照明效果比传统光源节能 80%以上。

(3) 使用寿命长：有人称 LED 光源为长寿灯，环氧树脂封装，灯体内没有松动部分，不存在灯丝发光易烧、热沉积、光衰等缺点，在恰当的电流和电压下，使用寿命可达 6 万～10 万小时，是传统光源寿命的 10 倍以上。

(4) 高亮度、低热量：使用冷发光技术，发热量比普通照明灯具低很多。

(5) 环保：由无毒的材料制成，不像荧光灯含水银会造成污染。LED 可以回收再利用，可以安全触摸，属于典型的绿色照明光源。

(6)坚固耐用：被完全封装在环氧树脂里面，比灯泡和荧光灯管都坚固。

(7) 多变幻：可利用红、绿、蓝三基色原理，在计算机技术控制下使三种颜色具有 256 级灰度并任意混合，即可产生 256×256×256＝16777216 种颜色，形成不同光色的组合，实现丰富多彩的动态变化效果及各种图像。

(8) 技术先进：与传统光源单调的发光效果相比，LED 光源是低压微电子产品。它成功融合了计算机、网络通信、图像处理、嵌入式控制等技术，因此也是数字信息化产品，体现半导体光电器件的"高新尖"技术，具有在线编程、无限升级、灵活多变的特点。

8.1.3　白光 LED 的制备方式和基本参数

白光 LED 的制备技术主要有三种：光转换法、多色组合法和多量子阱法。光转换法，即采用光转换材料，将紫光或蓝光转换产生白光。多色组合法是由发光波长不同的蓝、绿和红光组合发射复合白光，这种方案不仅对电路要求高，而且在电源波动或温度变化时不易获得稳定的白色光源。多量子阱法则是利用直接发白光的二极管,目前在技术上还不成熟。

光转换法是目前技术上最成熟的方法。从制备上首先是要有性能优良、价格低廉的芯片,芯片主要由氮化镓制造,一般在衬底上制备薄膜,最常用的衬底是 6H 型碳化硅(6H-SiC)、蓝宝石(α-Al_2O_3)和单晶硅。碳化硅单晶生长困难,晶型控制更为不易,价格高,目前只有美国有商品出售。蓝宝石衬底作氮化镓发光二极管技术较为成熟,日本和我国主要采用这种方法。但也存在两个问题:一是蓝宝石硬度很高,加工抛光困难;二是氮化镓与蓝宝石晶格失配率高达 15%,影响氮化镓单晶薄膜质量的进一步提高。单晶硅衬底制备的氮化镓二极管发光效率较低,如能达到蓝宝石衬底发光二极管效率的 90%,还是很有竞争力的。

从目前 LED 产品的机理和结构来看,以下是用来衡量 LED 优劣的特性参数。

1. 白光 LED 电流/电压参数(正、反向)

LED 的电性能具有典型的 pn 结伏安特性,不同的电流直接影响 LED 的发光亮度和 pn 结的结温。在照明应用中,为了获得大功率的 LED 灯,往往将许多个发光二极管通过一定的串并联方式组合在一起,相关的各个 LED 的特性必须匹配,在交流工作状态还必须考虑其反向电特性,因此必须测试它们在工作点上的正向电流和正向压降,以及反向漏电流和反向击穿电压等参数。

2. 白光 LED 辐射通量和光通量

发光二极管单位时间内发射的总电磁能量称为辐射通量,也就是光功率(单位是 W)。对于照明用 LED 光源,人们更关心的是照明的视觉效果,即光源发射的辐射通量中能引起人眼感知的那部分当量,称为光通量(单位是 lm)。

3. 白光 LED 光谱功率分布

LED 的光谱功率分布表示辐射功率随波长的变化关系,它既确定了发光的颜色,也确定了光通量以及它的显色指数。

4. 白光 LED 色品坐标

选三基色红(R)、绿(G)、蓝(B),$X=R/(R+G+B)$,$Y=G/(R+G+B)$,$Z=B/(R+G+B)$,由于 $X+Y+Z=1$,只需给出 X 和 Y 的值,就能唯一地确定一种颜色。这就是通常所说的色度图,该色度图边沿舌形曲线上的任一点都代表某一波长光的色调,而曲线内的任一点均表示人眼能看到的某一种混合光的颜色。

5. 白光 LED 色温和显色指数

光源的发光颜色与在某一温度下黑体辐射的颜色相同时,称黑体的温度为该光源的色温(color temperature,CT)T,单位为开(K)。对于白光 LED,其发光颜色往往不可能与各种温度下黑体的色品坐标完全相同,这时就不能用色温表示。为了便于比较,可采用相关色温(correlated color temperature,CCT)的概念。也就是当光源的色品与完全辐射体在某一温度下的色品最接近,即在 1960CIE-UCS 色品图上的色品差最小时,该完全辐射体的温度为该光源的相关色温 T。

用于照明工程的 LED,尤其是白光 LED,除表现颜色外,更重要的特性往往是周围的物体在 LED 光照明下所呈现出来的颜色与该物件在完全辐射(如日光)下的颜色是否一致,即所谓的显色特性。1974 年,CIE 推荐了用"试验色"法来定量评价光源显色性的方法,它是测量并参照光源照明下和待测光源照明下标准样品的总色位移量为基础来规定待测光源的显色性,用一个显色指数值来表示。CIE 规定用完全辐射体或标准照明体 D 为参照光源,并将其显色指数定为 100,同时规定了若干测试用的标准色样。根据在参照光源下和待测光源下上述标准色样形成的色差来评定待测光源显色性的好坏。光源对某一种标准色样品的显色指数称为特殊显色指数 R_i:

$$R_i = 100 - 4.6\Delta E_i$$

式中,ΔE_i 为第 i 号标准色样在参照光源下和待测光源下的色差。

CIE 推荐的标准色样共有 14 种。其中,1～8 号为中等饱和度、中等明度的常用代表性色调样品,9～14 号样品包括红、黄、绿、蓝等饱和色、欧美的皮肤色和树叶绿色。在一些特殊场合使用的 LED 光源,必须考核其特殊的显色指数。1985 年我国制定了"光源显色性评价方法"标准,并增加中国女性肤色的色样,作为第 15 种标准色样,这对于评价在电视演播室、商场、美容场所等照明用 LED 光源的显色性尤为重要。光源对前八种颜色样品的平均显色指数称为一般显色指数 R_a。

6. 白光 LED 热性能

照明用 LED 发光效率和功率的提高是当前 LED 产业发展的关键问题之一,与此同时,LED 的 pn 结温度及壳体散热问题也尤为重要,一般用热阻、壳体温度、结温等参数表示。

7. 白光 LED 辐射安全

目前,国际电工委员会(International Electrotechnical Commission,IEC)将 LED 产品按照和半导体激光器相同的要求进行辐射的安全测试和论证。LED 是窄光束、高亮度的发光器件,考虑到其辐射可能对人眼视网膜的危害,因此,对于不同场合应用的LED，国际标准规定了其有效辐射的限值要求和测试方法。目前在欧盟和美国，照明用LED产品的辐射安全作为一项强制性的要求执行。

8. 白光LED可靠性和寿命

可靠性指标是衡量LED在各种环境中正常工作的能力，在液晶背光源和大屏幕显示中特别重要。寿命是评价LED产品可用周期的质量指标，通常用有效寿命或终了寿命表示。在照明应用中，有效寿命是指LED在额定功率条件下，光通量衰减到初始值的规定百分比时所持续的时间。

(1) 平均寿命。一批LED同时点亮，经过一段时间后，LED不亮达到50%时所用的时间。

(2) 经济寿命。在同时考虑LED损坏以及光输出衰减的状况下，其综合输出减至一特定比例时的小时数。在用于室外光源时此比例为70%，用于室内光源时为80%。

8.1.4 白光LED的分类

1. 按芯片不同分类

按芯片不同分类，有如下几种。

(1) 单芯片：①InGaN(蓝)/YAG荧光粉；②InGaN(蓝)/红荧光粉＋绿荧光粉；③InGaN(紫外)/(红＋绿＋蓝)荧光粉。

(2) 双芯片：可由蓝LED＋黄LED、蓝LED＋黄绿LED以及蓝绿LED＋黄LED制成。

(3) 三芯片(蓝色＋绿色＋红色)LED。

(4) 四芯片(蓝色＋绿色＋红色＋黄色)LED。

2. 按发光管出光面特征分类

按发光管出光面特征，可分为圆灯、方灯、矩形、面发光管、侧向管、表面安装用微型管等。

3. 从发光强度角分布图来分类

从发光强度角分布图进行分类，有如下几种。

(1) 高指向性。一般为尖头环氧封装，或带金属反射腔封装，且不加散射剂。半值角为5°～20°或更小，具有很高的指向性，可用于作局部照明光源等。

(2) 标准型。通常用于指示灯，其半值角为20°～45°。

(3) 散射型。这是视角较大的指示灯，半值角为45°～90°或更大，散射剂的量较大。

4. 按发光二极管的结构分类

按发光二极管的结构进行分类，有全环氧包封、金属底座环氧封装、陶瓷底座环氧封装及玻璃封装等结构。

8.1.5 白光LED的应用及技术难点

白光LED是一种高光效、长寿命光源，应用前景极为看好，已大量用于常规照明，取代常规光源只是时间问题。随着时间推移和性能的改进，它所能取代的光源品种和数量将不断扩大，应用范围也不断扩展。

(1) 在局部范围低照度照明方面LED有其不可取代的优势，如手电筒、台灯照明，橱窗、小商品照明。由于LED的光辐射集中在一定发射角中，光分布集中，所以可取得高效、节能的效果。

(2) 小尺寸液晶显示屏的LED背光源。

(3) 室内照明如作为夜灯、床头灯、台灯或照度要求较低的走廊灯等。

(4) 道路照明。

然而这一过程依条件成熟程度而渐变，绝非一个命令就能在一夜之间完成。在目前状态下LED发展时日尚短，尚有诸多参数需要改进，主要有如下两个方面。

(1) 在驱动电路的设计、应急功能的选择及应急灯具的结构设计，尤其在应急照明的标准和应急灯具的可靠性研究方面明显滞后，其主要技术难点为LED封装技术、LED散热技术、二次配光技术、LED智能控制技术以及相关照明灯具检测方法、可靠性评价方法及相关标准规范的编制和起草等。

(2) 由于光转换型白光LED是白光照明发展的主流，荧光粉的好坏是决定白光LED性能好坏的关键。在荧光粉转换白光LED方面，存在着荧光材料显色性差、效率不足等问题。例如，在InGaN(蓝)/YAG黄荧光粉组合中，荧光体中Ce^{3+}离子的发射光谱不具有连续光谱特性，显色性较差，难以满足低色温照明的要求；在InGaN(蓝)/(红＋绿)荧光粉和InGaN(紫外)/(红＋绿＋蓝)荧光粉组合中，荧光粉有效转换效率较低，尤其是红色荧光粉的效率需要较大幅度的提高等。

8.2 光转换型白光LED

光转换型LED是白光照明发展的主流，光转换材料就自然成为研究的焦点。这些材料主要使用稀土离子作为激活剂。我国是稀土资源大国，稀土分离提纯技术也处于国际先进水平。利用这些优势，大力发展稀土离子发光材料，推动固体白光照明技术的发展，具有十分重要的经济意义和战略意义。

8.2.1　蓝光转换型荧光粉

1. *石榴石结构荧光粉*

具有石榴石结构的荧光粉主要包括 $Y_3Al_5O_{12}:Ce^{3+}$、$Tb_3Al_5O_{12}:Ce^{3+}$、$Lu_3Al_5O_{12}:Ce^{3+}$、$Lu_2CaMg_2(Si,Ge)_3O_{12}:Ce^{3+}$ 和 $Ca_3Sc_2Si_3O_{12}:Ce^{3+}$。该体系荧光粉具有相似的结构和光谱性质，通过晶格体系中阳离子之间的部分取代，其发光性能在绿光和红光范围内可调，调节过程一般遵循如下规律：用较大离子半径的阳离子取代基质晶格中十二面体的位置，导致整个晶体场强度的增加和发射光谱的红移；若取代八面体的位置，则降低发光中心周围的晶体场强度，引起发射光谱的蓝移。

2. *非石榴石结构氧化物荧光粉*

可被蓝光激发的非石榴石结构的氧化物黄色荧光粉基本上存在于硅酸盐和铝酸盐体系，主要包括 $Sr_2SiO_4:Eu^{2+}$、$Sr_3SiO_5:Eu^{2+}$、$Sr_3SiO_5:Ce^{3+}$、$Li_2SrSiO_4:Eu^{2+}$、$LiSr_2AlO_5:Ce^{3+}$、$Ca_2BO_3Cl:Eu^{2+}$ 和 $Sr_3(Al_2O_5)Cl_2:Eu^{2+}$ 等。其中，稀土掺杂后的 Sr_2SiO_4 和 Sr_3SiO_5 体系荧光粉具有比较优异的发光性能。

3. *硫化物荧光粉*

可被 InGaN 蓝色芯片激发的硫化物荧光粉一般是 Eu^{2+}、Ce^{3+} 激活的荧光粉，主要包括 $CaS:Eu^{2+}$、$SrS:Eu^{2+}$、$SrGa_2S_4:Eu^{2+}$ 和 $Ca_2SiS_4:Eu^{2+}$ 等，和氧化物荧光粉相比，该体系荧光粉具有较好的发光亮度和长波长的红光发射。但是这类荧光粉的一个致命缺点是稳定性较差，易吸潮，限制了其在光源和显示领域的应用。

4. *氮化物和氮氧化物荧光粉*

氮化物和氮氧化物荧光粉是近几年发展起来的新型荧光粉。N^{3-} 与 O^{2-} 相比具有小的电负性和较强的共价性，N 的引入大大降低了一些激活离子（如 Eu^{2+}、Ce^{3+} 等）的 5d 态能级，进而使其激发和发射光谱向长波移动，和氧化物相比，该体系荧光粉具有发光效率高、能被可见光有效激发（400～470nm）、热稳定性好、化学稳定性好和环保等优点。把此类荧光粉和黄色荧光粉 YAG:Ce 混合，可以弥补 YAG:Ce 红光发射的不足，在蓝光激发下能得到显色指数较高、色温较低的暖白光。该类荧光粉主要包括 $M_2Si_5N_8:Eu^{2+}$（M=Ca，Sr，Ba）、$MSi_2O_2N_2:Eu^{2+}$（M=Ca，Sr，Ba）、SiAlON:Eu^{2+}、$MYSi_4N_7:Eu^{2+}$（M=Sr，Ba）、$MAlSiN_3:Eu^{2+}$（M=Ca，Sr）等。然而，氮化物和氮氧化物荧光粉的制备工艺比较复杂，通常需要采用空气中不稳定和价格昂贵的金属氮化物作为初始原料，通过高温高压等苛刻条件进行制备，导致生产成本高，在实际的应用中受到了一定的限制。

8.2.2 近紫外光转换型荧光粉

1. 三基色荧光粉

1）蓝色荧光粉

目前，可被近紫外光激活的蓝色荧光粉包括 $CaLaGa_3S_6O:Ce^{3+}$、$(CaCl_2/SiO_2):Eu^{2+}$、$Sr_3MgSi_2O_8:Eu^{2+}$、$Ba_2Si_3O_8:Eu^{2+}$、$Ba_5SiO_4Cl_6:Eu^{2+}$、$LiSrPO_4:Eu^{2+}$等，Wu 等(2006)合成的 $LiSrPO_4:Eu^{2+}$ 荧光粉在紫外激发下发射峰值为 450nm 的蓝光，强度大于常用的 $BaMgAl_{10}O_{17}:Eu^{2+}$ 蓝粉，色坐标为(0.160，0.620)。

2）绿色荧光粉

Mn^{2+} 和 Tb^{3+} 经常用来作为绿色荧光粉的激活剂，Eu^{2+}、Ce^{3+} 通常作为此类荧光粉的敏化剂，最近报道的绿色荧光粉包括 $Ca_3Sc_2Si_3O_{12}:Ce^{3+}$、$CaAl_2S_4:Eu^{2+}$、$Sr_6BP_5O_{20}:Eu^{2+}$、$BaMgSiO_4:Eu^{2+}$、$Ca_3Y_2(Si_3O_9)_2:Ce^{3+}$、$Tb^{3+}$、$Ca_{2(1-x)}Sr_{2x}Al_2SiO_7:Eu^{2+}$、$Ca_3SiO_4Cl_2:Ce^{3+}$、$Ca_2Mg_2Si_2O_7:Eu^{2+}$，$Mn^{2+}$ 等。

3）红色荧光粉

(1) Mn^{2+} 激活的红色荧光粉。因为 Mn^{2+} 存在 $^4T_1(^4G)$-$^6A_1(^6S)$ 跃迁，所以在红光部分存在发射。在近紫外激发下 Mn^{2+} 的发射一般比较弱，但是也有一些特例，如 $CaZnOS:Mn^{2+}$ 荧光粉在近紫外激发下有较强的发射。对于 Mn^{2+} 发射较弱的情形通常采用加入敏化剂的方法来提高其发光效率，例如，$CaSiO_3:Eu^{2+}$，Mn^{2+}，加入 Eu^{2+} 后 Mn^{2+} 红光发射强度显著提高。

(2) Eu^{3+} 激活的红色荧光粉。Eu^{3+} 是另一种经常作为红光发射荧光粉的激活离子，因为存在 $^5D_0$-$^7F_2$ 跃迁($\lambda em=615nm$)，所以有较好的色纯度。许多近紫外的荧光粉均通过 Eu^{3+} 的掺杂来实现，包括 $CaMoO_4:Eu^{3+}$、$Gd_2Mo_3O_9:Eu^{3+}$、$(Li_{0.333}Na_{0.333}K_{0.333})Eu(MoO_4)_2:Eu^{3+}$、$Na_5Ln(MoO_4)_4:Eu^{3+}$、$CaWO_4:Eu^{3+}$ 等。但是此类荧光粉一般具有较窄的激发范围($\lambda_{em}=365\sim410nm$)，因此限制了其在近紫外 LED 上的应用，为了增加荧光粉的吸收范围，通常在实际研究中会共掺 Sm^{3+} 或 Bi^{3+}。

2. 单一基质白光荧光粉

目前，与近紫外光 LED 芯片相匹配的单一白光荧光粉非常少，且主要以硅酸盐体系为主，如焦硅酸盐 $Ba_3MgSi_2O_8:Eu^{2+}$，Mn^{2+} 等。

8.3　主流白光LED发光材料

LED照明商用化的快速发展，加大了白光LED荧光粉的市场需求，也加快了白光LED用荧光粉的更新换代，多年来荧光粉的发展由较不稳定的硫化物和卤化物，演变至化学和高温稳定性较佳的铝酸盐(aluminate)、硅酸盐(silicate)、氮化物(nitride)以及氮氧化物(oxynitride)，并有望满足白光LED性能的多样性与严苛度的要求。

8.3.1　铈(Ⅲ)掺杂钇铝石榴石

自1957年由Geller等(1957)合成 $Y_3Fe_5O_{12}$ 并发现其具有铁磁特性后，便开始有许多人研究此类结构材料的各种性质。1964年，Geusic等(1964)用Al、Ga离子取代Fe离子，发现 $Y_3Al_5O_{12}$(YAG)具有特殊的激光性质，揭开了钇铝石榴石光学性能研究的序幕。1996年，日本日亚公司以发黄光的YAG:Ce^{3+}荧光粉配合蓝光LED制成白光LED，开启白光LED用于照明的时代，直到现在YAG黄粉依然是商业白光LED荧光粉的首选。

1. 钇铝石榴石荧光粉的物理性质

石榴石原指一系列天生矿石，这些矿石的颗粒形貌很像石榴子，因此称为石榴石。石榴石具有良好的机械强度、透明度和化学稳定性，其化学成分可用 $R'_3R''_2(SiO_4)_3$ 来表示。从这个化学式可以看出，这原是一系列硅酸盐，R′代表二价阳离子，可以是 Ca^{2+}、Mg^{2+}、Fe^{2+} 或 Mn^{2+}；R″代表三价阳离子，可以是 Al^{3+}、Fe^{3+} 或 Cr^{3+} 等。实验证明，在石榴石中Al可以完全取代Si。

钇铝石榴石 $Y_3Al_5O_{12}$(yttrium aluminum garnet)是由 Y_2O_3 和 Al_2O_3 按照摩尔比3∶5化合而成的。在 Y_2O_3-Al_2O_3 体系中存在三种不同的晶相，另外两种中间相为 $YAlO_3$ 和 $Y_4Al_2O_9$，其中YAG属立方晶系，空间群为Oh(10)-Ia3d，其晶格常数为12.002Å。在YAG晶体中，阳离子共分三组，即[A]、[B]和[C]，其晶体结构的主要特征见表8.1。[A]是Y离子，Al离子存在两种格位，40%的格位处于六个氧离子配位的八面体格位[B]，60%处于由四个氧离子配位的四面体格位[C]。因此，YAG的化学式是 $Y_3Al_5O_{12}$，单位晶胞中含有八个 $Y_3Al_5O_{12}$ 化学式，共24个 Y^{3+} 离子、40个 Al^{3+} 离子、96个 O^{2-} 离子。八面体的 Al^{3+} 离子形成体心立方结构，而四面体格位的 Al^{3+} 离子和十二面体格位的 Y^{3+} 离子处在立方体的面等分线上，八面体和四面体都是歪斜的，因此YAG晶体结构是一种畸变立方结构，其结构模型如图8.2所示。表8.2简单介绍了 $Y_3Al_5O_{12}$ 的物理化学性质。

表 8.1　YAG 的晶体结构参数

理想化合式	$[A_3{}^{2+}]$	$[B_2{}^{2+}]$	$[C_3{}^{3+}]$	O_{12}
点对称	222	$\bar{3}$	$\bar{4}$	$\bar{1}$
空间群位置	24C	16a	24d	96h
对氧离子的配位数	8	6	4	
多面体类型	十二面体	正八面体	正四面体	

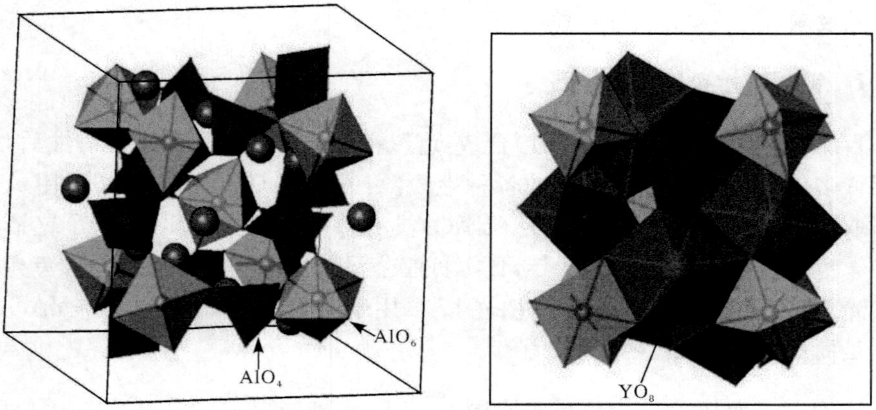

(a) AlO_4和 AlO_6　　(b) YO_8

图 8.2　YAG 的晶体结构

表 8.2　YAG 的基本物理化学性质

性质	数值
分子式	$Y_3Al_5O_{12}$
晶体结构	立方晶系，空间群 Ia3d，a_0＝12.008Å
莫氏硬度	8～8.5
折射率	1.82
熔点	1950℃
色泽	无色
化学性质	不溶于 H_2SO_4、HCl、HNO_3、HF；溶于 H_3PO_4＞250℃、PbO-PbF_2，共晶温度＞550℃

2. 钇铝石榴石荧光粉的制备方法

稀土掺杂的 YAG 荧光粉的制备方法主要有高温固相反应法、溶胶-凝胶法、高分子网络凝胶法、共沉淀法、溶剂热法、燃烧法和喷雾热解法等，下面对这些方法进行简单的介绍。

1) 高温固相反应法

高温固相反应法是荧光材料传统的制备方法，是将发光基质（Y 和 Al）与激活剂（掺杂离子）的氧化物或它们的盐类，按一定的配比均匀混合，经高温煅烧、保温、冷却、粉碎、筛分得到荧光粉。此方法要求较高的反应温度和较长的反应时间，由于反应温度高、时间长，晶粒生长比较完整，制备的 YAG:Ce^{3+} 荧光粉具有较好的荧光性能，但经粉碎、筛分后荧光性能下降。

2) 溶胶-凝胶法

溶胶-凝胶（sol-gel）法是将易于水解的金属化合物（无机盐或金属醇盐，多为金属醇盐，如 $Y(NO_3)_3 \cdot 5H_2O$、$Al(NO_3)_3 \cdot 9H_2O$ 等），经过水解、缩聚、凝胶化、干燥、煅烧等处理得到荧光粉。其中，控制无机盐或金属醇盐的水解缩聚条件是制备高质量溶胶的关键。用溶胶-凝胶法制备的粉体分散性较好、颗粒分布均匀。

3) 高分子网络凝胶法

高分子网络凝胶法是在过硫酸铵引发下，利用丙烯酰胺自由基聚合反应，同时结合网络剂 N,N-亚甲基双丙烯酰胺两个活化双键的双官能团效应，将高分子链连接成网络，从而得到凝胶。用此方法制备的粉体结晶完整，物相较纯，更为重要的是凝胶过程中所形成的高分子网络阻止煅烧过程中的传质过程，减少了团聚和晶粒长大。影响反应的因素包括 Al^{3+}、Y^{3+}、Ce^{3+} 金属离子的浓度以及网络剂和引发剂的用量。金属离子浓度过低不利于得到凝胶，浓度过高则不利于合成超细的粉体。网络剂和引发剂的用量以过量为宜，过少则不利于得到凝胶。高分子网络凝胶法的工艺流程示意图如图 8.3 所示。

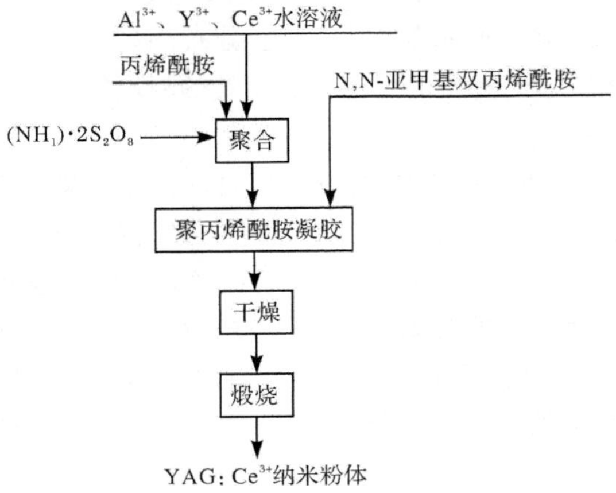

图 8.3　高分子网络凝胶法的工艺流程

4) 共沉淀法

共沉淀法是在 Ln:Y:Al=x:(3−x):5 的混合溶液中加入合适的沉淀剂（如

$NH_3 \cdot H_2O$、NH_4HCO_3等)而使得 Y^{3+} 和 Al^{3+} 完全沉淀的方法。通常分为正滴、反滴两种,正滴是指沉淀剂滴入母液中,反滴是指母液滴入沉淀剂中。Vrolijk 等(1990)的研究表明,Al^{3+} 开始沉淀时溶液 pH 为 3.5,只有 pH 到一定的数值时,Y^{3+} 才开始沉淀。显然,此方法中 Y^{3+} 和 Al^{3+} 的沉淀是分步进行的,得到化学组成不均匀的前驱物,化学组成均一性差,这将导致中间相的形成以及较高的煅烧温度;在反滴法中,由于沉淀剂 pH 值已超过两种离子开始沉淀时的 pH 值,并且沉淀剂大大过量,Y^{3+} 和 Al^{3+} 滴入瞬间局部过饱和度相当大,有利于大量晶核的产生,化学组成的均一性得到了大大的改善。

5) 溶剂热法

溶剂热法是一种将 YAG:Ce^{3+} 荧光粉前驱体在高温高压条件下,在特制反应釜中反应,经洗涤、干燥制备纳米微粒的一种方法。溶剂热法需要较高的合成温度和压力,这给合成带来了困难。该方法的最大优点是避开了前驱体的煅烧过程,粉末中不含硬团聚,分散性极佳。但是由于使用有机溶剂,生产成本较高,并且污染环境,近年来出现了采用水代替有机溶剂的方法。

6) 燃烧法

燃烧法是使有机燃料和金属盐溶液之间发生剧烈的放热反应,释放出的大量热能使反应体系很快加热到 1600°C 以上。与传统的固相反应法相比,其不同点在于:升温迅速,可不经过 $YAlO_3$ 和 $Y_4Al_2O_9$ 中间相而直接生成 YAG 相。此方法既节能,又省时,更重要的是反应物在合成过程中处于高度均匀的分散状态,反应时原子只需短程扩散即可进入晶格格位,加之反应速度快,前驱物的形成和氧化物的分解温度又很低,因此产物粒度小,粒径分布均匀。影响反应的因素包括燃料的类型、燃料与金属盐的物质的量比以及燃烧的温度等。

7) 喷雾热解法

喷雾热解法是一种将前驱体溶液喷入高温气氛中立即引起溶剂的蒸发和金属盐的热分解,从而直接合成粉体的方法。它的显著特点是产品可直接获得,不需经过过滤、干燥、煅烧、再粉碎等过程,并且纯度高,粒度均匀可控,这种粒度均匀的球形发光体,有利于获得较高的堆积密度和减少发光体散射,从而提高了发光体的分辨率和发光效率。Kang 等(1999)用喷雾热解法在 900℃下得到了分散性极好的球形、无团聚的 YAG:Ce^{3+} 荧光粉,并且颗粒的大小随金属离子浓度的增加而增大。

8) 其他方法

除了以上提到的方法以外,Zhang 等(2003)用 sol-gel 和燃烧相结合的方法制备了 YAG:Tb^{3+} 荧光粉,李永绣等采用有机-无机杂化凝胶法制备了 YAG:Ce^{3+} 荧光粉等。随着对荧光粉性能要求的不断提高,新的合成方法还将不断出现。

3. 光谱特性

1) Ce^{3+}掺杂浓度对发光性能的影响

YAG:Ce^{3+}荧光粉的激发光谱为双峰结构(图 8.4)，在近紫外区 340nm 处有一激发峰，在可见光区 467nm 处有一最大激发峰，发射光谱是用 467nm 的可见光激发，Ce^{3+}的 4f 能级由于自旋-轨道耦合而劈裂为两个光谱支项$^2F_{7/2}$和$^2F_{5/2}$，其中$^2F_{5/2}$为基谱项，340nm 的激发峰对应于$^2F_{5/2}$-^5D 的跃迁，467nm 的激发峰属于$^2F_{7/2}$-^5D的跃迁。

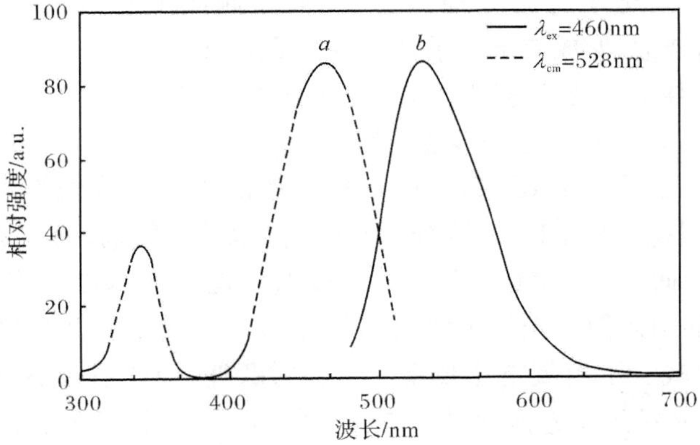

图 8.4　YAG:Ce^{3+}的激发光谱和发射光谱

YAG:Ce^{3+}荧光粉的激发光谱和发射光谱如图 8.4 所示，其发射光谱为可见区的宽谱，最强发射峰位于 528nm 附近，颜色为黄色，属于 Ce^{3+}的 5d-4f 特征跃迁发射。其激发光谱和发射光谱的峰位和峰形不随掺杂浓度的改变而变化，相对强度在 $x=0.06$ 时达到最大值，随后出现减弱趋势，这是因为：①Ce^{3+}离子半径比 Y^{3+}离子半径大 10%以上($r_{Ce^{3+}}=0.118$nm，$r_{Y^{3+}}=0.096$nm)，因此当 Ce^{3+}浓度过高时，发生取代反应较为困难，不能参与反应的 Ce^{3+}可能以氧化物形式与 YAG 相共存，从而影响荧光粉的发光强度；②激活剂浓度过高，还可能引起猝灭效应。此外，由于 YAG:Ce^{3+}荧光粉属于 5d-4f 特征跃迁而发光，5d-4f 跃迁为允许的电偶极跃迁，余辉时间非常短。

2) 共掺杂对荧光粉发光性能的影响

La^{3+}、Gd^{3+}、Lu^{3+}最外层 4f 的电子分别为 0、7、14，属于相对惰性的结构，在 YAG:Ce 的体系中加入相当于 Y^{3+}的 1%(摩尔分数)Lu^{3+}后，Ce^{3+}的发射和激发峰的形状不变，主要激发峰仍然位于约 340nm 和 467nm 处。这是因为这些离子在测定的范围内没有吸收和发射，少量加入不能改变 Ce^{3+}的光谱，但当掺杂量多时会由于改变了其晶体结构而使其光谱发生显著变化。加入 Pr^{3+}、Sm^{3+}、Tb^{3+}、

Dy^{3+}、Ho^{3+}、Er^{3+}和Tm^{3+}等稀土离子到YAG：Ce^{3+}中，对体系的发射峰强度产生较明显的影响。这是因为这些稀土离子存在丰富的能级，可以与其他三价稀土离子产生能级的交叉弛豫，使Ce^{3+}的发射峰强度发生变化。其中Pr^{3+}、Sm^{3+}、Tb^{3+}、Dy^{3+}等掺杂会提高荧光粉的显色性，Ho^{3+}、Er^{3+}、Tm^{3+}掺杂会降低荧光粉的发光性能。另外，掺杂1%的Eu^{3+}、Yb^{3+}、Nd^{3+}到YAG：Ce^{3+}体系中后，会使Ce^{3+}的发射产生严重的猝灭，这是因为Nd^{3+}在510～580nm有一组强的吸收峰，归属于Nd^{3+}的$^4I_{9/2}$-^4G_j跃迁，与Ce^{3+}的宽带发射相重叠，Ce^{3+}将能量有效地传递给Nd^{3+}，即Ce^{3+}敏化了Nd^{3+}，从而使Ce^{3+}本身的发射峰大大降低。在YAG体系中，Eu^{3+}和Yb^{3+}的电子组态分别为$4f^6$和$4f^{13}$，倾向于得到一个电子达到$4f^7$和$4f^{14}$半满和全满结构，形成二价离子，同时在$(Y_{0.95}Ln_{0.01}Ce_{0.04})_3Al_5O_{12}$体系中掺杂$Eu^{3+}$或$Yb^{3+}$时使$Ce^{3+}$的发光强度降低到原来的25%左右。

3) 工艺因素对荧光粉发光性能的影响

(1) 电荷补偿剂对YAG：Ce^{3+}荧光粉效率的影响。黄先等(2007)在YAG：Ce^{3+}荧光粉的制备过程中以BaF_2和MgF_2作为电荷补偿剂，研究了其对荧光粉发光效率的影响。研究发现Mg的引入可以部分补偿Ce^{3+}掺杂带来的晶格增大，同时电荷补偿剂的引入使荧光粉达到电荷平衡，减少了烧制过程中产生的氧空位缺陷的影响，从而减少了由氧空位带来的无辐射跃迁，因此引入BaF_2和MgF_2作为电荷补偿剂，荧光粉的发光强度得到有效提高，尤其是引入MgF_2后，由于Mg^{2+}还能起到晶格补偿的作用，其具有最高的效率。另外，由于Ba^{2+}、Mg^{2+}取代Y^{3+}后使Ce^{3+}周围的晶场发生了变化，发射光谱的峰位也发生了相对的移动，如图8.5所示。

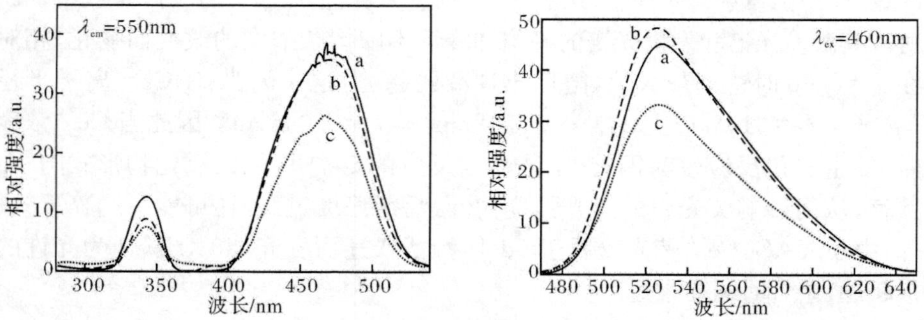

图8.5 电荷补偿剂对YAG光谱的影响

a为$Y_{2.6}Ce_{0.3}Al_5O_{12}$：0.1$Ba^{2+}$；b为$Y_{2.6}Ce_{0.3}Al_5O_{12}$：0.1$Mg^{2+}$；c为$Y_{2.7}Ce_{0.3}Al_5O_{12}$

(2) 助熔剂对YAG：Ce^{3+}荧光粉效率的影响。马林等采用氟化物助熔剂(MgF_2、CaF_2、SrF_2、BaF_2、AlF_3)及其与H_3BO_3的混合助熔剂来制备YAG：Ce^{3+}，研究了助熔剂种类及其浓度对所得粉体发光性能的影响，比较了它们的晶体形貌与物相组成。结果表明，采用不同助熔剂合成的 YAG:Ce^{3+} 的激发光谱和发射光谱基本相同，BaF_2、$A1F_3$、SrF_2 及其与 H_3BO_3 的混合助熔剂系列可在一定程度上降低产品硬度、提高产品发光亮度，其中 H_3BO_3-SrF_2 系列、H_3BO_3-BaF_2 系列的晶化程度和粒度分布均有改善。

(3) 包覆及热处理对 YAG:Ce^{3+} 荧光粉发光效率的影响。由于外界因素和发光材料本身的原因，未经处理的 YAG:Ce^{3+} 往往存在粉末团聚、表面电性能与化学性能不稳定的现象，热猝灭温度较低，制成的白色发光二极管容易被黑化等，需要一种方法来改善 YAG:Ce^{3+} 的稳定性。闵宇霖等研究了 YAG:Ce^{3+} 包膜对荧光粉热稳定性及其酸碱稳定性的影响，并选出较为合适的包膜材料和途径，发现包膜对荧光粉热稳定性有影响。王晶等通过溶胶-凝胶法与水解法利用氧化铝和氧化镧对荧光粉进行包膜，发现包膜会降低荧光粉的发射强度，但可明显提高荧光粉的高温稳定性。

4) 温度对荧光粉发光效率的影响

YAG:Ce^{3+} 变温发射光谱的许多研究结果表明，随着温度的升高，发射光谱发生强度下降、红移和热致宽化等现象，严重影响了白光 LED 的光色参数以及可靠性，尤其当温度达到 150℃时会出现明显的发光热猝灭。

8.3.2 硅酸盐发光材料

构成发光材料基质的硅酸盐的种类有很多，多种硅酸盐类发光材料在应用领域中占有重要的地位。例如，Mn^{2+} 激活的硅酸锌等是最早的用作荧光灯和 CRT 的绿色荧光体，直至现在，Zn_2SiO_4:Mn^{2+} 依然应用在这些领域中；$CdSiO_3$:RE(RE 为稀土离子)是可以产生各种光色发射的长余辉荧光体；$CaSiO_3$:Mn^{2+}，Pb^{2+} 可用于阴极射线激发的低重复率显示管及军用示波仪等。近几年，多种硅酸盐类发光材料由于具有与蓝光 LED 和近紫外 LED 匹配的激发光谱，它们在固态照明领域的应用也受到了广泛的关注。

1. 硅酸盐发光材料的制备

硅酸盐的制备方法有很多种，如高温固相法、溶胶-凝胶法、燃烧法等，但实际应用中多采用的是高温固相法，其制备工艺流程如图 8.6 所示。

具体的制备步骤：①混合原材料；②灼烧；③对灼烧的材料进行各种工艺处理，包括磨碎、分级和干燥等。原材料可包含各种化合物粉体，如碱土金属碳酸盐、硝酸盐、氢氧化物、氧化物、草酸盐和卤化物、硅的化合物和稀土化合物等。

在灼烧已混好的原材料时，为了加快其反应，一般可加入一种或几种助熔剂。助熔剂通过两种方式改善烧结过程：第一种方式是利用液相烧结机理促进晶体生长；第二种方式是吸收并收集来自晶粒的杂质，改善烧结材料的相纯度，形成质量

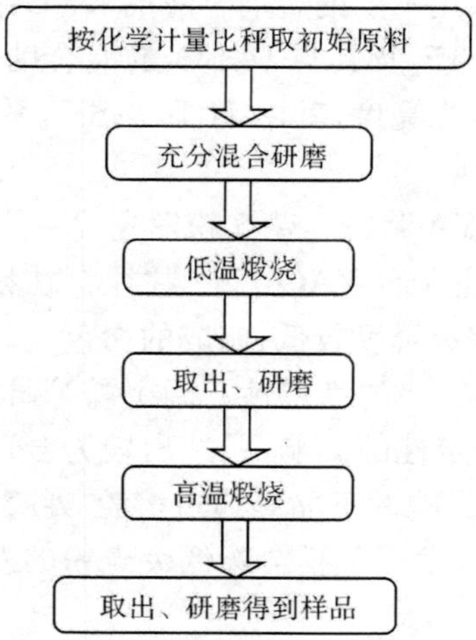

图 8.6　高温固相法合成样品流程图

较好、缺陷较少的晶体。助熔剂可能包含不同种类的卤化物，如氟化锶、氟化钡、氟化钙、氟化铕、氟化铵、氟化锂、氟化钠、氟化钾、氯化锶、氯化钡、氯化钙、氯化铕、氯化铵、氯化锂、氯化钠、氯化钾或含硼助熔剂化合物（硼酸、氧化硼、硼酸锶等），以及其他常用的助熔剂。

硅酸盐发光材料的灼烧温度大约为 1300℃，保温时间为 3～4h，一般需要在 N_2-H_2的混合气体中还原。

2. 硅酸盐体系典型白光 LED 发光材料

1）二元正硅酸盐白光 LED 用荧光粉

二元正硅酸盐是岛状硅酸盐（有独立的硅氧负离子团）的一种，负离子团只含有一个$[SiO_4]^{4-}$四面体，没有任何 O 原子与其他正四面体共享，即孤立的$[SiO_4]^{4-}$四面体通过其他阳离子连接，是硅酸盐体系中最简单的一种结构（Wang et al.，2014）。商用上常见的有 Sr_2SiO_4:Eu^{2+}或 Sr_3SiO_5:Eu^{2+}等荧光粉（孙晓园等，2008）。

Sr_2SiO_4:Eu^{2+}低温为 α 相，高温为 β 相。实用荧光体为 α 相，正交晶系。在 α-Sr_2SiO_4中有两种 Sr 格位，Eu^{2+}占据晶体场较弱的 Sr(Ⅰ)格位产生蓝绿光发射，Eu^{2+}占据晶体场较强的 Sr(Ⅱ)格位产生黄光发射。α-Sr_2SiO_4:Eu^{2+}荧光粉中随着 Eu^{2+}的掺杂浓度的增大，处于 Sr(Ⅰ)格位的 Eu^{2+}向处于 Sr(Ⅱ)格位的 Eu^{2+}进行能量传递占据主导作用，即 Sr_2SiO_4:Eu^{2+}的蓝绿光发射逐渐降低，黄光发射逐渐增强。图 8.7 是 Sr_2SiO_4:Eu^{2+}与近紫外 LED 复合的光谱图，复合光的色坐标为（0.39，0.41），显色指数为 68。

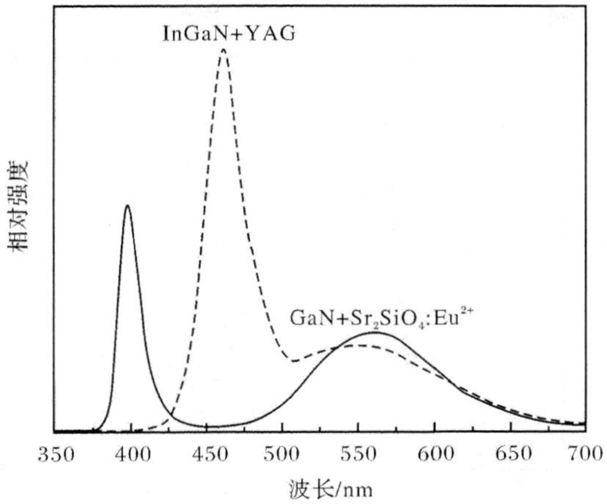

图 8.7　InGaN+Sr_2SiO_4:Eu^{2+}与 GaN+YAG 的复合光谱图

Sr_2SiO_4:Eu^{2+}荧光体对 LED 的 400nm 附近的近紫外发射有很好的吸收，但是对发光效率更高的蓝光 LED(460nm 附近)发射的吸收效率不高。研究发现共掺杂一定量的 Ba、Mg，对 Sr_2SiO_4:Eu^{2+}荧光体的基质组分进行调整后，该荧光体对 460nm 的蓝光的吸收效率显著提高。和组分未作调整的 Sr_2SiO_4:Eu^{2+}荧光体相比，Ba、Mg 共掺杂的 Sr_2SiO_4:Eu^{2+}荧光体在 405nm、455nm、465nm 波段激发下所产生的黄绿光的发射强度都提高了 40%左右。目前通过组合化学的方法对 $(Sr,Ba,Ca,Mg)_2SiO_4$:Eu^{2+}体系进行了研究，找到数种可以与蓝光 LED 匹配的黄绿光发射荧光体。

与 Sr_2SiO_4:Eu^{2+}相比，Sr_3SiO_5:Eu^{2+}的激光谱进一步向可见光区域延伸。Sr_3SiO_5:0.07Eu^{2+}荧光体在蓝光区域的吸收强度是其 365nm 处吸收强度的 93%左右，因此 Sr_3SiO_5:Eu^{2+}荧光体可以有效地吸收蓝光 LED 的蓝光发射。图 8.8 是 Sr_3SiO_5:Eu^{2+}与蓝光 LED 匹配的发光光谱，Sr_3SiO_5:Eu^{2+}吸收 LED 芯片的蓝光发射产生位于 575nm 的黄光发射，二者复合产生白光发射。该白光发射的色坐标为(0.37,0.32)，流明功效为 20～32lm/W。从图中可以看到，Sr_3SiO_5:Eu^{2+}黄光发射强度明显优于 YAG:Ce^{3+}。另外，与 YAG:Ce^{3+}相比，Sr_3SiO_5:Eu^{2+}具有更好的温度特性，随温度升高，YAG:Ce^{3+}的发射强度显著降低，相反 Sr_3SiO_5:Eu^{2+}的发射强度逐渐增强，在 250℃，Sr_3SiO_5:Eu^{2+}的发射强度是 YAG:Ce^{3+}的 4 倍左右。从图 8.9 可以看到，随着 Ba 取代量从 0 增加到 0.2，Eu^{2+}的发射光谱主峰从 575nm 位移到 585nm，发射光谱覆盖了更多的红色区域。发射光谱的变化是因为 Ba 的部分取代改变了 Eu^{2+}配位的空间结构。当 Ba 的取代量继续增大而超过 0.5 时，出现杂相；再继续增大 Ba 的组分，则对 Eu^{2+}的发射没有有益的影响。

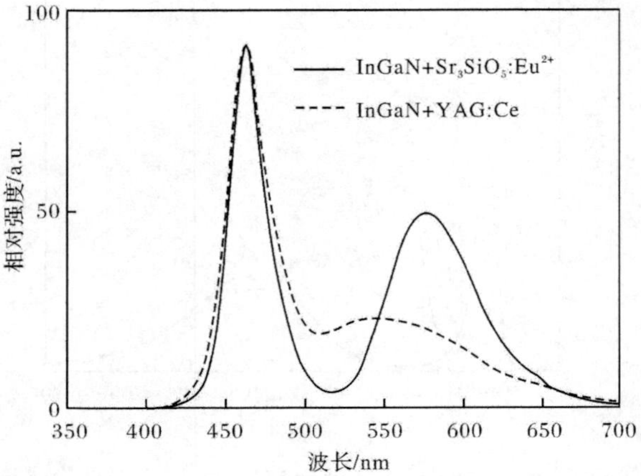

图 8.8 $Sr_3SiO_5:Eu^{2+}$ +InGaN 与 YAG+InGaN 的复合光谱比较

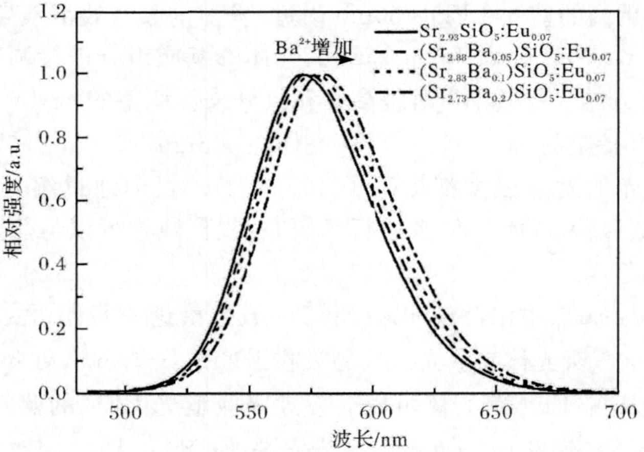

图 8.9 $Sr_{2.97-x}Ba_xSiO_5:Eu^{2+}$ 的发射光谱

2) 三元硅酸盐白光 LED 用荧光粉

作为发光材料的三元硅酸盐体系的研究主要集中在含镁正硅酸盐和焦硅酸盐。

(1) 含镁正硅酸盐 $M_3MgSi_2O_8$ (M=Ca, Sr, Ba)属于镁硅钙石结构，20 世纪 70 年代初其结构已确定。$Ca_3MgSi_2O_8$属于斜方晶系，$Sr_3MgSi_2O_8$和 $Ba_3MgSi_2O_8$属于正交晶系。在斜方晶系的 $Ca_3MgSi_2O_8$结构中有三个不等的 Ca 格位，配位数分别为 8、9、8，此外，还有一个八面体的 Mg 格位；正交晶系的 $M_3MgSi_2O_8$ (M=Ba, Sr)与斜方晶系的 $Ca_3MgSi_2O_8$ 有类似的阳离子格位，它们也有三个不等的 M

格位，配位数分别是 10、12、10。当 M=Ca 时，$\lambda_{em}=475nm$；当 M=Sr 时，$\lambda_{em}=460nm$；当 M=Ba 时，$\lambda_{em}=440nm$。即随着 M^{2+} 离子半径的增大，Eu^{2+} 的发射最大中心向短波移动。Eu^{2+} 在这种三元硅酸盐体系中的激发光谱覆盖了从紫外到可见光很宽的区域，可以与 LED 的紫外或者蓝光发射很好地匹配，尤其是 $Ba_3MgSi_2O_8:Eu^{2+}$ 的激发波长从 200nm 延伸到 460nm。另外，$M_3MgSi_2O_8$ 基质中的 Mg^{2+} 格位适合 Mn^{2+} 取代，研究人员发现，通过在 Eu^{2+} 激活的 $M_3MgSi_2O_8$ 体系中共掺杂适当的 Mn^{2+} 离子，可以在单一基质中在紫外或者近紫外 LED 的激发下实现白光发射(刘晓兰等，2011)。

如图 8.10 所示，在近紫外 LED 的激发下，$Ba_3MgSi_2O_8:Eu^{2+},Mn^{2+}$ 有三个发射峰，分别为 442nm、505nm 和 620nm。其中，442nm 发射来自占据弱晶体场强度 Ba^{2+}(Ⅰ)格位的 Eu^{2+} 离子；505nm 发射来自占据强晶体场强度 Ba^{2+}(Ⅱ)和 Ba^{2+}(Ⅲ)格位的 Eu^{2+} 离子，由于 Ba^{2+}(Ⅱ)和 Ba^{2+}(Ⅲ)格位的晶体场环境相差不大，两个格位 Eu^{2+} 离子的 505nm 发射不可分辨，620nm 发射来自 Mn^{2+}，与近紫外光复合最终得到了暖白光发射，显色指数为 85。

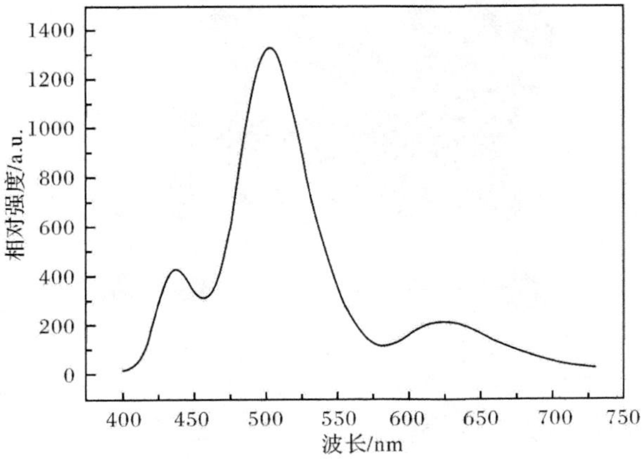

图 8.10　在近紫外 LED 的激发下 $Ba_3MgSi_2O_8:Eu^{2+},Mn^{2+}$ 的发射光谱

在紫外 LED 的激发下，$Sr_3MgSi_2O_8:Eu^{2+},Mn^{2+}$ 也有三个发射峰，分别为 470nm、570nm 和 680nm。其中，470nm 发射来自于占据弱晶体场强度 Sr^{2+}(Ⅰ)格位的 Eu^{2+} 离子；570nm 发射来自占据强晶体场强度 Sr^{2+}(Ⅱ)和 Sr^{2+}(Ⅲ)格位的 Eu^{2+} 离子，由于 Sr^{2+}(Ⅱ)和 Sr^{2+}(Ⅲ)格位的晶体场环境相差不大，这两个格位 Eu^{2+} 离子的 570nm 发射不可分辨；680nm 发射来自 Mn^{2+}，Mn^{2+} 的激发能主要来自处于 Sr^{2+}(Ⅰ)格位的 Eu^{2+} 对 Mn^{2+} 的能量传递。由于该白光 LED 装置的发射完全来自 $Sr_3MgSi_2O_8:Eu^{2+}$ Ⅰ，Mn^{2+} 荧光体，紫外 LED 的发射位于 375nm，对白光的形成没有贡献，该白光 LED 产生的白光比近紫外 LED+$Ba_3MgSi_2O_8:Eu^{2+}$，

Mn^{2+}产生的白光更加稳定。

(2) 焦硅酸盐的晶体结构主要是黄长石类，它是一种岛状结构的硅酸盐，如图8.11所示，其特点是两个$[SiO_4]^{4-}$四面体通过共用顶角的一个O原子连接形成孤立的硅氧负离子团$[Si_2O_7]^{6-}$，主要有镁黄长石$Ca_2MgSi_2O_7$、锌黄长石$Ca_2ZnSi_2O_7$等。其中比较有代表性的是镁黄长石$M_2MgSi_2O_7$(M=Ca,Sr)，它们具有相同的晶体结构，都属于四方晶系，在硅氧孤立基团中是通过四配位的Mg离子和八配位的Ca/Sr连接起来的。近几年此类焦硅酸盐体系作为白光LED荧光粉的研究较多，其中比较有意义的工作是$A_2DSi_2O_7:Eu^{2+}$(A是Sr、Ca、Ba，D是Mg、Zn)体系的荧光粉在320～420nm有很强的吸收，可以被紫外LED有效地激发，发射主峰位于绿光区，特别是$Ba_2(Mg,Zn)Si_2O_7:Eu^{2+}$绿色荧光粉，由于Mg的存在，比$Ba_2ZnSi_2O_7:Eu^{2+}$具有更高的量子效率(邓升智等，2015)。

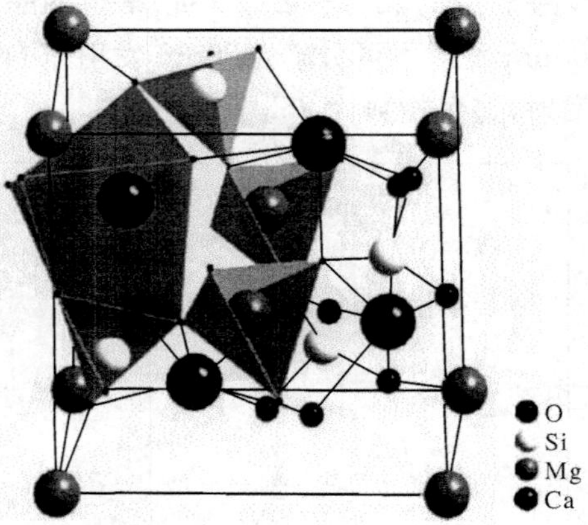

图8.11 $Ca_2MgSi_2O_7$的晶体结构

3) 碱土卤硅酸盐白光LED材料

碱土卤硅酸盐是在硅酸盐基质中引入了卤素元素，它具有合成温度低、化学稳定性好、易被近紫外光有效激发和发光亮度高等优点，引起了人们的关注。最早是在1967年获得的氯硅酸锶$Sr_4Si_3O_8Cl_4:Eu^{2+}$(Leete et al.，1967)，随后Burrus等(1971)对这一荧光粉进行了研究，其显著的特点表现在具有一个很宽的激发光谱，覆盖几乎全部的紫外区，而且长波紫外线比短波紫外线激发效果好。在近紫外激发下，其发射光谱是峰值位于490nm的蓝绿带，与Eu^{2+}激活的氯硅酸钙、溴硅酸钙及正硅酸锶相比，具有良好的温度特性。近几年研究得到的近紫外LED用卤硅酸盐还有$Ca_{10}(Si_2O_7)_3Cl_2:Eu^{2+}$和$Ba_5SiO_4Cl_6:Eu^{2+}$绿色荧光粉、$Ca_3SiO_4Cl_2:Eu^{2+}$橙黄色荧光粉以及$Ca_2SiO_3Cl_2:Eu^{2+}$,$Mn^{2+}$和$Ba_2SiO_3Cl_2:Eu^{2+}$,$Mn^{2+}$单一白色荧光粉。$Ca_{10}(Si_2O_7)_3Cl_2:Eu^{2+}$荧光粉在280～420nm有很强的吸收，可以被近紫外 LED 有效激发，是一种很有潜力的绿色荧光粉；对于 $Ba_5SiO_4Cl_6:Eu^{2+}$ 荧光粉，主要研究了 F^- 的加入对其发光性能的影响，由于 F^- 的电负性较高，引入后对基质晶格产生较大的诱导效应，从而使得 Eu^{2+} 周围的晶体场环境发生改变，导致其发射波长从 442nm 的蓝光区红移到 503nm 的绿光区，也可以作为一种绿色荧光粉。此外，稀土离子共激活的氯硅酸镁钙荧光体 $Ca_8Mg(SiO_4)_4Cl_2:RE$ 也是性能较优越的碱土卤硅酸盐荧光材料。

4) 其他硅酸盐白光 LED 用荧光粉

除了上述几类硅酸盐之外，能被紫外 LED 有效激发的还有其他的一些硅酸盐体系，如 $Ca(Eu_{1-x}La_x)_4Si_3O_{13}$、$CaMgSi_2O_6:Eu^{2+},Mn^{2+}$、$Sr_2MgSi_2O_5:Eu^{2+}$ 和 $Sr_2MgSi_2O_5:Eu^{2+},Mn^{2+}$ 等单一基质白光荧光粉，以及 $Na_3LnSi_3O_9$（Ln 为 Eu、Tb、Tm、Y 等的一种或多种）等。

8.3.3　硅基氮/氮氧化物白光 LED 用发光材料

硅基氮化物和氮氧化物是以 SiO_2、Si_2N_2O、Si_3N_4 为基本反应单元与碱金属或碱土金属氧化物、稀土氧化物和氧化铝反应生成的一系列硅氮氧化物或纯氮化物。硅基氮化物和氮氧化物的结构由 SiX_4（X=O，N）四面体形成的网络组成，具有很高的化学和热稳定性。SiX_4（X=O，N）四面体形成的刚性稳定的晶体结构使斯托克斯位移减小，进而使硅基氮化物和氮氧化物荧光粉具有较高的光转换效率和光色稳定性。与氧化物、硫属化合物、磷酸盐和硅酸盐基荧光粉相比，目前硅基氮化物和氮氧化物荧光粉的研究处于起步阶段，属于新型的荧光转换材料，其晶体结构变化、荧光性能调控等方面还需要作进一步深入研究。目前，研究工作主要集中在稀土掺杂的 $M_2Si_5N_8$（M=Ca，Sr，Ba）、$MSi_2O_2N_2$（M=Ca，Sr，Ba）、SiAlON、$MYSi_4N_7$（M=Sr，Ba）、$MAlSiN_3$（M=Ca，Sr）、Y-Si-O-N、La-Si-O-N 等体系。

1. 硅基氮/氮氧化物发光材料的制备

1) 高温固相法

合成硅基氮/氮氧化物时往往使用 Si_3N_4 粉末作为 N 源和 Si 源的原料，但是由于 Si_3N_4 具有很强的共价键、扩散系数低、反应活性差，需要较高的合成温度（1500～2000℃）。另外，Si_3N_4 的分解温度在常压下大约为 1830℃，因此在高于此温度合成时需要充填高压氮气以抑制其分解。Schnick 等(1995)利用反应活性更大的 $Si(NH)_2$ 来替代 Si_3N_4，在较低温度和常压下制备了一系列的硅酸盐氮化物。其他的原料可以是金属（如 Ca、Sr、Ba、Eu 等）、金属氮化物（如 AlN、Ca_3N_2、Sr_3N_2、Ba_3N_2、EuN 等）或者金属氧化物或碳酸盐（如 Al_2O_3、$CaCO_3$、Li_2CO_3、

$SrCO_3$、$BaCO_3$、Eu_2O_3、CeO_2等)。

2) 气体还原氮化法

气体还原氮化法是一种合成二元系、三元系或者多元系氮化物荧光粉的常用方法。气体还原氮化包括两个过程:气体还原金属氧化物和金属单质的氮化。两个过程实际上都是气-固反应。现在普遍接受的气体还原金属氧化物的机理是吸附-自动催化理论。这种理论认为,用气体还原剂还原金属氧化物,分为三个步骤:第一步是气体还原剂如NH_3等被氧化物吸附;第二步是被吸附的还原剂分子与固体氧化物中的氧相互作用并产生新相;第三步是反应生成的气体产物从固体表面上解吸。在反应速度与时间的关系曲线上具有自动催化的特点。具体过程:①气体还原剂分子由气流中心扩散到固体外表面并按吸附机理发生化学还原反应;②气体通过金属扩散到氧化物-金属界面上发生还原反应;③氧化物的氧通过金属扩散到金属-气体界面上发生反应;④气体反应产物通过金属转移到金属外表面;⑤气体反应产物从金属外表面扩散到气流中心而除去。金属单质的氮化过程就是被还原的金属与氮气进行反应得到金属氮化物的过程。气体还原氮化中通常使用的还原性气体是NH_3、CH_4、C_3H_8、CO或者是它们的混合气体,其中NH_3扮演着既是还原剂又是氮化剂的角色,并且对于三元系或者多元系氮化物而言,在合成中影响物相纯度的因素很多,如前驱体的组成、颗粒大小、气体的种类、气体的流量、温度、升温速度、保温时间等。

3) 碳热还原氮化法

碳热还原氮化法也是一种制备氮化物的常用方法。与气体还原氮化法的不同之处是,碳热还原氮化法用固体碳粉作为还原剂。碳热还原氮化法基本上包括碳还原金属氧化物和金属单质的氮化两个主要过程。一般认为,高温下碳还原金属氧化物的反应为下列反应的平衡:

$$MeO + CO \longrightarrow Me + CO_2$$

$$CO_2 + C \longrightarrow 2CO$$

$$MeO + C \longrightarrow Me + CO$$

用碳热还原氮化法合成的荧光粉的发光性能接近或达到用高温固相反应法合成的粉末的性能,同时避免使用在空气中不稳定的金属氮化物原料。由于碳的存在会严重影响荧光粉的发光性能以及外观,碳热还原氮化法的一个最为突出的问题就是如何避免残留碳的存在。

4) 氨溶液法

氨溶液法的机理与气体还原氮化法的机理一致,也包括气体的吸附、反应和解吸三个过程。

2. 硅基氮/氮氧化物体系白光 LED 用发光材料

1) $M_2Si_5N_8$(M=Ca,Sr,Ba)

$M_2Si_5N_8$是一种被广泛研究的氮化物基质，$Ca_2Si_5N_8$属于单斜晶系，$Ba_2Si_5N_8$和 $Sr_2Si_5N_8$则属于正交晶系，$M_2Si_5N_8$(M=Ca,Sr,Ba)均由 SiN_4四面体形成的三维网络组成，晶胞中 N 原子的一半与两个紧邻的 Si 原子连接，而另一半与三个紧邻的 Si 原子结合。在 $Ca_2Si_5N_8$中每个 Ca 原子与七个 N 原子结合，而 $Ba_2Si_5N_8$和 $Sr_2Si_5N_8$中 Ba(Sr)与八个或九个氮原子结合，碱土金属与 N 原子的平均键长为 0.288nm。Hoppe 等首先报道了 Eu^{2+}掺杂 $Ba_2Si_5N_8$的荧光性能，随后 Li 等报道了 Eu^{2+}掺杂 $M_2Si_5N_8$(M=Ca,Sr,Ba)及 Ce^{3+}掺杂 $M_2Si_5N_8$(M=Ca,Sr,Ba)的发光性能。$M_2Si_5N_8$:Eu^{2+}(M=Ca,Sr,Ba)荧光粉表现为宽的发射光谱，覆盖从橘红至红光区(570～680nm)范围，其发射来源于 Eu^{2+}的 5d-4f 跃迁，$M_2Si_5N_8$较大的晶体场分裂以及强的电子云重叠效应引起 Eu^{2+}发射光谱发生红移(孙晓园等，2016)。$Ca_2Si_5N_8$:Eu^{2+}的激发、发射和反射光谱如图 8.12 所示。

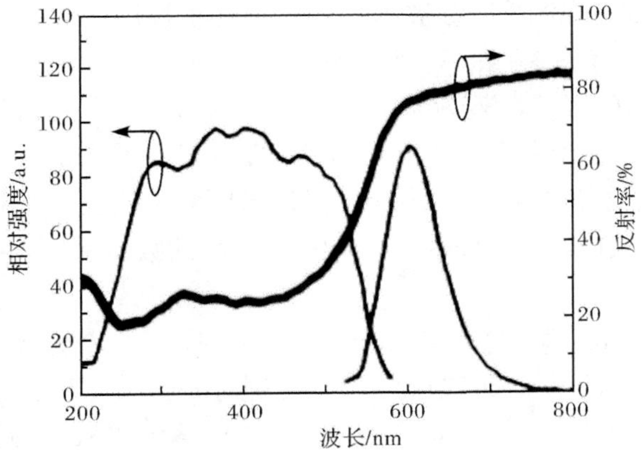

图 8.12　$Ca_2Si_5N_8$:Eu^{2+}的反射、激发和发射光谱

2) $MSi_2O_2N_2$(M=Ca,Sr,Ba)

$MSi_2O_2N_2$(M=Ca,Sr,Ba)属于单斜晶系，纯相 $SrSi_2O_2N_2$与 $CaSi_2O_2N_2$具有类似的晶体结构，这两种化合物代表新一类具有$(Si_2O_2N_2)^{2-}$层的层状结构材料，这种材料仅由 $SiON^{3-}$四面体组成。N 与三个 Si 原子相连，O 却束缚于 Si 原子的末端。Eu^{2+}掺杂的 $MSi_2O_2N_2$(M=Ca,Sr,Ba)发射谱也是来源于 Eu^{2+}的 5d-4f 跃迁，由于受到晶体场的影响形成宽的发射带，激发光谱从紫外区一直延伸到蓝光区(370～450nm)，发射光谱覆盖蓝、绿、黄光谱区，如 $BaSi_2O_2N_2$发射光谱为峰值位于 492nm 的蓝绿光，$CaSi_2O_2N_2$发射光谱为峰值位于 560nm 的黄

绿色光，如图 8.13 所示。与纯氮化物 $M_2Si_5N_8:Eu^{2+}$（$\lambda_{em}>600nm$）相比，氮氧化物荧光粉的激发光谱发生蓝移，这主要是由于 Eu^{2+} 受到晶格中 O^{2-} 离子的影响。

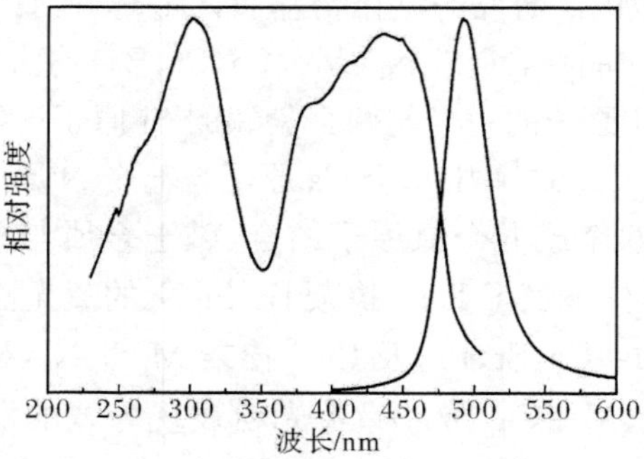

图 8.13　$BaSi_2O_2N_2$ 的激发和发射光谱

3) SiAlON

SiAlON 是 Si_3N_4 的 Si-N 键被 Al-N、Al-O 键置换形成的固溶体。与 Si_3N_4 类似，SiAlON 主要有 α 相和 β 相两种结构。α-SiAlON 的组分可表示为 $M_xSi_{12-(m+n)}Al_{m+n}O_nN_{16-n}$，M 为 Li^+、Ca^{2+}、Eu^{2+}、Mg^{2+}、Y^{3+} 及镧系的离子，$n\geqslant0$，m、n 分别为 Al-N 键和 Al-O 键取代 α-Si_3N_4 的 Si-N 键的数量。α-SiAlON 属于六方晶系，M 阳离子占据空隙位置，与七个(N，O)阴离子相连。β-SiAlON 的化学式可表示为 $Si_{6-z}Al_zO_zN_{8-z}$（z 表示 Al-O 取代 Si-N 的数量，$0\leqslant z\leqslant4.2$），属于六方晶系。

首先，Karunaratne 等(1996)和 Shen 等(1997)报道了稀土离子掺杂 α-SiAlON 的光学性能。随后 Krevel(2002)和 Xie 等分别对 α-SiAlON 基荧光转换材料的荧光性能作了系统的研究，在 M-α-SiAlON 中能观察到比氧化物基质能量更低的 4f→5d跃迁，这一现象可归因于富 N 配位和晶格刚性的增加，晶格对 5d 能带施加强的晶体场分裂作用，使得 Ce^{3+} 和 Eu^{2+} 出现大的斯托克斯位移。Ca-α-SiAlON：Eu^{2+} 的激发、发射光谱如图 8.14 所示。Xie 等利用黄色 Ca-α-SiAlON：Eu^{2+} 或 Li-α-SiAlON：Eu^{2+} 荧光粉制备出实现单一荧光粉涂覆的白光 LED，前者的发光效率为 41.7lm/W，CCT（相关色温）为 2700K，后者的发光效率为 43lm/W，CCT＝6150K。Sakuma 等研究发现 Ca-α-SiAlON：Eu^{2+} 荧光粉制备的 LED 其色坐标从室温的(0.503，0.463)变化到 200℃的(0.509，0.464)，与此相比，用 YAG：Ce^{3+} 制备的 LED 其色坐标从室温的（0.393，0.461）变化到 200℃ 的（0.383，0.433）。变化的距离从 YAG：Ce^{3+} 的 0.021 减少到 SiAlON 的 0.006，表明氮氧基的荧光粉与传统的氧化物相比具有优良的热稳定性。

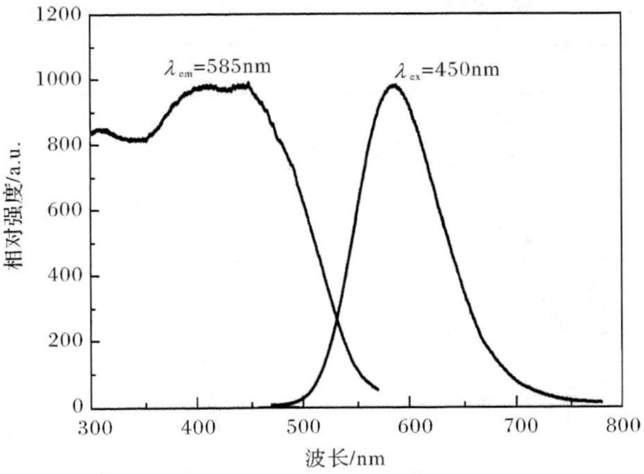

图 8.14　Ca-α-SiAlON:Eu^{2+}的激发和发射光谱

Hirosaki 等(2005)研究了 Eu^{2+}掺杂 β-SiAlON 的荧光性能,发现在紫外或蓝光的激发条件下,呈现峰值位于 535nm 的宽带发射,如图 8.15 所示。同时该荧光粉也具有良好的热稳定性,在 150℃时发光强度仍可达室温时发光强度的 86%。

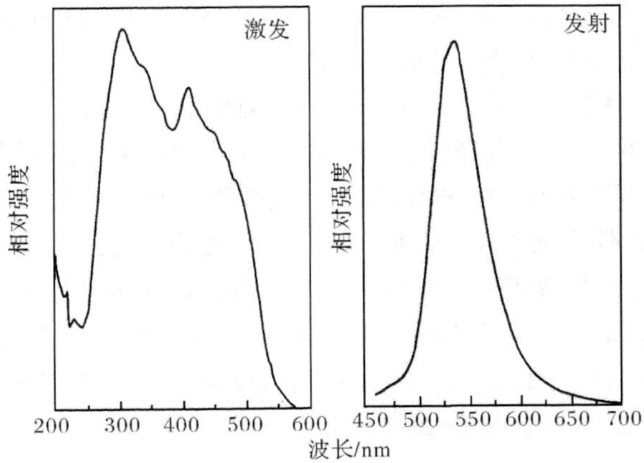

图 8.15　β-SiAlON:Eu^{2+}的激发和发射光谱

4) $CaAlSiN_3$

$CaAlSiN_3$属于正交晶系,通过[$(Si/Al)N_4$]四面体相互连接形成三维网络,其中 1/3 氮原子与两个邻近的 Si/Al 连接,剩余的 2/3 氮原子与三个邻近的 Si/Al 相连。Al 与 Si 原子随机占据四面体的位置。如图 8.16 所示,$CaAlSiN_3$:0.8Eu^{2+}的激发光谱峰值位于 380nm 和 450nm,覆盖整个近紫外和蓝光区,可以同时与蓝光或近紫外 LED 芯片相配合，发射出峰值位于 650nm 的红光，其色坐标为(0.667,0.327)。

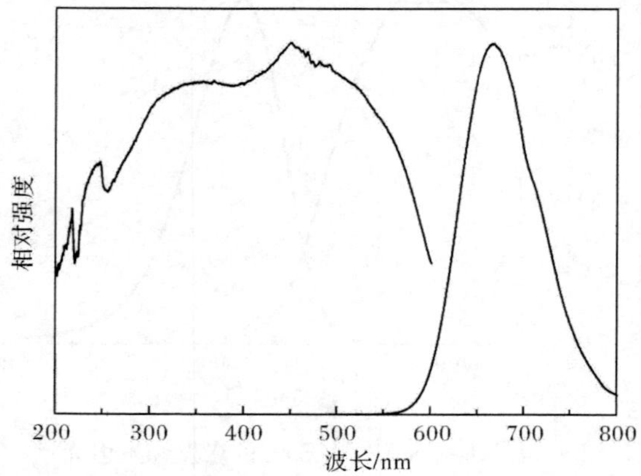

图 8.16　$CaAlSiN_3$：0.8Eu^{2+}的激发和发射光谱

5) 其他的硅基氮氧化物体系

$MYSi_4N_7$(M＝Sr，Ba)属于四元氮化物，六方晶系。例如，$BaYSi_4N_7$由 SiN_4 四面体形成的三维网络组成，每个 Ba 原子与近邻的 12 个 N 原子相连，Y 原子与六个 N 原子连接形成八面体结构。Eu^{2+} 和 Ce^{3+} 掺杂的 $MYSi_4N_7$(M＝Sr，Ba)在近紫外激发下可以观察到绿光或蓝光发射。

在 Y-Si-O-N 体系中，根据 N/O 比例的不同，$SiO_{4-x}N_x$ 四面体组合构成了不同的晶体结构的基质，如 $Y_5(SiO_4)_3N$(磷灰石结构)、$Y_4Si_2O_7N_2$(枪晶石结构)、$YSiO_2N$(假硅灰石结构)以及 $Y_2Si_3O_3N_4$(黄长石结构)。掺 Ce^{3+} 的 Y-Si-O-N 体系，在 400nm 近紫外光激发下，呈现紫-蓝-蓝绿-黄的荧光发射光谱。

La-Si-O-N 体系与 Y-Si-O-N 体系类似，不同 N/O 比引起不同的晶体结构，如 $La_5Si_3O_{12}N$(六方晶系)、$La_4Si_2O_7N_2$(单斜晶系)、$LaSiO_2N$(六方晶系)、$La_3Si_8O_4N_{11}$(正方晶系)。其中，$La_{0.9}Eu_{0.1}Si_3N_{5-x}O_x$ 和 $LaEuSi_2N_3O_2$ 在紫外光激发下分别发射峰值位于 549nm 和 650nm 的黄绿光和红光。

3. 硅基氮/氮氧化物稀土荧光粉的发光机理及性能改进

一般认为，硅基氮/氮氧化物荧光粉的发光机理是占据基质晶体中阳离子位置的稀土激活离子 Eu^{2+}、Ce^{3+} 等在激发光作用下利用 $4f^65d$-$4f^7$ 跃迁实现荧光发射。以 Eu^{2+} 为例：①Eu^{2+} 基态能级为 $4f^7(^8S_{7/2})$，对于自由离子，$4f^7(^6S_{7/2})$能级位于 28000cm^{-1}，$4f^65d$ 能级位于 41000cm^{-1}，Eu^{2+} 的 5d 能级没有外层 s、p 电子的屏蔽，4f-5d 跃迁能量随晶体环境(结构、价态、配位、离子占位、键长和晶体场强度)的改变而变化明显，在不同的晶体场环境下，会产生不同程度的能级劈裂，劈裂能

级的数量和大小由 Eu^{2+} 所处的晶体场的强度和晶体环境的对称性等决定；② N^{3-} 的电荷数高于 O^{2-}，且 N^{3-} 具有更强的共价性，相比 O^{2-} 能够引起更大的电子云重排效应(nephelauxetic effect)、晶体场分裂效应和斯托克斯位移，随着晶体中氮含量的改变，发光离子 Eu^{2+} 5d 电子轨道能量将随之变化，进而使激发和发射光谱发生移动。

基于硅基氮/氮氧化物稀土荧光粉的发光机理，一般从以下三个方面对其发光性能进行改进。

(1) 基体晶格中阳离子置换对发光性能的改进。Li 等在研究 Ca^{2+} 取代 $Sr_2Si_5N_8$ 中的 Sr^{2+} 时发现，随着 Ca^{2+} 浓度的增加，发射光谱峰值由 620nm 增加到 643nm(Li Y Q et al.，2008)。这是因为 Ca^{2+} 半径小于 Sr^{2+} 的半径，Ca^{2+} 取代 $Sr_2Si_5N_8$ 中的 Sr^{2+} 后，导致基体晶格收缩，引起 Eu^{2+} 所在的晶体场的强度增大，从而发射光谱红移。Watanabe 等(2008)以 Sr^{2+} 部分置换 $CaAlSiN_3:Eu^{2+}$ 中的 Ca^{2+}，随着 Sr^{2+} 浓度的增加，基体晶体场强度降低，发射光波长由 650nm 减小至 620nm。在 Ca-α-SiAlON 等体系中同样也可以通过调节固溶体的晶格参数来实现光谱变化，此外，在调节光谱的同时荧光体的发射强度也会随之变化。

(2) 不同 N/O 比对光谱性能的影响。Krevel 等(2002)研究不同 N/O 比的 Ce^{3+} 掺杂 Y(La)-Si-O-N 体系的荧光性能时发现，N/O 比的增加，大大降低了 Ce^{3+} 的 5d 能级，发射光谱发生了红移。Xie 等(2007)研究了 β-SiAlON:Eu^{2+} ($Si_{6-z}Al_zO_zN_{8-z}$)的 z 值、Eu^{2+} 的浓度对其荧光性能的影响，发现随着 z 的增加，发射光谱发生红移，尤其是 z 值较高而 Eu^{2+} 浓度较低时，红移现象格外明显，这是因为 Al-O 和 Al-N 比 Si-N 长，高的 z 值造成了较大的晶格膨胀，晶格的刚性降低，产生了斯托克斯效应，而同时 z 值提高，N/O 比降低，主晶格共价性减弱，电子云重排效应减弱，发射光谱蓝移，实验结果表明，在β-SiAlON体系中，前者的作用更强，具体在某一种基质中荧光性能的改变通常是多种作用共同竞争的结果。

(3) 合成方法及颗粒形态对发光性能的影响。荧光粉颗粒的形貌及其粒径分布也是影响白光 LED 品质的重要因素之一。颗粒粒径均一、形貌适当的荧光粉颗粒有助于其涂覆、改善 LED 的显色性并提高其发光性能。一般采用固相反应法制备的荧光粉颗粒具有不规则的形状，通过优化烧结工艺、选择最佳的保温时间可以改善荧光粉颗粒形貌，从而提高发光性能。例如，Li 等在 1450℃采用气相还原氮化合成了 Ca-α-SiAlON:Eu^{2+}，将样品在 1700℃高压氮气气氛中进行热保温处理，可以大幅度提高晶粒的结晶度，与固相反应法合成的 Ca-α-SiAlON:Eu^{2+} 相比，这种方法合成的荧光粉的内部量子效率(QE)增加了一倍，发光强度达到了前者的 2.4 倍(Li H L et al.，2008)。

8.4 展 望

白光 LED 是一种节能环保的“绿色”光源，近年来的发展结果显示，其作为照明与显示等光源的时代已经来临，而应用荧光材料所制作的白光 LED，由于具有低成本及制作简易的诸多优点，势必成为未来白光 LED 的主流产品。然而目前还有很多问题亟须解决，期待有进一步的发展。

参考文献

邓升智，刘晨，杨楚珺，等. 2015. 空气中合成固溶体荧光粉 $Ba_2(Zn,Mg)Si_2O_7:Eu^{2+},Eu^{3+},Ce^{3+}$ 及其发光特性[J]. 无机化学学报，31(2):229-236.

黄先，王健，吴庆，等. 2007. 电荷补偿剂对 YAG:Ce 荧光粉效率的影响[J]. 发光学报，28(6):869-874.

刘晓兰，陈毅彬，曾人杰. 2011. 白光 LED 用 YAG:Ce^{3+} 荧光粉制备工艺研究及对结构与性能的影响[J]. 陶瓷学报，32(4):1000-2278.

孙晓园，祁金刚，于立军，等. 2016. $M_2Eu_xLn_{(1-x)}AlO_5$（M=Ca,Sr,Ba,Ln=La, Gd,Lu）红色荧光粉发光性质的研究[J]. 发光学报，37(2):138-143.

孙晓园，张家骅，张霞，等. 2008. $Sr_3SiO_5:Eu^{2+}$ 和 $Sr_3SiO_5:Eu^{2+},Dy^{3+}$ 荧光粉的黄色长余辉性质[J]. 光学学报：29(4):665-669.

Burrus H L, Nicholson K P. 1971. Fluorescence of Eu^{2+} activated alkaline earth halosilicates[J]. Journal of Luminescence, 3(6):467-476.

Geller S, Gilleo M A. 1957. Structure and ferrimagnetism of yttrium and rare-earth-iron garnets[J]. Acta Crytallographica, 10(3):239.

Geusic J E, VanUitert L G. 1964. Laser oscillations in Nd doped yttrium aluminum, yttrium gallium and gadolinium garnets[J]. Applied Physics Letters, 4(10):182-184.

Hirosaki N, Xie R J, Kimoto K, et al. 2005. Characterization and properties of green-emitting β-SiAlON: Eu^{2+} powder phosphors for white light-emitting diodes[J]. Applied Physics Letters, 86(21):211905-1-211905-3.

Kang Y C, Lenggoro I W, Park S B, et al. 1999. Photoluminescence characteristics of YAG: Tb phosphor particles with sphericalmor-phology and non-aggregation[J]. Journal of Physics and Chemistry of Solids, 60(11):1855-1858.

Karunaratne B S B, Lumby R J, Lewis M H. 1996. Rare-earth doped α-SiAlON ceramics with novel optical properties[J]. Journal of Materials Research, 11(11):2790-2794.

Krevel J W H, Rutten J W T, Mandal H, et al. 2002. Luminescence properties of terbium-, cerium-, or europium-doped α-SiAlON materials [J]. Journal of Solid State Chemistry, 165(1):19-24.

Leete C R J, McKeag A H. 1967. Improvements in or relating to luminescent materials: UK, 1087655[P].

Li H L, Xie R J, Hirosaki N, et al. 2008. Phase purity and luminescence properties of fine Ca-α-SiAlON: Eu^{2+} phosphors synthesized by gas reduction nitridation method[J]. Journal of the Electrochemical Society, 155(6): J175-J179.

Li Y Q, De With G, Hintzen H T. 2008. The effect of replacement of Sr by Ca on the structural and luminescence properties of the red-emitting $Sr_2Si_5N_8:Eu^{2+}$ LED conversion phosphor[J]. Journal of Solid State Chemistry, 181(3): 515-524.

Schnick W, Schlieper T, Milius W. 1995. Hochtemperatur-synthesen und kristallstrukturen von $Sr_2Si_5N_8$ and $Ba_2Si_5N_8$[J]. Zeitschrift für anorganische und allgemeine Chemie, 621(8): 1380-1384.

Shen Z J, Nygren M, Halenius U. 1997. Absorption spectra of rare-earth-doped α-SiAlON ceramics [J]. Journal of Material Science Letters, 16(4): 263-266.

Vrolijk J W G A, Willems J W M M, Metselaar R. 1990. Coprecipitation of yttrium and aluminium hydroxide for preparation of yttrium aluminium garnet[J]. Journal of the European Ceramic Society, 6(1): 47-51.

Wang T, Zhou H, Zhang X, et al. 2014. Phase transformation mechanisms in the synthetic process of $Sr_3SiO_5:Eu^{2+}$ yellow phosphors[J]. China Sciencepaper, 9(2): 207-211.

Watanabe H, Wada H, Seki K, et al. 2008. Synthetic method and luminescence properties of $Sr_xCa_{1-x}AlSiN_3:Eu^{2+}$ mixed nitride phosphors[J]. Journal of the Electrochemical Society, 155(3): F31-F36.

Wu Z C, Shi J X, Wang J, et al. 2006. A novel blue-emitting phosphor $LiSrPO_4:Eu^{2+}$ for white LEDs[J]. Journal of Solid State Chemistry, 179(8): 2356-2360.

Xie R J, Hirosaki N, Li H L, et al. 2007. Synthesis and photo luminescence properties of β-SiAlON: Eu^{2+} ($Si_{6-z}Al_zO_zN_{8-z}:Eu^{2+}$)[J]. Journal of the Electrochemical Society, 154(10): J314-J319.

Zhang J J, Ning J W, Liu X J, et al. 2003. A novel synthesis of phase—pure ultrafine YAG: Tb phosphor with different Tb concentration[J]. Materials Letters, 57(20): 3077-3081.

第 9 章　上转换发光材料

9.1 简　　介

9.1.1　上转换发光

一般情况下，光致发光中发射光子的波长大于激发光子的波长，也就是说，发射光的光子能量小于激发光的光子能量，这就是斯托克斯定律（Stokes law），习惯上称为下转换发光。但也有例外的情况，即所吸收的光子能量低于发射的光子能量，这是一个反斯托克斯（anti-Stokes）过程。上转换发光就是一种反斯托克斯过程，其发光机理是基于双光子或多光子过程：吸收两个或两个以上的低能光子，发射一个高能光子，通常，人们将这种发光称为上转换发光（upconversion luminescence），也有人直接称为反斯托克斯发光（antistokes luminescence）。

9.1.2　上转换发光的研究历史及现状

20 世纪 60 年代，人们开始认识到反斯托克斯发射的现象，但这种反斯托克斯发射仅频移几百 cm^{-1}。1959 年，Bloembergen 提出了利用连续激发态吸收的上转换机制，进行红外光探测和计数研究，频移可达到几万 cm^{-1}。

1966 年，Auzel(1966)在 Yb^{3+}/Er^{3+} 激活的锗酸盐玻璃体系中发现激发态之间可能存在能量传递的过程，即 Yb^{3+} 能有效敏化激活剂 Er^{3+} 的发光。例如，在 $NaYb(WO_4)_2:Yb^{3+}/Er^{3+}$ 中 Er^{3+} 离子的绿色上转换发光强度是 $NaYb(WO_4)_2:Er^{3+}$ 的 70 倍之多。

1971 年，Johnson 等(1971)在红外氙灯泵浦下对 Yb^{3+}/Ho^{3+} 和 Yb^{3+}/Er^{3+} 共掺的 $BaYZ_2F_8$ 晶体进行了光谱测量，获得了 Ho^{3+} 的上转换绿光和 Er^{3+} 的上转换红光发射。

1979 年，Chivina 等(1979)在基于 Pr^{3+} 的红外量子计数器中发现了上转换雪崩现象。它不仅是一种新颖的物理现象，而且也是一种极有潜力的上转换机制。

20 世纪 80 年代，由于半导体激光器泵浦源的发展以及开发紧凑可见光激光器的需要，上转换发光的研究重点由机理分析转移到了应用研究上。

1994 年，Downing 等(1994)在 CLEO 会议上展示了他们与 IBM 公司合作的在 Pr:ZBLAN 玻璃上用红外激光双频上转换实现的三维立体显示。

1997 年，红外防伪技术被列入我国国家标准的十项防伪技术（GB/T17004—1997）。通过上转换方式实现样品的多波段荧光发射，使被激发样品呈现多样的色彩，而任一上转换材料都包含十分丰富的上转换光谱信息，这些特性可以发展成为有效的高端防伪手段，值得深入发掘和探索。红外防伪技术可用于图书发行、名牌商标、人民币、银行卡和证件的防伪等方面。

2000 年，陈晓波等对比研究了掺杂 Er^{3+}-Yb^{3+} 的氟氧玻璃和 Er^{3+}-Yb^{3+} 的钒盐陶瓷的上转换特性，发现后者的上转换强度是前者的 10 倍，前者发光存在特征饱和现象，并提出了上转换发光机制为扩散转移的新观点（Chen et al.，2000）。

近年来，由于生物样品的自发荧光对标记分子信号干扰严重，实验无法开展。为了解决这一问题，首先考虑发光波长，通过对激活剂离子和敏化剂离子进行调控可以实现位于生物组织的光透过窗口（800～1200nm）的近红外光（波长一般为 980nm）转化为红光或高频近红外光（600～1000nm），生物组织对这一波段的近红外光吸收较弱，因此可以减少生物组织的光吸收和光散射，提高成像深度进而获得较高的荧光信号信噪比。Chen 等（2012）报道了注射（α-$NaYbF_4$：Tm^{3+}）/CaF_2 上转换纳米晶的小鼠活体成像。复旦大学的李富友课题组利用靶向的分子连接到上转换纳米晶表面，成功地实现肿瘤靶向的上转换荧光成像（Yang et al.，2012）。清华大学的李亚栋等开展了大量稀土上转换发光纳米晶 $Na(Y_{1.5}Na_{0.5})F_6$：Yb^{3+}，Er^{3+} 制备的研究工作，应用于 DNA 检测（Wang et al.，2005）。新加坡张勇课题组通过能量共振转移方式将上转换发光纳米材料的能量转移到光敏分子上，实现了细胞水平上的光动力学治疗（Chatterjee et al.，2010）。

社会对上转换应用技术的需求、半导体激光的迅速发展以及上转换发光机制等基础研究的突破促进上转换发展迅速。虽然目前已有一些材料如 $NaYF_4$ 等已实现了较高的上转换发光效率，但距上转换的实际应用仍有一段距离。因此，上转换研究的重点之一是进一步加强基础研究，探索新的发光机理、新的制备方法和新的材料组合来提高上转换发光效率。上转换研究的这些发展一方面是基于社会对其应用技术的需求以及半导体激光发展的促进，另一方面也是随着上转换的机制等基础研究的突破和材料的发展而发展的。上转换材料的发展大致可分为三个阶段。

第一阶段是从发现上转换现象到上转换产生的机制研究，建立了三种最基本的上转换机制，即激发态吸收、交叉弛豫、光子雪崩机制。

第二阶段是各种上转换材料的产生阶段，对上转换材料的组成及其特性作了系统的研究，得到了各种类型的优质上转换材料。

第三阶段是新的上转换机制以及上转换性能与材料的组成、结构、形成工艺条件的对应关系的研究，这一阶段正处于发展时期，包括过渡金属离子掺杂上转换特性、室温宽波长上转换、材料与上转换性能的对应理论以及上转换材料制备工艺等的研究与开发。

目前已有一些材料实现了较高的上转换效率，但离上转换的实际应用还有一段距离，因此需要进一步加强基础研究，寻找一些新的发光机理、新的制备方法和新的材料组合来提高上转换效率，以实现室温、宽波长的上转换。

9.2 上转换基质材料的分类和掺杂离子的选择

9.2.1 基质材料的分类

人们广泛地研究了掺杂不同稀土离子的晶体、玻璃乃至陶瓷的红外到可见光的上转换现象。对于基质材料，不仅要求光学性能好，还要求具有一定的机械强度和化学稳定性。基质材料一般不构成发射能级，但能为激活离子提供适宜的晶体场，使其产生特定的发射。寻找合适的基质以减小材料的声子能量，有利于提高上转换激光的运转效率。此外，基质材料对阈值功率和输出水平也有很大影响。上转换发光材料种类非常多，根据基质可分为以下五类。

1. 氟化物体系

稀土离子掺杂的氟化物晶体、玻璃(包括光纤)是上转换研究的热点和重点，利用稀土离子在氟化物中的上转换特性，能够获得许多可在室温下工作的上转换材料或激光器。氟化物基质材料具有很多优点：①氟化物玻璃从紫外到红外区(0.3～7μm)都是透明的；②作为激活剂的稀土离子能很容易地掺杂到氟化物基质中；③与石英相比，氟化物具有更低的声子能量(约 $500cm^{-1}$)。在石英中基质具有高的声子能量，稀土离子发生无辐射跃迁的概率增大，能级寿命减小，若要发生辐射跃迁，能级间距一般不小于 $4000cm^{-1}$，而在氟化物中这一间距减小到 2500～$3000cm^{-1}$。因此，稀土离子的能级在氟化物中具有较长的寿命，形成更多的亚稳能级，有丰富的激光跃迁。虽然氟化物的上转换效率较高，但其化学稳定性和机械强度差，抗激光损伤阈值低，制备条件要求很高，制备工艺复杂，需要在气氛保护的条件下进行制备，因而材料成本较高。

2. 氧化物体系

氧化物上转换材料虽然声子能量较高，但制备工艺简单，环境条件要求较低，其上转换材料组分范围大，稀土离子的溶解度高，机械强度和化学稳定性好。这里列出一些比较典型的氧化物上转换材料：$Nd_2(WO_4)_3$，室温下可将 808nm 的激光转换为 457nm 和 657nm 的可见光；Er^{3+}/YVO_4 单晶，室温下可将 808nm 激光上转换为 550nm；用溶胶-凝胶法制得的 Eu^{3+}/Yb^{3+} 共掺杂的多组分硅酸盐玻璃材料，可将 973nm 近红外光上转换成橘黄色光。近几年来，稀土掺杂纳米晶体粉末由于同时具有稀土材料和纳米材料的优势，引起了人们的广泛关注。常见的粉末基质以氧化物为主，如 TiO_2、ZnO、Al_2O_3、ZrO_2、Gd_2O_3、Y_2O_3和 Lu_2O_3等。

3. 氟氧化物体系

氟氧化物结合了氧化物和氟化物二者的优点，近年来引起了人们极大的研究兴趣。稀土离子 Yb/Er/Tm 掺杂的 LaOF 材料已实现多色可调，Yb/Er 掺杂 LnOF(YOF，GdOF，LaOF)样品也得到了可调颜色的发射。$Gd_4O_3F_6$：Yb^{3+}/Er^{3+}/Tm^{3+}纳米晶实现了上转换白光发射。

4. 卤化物体系

稀土离子掺杂的重金属卤化物，其较低的振动能进一步降低多声子弛豫过程的影响，增强交叉弛豫过程，提高上转换效率。因此，此类化合物在上转换激光及磷光体材料的应用中具有相当的潜力。对于 $Cs_3RE_2X_9$类化合物(RE 为稀土离子，X 为 Cl、Br、I)，$Cs_3Lu_2Br_9$：Er^{3+}能将激发波长 980nm 上转换至 500nm 的可见蓝绿光，$Cs_3R_2X_9$：Yb^{3+}能将 1500nm 上转换至可见区域。目前，趋向于与硫化物联合使用，如 GGSX：Pr^{3+}玻璃(GeS_2-Ga_2S_3-CsX)。

5. 含硫化合物材料体系

此类材料与氟化物材料一样具有较低的声子能量，但制备时须在密封条件下进行，不能有氧和水的进入。Pr^{3+}/Yb^{3+}-Ga_2O_3：La_2S_3玻璃在室温下能将 1064nm 激发光上转换至 480～680nm，Pr^{3+}是激活离子，Yb^{3+}是敏化离子。磷光体材料 CaS：Eu，Sm 和 CaS：Ce，Sm 在室温下均能将 1064nm 激发光上转换至可见光区域，且转换效率较高，分别为 76％ 和 52％。另外，还有稀土掺杂的磷酸盐非晶材料体系、氟硼酸盐玻璃体系及碲酸盐玻璃体系等。

9.2.2　掺杂离子的选择

1. 上转换发光激活离子的选择

上转换发光过程需要多个亚稳态能级，而镧系离子正好能满足这一要求。除了 La^{3+}、Ce^{3+}、Tb^{3+}和 Lu^{3+}，其他的镧系离子都具有至少两个以上的 4f 能级，因此理论上大多数镧系离子都能产生上转换发光。然而，要产生有效的上转换发光，还必须要求离子的激发态与基态能级间足够近，有利于上转换发光过程中光子有效的吸收和能量传递。因为 Er^{3+}、Tm^{3+}和 Ho^{3+}离子具有特殊的阶梯状能级分布(图 9.1)，所以是目前最常用的激活离子。例如，Er^{3+}离子$^4I_{11/2}\rightarrow{}^4I_{7/2}$的能级

（约 $10350cm^{-1}$）与$^4F_{7/2}\rightarrow{}^4I_{11/2}$的能级（约 $10370cm^{-1}$）间能量相近，当用约 970nm 的激光激发时，$^4I_{11/2}$、$^4I_{7/2}$与$^4F_{7/2}$能级间能发生有效的上转换跃迁。

影响上转换发光效率的另外一个重要因素是各个能级间的非辐射多声子弛豫率。镧系离子 4f 能级的多声子弛豫率常数 k_{nr}可以用以下公式定量计算：

$$k_{nr}\propto\exp\left(-\beta\frac{\Delta E}{h\omega_{max}}\right) \tag{9.1}$$

式中，β 为基质材料的经验常数；ΔE 为镧系离子的激发能级与其下一个能级间的能级差；$h\omega_{max}$为基质晶格的最高能量振动模量。式(9.1)表明多声子弛豫率常数随着能级差的增加呈指数减小。如图 9.1 所示，Er^{3+} 和 Tm^{3+} 具有相对大的能级差，因此这些离子的各激发态之间发生多声子弛豫的概率较小。目前，Er^{3+} 和 Tm^{3+} 离子是公认的具有较高上转换效率的激活离子。激活剂的掺入量一般很小，有的只是基质的万分之一，有的可达百分之几。实践证明，激活剂有一个最佳浓度，超过这个浓度发光反而减弱，这种现象称为浓度猝灭。一旦基质固定，激活剂就决定了发光的光谱特性、余辉和效率。

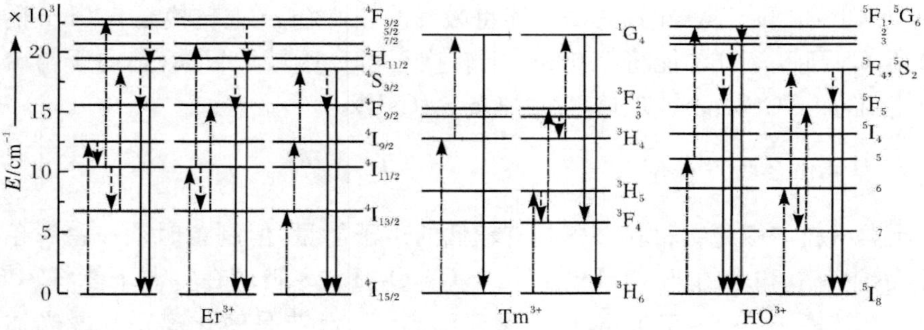

图 9.1　Er^{3+}、Tm^{3+} 和 Ho^{3+} 离子上转换发光过程能级跃迁图

点划线、虚线、实线分布代表激发、多声子弛豫、发射过程

2. 上转换发光敏化离子的选择

在单个纳米晶中，影响上转换效率的因素包括激活离子的吸收截面和相邻激活离子间的距离。相邻激活离子间的距离可以通过掺杂量来控制，当掺杂量过高时，相邻激活离子间发生交叉弛豫而导致浓度猝灭效应。激活离子的吸收截面可以通过掺入共激活剂即敏化剂来增加，从而增强上转换发光效率。通常敏化剂在红外区有较大的吸收截面，当与激活离子共掺杂时可以发生有效的能量传递上转换过程，从而加强发光。Yb^{3+} 离子只有$^2F_{7/2}$一个激发态能级（图 9.2），且其吸收带位于 980nm 附近，相对于其他的镧系离子而言，Yb^{3+} 的$^2F_{7/2}\rightarrow{}^2F_{5/2}$的跃迁具有较大的吸收截面（$10^4\ cm^{-1}$）；此外，$Yb^{3+}$ 的能级跃迁与常见激活离子（如 Er^{3+}、

Tm^{3+} 和 Ho^{3+} 离子)的 f→f 跃迁能量相匹配，这些性质使得 Yb^{3+} 非常适合作为敏化离子。

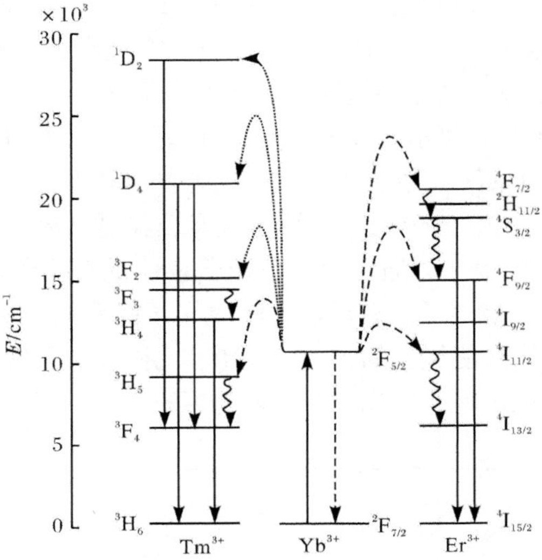

图 9.2　Er^{3+}/Yb^{3+}、Tm^{3+}/Yb^{3+} 共掺的稀土材料的能级、上转换激发和可见光发射的示意图
实线和虚线分别代表辐射和非辐射能量转移，弯曲的线代表多声子弛豫过程

9.3　上转换发光机制

上转换机制的研究主要集中在稀土离子能级跃迁的机制上，基质材料以及受激离子不同，光子跃迁的机制也不完全相同。因此，上转换机制始终伴随着新材料的出现而发展。由于三价稀土离子的 4f 电子在 f-f 组态就有 1639 个跃迁能级，能级对之间的可能跃迁数高达 199177 个，可观察到的谱线高达 30000 多条，若再加上 f-d 组态存在的跃迁等，则数目就更多。因此，稀土掺杂的上转换机制非常复杂，其发光性能也远未挖掘完全。

寻找新的发光原理、新的制备方法、新材料以及稀土离子在不同的激光激发下的上转换特性，仍是今后研究的重要而基础的内容。

9.3.1　上转换发光机制介绍

概括地说，上转换是通过多光子机制将长波辐射转换为短波辐射。上转换发光原理的解释是伴随着新材料的出现而发展的。上转换机制可归纳为以下几种。

1. 基态吸收/激发态吸收

基态吸收/激发态吸收（ground state absorption/excited state absorption，GSA/ESA）的原理是在1959年由Bloembergen等提出的，同一个离子从基态能级通过连续的多光子吸收到达能量较高的激发态能级的一个过程，是上转换发光的最基本过程。如图9.3所示。发光中心处于基态能级E_1上的离子吸收一个能量为Φ_1的光子跃迁至中间亚稳态E_2能级，此即基态吸收（GSA）。激发态吸收的发生：如果能量为Φ_2的光子的能量正好与E_2能级和更高激发态能级E_3的能量间隔匹配，则E_2能级上的该离子通过吸收该光子能量而跃迁至E_3；如果满足能量匹配的要求，E_3能级上的该离子还有可能再吸收光子能量而向更高的激发态能级跃迁，以此类推。只要该高能级上的粒子数足够多，形成粒子数反转，就可实现较高频率的激光发射，出现上转换发光（宋峰等，1997）。

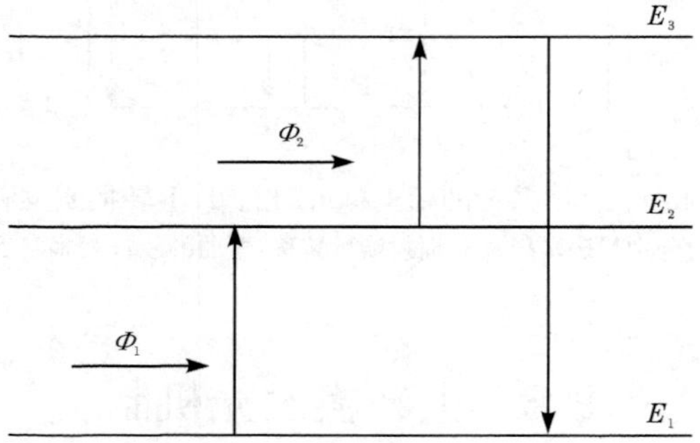

图 9.3　激发态吸收

在连续光激发下，上转换发光的强度通常正比于$I_1 \cdot I_2$，I_1和I_2为激发光光强。在一些情况下，$\Phi_1=\Phi_2$，此时只需要一种激发光就可以了，这是目前研究上转换发光时最常见的激发方式，其发光强度通常正比于I^2。更一般地，如果需要发生n次吸收，上转换发光强度将正比于I^n。

2. 能量转移

(1) 连续能量转移（successive energy transfer，SET）。连续能量转移也可称为共振无辐射能量传递，一般发生在不同类型的离子之间，其原理如图9.4所示，当敏化中心(S)和激活中心(A)之间的激发态与基态的能量差相同且两者的距离足够近时通过两中心的电磁相互作用，两者之间就可发生连续能量传递。S离子的电子通过无辐射弛豫的方式从激发态跃迁到基态，A离子从基态跃迁到中间激发态。位于激发态能级上的A离子还可能通过第二次能量传递而跃迁到更高的激发态能级，这种能量转移方式称为连续能量转移或共振无辐射能量传递（宁永强等，1995）。

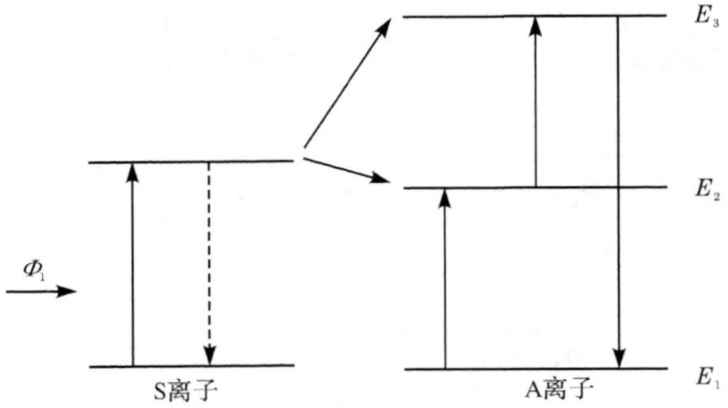

图 9.4　连续能量转移过程示意图

(2) 交叉弛豫(cross relaxation,CR)。CR 可以发生在相同或不同类型的离子之间,其原理如图 9.5 所示。同时位于激发态上的两种离子,其中一个离子将能量传递给另外一个离子使其跃迁至更高能级,而本身则无辐射弛豫至能量更低的能级(Marie-France et al. , 1999)。

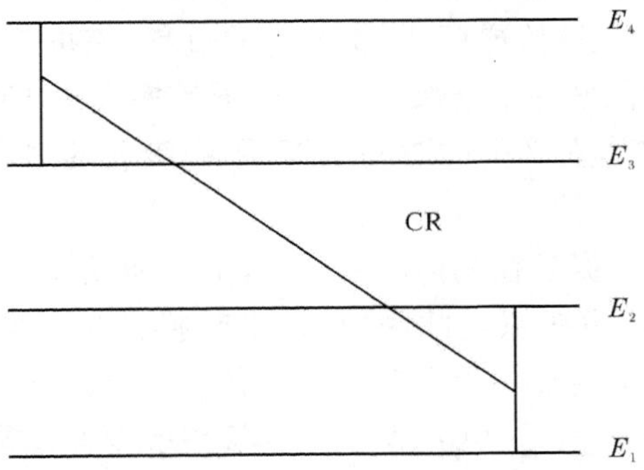

图 9.5　交叉弛豫过程示意图

(3) 声子辅助无辐射能量传递(phonon-assisted energy transfer,PET)。当 S 和 A 的激发态与基态的能量差不同,即存在能量失配时,两种中心的激发态间就不能发生共振能量传递,但 S 和 A 可以通过产生或吸收声子来协助完成能量传递,即声子辅助无辐射能量传递(张中太等,2005)。

(4) 合作上转换(cooperative up-conversion,CU)。CU 过程发生在同时位于激发态的同一类型的离子之间,可以理解为三个离子之间的相互作用,其原理如图 9.6 所示。同时位于激发态的两个离子将能量同时传递给一个位于基态能级的离子使其跃迁至更高的激发态能级,而另外两个离子则无辐射弛豫返回基态(杨建虎等,2003)。

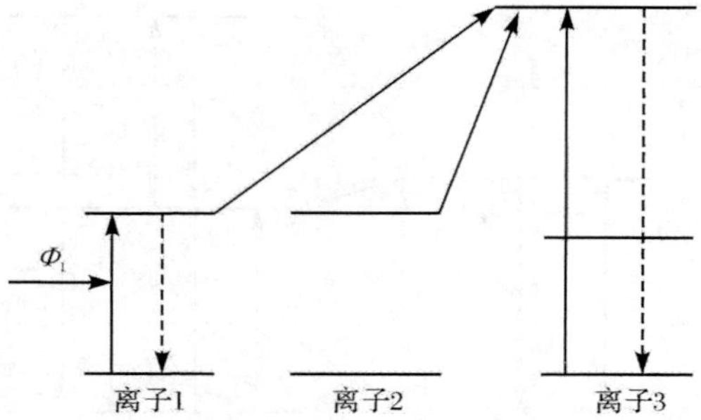

图 9.6　合作上转换过程示意图

3. 光子雪崩过程

光子雪崩(photon avalanche,PA)引起的上转换发光于 1979 在 $LaCl_3$:Pr^{3+} 材料中首次被发现(Chivian et al. , 1979),是一种特殊的非线性激发机制,目前在多种稀土材料中都已观察到以雪崩吸收过程泵浦的上转换激光作用。光子雪崩是激发态吸收 (ESA)和能量传递(ET)相结合的过程,该机制的基础是一个能级上的粒子通过交叉弛豫在另一个能级上产生量子效率大于 100%的抽运效果,激发光的强度增大将导致建立平衡的时间缩短,平衡吸收的强度增大,有可能形成非常有效的上转换。

光子雪崩的一个证据是在阈值功率以下,上转换发光与激发功率以二次方或三次方变化,而当激发功率超过此阈值时,上转换信号异常增加。其主要特征:①泵浦波长对应于离子的某一激发态能级与其上能级的能级差,而不是基态能级与其激发态能级的能级差;②PA 引起的上转换发光对泵浦功率有明显的依赖性,低于泵浦功率阈值时,只存在很弱的上转换发光,高于泵浦功率阀值时,上转换发光强度明显增加。原理如图 9.7 所示,这是一个四能级系统,E_1、E_2、E_3 分别为基态和中间亚稳态,E_4 为发射光子的高能级。激发光对应于 $E_2 \rightarrow E_4$ 的共振吸收。虽然激发光光子能量同基态吸收并不共振,但总会有少量的基态电子被激发到 E_4 与 E_3 之间,而后弛豫到 E_3 上。E_3 上的电子和其他离子的基态电子发生能量传输Ⅰ,产生两个位于 E_2 的电子。一个 E_2 的电子在吸收一个 Φ_1 的光子后激发到高能级 E_4。E_4 能级的电子又与其他离子的基态相互作用,产生能量传输Ⅱ,则产生三个位于 E_2 的电子,如此循环,E_4 能级的电子数量像雪崩一样急剧增加。当 E_4 能级的电子向基态跃迁时,就发出能量为 Φ 的高能光子。此过程就为上转换的光子雪崩过程(张希艳等,2005)。雪崩上转换的特点是泵浦波长与掺杂的稀土离子的基态能级的吸收波长相差较大,即不存在纯粹的基态电偶极吸收跃迁,但存在较强的激发态跃迁,并且稀土离子间存在较大的交叉弛豫概率。雪崩的建立需要较长的时间，利用光子雪崩的意义在于它为上转换的实现拓宽了途径，同时其上转换效率也相当高。

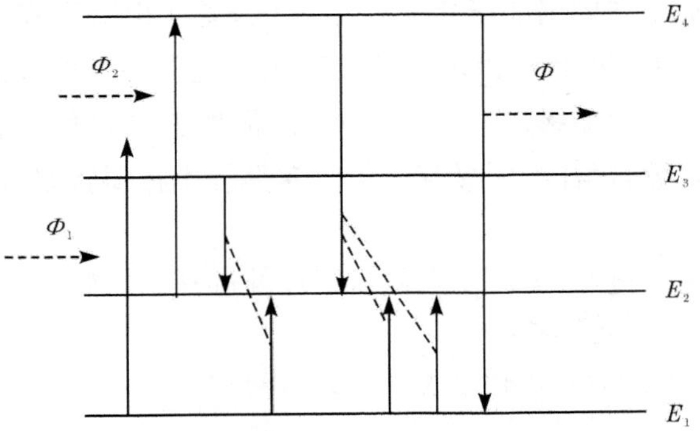

图 9.7　光子雪崩过程示意图

9.3.2　上转换发光基本理论

1. J-O 理论

J-O 理论是由 Judd 和 Ofelt 共同提出来的，是目前用来处理固体中稀土离子辐射跃迁概率的理论模型，也是借助实验参数能够在一定精度范围内定量计算稀土离子发光强度的唯一理论方法（张思远等，1991）。它的基本思想是首先利用测量到的基态到激发态跃迁的吸收峰的强度积分，计算出电偶极和电多极跃迁的振子强度，然后利用振子强度计算各跃迁的跃迁概率。

光场与原子的相互作用一般用半经典理论描述，因为光波的波长远远大于原子的尺度，所以光场可以在原子 $r=0$ 处展开，它的零级近似是电偶极近似，光场对原子的作用主要是电偶极作用。光谱学中定义了一个无量纲量——振子强度来描述跃迁强度。离子从基态 i 至激发态 j 所对应的电偶极跃迁振子强度定义为

$$f_{\text{ed}}=\frac{8\pi^2 m\nu}{h}\chi\,|\langle i|D_q^1|j\rangle|^2 \tag{9.2}$$

$$\chi=(n^2+2^2)/9n \tag{9.3}$$

式中，m 为电子质量；h 为普朗克常数；ν 为跃迁频率；χ为对折射率的修正。电子 j 的极坐标（$\boldsymbol{r}_j$，θ_j，Ψ_j）形式为

$$D_q^{(k)} = \sum_j r_j^k C_q^{(k)}(\theta_j,\varphi_j) \tag{9.4}$$

式中

$$C_q^{(k)}=(\theta_j,\varphi_j)=[4\pi/(2k+1)]^{1/2}Y_{kq}(\theta_j,\varphi_j) \tag{9.5}$$

式中，Y_{kq}为球谐函数；q 的选择依赖于入射光的极化方向。由式（9.2）～式（9.5）

可以推断同宇称态间的电偶极算符的矩阵元为零，即同组态能级之间的电偶极跃迁强度为零。

考虑到稀土离子和周围晶场相互作用，奇晶场项相反宇称的组态混进了 $4f^N$ 组态，于是 Judd 和 Ofelt 将自由离子的哈密顿量连同晶场展开式中的 $V_{偶}$ 同时对角化得到的波函数作为零级近似的波函数，而把加进 $V_{奇}$ 微扰后的一级近似波函数作为晶体本征函数，这样电偶极算子 $D_q^{(k)}$ 在晶场本征函数之间的矩阵元就会出现不为零的值。

根据 J-O 理论，三价稀土离子电偶极跃迁的选择定则如下：

$\Delta l=\pm 1, \Delta s=0, |\Delta J|\leqslant 6$

$|\Delta J|\leqslant 6$，当 J 或 $J'=0$ 时，$|\Delta J|=2,4,6$

$|\Delta M|=p+q$

初态与末态之间的振子强度为

$$f_{ed}=\chi[8\pi^2 m\nu/3h]\sum_{\lambda=2,4,6}\Omega_\lambda\langle 4f^N\varphi J\parallel U^\lambda\parallel 4f^N\varphi' J'\rangle \tag{9.6}$$

式中，Ω_λ 为 J-O 参数（$\lambda=2,4,6$）；m 为电子质量；h 为普朗克常数；ν 为跃迁频率；χ 为对折射率的修正；J 为发生跃迁能级的角动量量子数；$|<4f^N\varphi J\parallel U^\lambda\parallel 4f^N\varphi' J'>|^2$ 为单位张量的约化矩阵元，可通过查表获得。J-O 参数是材料固有的，它与具体的能级跃迁无关。其表达式本身非常复杂，式内的参数也很难用计算方法求得，参数是通过实验数据拟合出来的唯象参数，一般通过吸收光谱求得，因此，Ω_λ 参数是一个通过实验数据拟合出来的唯象参数。实验振子强度一般通过吸收光谱求得，如果明显的吸收峰大于三个，那么可以用最小二乘法优化 J-O 参数。实验振子强度可以由下式计算：

$$f_{exp}=\frac{mc}{\pi e^2 N}\int\delta(\nu)\mathrm{d}\nu \tag{9.7}$$

式中，m、e 分别为电子的质量和电量；c 为真空中的光速；N 为单位体积内稀土离子的数目；$\delta(\nu)$为对应频率 ν 的吸收系数。实验振子强度包括各种多极矩的贡献，但以电偶极为主，其次还有磁偶极强度，在计算中要减去磁偶极成分。

磁偶极强度为

$$f=\frac{h\nu n}{6mc(2J+1)} \tag{9.8}$$

通过对实验振子强度和理论振子强度的结果进行数值拟合，就可以求出电偶极跃迁概率

$$A_{ed}=\frac{64\pi^4 e^2\nu^3\ (n^2+2)^2}{3h(2J+1)}\sum_{\lambda=2,4,6}\Omega_\lambda\langle 4f^N\varphi J\parallel U^\lambda\parallel 4f^N\varphi' J'\rangle^2 \tag{9.9}$$

辐射寿命 τ 由下式得出：

$$\tau = \frac{1}{\sum_{\varphi' J'} A_{ed}[\varphi J, \varphi' J']} \tag{9.10}$$

荧光分支比 β 由以下关系给出：

$$\beta[\varphi J, \varphi' J'] = \frac{A[\varphi J, \varphi' J']}{\sum_{\varphi' J'} A[\varphi J, \varphi' J']} \tag{9.11}$$

2. 速率方程

速率方程是一种描述上转换荧光的相对强度、功率变化曲线及过程中各个能级上粒子数的动力学行为的有效手段。速率方程不仅可以包括所有的单离子过程，也包括那些由离子间相互作用引起的过程。描述一个系统的动力学行为的速率方程的一般形式如下：

$$\frac{d\rho_i}{dt} = \sum\nolimits_{s,p,m,j} [W_s^{j\to i}\rho_j + W_s^{m\to n, j\to i}\rho_m\,\rho_j] - \sum\nolimits_{s,p,m,j} [W_s^{j\to i}\rho_j + W_s^{m\to n, j\to i}]\,\rho_m\,\rho_j \tag{9.12}$$

式中，ρ_i 表示态 i 的粒子数；$W_s{}^{j\to i}$ 表示从态 j 到态 i 的单离子过程的跃迁概率；$W_p{}^{m\to n, j\to i}$ 表示两离子间共振或声子辅助能量传递概率，这种相互作用使得一个离子从态 m 跃迁到态 n，而另一离子则从态 j 跃迁到态 i。求和是针对所有的状态及可能的跃迁过程。基态吸收或激发态吸收则由 $W_{GSA}=\sigma\varphi$，$W_{ESA}=\sigma'\varphi$ 确定。这里 σ 与 σ' 为吸收截面，φ 是激发光的光通量。这组方程一般没有解析解，只能用数值方法求解。通常情况下，可忽略一些不重要的项，当体系处于稳定的状态时，各个能级上粒子数的动力学行为可描述为 $d\rho_i/dt=0$。

9.3.3　影响上转换效率的因素

目前，对于稀土离子上转换发光的机理已经非常清楚，把该技术推向实用化的关键是提高其运转效率。影响上转换效率的因素很多，在激光技术物理领域习惯上把光泵浦的总效率分为三个部分。

(1) 实际进入激活介质的泵浦功率只是泵浦源发射功率的一部分，由此产生的效率称为传递效率 η_t，这部分损耗主要是由激活介质的反射、谐振腔结构引起的。

(2) 进入激活介质的泵浦光中只有频率在材料吸收带内的部分才能被激活剂吸收，由此产生的效率称为光谱效率 η_s，这部分损耗主要由非共振泵浦引起，使得泵浦效率减小。

(3) 并非所有被激励到泵浦能级及泵浦光在激光跃迁能级上的粒子都能产生辐射跃迁，由此产生的效率称为量子效率 η_q。量子效率主要与无辐射跃迁、泵浦及激光跃迁途径以及系统能级结构等因素有关。

综上所述，上转换发光的总效率 $\eta=\eta_t\eta_s\eta_q$。可以看出，提高上转换发光的效率主要从以下几个方面考虑。

(1) 选择合适的基质材料。该材料的红区吸收边带应在发射波长以外，蓝区吸收边带应在上转换发射波长以外，这样可以提高泵浦及激光发射的光谱效率。同时，基质材料的声子能量不应太大，以减小某些能级的无辐射跃迁，从而提高量子效率。

(2) 选择合适的掺杂的体系。无论单掺杂还是共掺杂的体系都应该考虑浓度猝灭的问题，选择合适的掺杂浓度，提高荧光效率，另外，还应该尽量提高材料的纯度，减少非故意掺杂的猝灭中心对上转换的影响，以提高量子效率。

(3) 选择合适的泵浦途径。稀土离子的能级十分丰富，对于一定的掺杂体系，一般可能有几个激发途径，例如，Er^{3+} 离子掺杂的材料在 808nm、980nm、647nm、1060nm、1500nm 等激发条件下都已观察到红色、绿色上转换发光现象，但这五个泵浦波长中存在一个最优的泵浦波长，因此应该进行选择。

此外，环境温度的变化对上转换发光的影响主要有两方面：温度升高，发光能级向相邻下能级的多声子弛豫速率增加，发光效率降低；温度升高，吸收声子的能量传递的概率增加，发射声子的能量传递概率降低，发光效率升高。通常情况下，稀土离子的吸收截面和发射截面均随着温度的升高而降低。

9.4 上转换材料的应用

上转换发光是在 20 世纪 60 年代发展起来的广泛应用于红外激发下的一种发光技术。自 80 年代以来，利用稀土离子的上转换效应，覆盖红、绿、蓝等所有可见光波长范围都获得了连续室温运转、具有较高效率和较高输出功率的上转换激光输出。上转换发光现象是针对红外夜视这个背景发展起来，已经在世界范围内引起了广泛兴趣。随着上转换发光材料在激光技术、光纤通讯技术、纤维放大器、光信息存储和显示等领域的应用，上转换发光的研究取得了很大的进展。

9.4.1 激光技术

上转换激光器是极有潜力的三种紧凑的蓝绿激光器方案之一，弥补了半导体激光器向短波长发展的不足与困难。作为高效紧凑的蓝光光源，掺 Tm^{3+} 光纤上转换激光器近来受到广泛的关注。室温下，Tm^{3+}-Yb^{3+} 共掺杂的碲酸盐玻璃和光纤在 980nm 激光二极管下能够观察到上转换发光，该材料有望用来制作蓝色光纤激光器、S 波段光纤放大器以及医疗诊断和摇杆中广泛应用的 1.9μm 的光纤激光器。在 979nm 抽运下，Yb:$CaGdAlO_4$ 上转换激光器量子亏损小(1.4%以下)，且导热性良好。以 Er:YAG 为激光介质在近红外和中红外下都产生了很好的上转换激光，并且在医疗方面有广泛的用途。Er 掺杂 $Ge_{20}Ga_5Sb_{10}S_{65}$ 在中红外区有上转换发光现象，发光效率可达 67%。

9.4.2　防伪技术

红外防伪技术被列入国家标准的十项防伪技术之一。红外上转换材料配置的油墨是无色的，激励的红外光源也是人眼看不见的，因此这类材料具有基本的防伪标志功能。与目前广泛应用的紫外激发发光的标志材料相比，红外上转换标志材料合成成分复杂，技术要求高，难以仿造。使用高效的红外上转换材料和价格比较低廉的红外激光器实现发光过程，达到防伪目的，这会是一项技术含量很高的防伪技术，可用于图书发行，各类铭牌商标、品牌产品的包装，证件、银行卡和信用卡甚至纸币的防伪，以及满足其他特种行业的防伪要求。

在基材上涂覆含有稀土元素成分的上转换材料的红外转换剂层制成新型红外防伪材料，其防伪性能很强，在 940nm 左右光源的激发下，上转换可见光的颜色为绿色和红色。配合配备有多个不同波段的激发可见光并可以定量检测不同波段发光比例的检测装置，可以实现更好的防伪功能。

9.4.3　显示技术

近红外上转换发光显示器是近年来研制的高性能新型显示器，具有体积小、效率高、色彩鲜艳、亮度高、寿命长、可以实现真三维立体显示等优点。目前，很多工作者在从事这个领域的研究，并取得了一定的成果，设计制造出一些视觉效果很好的显示器件。

9.4.4　在生物方面的应用

稀土掺杂氟化物纳米材料具有较低的声子能，可以降低非辐射跃迁，提高发光强度，因此在氧化物、硫化物和磷化物等众多基质中脱颖而出，被广泛应用在生物标记、医学成像、分析检测和疾病治疗等各个领域。

1. 稀土掺杂上转换纳米颗粒在生物分子检测中的应用

利用静电吸引层层组装的方法在 $NaYF_4:Yb^{3+}, Er^{3+}$ 外部引入氨基，从而能够和生物素相连，随后在体系中再加入同生物素相连的金纳米颗粒，当抗生物素蛋白存在的时候会连接两种纳米颗粒，从而发生能量转移，此时金会吸收稀土上转换纳米材料的荧光，通过荧光猝灭的程度实现抗生物素蛋白的检测。氨基修饰的上转换纳米颗粒(upconversion nanoparticles，UCNPs)不仅可以和蛋白偶联，还可以和 DNA、小分子相连。上转换纳米颗粒结合磁场生物分离技术可用于微量

DNA 的检测。利用 Lemieux-von Rudloff 试剂直接氧化合成过程中引入的油酸配体，得到羧基修饰的上转换纳米颗粒，可用于定量检测靶向 DNA。

将 Fe_3O_4 和 $NaYF_4$: Yb，Er 纳米颗粒包覆在二氧化硅微球内，制备的发光磁性多功能复合纳米颗粒在生物分离、检测、标记成像及药物输送方面有着潜在的应用价值。

2. 稀土掺杂上转换纳米颗粒在免疫分析中的应用

上转换纳米颗粒可应用于免疫层析实验。将上转换材料同生物分子相连后，采用免疫层析技术对抗原进行检测。层析所用的底板在红外光照射下不发光，因此观测到的信号必然来自上转换纳米颗粒，将上转换纳米材料用于免疫层析技术提高了这种方法的可靠性。400 nm 的 UCNP 与 Cy5 相比，目标物浓度和发光强度的线性关系提高两个数量级(Rijke et al.，2001)。此外，将胶体金和上转换纳米颗粒同时应用于 HPV 16 的检测，结果表明 UCNP 实验的检测限低于胶体金的1%。但需要说明的是，控制上转换纳米颗粒的尺寸是扩展其在免疫层析技术应用的关键因素。

3. 稀土掺杂上转换纳米颗粒在生物标记中的应用

稀土上转换氟化物纳米颗粒在生物标记中的应用成为当前纳米标记的热点。

用氨基修饰掺杂 FITC 的上转换二氧化硅纳米颗粒，又将能与癌细胞特异性结合的叶酸共价键连接在纳米颗粒外面。这种纳米颗粒可以双模式即上转换、下转换发光，同时实现对癌细胞的标记，用于流式细胞仪分析(Hu et al.，2009)。一系列的细胞以及白鼠活体研究表明叶酸修饰的聚乙烯亚胺包覆的 $NaYF_4$: Yb，Er 纳米颗粒在磷酸盐缓冲溶液中非常稳定，同时对骨髓干细胞没有毒性，抗漂白性好。将其应用于人卵巢癌细胞和结肠癌细胞细胞标记，修饰后的纳米颗粒和细胞表面具有较高的亲和力。将 UCNP 和量子点同时应用于小白鼠皮下组织成像，在紫外光照射下腹部皮下组织的量子点没有光信号，而在 980nm 红外光的激发下，可以清楚看到 UCNP 的发射光，证实了 UCNP 在生物活体标记中的潜在价值(Chatterjee et al.，2008a)。

4. 稀土掺杂上转换纳米颗粒在光动力治疗中的应用

Zhang 等(2007)第一次将稀土上转换纳米颗粒作为光敏剂的能量供体，在包覆二氧化硅的同时掺杂部花青，实现 UCNP 和部花青的能量转移，产生单线态氧。Chatterjee 等(2008b)将约 50nm 大小的共价连接叶酸、非共价吸附酞菁锌的聚乙烯亚胺包覆的 $NaYF_4$: Yb，Er 纳米颗粒，应用于活体实验。酞菁锌的吸收与 $NaYF_4$: Yb，Er 的 670nm 处的发射有重叠，发生能量转移，当用 980nm 红外光激发上转换纳米颗粒时，光敏剂会产生单线态氧。作者将这种多功能的纳米颗粒应用于活体实验，证明此种纳米颗粒不仅细胞毒性小，而且可以靶向识别癌细胞，有效地杀死肿瘤细胞，癌细胞杀死率高达 80%。

5. *在染料敏化太阳能电池中的应用*

1991 年，瑞士科学家 Gratzel 领导的研究小组报道了一种制作简单、成本低廉、效率高、寿命长的染料敏化太阳能电池，为光电化学电池的发展带来了革命性的创新，并引领了新一代太阳能电池的主要发展方向(O'Regan et al.，1991)。目前，染料敏化太阳能电池的最高光电转换效率可达 11%以上。染料敏化太阳能电池主要以 N_3，N-719 染料作为敏化剂，与 TiO_2 组成光阳极，对太阳光进行吸收并转换为电能。染料分子可被视为"电子泵"，这个泵的驱动力就是太阳光，常用的 N_3，N-719 染料对太阳光的吸收范围主要在 290～700nm，但对占太阳光全部能量高达 43% 的红外光却利用甚微。将 Er^{3+} 和 Yb^{3+} 共掺的 TiO_2:Er^{3+}，Yb^{3+} 上转换发光粉组装在染料敏化太阳能电池中，可以使原来利用率极低的红外光转化为染料可以充分吸收的可见光，从而提高电池的光电转化效率。

参考文献

宁永强，元光，李树玮，等. 1995. 蓝绿光激光器现状[J]. 物理，24(4):200-207.

宋峰，陈晓波，张光寅. 1997. 掺稀土离子的上转换光纤激光器[J]. 激光与光电子学进展，34(5):1-5.

杨建虎，戴世勋，姜中宏. 2003. 稀土离子的上转换发光及研究进展[J]. 物理学进展，23(3):284-297.

张思远，毕宪章. 1991. 稀土光谱理论[M]. 长春：吉林科学技术出版社.

张希艳，卢利平，柏朝晖，等. 2005. 稀土发光材料[M]. 北京：国防工业出版社.

张中太，张俊英. 2005. 无机光致发光材料及应用[M]. 北京：化学工业出版社.

Auzel F. 1966. Compteur quantique par transfert d'énergie entre de Yb^{3+} *à* Tm^{3+} dans un tungstate mixte et dans verre germanate[J]. Comptes Rendus Hebdomadaires des Seances de l Academie des Sciences Serie B, 263(14):819-821.

Chatterjee D K, Gnanasammandhan M K, Zhang Y. 2010. Small upconverting fluorescent nanoparticles for biomedical applications[J]. Small, 6(24):2781-2795.

Chatterjee D K, Rufaihah A J, Zhang Y. 2008a. Upconversion fluorescence imaging of cells and small animals using lanthanide doped nanocrystals[J]. Biomaterials, (29):937-943.

Chatterjee D K, Zhang Y. 2008b. Upconverting nanoparticles as nanotransducers for photodynamic therapy in cancer cells[J]. Nanomedicine, 3(1):73-82.

Chen G Y, Shen J, Ohulchanskyy T Y, et al. 2012. (α-$NaYbF_4$:Tm^{3+})/CaF_2 core/shell nanoparticles with efficient near-infrared to near-infrared upconversion for high-contrast deep tissue bioimaging[J]. ACS Nano, 6(9): 8280-8287.

Chen X B, Nie Y X, Du W M, et al. 2000. Comparison investigation of direct up-conversion sensitization luminescence between Er Yb: Oxyfluoride glass and vitroceramics[J]. Optics Communications, 184(1/2/3/4): 289-301.

Chivian J S, Case W E, Eden D. 1979. The photon avalanche: A new phenomenon in Pr^{3+}-based infrared quantum counters[J]. Applied Physics Letters, 35(2): 124-125.

Downing E A, Hesselink L, Macfarlane R M, et al. 1994. Solid-state three-dimensional computer display[C]. Proceedings of the Conference on Lasers and Electro-Optics, Anaheim, 8: 6-7.

Hu H, Xiong L, Zhou J, et al. 2009. Multimodal-luminescence core-shell nanocomposites for targeted imaging of tumor cells[J]. Chemistry-A European Journal, 15 (14): 3577-3584.

Johnson L F, Guggenheim H J. 1971. Infrared-pumped visible laser[J]. Applied Physics Letters, 19(2): 44-47.

Marie-France J. 1999. Photon avalanche upconversion in rare earth laser materials[J]. Optical Material, 11(2): 181-203.

O'Regan B, Gratzel M. 1991. A low-cost high-efficiency solar cell based on dye-sensitized colloidal TiO_2 films[J]. Nature, 353(6346): 737-740.

Rijke F, Zijlmans H, Li S, et al. 2001. Up-converting phosphor reporters for nucleic acid microarrays[J]. Nature Biotechnology, 19(3): 273-276.

Wang L Y, Yan R X, Huo Z Y, et al. 2005. Fluorescence resonant energy transfer biosensor based on upconversion-luminescent nanoparticles[J]. Angewandte Chemie International Edition, 44(37): 6054-6057.

Yang T S, Sun Y, Liu Q, et al. 2012. Cubic sub−20 nm $NaLuF_4$-based upconversion nanophosphors for high-contrast bioimaging in different animal species[J]. Biomaterials, 33(14): 3733-3742.

Zhang P, Steelant W, Kumar M, et al. 2007. Versatile photosensitizers for photodynamic therapy at infrared excitation[J]. Journal of the American Chemical Society, 129(15): 4526-4527.

第 10 章　量子点光致发光材料

纳米科学技术是兴起于 20 世纪 80 年代末期的新科技，它的基本含义是在纳米尺寸范围内认识和改造自然，通过直接操作、安排原子和分子创造新物质。将纳米技术运用于发光材料而制得的纳米发光材料，是介于宏观和微观之间的纳米态发光物质，与常规的发光材料相比，出现了许多新的发光特性，这些新特性引起了人们的广泛关注。

量子点(quantum dots，QDs)是准零维(quasi-zero-dimensional)的纳米材料，由少量的原子所构成(Jeon et al.，1991)。粗略地说，量子点三个维度的尺寸都在 100nm 以下，外观恰似一极小的点状物，其内部电子在各方向上的运动都受到局限，量子局限效应(quantum confinement effect)特别显著。量子局限效应会导致类似原子的不连续电子能级结构，因此量子点又被称为“人造原子”(artificial atom)。科学家已经采用许多不同的方法来制造量子点，并预期这种纳米材料在 21 世纪的纳米电子学(nanoelectronics)上有极大的应用潜力。量子点是把导带电子、价带空穴及激子在三个空间方向上束缚住的半导体纳米结构。这种约束可以归结于静电势(由外部的电极、掺杂、应变、杂质产生)，两种不同半导体材料的界面(如在自组织量子点中)，半导体的表面(如半导体纳米晶体)，或者这三者的结合。量子点具有分离的量子化的能谱，所对应的波函数在空间上位于量子点中，但延伸于数个晶格周期中。一个量子点具有少量(1～100 个)的整数个电子、空穴或空穴-电子对，即其所带的电量是元电荷的整数倍。小的量子点，例如，胶状半导体纳米晶，可以小到只有 2～10nm，这相当于 10～50 个原子的直径的尺寸，在一个量子点体积中可以包含 100～100000 个这样的原子。

10.1　量子点的性质

量子点独特的性质基于它自身的量子效应。当颗粒尺寸进入纳米量级时，电子能级由准连续能级转变为具有分子特性的离散能级，同时导致禁带宽度增加。量子点的量子效应集中表现为量子尺寸效应、表面效应、小尺寸效应、宏观量子隧道效应、介电限域效应和量子限域效应。其中，量子尺寸效应、表面效应对于其光学性质影响最大。

(1) 表面效应。表面效应是指随着量子点粒径的减小，大部分原子位于量子点的表面，量子点的比表面积随粒径减小而增大。纳米颗粒大的比表面积以及表面相原子数的增多，导致表面原子的配位不足、不饱和键和悬键增多，使这些表面原子具有高的活性，极不稳定，很容易与其他原子结合。这种表面效应将引起纳米粒子大的表面能和高的活性。表面原子的活性不但引起纳米粒子表面原子输运和构型的变化，同时也引起表面电子自旋构象和电子能谱的变化。表面缺陷导致陷阱电子或空穴，它们反过来会影响量子点的发光性质，引起非线性光学效应。金属体材料通过光反射而呈现出各种特征颜色，因为表面效应和尺寸效应使纳米金属颗粒对光反射系数显著下降，通常低于1%，所以纳米金属颗粒一般呈黑色，粒径越小，颜色越深，即纳米颗粒的光吸收能力越强，呈现出宽频带强吸收谱。

(2) 量子限域效应。由于量子点与电子的 De Broglie 波长、相干波长及激子 Bohr 半径可比拟，电子局限在纳米空间，电子输运受到限制，电子平均自由程很短，电子的局域性和相干性增强，将引起量子限域效应。对于量子点，当粒径与 Wannier 激子 Bohr 半径 a_B 相当或更小时，处于强限域区，易形成激子，产生激子吸收带。随着粒径的减小，激子带的吸收系数增加，出现激子强吸收。由于量子限域效应，激子的最低能量向高能方向移动即蓝移。最新的报道表明，日本 NEC 已成功制备了量子点阵，在基底上沉积纳米岛状量子点阵列。当用激光照射量子点使之激励时，量子点发出蓝光，表明量子点确实具有关闭电子功能的量子限域效应。

(3) 宏观量子隧道效应。传统的功能材料和元件，其物理尺寸远大于电子自由程，所观测的是群电子输运行为，具有统计平均结果，所描述的性质主要是宏观物理量。当微电子器件进一步细微化时，必须要考虑量子隧道效应。100nm 被认为是微电子技术发展的极限，原因是电子在纳米尺度空间中将有明显的波动性，其量子效应起主要作用。电子在纳米尺度空间中运动，物理线度与电子自由程相当，载流子的输运过程将带有明显的电子的波动性，出现量子隧道效应，电子的能级是分立的。利用电子的量子效应制造的量子器件，要实现量子效应，要求在几微米到几十微米的微小区域形成纳米导电域。电子被“锁”在纳米导电区域，电子在纳米空间中显现出的波动性产生了量子限域效应。纳米导电区域之间形成薄薄的量子垫垒，当电压很低时，电子被限制在纳米尺度范围运动，升高电压可以使电子越过纳米势垒形成费米电子海，使体系具有导电性。电子从一个量子阱穿越量子垫垒进入另一个量子阱就出现了量子隧道效应，这种从绝缘到导电的临界效应是纳米有序阵列体系的特点。

(4) 量子尺寸效应。通过控制量子点的形状、结构和尺寸，可以方便地调节其能隙宽度、激子束缚能的大小等电子状态。随着量子点尺寸的逐渐减小，量子点的光吸收谱出现蓝移现象。尺寸越小，则吸收谱蓝移现象越显著，这就是众所周知的量子尺寸效应。

10.2　量子点的分类

常见的量子点包括碳纳米管量子点、Ⅱ～Ⅵ族半导体化学溶胶量子点、电极二维电子气量子点、量子阱表面波动量子点以及Ⅲ～Ⅴ族半导体自组织量子点等。不同种类的量子点具有不同的化学成分、材料结构和外形，更重要的是，它们的性质包括光学性质、能级结构等也各有特点。此外，它们的生长合成、加工工艺也不尽相同，因而它们在各种领域具有多种多样的用途。下面介绍两种常见的量子点。

10.2.1　化学溶胶量子点

化学溶胶量子点由化学溶胶的方法生长而成，首先是由哥伦比亚大学研究小组得到的(Spanhel et al.，1987)。这类量子点的主要成分是Ⅱ～Ⅵ族半导体材料，如 CdS、CdSe、PbS 等(Peng et al.，2011)。它的大小只有 3～5nm，这和这类材料中的激子玻尔半径相当，因而激子波函数被强烈束缚，产生分立能级(Iwan et al.，2009)。它的形状主要是球形或棒形，可以溶于液态试剂中。这类量子点可以用来做荧光探针。它除了拥有普通荧光探针灵敏度高、选择性好、特征参数多以及动态范围大等优点，还具有很多普通荧光探针无法比拟的优点，例如，量子点由于三维强束缚势阱造成分立的线状谱线，其谱线比普通荧光探针的谱线窄很多，从而光谱重叠减少，探针的灵敏度和选择性也得到很大提高。通过给此类量子点外层加上各种化学官能团，可以使其与特定的蛋白质、核糖核酸发生反应，从而附着在指定的动物细胞、病菌或病毒上，达到探测的目的。溶胶量子点加上各种官能团后可以具有亲水性，并与特定蛋白质结合；此外，化学溶胶量子点也可以用于彩色显示、太阳能电池等。

10.2.2　自组织量子点

InAs/GaAs 自组织量子点一般是用分子束外延的方法，以 Stranski-Krastanow(S-K)的模式生长出来的(Seguin et al.，2005)。在 S-K 生长模式下，当 InAs的厚度小于 1.5～1.7 个单层时，InAs 以层状外延生长，而当 InAs 厚度超过这个临界厚度时，InAs 则由二维生长转向三维生长。这时在浸润层上就会出现一些岛状结构，这些岛状结构就是 InAs 量子点。GaAs 和 InAs 的晶格常数分别是 5.6533Å 和 6.0584Å，它们之间的晶格失配达到 7%。这么大的晶格失配所造成的应力就是 InAs 量子点产生的主要原因。这种量子点一般呈圆锥形或金字塔形，其底部宽度为 10～30nm，高度为 4～6nm。高度可以通过一个覆盖与冲刷过程来控制，在量子点生长过程中，先部分覆盖一层 GaAs 盖层，然后将未覆盖的部分冲刷掉，这样就可以得到一定高度的 InAs 量子点。由于这种量子点的侧向约束更强，能级间距更大，具有较强的应力，使得轻重空穴耦合现象更为突出。

10.3 量子点的发光机理和荧光性质

10.3.1 量子点的发光机理

当半导体量子点的颗粒尺寸与其激子(空穴-电子对)的玻尔半径相近时，随着尺寸的减小，其载流子(电子、空穴)的运动将受限，导致动能增加，原来连续的能带结构变成准分立的类分子能级，并且动能的增加使得半导体颗粒的有效带隙增加，其相应的吸收光谱和荧光光谱发生蓝移，尺寸越小，蓝移幅度越大。受这种量子尺寸效应的影响，半导体量子点的发光原理如图 10.1 所示，当一束光照射到半导体材料上，半导体材料吸收光子后，其价带上的电子跃迁到导带，导带上的电子可以再跃迁回价带而发射光子，也可以落入半导体材料的电子陷阱中。当电子落入较深的电子陷阱中时，绝大部分电子以非辐射的形式猝灭，只有极少数的电子以光子的形式跃迁回价带或吸收一定能量后又跃迁回导带。因此，当半导体材料的电子陷阱较深时，它的发光效率会明显降低。

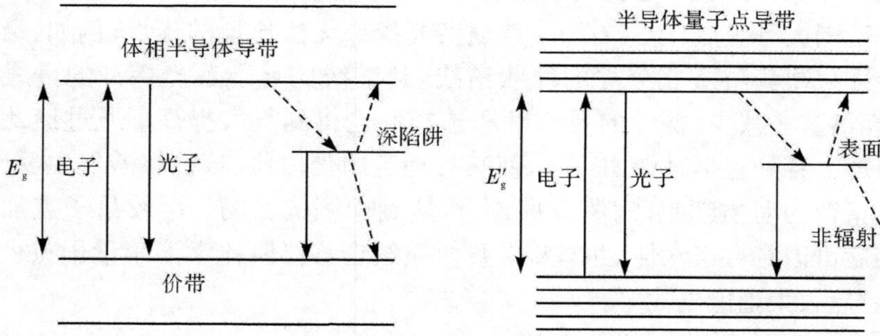

图 10.1 半导体辐射跃迁示意图

半导体量子点受光激发后能够产生空穴-电子对(即激子)，电子和空穴复合的途径主要有：①电子和空穴直接复合，产生激子态发光，由于量子尺寸效应的作用，所产生的发射光的波长随着颗粒尺寸的减小而蓝移；②通过表面缺陷态间接复合发光，在纳米颗粒的表面存在着许多悬挂键，从而形成了许多表面缺陷态，半导体量子点材料受光的激发后，光生载流子以极快的速度受限于表面缺陷态而产生表面态发光，量子点的表面越完整，表面对载流子的捕获能力就越弱，从而使得表面态的发光越弱；③通过杂质能级复合发光。以上三种情况的发光是相互竞争的。如果量子点的表面存在着许多缺陷，对电子和空穴的俘获能力很强，电子和空穴一旦产生就被俘获，使得它们直接复合的概率很小，激子态的发光就很弱，甚至观察不到，而只有表面缺陷态的发光。为了消除由于表面缺陷引起的缺陷态发光而得到激子态的发光，常常设法制备表面完整的量子点或者通过对量子点的表面进行修饰来减少其表面缺陷，从而使电子和空穴能够有效地直接复合发光。

10.3.2　量子点的荧光性质

量子点独特的结构特性和荧光机理使得它相对于传统的有机荧光染料具有明显的优越性，具有取代传统有机荧光染料、作为新型生物荧光探针的潜力，具体表现在以下几方面。

(1) 作为多电子体系，量子点的吸光系数远高于单个分子，这就使得其荧光发射强度远高于有机荧光染料。

(2) 通过变更量子点的材料配比和尺寸，可使荧光发射波长覆盖 400nm～2μm 的光谱范围，而且大小均匀的量子点谱峰呈对称高斯分布，在长波方向没有拖尾现象，半峰宽在 30nm 左右，斯托克斯位移较大，因此当几种不同发射波长的量子点用于不同靶点的同时监测时，可避免光谱干扰。

(3) 量子点具有宽而连续的激发光谱且存在一个量子发射限域峰(能够激发量子点发射荧光的波长最长的光)，凡是比量子限域峰波长更短的光都能有效地激发量子点发射荧光，因此可以用单一波长光源同时激发不同大小的量子点，使它们发出不同颜色的荧光并被同时监测。

(4) 荧光量子产率高，光稳定性好，适合于对标记对象进行高灵敏、长时间、实时动态观测，且荧光寿命较长，可用于长时间荧光显微实验。

(5) 具有空间兼容性，一个量子点可以偶联两种或两种以上的生物分子或配体，从而使制备多功能的检测及成像探针成为可能。

(6) 量子点可用于多光子荧光显微成像，它是迄今为止截面积最大的多光子成像探针。

上述所有光学特性都集中在一种荧光探针上是十分难得的，这使得量子点在多元分析、多色成像、高灵敏度诊断等方面显示出巨大的应用价值。

10.4　量子点的制备方法

量子点的制备方法很多，根据所采用原料的不同，大致可分为无机合成路线和金属有机物合成路线。目前，制备具有高发光效率的量子点的化学方法主要是金属有机相合成法和水相合成法。

10.4.1　金属有机相合成法

金属有机相合成法是基于有机物与无机金属化合物或有机金属化合物之间

的反应而生成纳米颗粒的方法。该方法通常是在无水无氧的条件下,用金属有机化合物在具有配位性质的有机溶剂环境中生长纳米晶粒,通过反应温度控制微粒的成核与生长过程。它是目前合成纳米量子点最常用的一种胶体化学方法。这类方法制备的量子点分散性、稳定性都较好,不容易聚沉,表面修饰比较容易。

采用金属有机相合成法制备纳米粒子具有结晶性好、发光效率高、尺寸均一、粒度可调、可制备的量子点种类多、容易对纳米粒子表面进行有机或无机修饰等优点,但也存在制备条件比较苛刻、反应步骤比较复杂、试剂成本高、毒性较大等缺点。

10.4.2 水相合成法

水相合成法是一种在适当稳定剂存在下用无机试剂在水溶液中直接合成量子点的方法。水相合成量子点操作简便、重复性高、成本低、表面电荷和表面性质可控,很容易引入各种官能团分子,是当前研究的热点,水溶性量子点也有望成为一种很有发展潜力的生物荧光探针。

与金属有机相合成法相比,水相合成法操作简单、成本低。由于纳米粒子是直接在水相中合成的,不仅解决了纳米粒子的水溶性问题,而且大大提高了其稳定性,在暗处可以放置一年以上,并能与生物大分子很好地结合。

10.4.3 量子点的表面修饰

不管采用无机合成还是有机金属法,在生长过程中,晶体都不可避免地存在较多的缺陷,严重地影响产品的荧光效率和量子产率。因为,在合成量子点时还必须对量子点表面进行修饰,得到发光效率高且具有生物相容性的量子点。无机壳层修饰法和化学修饰法是两种常用的量子点修饰方法。

1. 无机壳层修饰法

量子点具有高的表面活性,它们很容易团聚在一起从而形成带有若干弱连接界面的尺寸较大的团聚体。通过对半导体纳米粒子表面形态的研究发现,粒子的表面并不光滑,存在着许多缺陷,这些缺陷都会影响纳米粒子的发光效率。研究发现,利用各种有机和无机材料对纳米粒子的表面进行修饰,如用 ZnS、CdS 来钝化半导体纳米粒子的表面能大大提高其荧光性能。形成核-壳(core-shell)结构后,就可将量子产率提高到约 50%甚至更高,并在消光系数上有数倍的增加,因而有很强的荧光发射。1996 年,Hines 等(1996)制备了具有核-壳结构的 ZnS 包覆的 CdSe 纳米粒子,在室温条件下其量子产率可高达 50%。

要制备出核-壳结构的半导体量子点,需要符合几个条件:①为了保证壳层的均匀生长,核层的半导体量子点微粒必须具有窄的尺寸分布;②壳层的禁带宽度要比相应的核层大，这样才能够保证核层表面的电子运动被壳层所限域，使核层被有效地钝化从而提高纳米微粒的光化学稳定性；③采用半导体晶体作为壳层修饰时，两种半导体材料的晶格常数要相匹配，以便减小界面张力。形成核壳结构后粒子表面有效钝化，表面被缺陷减少，对光、电的稳定性及光量子效率有较大的提高和改善。

2. 化学修饰法

在有机相中合成的量子点表面多包覆三辛基氧化膦（TOPO）和三辛基膦（TOP）的混合物，这些有机配体是疏水的，用它们包覆的量子点与水溶性环境不相容，不能直接与生物物质作用制成相应的生物探针，需要先对其表面进行修饰。最常见的方法是用硫酚基团及巯基类化合物，利用量子点表面的元素如 Zn、Cd 等与巯基之间很强的络合作用力，用巯基试剂取代有机配体使量子点与巯基酸络合，借助于其外端的氨基和羧基，与生物分子相结合，从而达到直接标记生物分子的目的。

10.5　量子点应用

量子点的应用方面很多，下面主要介绍其在生物医学、LED 中的应用。

10.5.1　量子点在生物医学中的应用

1997 年以来，随着量子点制备技术的不断提高，量子点在生物体系中的应用已引起广泛关注。1998 年，Alivisatos 和 Nie 研究小组同时突破性地解决了量子点作为生物探针的生物相容性问题，成功地把与生物大分子偶联的量子点应用于活细胞体系，标志着量子点的生物学应用开始起步(Bruchez et al.，1998；Warren et al.，1998)。从此，量子点以其优异的荧光特性、一元激发多元发射和超长时间实时动态监测，引起了生物医学领域研究手段的深刻变革。主要的医学应用如下。

(1) 量子点用于细胞成像分析（如细胞内吞作用、细胞膜标记、细胞核标记等）。

(2) 活体和组织成像。

(3) 量子点进行生物大分子光谱编码。

(4) 筛选药物，作为发现药物靶点的有力工具。

(5) 量子点标记探针用于生物芯片的研究。

(6) 量子点用于临床诊断研究。

(7) 量子点在信号转导方面的应用。

(8) 量子点作为荧光探针用于活性小分子的测定。

(9) 量子点用于光动力学治疗。

(10) 量子点用于微生物学方面。

10.5.2　量子点在 LED 中的应用

在光致发光的量子点光源中，量子点吸收来自 LED 的紫外光后，发出可见光。不同元素组成的量子点材料的发光范围不同。改变量子点表面的化学性质可以改变发光的波长，使得同一个尺寸的量子点有可能发出几种不同的光，量子点材料按照其荧光吸收范围可划分为红光量子点、蓝光量子点、绿光量子点，三原色量子点经过复合可用于制备白光 LED。与传统的 YAG 荧光粉制作的白光 LED 相比(图 10.2)，量子点白光 LED 有多项优点：①不需要混合多种荧光粉，封装工艺简单；②不需要附加回授电路，节约成本；③具有高发光效率和高的显色指数(Sun et al.，2007)。

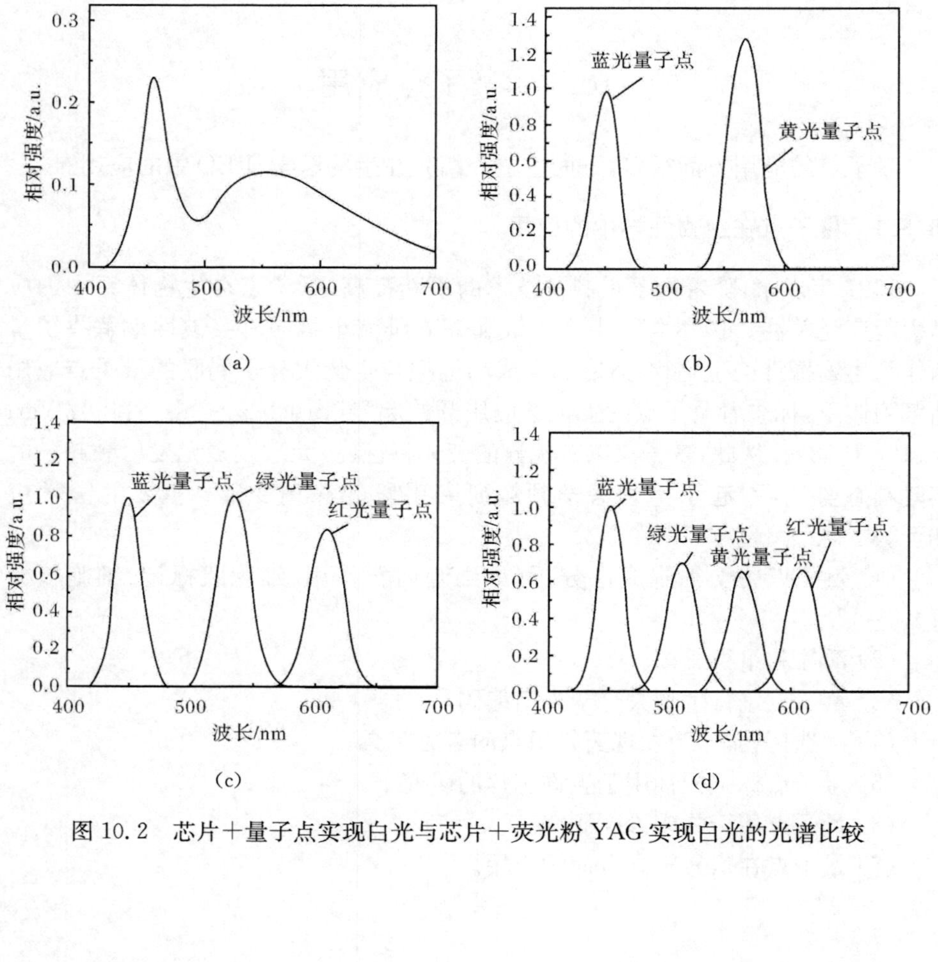

图 10.2　芯片+量子点实现白光与芯片+荧光粉 YAG 实现白光的光谱比较

目前，量子点已经成为一个研究热点，吸引了众多相关学科的工作者投入到这一领域中。量子点质量的好坏直接关系到其应用研究的开展和研究成果的优劣，因此，如何解决在有机体系中合成的量子点的水溶性问题以及在水相体系中合成的量子点的光氧化导致光学性能不稳定问题等显得尤其重要。尽管从现在到量子点的商业化生产和大规模应用还有很长的路要走，但是随着对量子点研究的深入开展以及检测技术的不断发展，完全有理由相信在不远的将来一定能看到量子产率高、光学性能稳定、特异性强、生物兼容性好的环保型量子点的问世。

参 考 文 献

Bruchez M J, Moronne M, Alivisatos A P, et al. 1998. Semiconductor nanocrystals as fluorescent biological labels[J]. Science, 281(5385):2013-2016.

Hines M A, Guyot-Sionnest P. 1996. Synthesis and characterization of strongly luminescing ZnS-capped CdSe nanocrystals[J]. The Journal of Chemical Physics, 100(2):468-471.

Iwan M, Karel L, Dries S, et al. 2009. Size-dependent optical properties of colloidal PbS quantum dots[J]. ACS Nano, 3(10):3023-3030.

Jeon H, Ding J, Xie W. 1991. Blue-green injection laser diodes In(Zn, Cd)/ZnSe quantum wells[J]. Applied Physics Letters, 59(27):3619-3621.

Peng Z A, Peng X G. 2011. Mechanisms of the shape evolution of CdSe nanocrystals[J]. Journal of the American Chemical Society, 123(7):1389-1395.

Seguin R, Schliwa A, Rodt S, et al. 2005. Size-dependent fine-structure splitting in self-organized InAs/GaAs quantum dots[J]. Physical Review Letters, 95(25):257402-1-257402-4.

Spanhel L, Haase M, Henglein A, et al. 1987. Surface modification and stability of strong luminescing CdS particles[J]. Journal of the American Chemical Society, 109(19):5649-5655.

Sun Q J, Wang Y A, Li L S. 2007. Bright, multicoloured light-emitting diodes based on quantum dots[J]. Nature Photonics, 1(12):717-722.

Warren C W, Nie S M. 1998. Quantum dot bioconjugates for ultrasensitive nonisotopic detection[J]. Science, 281(5385):2016-2018.